监理工程师继续教育丛书

监理工程师执业指导

杨　萍　主　编
欧震修　副主编

中国建筑工业出版社

图书在版编目（CIP）数据

监理工程师执业指导/杨萍主编，欧震修副主编．一北京：中国建筑工业出版社，2006
（临理工程师继续教育丛书）
ISBN 7-112-08492-X

Ⅰ．监… Ⅱ．①杨…②欧… Ⅲ．建筑工程-监督管理 Ⅳ．TU712

中国版本图书馆 CIP 数据核字（2006）第 092497 号

当前，建筑业已进入一个新的发展时期，《中华人民共和国建筑法》、《建设工程质量管理条例》、《工程建设标准强制性条文》（房屋建筑部分）、《建设工程监理规范》等一系列国家法律、法规及规范相继出台，新材料、新技术、新工艺、新设备不断出现，向建设工程监理提出了新的要求。本书的编写就是为了提高监理工程师的理论水平和实际工作能力，是一本既适应当前监理工作形势，又具有丰富理论基础和实践经验、可操作性很强的监理工作指导书。

本书可作为监理工程师和总监理工程师的继续教育丛书，也可作为监理人员的培训教材和从事建设、设计、施工、监理等单位技术人员、管理人员及大专院校师生的参考用书。

* * *

责任编辑 郦锁林
责任设计 赵明霞
责任校对 张树梅 王金珠

监理工程师继续教育丛书
监理工程师执业指导
杨 萍 主 编
欧震修 副主编
*
中国建筑工业出版社出版、发行（北京西郊百万庄）
新 华 书 店 经 销
北京密云红光制版公司制版
北京建筑工业印刷厂印刷
*
开本：787×1092 毫米 1/16 印张：23¼ 字数：564 千字
2006 年 10 月第一版 2006 年 10 月第一次印刷
印数：1—3500 册 定价：**40.00** 元
ISBN 7-112-08492-X
（15156）

（邮政编码 100037）

本社网址：http://www.cabp.com.cn
网上书店：http://www.china-building.com.cn

出 版 说 明

为贯彻落实《中华人民共和国行政许可法》、《注册监理工程师管理规定》，加强对注册监理工程师继续教育工作管理，不断提高注册监理工程师的素质和执业水平，确保工程监理质量，维护建筑市场秩序，建设部建办市函［2006］259号决定开展注册监理工程师继续教育工作。

为了做好注册监理工程师的继续教育工作，我社组织有关专家、教授编写这套《监理工程师继续教育丛书》。该套丛书包括：《监理工程师执业指导》、《监理工程师项目管理》、《监理工程师法律基础知识》。《监理工程师执业指导》，是一本以监理工程师知识需求为出发点，帮助提高监理工程师的理论水平和实际工作能力，具有丰富的理论基础和实践经验，可操作性很强的监理工作指导书。《监理工程师项目管理》，是以监理工程师知识需求为出发点，从对工程项目全过程进行管理的角度进行编写，注重与国际惯例接轨，在一定程度上反映工程管理领域的研究成果和最新动向，注重实践性和实务性。《监理工程师法律基础知识》，重点阐述了建设监理法律、法规的基本概念、基本原理和基本法律制度，在编写过程中既考虑了监理工程师法律知识体系的完整性，又考虑监理工程师的学习特点。

为了让读者容易学习和掌握，本套丛书在编写的过程中遵循由浅入深，循序渐进的原则。希望本套丛书的出版，对提高我国监理工程师的知识水平和业务水平有所裨益。

中国建筑工业出版社

2006年9月

前　言

当前，建筑业已进入一个新的发展时期，《中华人民共和国建筑法》、《建设工程质量管理条例》、《工程建设标准强制性条文》（房屋建筑部分）、《建设工程监理规范》等一系列国家法律、法规及规范相继出台，新材料、新技术、新工艺、新设备不断出现，向建设工程监理提出了新的要求。本书的编写就是为了提高监理工程师的理论水平和实际工作能力，是一本既适应当前监理工作形势，又具有丰富理论基础和实践经验，可操作性很强的监理工作指导书。

本书是在江苏省建设厅的指导下，由江苏省建设监理协会组织有关专家撰写。全书共分9章，其内容包括：国际工程项目管理与国内工程建设监理；工程监理相关法规及监理的法律责任；建设工程合同；设计阶段监理；施工阶段监理；工程建设标准强制性条文；计算机在监理工作中的应用；监理企业质量体系；部分专项工程的监理。本书可作监理工程师和总监理工程师继续教育用书，亦可作为监理人员的培训教材和从事建设、设计、施工、监理等单位技术人员、管理人员的自修读本及有关大专院校师生的参考用书。

参加本书编写的人员：第一章，张玉信、郑必勇、杨效中；第二章，秦玉银、顾小鹏；第三章，陈贵；第四章，王苏民；第五章，欧震修；第六章，6.1王碧清、6.2李柏年、6.3古有沂、6.4王春明、郑宏；第七章，蒋励；第八章，莫良舜、戴子扬；第九章，9.1、9.2梅钰、9.3谭伟、9.4、9.5郑必勇、9.6、9.7陈贵。

本书由杨萍主编，欧震修副主编，张玉信、顾小鹏、戴子扬、张贤林、高金华、周红军参加了编审。

本书还得到有关监理公司的支持和不少同志的参与，在此表示感谢。由于编写时间匆促和编写人员水平的局限，书中如有不妥之处，敬请读者批评指正。

目 录

1 国际工程项目管理与国内工程建设监理

1.1 国际工程项目管理几种典型模式

1.1.1 国际工程项目管理主要模式

1. 传统模式（Traditional Method）

传统模式又称设计—招标—建造方式（Design-Bid-Build Method）。采用这种方法时，业主与设计机构（建筑师/工程师）签订专业服务合同。建筑师/工程师负责提供项目的设计和施工文件。在设计机构的协助下，通过竞争性招标将工程施工的任务交给报价最低或最具资质的投标人（总承包商）来完成。在施工阶段，设计专业人员通常担任重要的监督角色，并且是业主与承包商沟通的桥梁。在传统模式中，与工程项目有关的各方关系如图 1-1 所示。

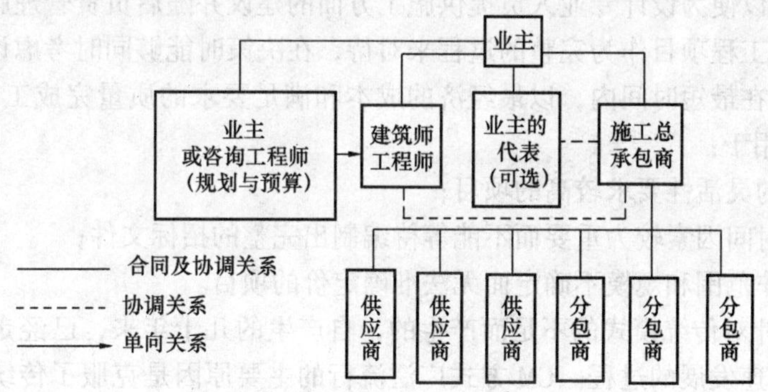

图 1-1 传统的工程项目管理模式

传统工程项目管理模式一般分为三个阶段：

第一阶段：	第二阶段：	第三阶段：
可行性研究；	初步设计；	施工；
现场选择；	最终设计；	占用。
概念设计；	施工文件；	
施工成本计划；	投标分析；	
规划与预算；	重新设计。	
融资。		

传统模式最显著的特点是，工程项目的实施只能按顺序方式进行，即只有一个阶段结束后另一个阶段才能开始。传统模式的工程项目建设程序清晰明了。

传统模式是历史最悠久，并得到广泛认同的工程项目管理模式。当前，无论是各国的国内项目，还是在国际工程中，都得到广泛应用。传统模式的主要优缺点如下：

(1) 优点：

1) 应用广泛，管理方法成熟；

2) 可自由选择咨询人员；

3) 对设计的完全控制；

4) 采用竞争性投标；

5) 标准化的合同关系；

6) 业主只签订一份施工合同。

(2) 缺点：

1) 项目周期较长；

2) 有限的分包商竞争；

3) 业主的管理费用较高；

4) 索赔与变更的费用较高；

5) 在明确整个项目的成本之前，投入较大。

2. CM 方式（Construction Management Approach，CM）

(1) 采用 CM 方式，就是从项目开始阶段就雇佣具有施工经验的咨询人员参与到项目实施过程中来，以便为设计专业人员提供施工方面的建议并随后负责管理施工过程。这种安排的目的是把工程项目作为完整的过程来对待，在决策时能够同时考虑设计与施工的因素，力争使项目在最短时间内，以最经济的成本和满足要求的质量完成工程并交付使用。CM 方式主要适用于：

1) 对变更的灵活性要求较高的项目；

2) 项目的时间因素较为重要而不能等待编制出完整的招标文件；

3) 由于工作范围和规模不确定而无法准确定价的项目。

CM 方式是针对传统模式的不足而产生的，自产生的几十年来，已经走过了从不成熟到逐步完善的飞速发展的过程。CM 方式广泛流行的主要原因是克服了传统模式的以下主要不足点：

1) 在设计阶段，很多设计专业人员不具备控制工程成本的能力，使项目超预算；

2) 设计人员及其咨询工程师缺乏施工经验，导致高成本、不合实际的详图及过多的变更；

3) 在传统的总价合同中，由总承包商领导分包商的方式缺乏灵活性；

4) 采用阶段施工无法满足工期紧迫的需要。

(2) CM 方式的中心在于 CM 经理的使用。由于 CM 经理的参与，打破了传统模式中的业主、工程师、承包商的固定关系，一种新型关系出现了。在选定 CM 经理时，业主应仔细客观的审查 CM 经理的资质，尤其应注意其在类似项目的所有阶段中与建筑师和工程师一同工作的经历，并将合同授予最具资质且其报价亦可接收的 CM 经理。

(3) CM 方式可有多种不同的实现方式。业主可根据工程项目的具体情况选用。主要形式有两种：

第一种称为代理型 CM 方式（'Agency' CM）。如图 1-2（*a*）所示。这是一种较为传统的形式，或称为纯粹的 CM 方式。采用这种形式时，CM 经理是业主的咨询人员和代理，提供 CM 服务。业主与 CM 经理之间的服务合同是以固定费或比例费方式计费的。业主和总承包商签订所有的工程施工合同。采用这种方式，CM 经理可只提供项目某一阶段的服务，亦可提供全过程的服务。采用这种方式的优缺点如下：

1）优点：

①可自由选定建筑师、工程师；

②完善的管理与技术支持；

③在招标前确定完整的工作范围和项目原则；

④预先考虑施工因素 + 价值工程 = 节省投资。

2）缺点：

①在明确整个项目的成本之前，投入较大；

②CM 经理不对进度和成本作出保证；

③业主进行项目管理会导致风险增加；

④索赔与变更的费用较高。

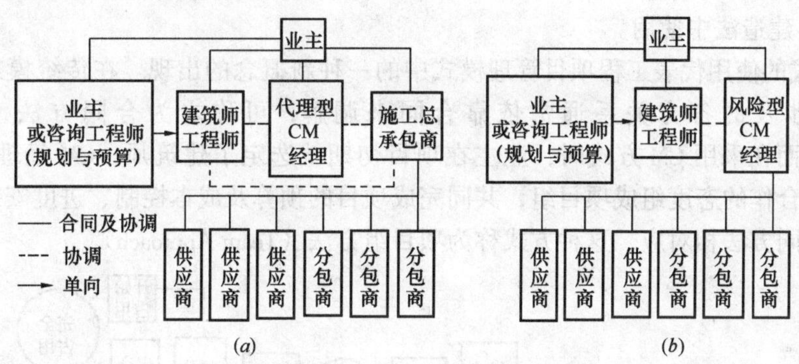

图 1-2　CM 模式的两种实现形式

（*a*）代理型 CM 方式；（*b*）风险型 CM 方式

第二种形式称为风险型 CM 方式（'At-risk' CM），实际上是纯粹的 CM 方式与传统模式的结合。如图 1-2（*b*）所示。采用这种形式，CM 经理同时也担任施工（总）承包商的角色，业主向 CM 经理支付佣金及专业承包商所完成工程的直接成本。CM 经理由于额外承担了保证施工成本风险而能够得到额外的收入。这种方法在英国称为管理承包(Management Contracting)，以区别于第一种方式。而第一种方式在欧美的名称是相同的。风险型 CM 方式的优缺点如下：

1）优点：

①完善的管理与技术支持；

②在项目初期选定项目组成员；

③预先考虑施工因素 + 价值工程 = 节省投资；

④采用竞争性招标；

⑤所节省的投资归业主所有；

⑥提前开工，提前竣工。

2）缺点：

①保证的成本中包含设计和投标的不定因素；

②高水平的风险型 CM 公司较少；

③业主过多地参与项目实施（可能卷入较多合同争议）。

(4) 采用风险型 CM 的公司通常是从过去的总承包商演化而来的。来自于咨询设计公司的 CM 经理则往往擅长采用代理制 CM。目前，大部分的 CM 部门已形成独立的机构，不再是咨询设计公司或总承包商的附属。因此，为了适应市场的要求，大部分的 CM 公司能够使用任何一种形式的 CM。

CM 方式是对传统模式的革新。采用 CM 方式，便于打破传统模式中设计与施工的线性关系，采用阶段施工法（又称快速建造法）时，设计与施工之间的传统界限被打破了。设计与施工从时间上搭接起来，从而提高工程设计、制造与施工的速度和效率，增加项目的经济效益。具体的过程如图 1-3 所示。

应当注意的是，CM 方式与阶段施工法并不是同一个概念。CM 方式是以使用 CM 经理为特征的工程项目管理模式，具有独特的合同关系和组织形式。阶段施工法只是在过去的线性施工法的基础上改进的一种项目实施顺序，不仅可在 CM 方式中使用，也可在其他模式，如设计-建造法中使用。

CM 方式的使用代表工程项目管理模式中的一种新概念的出现。在传统模式中，项目实施过程涉及的各方关系通常依靠合同来调解，可称之为合同方法（Contracting Approach）。而在采用 CM 方式时，业主在项目初期就选定了建筑师、CM 经理及承包商。各方以务实合作的态度组成项目组，共同完成项目的预算及成本控制、进度安排及项目的设计。与合同方法相对应，这种方式称为项目组方法（Team Approach）。

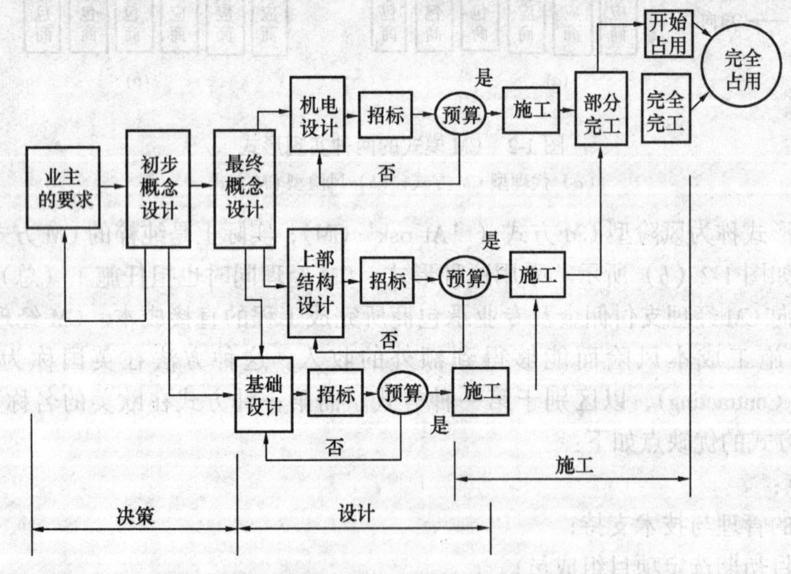

图 1-3　CM 模式中项目实施过程

项目组方法包括以 CM 方式、设计-建造方式为代表的多种工程项目管理方式。采用这种方式时，业主将其自身的项目人员、建筑师、CM 经理及承包商组织起来，形成一个项目组，共同完成项目。对于采用合同方法管理的建设项目来说，业主只能得到满足合同规定的工期、质量和进度要求的工程项目。而采用项目组方式可使业主尽可能地获得时间的节约、费用的节省及质量的提高。同时，业主有机会亲自对项目进程进行控制，在设计、施工等方面作出明智的决定。采用项目组方式，成功的关键在于参与工程项目建设的各方即项目组每一位成员采取全面合作的态度，都以项目的最终成功为己任，一切活动均以项目成功为目的。

3. 设计-建造方式（Design-Build Method）

（1）设计-建造方式是一种简练的工程管理模式。在项目原则确定以后，业主只需选定惟一的实体负责项目的设计与施工。设计-建造承包商对设计阶段的成本负责并以竞争性招标的方式选择分包商或使用本公司的专业人员自行完成工程实施。同样，设计工作亦可由承包商的内部机构完成或由与设计-建造承包商签订合同的专业设计机构完成。近年来，设计-建造方式在建筑业的应用越来越广泛，原因主要也是因为在设计-建造模式下便于采用阶段施工法。设计-建造方式的基本特点是在项目实施过程中保持单一的合同责任，同时，竞争仍然存在，因为在大多数情况下，大部分的实际施工工作都要以竞争性招标的方式分包出去。

在设计-建造合同中，业主应明确拟建项目的基本要求。这些要求将成为讨论、会见与选定设计-建造承包商的基础。业主应授权一个具有足够专业知识的专业人士代表业主，在项目期间作为与设计-建造承包商之间的联络人。在确定项目的细节时，业主应与设计-建造承包商紧密合作。业主及时审阅设计-建造承包商的送审材料，对整个项目的成功具有重要影响。

选定设计-建造承包商的过程比较复杂。如果项目中使用了公共资金，则业主必须采用竞争性招标的方式选择承包商。业主必须保证对项目要求的陈述清晰明确，以使得到的投标具有可比性。为了确保承包商的质量，还可确立正式的资格预审原则。此类原则应包括每一个承包商的专业经历、能充分证明承包商具有从事设计建造项目能力的资料、足够的财务能力以及为项目提供称职的专业人员。在私营项目中，业主可以采用邀请的方式选定承包商。可会见满足资质要求的承包商，根据前述原则选定最合适的且其酬金报价可接受的承包商。

经常提到的“交钥匙”方式（Turnkey）是具有特殊含义的设计-建造方式，即承包商为业主提供包括项目融资、土地购买、设计与施工直至竣工移交的全套服务。

设计-建造方式是一种项目组方式。业主和设计-建造承包商密切合作，完成项目的规划、设计、成本控制、进度规划、现场勘查等工作，甚至负责土地购买和项目融资。使用一个承包商对整个项目负责，避免了设计和施工的矛盾，可显著减少项目的成本和工期。同时，在承包商选定程序中把设计方案的优劣作为主要的评价因素，可保证业主得到高质量的完工项目。

（2）设计-建造方式的主要优缺点是：

1）优点：

①单一的项目责任；

②快速建造法：降低管理费、利息及价格上涨的影响；

③完全的控制；

④减少由于设计错误，疏忽和解释争议引起的变更；

⑤清晰明确的通讯；

⑥在项目初期选定项目组成员，连续性好；

⑦早期的成本保证；

⑧在项目初期预先考虑施工因素；

⑨减少对业主的索赔。

2）缺点：

①业主无法参与建筑师、工程师的选择；

②成本屈服于质量和设计；

③业主代表担任监护人的角色；

④工程设计可能会受施工者的利益影响；

⑤由于同一实体负责设计与施工，减弱了工程师与承包商之间检查和制衡作用；

⑥在某些地区，可能会受到某些法律或规定的限制；

⑦业主对最终设计和细节的控制能力降低。

设计-建造方式也有多种不同的形式，以适应不同种类的项目需要。大体可分为竞争型设计-建造程序和谈判型设计-建造程序。房屋建筑或装配式建筑常使用议标形式的总价合同。在工业建筑中则常使用成本加酬金或保证最大成本合同。

4. 设计-管理方式（Design-Management）。

设计-管理合同通常是指一种类似 CM 方式但更为复杂的，由同一实体向业主提供设计和施工管理服务的工程管理方式。在通常的 CM 方式中，业主分别就设计服务和专业施工过程管理服务签订合同。采用设计-管理合同时，业主只签订一份既包括设计也包括 CM 服务在内的合同。在这种情况下，设计师与 CM 经理是同一实体。这一实体常常是设计机构与施工管理企业的联合体。

采用设计-管理合同时，由多个与业主或设计-管理公司签订合同的独立承包商负责具体工程施工。设计管理人则负责施工过程的规划、管理与控制。可以将这种方式看作是 CM 方式与设计-建造方式的结合产物，可取二者之长。同 CM 方式和设计-建造方式一样，设计-管理方式也常常采用阶段施工法。

5.BOT 方式（Build-Operate-Transfer）

BOT 即建造-运营-移交方式。这种方式是 20 世纪 80 年代在国外兴起的一种将基础设施建设主要依靠国外私人资本的一种融资、建造的项目管理方式，或者说是基础设施国有项目民营化。它是指东道国政府开放本国基础设施建设和运营市场，吸收国外资金，授予项目公司特许权，由该公司负责融资和组织建设，建成后负责运营及偿还贷款。在特许期满将工程无偿移交给东道国政府。

目前，在世界上许多国家都在研究或已开始采用 BOT 方式。最早的例子是 1972 年完工的香港第一海底隧道工程，其他如菲律宾和巴基斯坦的电厂项目、泰国和马来西亚的高速公路、英法海底隧道和澳大利亚的悉尼隧道等数十个 BOT 项目已建成运营。

在我国，第一个以 BOT 模式建成运营的是深圳沙角电厂 B 厂，后续的项目有广西来宾电厂B厂等，各个部委和省市拟采用BOT方式加快基础设施建设的积极性很高，但由于在全世界也没有一套完整的模式，我国更是缺乏经验。因此，国家计委1995年颁布了“试办外商投资特许权项目审批管理有关问题的通知”。获得批准的BOT项目如广西来宾电厂B厂、湖南君山大桥和成都水处理厂等三个项目试点。

(1) BOT方式的结构框架和运作程序

图1-4是BOT方式的典型结构框架和运作程序。

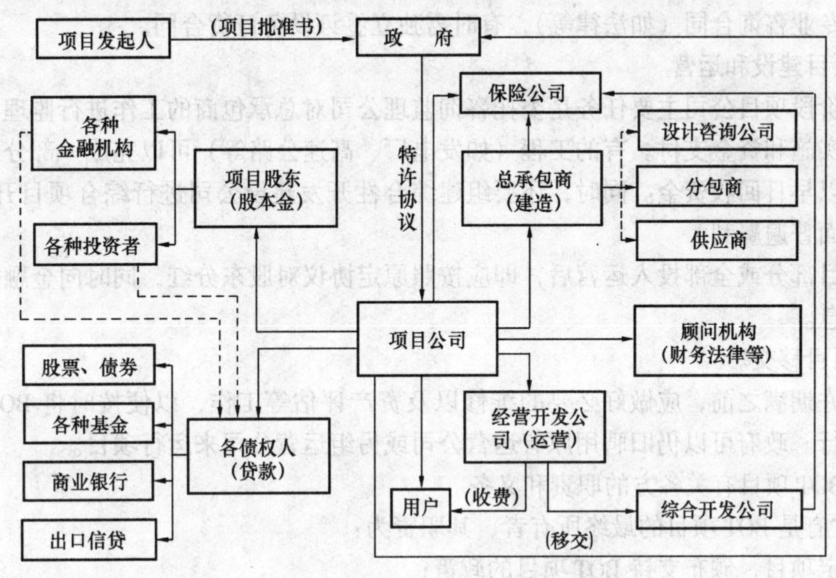

图1-4 BOT方式结构框架

1）项目的提出与招标。

拟采用BOT方式建设的基础设施项目一般均由当地政府提出，大型项目则由中央政府部门提出，往往委托一家咨询公司对项目进行了初步的可行性研究，随后，颁布特许意向，准备招标文件，公开招标。

BOT方式的招标程序与一般项目招标程序相同，包括资格预审、招标、评标和通知中标。

2）项目发起人组织投标。

发起人往往是强有力的咨询顾问公司与财团或是大型的工程公司。它们申请资格预审并在通过资格预审后，购买招标文件进行投标。BOT项目的投标显然要比一般工程项目的投标复杂得多，需要进行对BOT项目的深入的技术和财务的可行性分析，才有可能向政府提出有关实施方案以及特许年限要求等。同时，还要与金融机构接洽，使自已的实施方案，特别是融资方案得到金融机构的认可，才可正式递交投标书。在这个过程中，项目发起人常常要聘用各种专业咨询机构（包括法律、金融、财务等）协助编制投标文件。一般要花费一大笔投标费用。

3）成立项目公司，签署各种合同与协议。

中标的项目发起人往往就是项目公司的组织者。项目公司参与各方一般包括项目发起人、大型承包商、设备材料供应商、东道国国营企业。有时当地政府也入股。此外，还有一些不直接参加项目公司经营管理的独立股东，如保险公司、金融机构等。

我国目前在BOT试点阶段，国家计委规定：一律以外方独资方式组建项目公司。

项目发起人一般要提供组建项目公司的可行性研究报告，经过股东讨论，签订股东协议和公司章程，同时向当地政府工商管理和税收部门登记。

项目公司签订的主要协议有股东协议、与政府谈判签订的特许协议、与金融机构签署的融资协议、与各个参与方谈判签订总承包合同、运营养护合同、保险合同、工程咨询合同和各类专业咨询合同（如法律等），有时需独立签订设备订货合同。

4）项目建设和运营。

这一阶段项目公司主要任务是委托咨询监理公司对总承包商的工作进行监理，保证项目的顺利实施和资金支付。有的工程（如发电厂、高速公路等）可以完成一部分之后即开始运营，以早日回收资金。同时，还要组建综合性开发建设公司进行综合项目开发服务，以便多方面普遍赢利。

在项目部分或全部投入运营后，即应按照原定协议对股东分红，同时向金融机构归还贷款和利息。

5）项目移交。

在特许期满之前，应做好必要的维修以及资产评估等工作，以便按时将BOT项目移交政府运行。政府可以仍旧聘用原有运营公司或另组运营公司来运行项目。

（2）BOT项目有关各方的职责和义务

1）政府是BOT项目的最终所有者，其职责为：

①确定项目，颁布支持BOT项目的政策；

②选择项目发起人；

③颁布BOT项目特许权；

④批准成立项目公司；

⑤签订特许权协议——确定特许经营年限；

⑥对项目宏观管理；

⑦特许期满接收项目；

⑧委托项目经营管理部门继续项目的运行。

2）项目公司的主要职责有：

①项目融资；

②项目建设；

③项目运营；

④组织特许期内综合项目开发经营；

⑤偿还债务（贷款、利息等）及股份利润分配；

⑥特许期终止时，移交项目与项目固定资产。

3）融资金融机构：

融资金融机构包括商业银行、金融机构、国际基金机构等。一般一个BOT项目由多个国家的财团参与贷款，以分散风险。金融机构的作用如下：

①确定对项目贷款方式、条件及分期投入方案；

②在发起人拟定的股本金投入与债务比例下，对清偿能力作出分析，确定财团投入；

③必要时利用财团信誉帮助项目公司发行债券；

④资金运用监督；

⑤与公司签订融资抵押担保协议；

⑥组织专项基金会为某些重点项目融资。

4）承包商。

即总承包商，负责项目的设计-施工，有时也负责设备采购。

5）经营公司。

主要负责项目建成后的管理、收费、维修、保养。收费标准和制度由经营公司与项目公司签订。

6）开发公司。

负责特许协议中特许的其他项目的开发，如沿公路房地产、商业网点等。其收入纳入项目公司的总收益。

7）咨询公司：

①专业咨询公司对项目设计、建议、质量、融资方案等进行咨询，对施工进行监理；

②法律顾问公司替政府（或项目公司）谈判、签订合同。

8）代理银行：

①东道国政府代理银行负责外汇事项；

②贷款方财团代理银行代表贷款人与项目公司办理融资、债务、清偿、抵押等事项。

9）保险公司。

为各个参与方提供担保，担保特许协议无法预计的其他风险。

10）供应商。

负责向总包商提供材料、设备。

6. 项目管理方式（Rroject Program Management）

项目管理是指提供从项目发起开始，贯穿设计、施工、工程移交全过程，甚至延伸到设施管理阶段的范围广泛的咨询服务。项目管理服务的具体内容包括：确立项目目标、可行性研究、概念设计、选址分析、备选方案分析、咨询工程师的选择、估价、价值工程、施工发包分析、设计与施工监督、接收协调及设施管理等。

实际上，项目管理方式自身并不代表一种工程项目管理模式，而是为项目选定适当的工程项目管理模式的咨询服务。它可以为其他方式服务。例如，项目经理（Project Manager）可决定项目使用单一的总包合同进行，使用CM经理或采用设计-建造方式进行。做为咨询人员，项目经理通常不签订工程设计或施工合同，只是为业主管理这些合同。

通常采用成本加固定费或薪金乘数法计算对项目经理的报酬。选定项目经理的方法与选定CM类似，也是按照最具资质公司以及可接受的酬金报价的原则进行的。业主应仔细客观的审查对项目感兴趣的公司的资质，尤其应注意其在类似的项目中担任项目经理的经历。

订立项目管理合同时，业主应明确定义项目经理的工作范围以及以业主的名义履行的责任。业主应对项目经理提出的建议及时作出决定。

使用项目管理方式的优点是：

1）项目经理作为业主的咨询人员完全按照业主的意志规划、协调、管理、实施工程项目；

2）项目经理是业主机构的延伸，因此不再需要业主为项目另派雇员；

3）业主有选用具体的工程项目管理模式的自由；

4）业主选定有经验专业机构作为项目经理，可提高工程项目的管理水平。

使用这种方法时，业主必须注意选定的项目经理的雇员应具有足够的专业水平，能够胜任相应的服务，同时业主还必须仔细确定项目经理代表业主行使的职权范围。业主应仔细评估提交的服务范围、酬金、人工、与酬金有关的辅助服务的深度、可报销成本及服务。

项目管理模式是我国所推行的监理制度的母版。但是我国的建设监理（项目管理）的服务内容过于窄小，目前仅限于施工阶段的监督和管理。

1.1.2 各国工程项目管理的特点和采用的主要模式

上述工程项目管理模式在各国都有或多或少的应用，但由于各国的国情不同，建筑业都有自己的发展历史和特点，同一种管理模式在不同的国家往往呈现出不同的特征。研究其他国家，主要是经济发达国家及香港地区的工程项目建设的实施模式及其利弊得失，对我国的工程建设监理的发展有重要的借鉴作用。

1. 世界银行工程采购和 FIDIC 合同条件工程项目管理模式——国际工程通用模式

世界银行的工程采购方式是传统模式的代表，世界银行贷款项目的合同采用《FIDIC 土木工程施工合同条件》（红皮书）。其主要特点是在施工合同管理方面，确定以业主为一方，以承包商为另一方的合同关系，并由业主任命工程师对工程项目的施工进行监督管理。红皮书经过 40 多年来的修改再版，已成为国际土木工程界公认的合同标准格式，并得到世界银行及各地区金融机构的推荐。使用红皮书的特定要求是，业主任命工程师进行合同管理，工程师处于特殊的合同地位。一方面，他与业主之间有合同约束，以业主代表的身份工作，实质上是业主的雇员；但另一方面，他在合同法律所处的地位赋予他工作上的独立性，要求他自行作出决定，而不是偏袒合同的任何一方。因此，在 FIDIC 条款中，要求工程师处事公正，独立地判断和决定问题，并将这一行为准则作为工程师的职业道德。

为了适应国际工程项目管理发展的需要，国际咨询工程师协会于 1995 年最新颁布了适用于设计-建造模式的《设计-建造和交钥匙工程合同条件》（桔皮书）。

FIDIC 条款是世界各国土木工程建筑管理百余年经验的总结，作为国际土木工程实施的标准文本具有准确、严密、公正、保险等优点。

2. 英国——传统模式的代表

英国是现代建筑合同管理制度的发源地之一。以总承包商为基础的工程项目管理模式在英国已经有近 200 年的历史。至今许多国家和地区主要是英联邦国家，例如澳大利亚、新加坡和中国香港地区等，其建筑合同制度都始于英国。FIDIC 土木工程施工合同条款的最初版本就是以英国土木工程师学会（ICE）的合同条件为基础的。

英国建筑业的一些特点对工程项目实施的具体方法产生影响。由于艺术和工艺传统的影响，建筑师的设计工作深入细致到每一个细节并亲自监督施工，同时对标准做法和成熟的设计产品的使用持保留态度。这样的传统造就了一批著名的设计大师，但使整个建筑业的效率偏低。针对这一问题，引入了一些新型的工程项目组织方式，如 CM、设计-建造方式等。目前，前面提到的主要几种工程项目管理模式在英国都已有较为广泛的应用。

英国工程项目管理模式的一个重要特点就是工料测量师的使用。无论是在传统模式还是在新发展的模式中，工料测量师都起了独特的作用。英国传统的项目管理模式如图 1-5 所示。

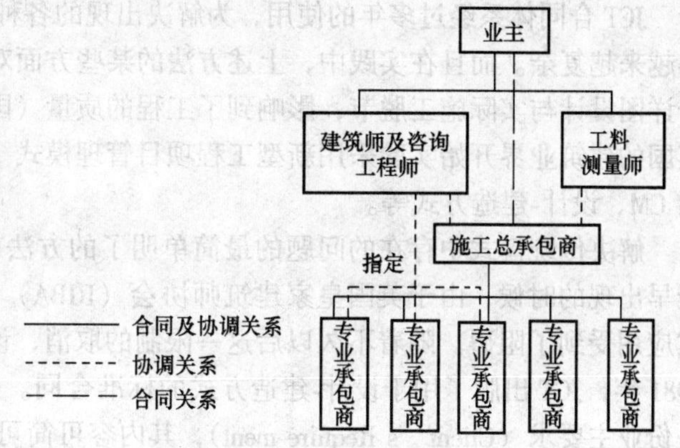

图 1-5 英国传统的工程项目管理模式

传统的总承包法在英国有近两个世纪的历史，是最为常用的一种工程项目管理模式。采用这种方法能够满足建筑师完全控制工程设计的要求。业主在项目初期首先选定建筑师，建筑师制定项目规划（Project Breif），即初步设计概要（Outline Scheme Design）。在此阶段，通常有工程设计咨询人员及工料测量师协助其工作。而这两类人员一般是由建筑师向业主推荐的，初步设计完成之后，工料测量师就开始制定成本计划（Cost Plan），确定如何使用业主的预算。

典型的设计队伍由建筑师、结构工程师及设备工程师构成。由于在现代建筑中使用的工业化的技术越来越多，设计队伍中也开始包括专业承包商，从而可以就上述问题向建筑师提供建议。建筑师负责管理整个设计过程，主要的交流工具是施工图，在各个独立的设计者之间传递。通过举行项目会议，讨论设计中出现的问题及下一阶段的任务。

作出有关设计的决策之后，工料测量师就对其成本影响进行估计并与已确定的成本计划相对照。如果发生超支，则或者改变设计或者改变成本计划。下一步的工作就是工料测量师编制工程量表，即根据建筑师和工程师的设计详细列出工程实施的每一个单项的工作量。在设计阶段专业承包商的介入使这一顺序过程复杂化了，建筑师可指定他认为适于担任某项工作的承包商做为分包商。此类分包商称为指定分包商。指定分包商的使用是英国传统模式的特点之一，在工程量表中包含一项成本价（Prime Cost）用于指定分包商负责的工程。因此，用于选定总承包商的招标的工程量表实际上包括了针对总承包商工作的详细列出的工作量，以及用于由建筑师指定的分包商的工程的固定总价。

工程量表以及详细的工程图纸是总承包商投标的基础。总承包商给工程量表中每一个单项标价，再加上成本价项目就构成了投标总价，总承包商的总价投标提交给工程师。工程师通常要求投最低标者提交已标价的工程量表，工料测量师对其进行检查以确保在计算总价时没有错误。该工程量表将成为与业主签订合同的基础。

合同是按照合同总额在工程师的监督下完成工程量表中所列的所有工程的协议。根据最常用的标准合同文件——与工程量表共同使用的 JCT 条款的规定，工程师可随时对工程实施变更，还规定工料测量师每月对工程进行估价，工程师向业主发出期中支付证书。总承包商将工程量表中的大部分具体施工分包给自行选定的专业承包商，使用成本价金额的工程分包给工程师指定的分包商。工程完工后，工程师发出相应的证书，业主对项目进行接收。工料测量师编制最终决算，其中考虑指定分包商完成工程的价格并根据工程量表中的单价对建筑师发出的变更进行估价。此外，由于指定分包商的使用，使合同管理的许多方面变得更为复杂。

JCT合同体系经过多年的使用，为解决出现的各种问题不断地进行修改，从而使之变得越来越复杂。而且在实践中，上述方法的某些方面对承包商往往是不公平的。同时，由于详图设计与实际施工脱节，影响到了工程的质量（国内亦有类似问题）。基于以上原因，英国的建筑业界开始实验采用新型工程项目管理模式（Alternative Procurement Methods），包括CM、设计-建造方式等。

解决传统模式中存在的问题的最简单明了的方法就是采用设计-建造法。在这种方法最早出现的时候，由于英国皇家建筑师协会（RIBA）规定工程师不得为承包商工作，使其应用受到了阻碍。随着不久以后这一限制的取消，设计-建造方式开始得到广泛的应用。1981年，JCT出版了用于设计-建造方式的标准合同。采用设计-建造方式时，业主应提出一份业主要求（Client’s Require-ment），其内容可简可繁，从一页纸直到全部的图纸和技术规范均可，业主的另一个主要职责是进行质量控制。

另一种解决办法就是采用CM方式。在英国，风险型CM模式（管理承包）的出现早于代理型CM，在1971年首次出现后取得了很大成功。经过20年的发展，已成为适用于要求提前竣工并且业主希望参与设计过程的大型复杂项目的常用组织方法。

引入管理承包的最初目的是为了协调业主和承包商的利益，也就是创造一个专业咨询人员的角色。由于实际的施工责任是由专业承包商承担的，专业承包商必须考虑相应的施工风险。有鉴于此，必须创造一个新角色。这一问题的解决依靠以酬金的方式雇佣管理承包商，使其为了业主的利益管理实际的施工过程。同时，向管理承包商支付专业承包商完成工程的实际成本以及建立和管理施工现场的基本费。这样，CM经理就能够像其他的咨询人员一样，只对其专业管理工作负责。

然而，在实践过程中，很多业主和专业咨询人员并不能够给予管理承包商以应有的信任。根据在1986年进行的一项调查表明，在很多工程中仍然雇佣工料测量师扮演其作为成本咨询人员的传统监督角色，直接对业主负责。同时也发现，让小型的专业承包商承担实质性风险也是不实际的。结果是业主不得不承担了过去应由承包商承担的一些风险。

从20世纪80年代早期开始，许多业主及其咨询人员开始要求管理承包商承担实质性的合同风险，包括专业承包商设计错误的责任，由劣质的工艺和材料造成的且业主无法从专业承包商处获得补偿的损失，完工的工程的缺陷及误期以及专业承包商的失误造成的后续影响的责任等，同时，还经常要求管理承包商议定固定数额的基本费，而实际上，基本费的内容和范围是很难确定的。

正是在这样的背景下，美国的CM方式，即代理型CM方式被引进了英国。如前所述，这种方法的组织结构相对简单。所有各方均有业主签订合同。CM经理是明确的咨询人员而不再是承包商，专业承包商通过直接与业主签订合同承担设计与施工责任。项目组的概念开始真正起作用。

代理型的CM方式在英国的实现也并非一帆风顺。从下文可发现，美国CM方式的实现依赖于称职的专业承包商，能够轻松地承担协调详图设计以及工程施工的责任。而在英国则缺少称职的专业承包商构成支持美国方式（CM 方式）的竞争性市场。英国的专业承包商主要是在总承包方式下发展起来的，因此习惯于依赖建筑师或工程师详细的详图设计及总承包商详细的施工现场管理。

3. 美国——CM 方式的典范

美国的工程项目管理方法代表现代西方工程项目管理的主流。前述各种模式在美国都有比较广泛的应用。美国是 CM 方式的发源地，也是成功地应用 CM 方式的典范。研究 CM 方式在美国的发展和应用，对于深入理解 CM 方式的特点有重要意义。

美国的建筑业以高速度、低成本建造高层建筑著称于世。美国方法实现的关键是依赖称职的专业承包商及标准化的过程与程序的广泛采用。这两点是实现简单高效的设计、制造与施工的基础。

美国工程项目建设的重要特点是充分发挥市场机制的作用。房屋首先是投资项目，其次才是建筑作品。这种优先顺序体现在整个设计、制造和施工过程中。例如，在指定专业承包商时，通常只规定基本要求，以防影响承包商寻找最经济的方法。为了有效利用竞争，把整个项目划分成相对独立的工作包。由不同的专业承包商负责不同的工作包设计、制造或提供所需的材料与构件并完成工程安装。承包商的设计工作由建筑师负责协调，工程的制造与施工由总承包商或通常在大型项目中，由 CM 经理负责协调。虽然这种协调工作对将完成的工程进行了详细的描述，但还是有许多问题留给专业承包商在项目进行过程中解决。尤其是在施工阶段，专业承包商必须保证其工程能够与其他承包商的工程在设计和管理方面良好衔接，这种双重的协调依靠项目涉及的每一方均能遵循公认的程序和标准。此类标准是全国通用的，并根据地方的惯例和常规加以修改。在各地，此类标准形成了具体、实用且紧密相关的系统。

美国方法的系统性和有效性依靠广泛使用成熟的技术。项目进行中不会为解决同样的问题进行重复地劳动。专业承包商使用他们熟悉的方法并在很多的程度上依赖能够在短时间内供货的材料与构件。同时，业主和建筑师也可有相当的自由设计出有个性的建筑。只要满足现有技术的要求，他们就可以在当地规划与建筑控制的范围内充分发挥其才能进行设计，且一定能够找到专业承包商有效的合作，将建筑师或工程师的想法及业主的进度计划和预算变为现实。

美国方法的实现依赖于建筑师、工程师、CM 经理及专业承包商在工作时的敬业精神。美国方法并不依靠详尽的书面文件来保证在现场工程开始之前考虑到每一个细节。对于许多业主来说，时间是项目成功的关键。因此，发明了快速建造法以使项目施工尽早开始。美国的惯例是专业承包商解决日常的施工问题是其正常工作的一部分。因此，当项目中出现困难时，正常的态度应该是集中精力寻找解决的办法。然而有时在实际应用快速建造法时却倾向于将问题升级，从而引起索赔与反索赔不正常的增加。这种倾向会引起合同过分复杂及防卫心理的产生，从而威胁到美国方法的简单性特点。

过分分散的建筑业同样会产生问题。从理论上讲，与业主签订的合同会调节与各方的关系。如果出现问题，可找相关的方面解决。但实际操作中，如果协调工作做不好，会导致严重后果。此时，CM 经理的责任就是将分散的各方联合成为整体，为业主服务。

美国的建筑师熟悉市场状况，他们不仅将其设计看作建筑作品，也了解其设计是影响投资项目成功与否的重要因素。美国建筑师了解占地面积、租金水平、建筑成本、利率及通货膨胀率对设计的影响。

在美国方法中，咨询人员提供完整的设计，但并不包括详图设计。专业承包商负责绘制施工图，说明将用于工程安装的具体部件。也可以由设计人员选定可采购到的标准化构件，但必须明确说明以使专业承包商能确认所选定的构件。无论采用哪一种方式选定构件，专业承包商都能明确了解所应选用的材料和构件，从而可寻找满足设计要求的价格最低的构件。

快速建造法要求的设计决策的速度和确定性可通过在设计中使用构件的标准详图来获得，这些详图储存在 CAD 系统中或称为 Sticky-backs 的手册中，设计人员可在其设计中方便地选用。采用标准详图的优势首先可以方便设计人员在检查其图纸时的质量控制，其次可以进行非常迅速的设计。例如，一座十五层的建筑，如果不使用标准详图，完成招标的全部工程图纸需要 18 个月，而采用储存于 CAD 系统的详图时，只需要一个月的时间。另一个方面，专业承包商可以根据标准设计随时采购到标准化的材料与构件，从而提高工作效率。

4. 日本——巨型建设公司的王国

日本的建筑业以可靠的质量和及时的竣工著称于世。这种声誉来自于几十年来不断努力发展批量生产：简单化、标准化和系统化。由于其东方背景，日本的建筑业的运行与西方的建筑业有较大不同。日本建筑业的成功是以“长期关系”为基础的。业主、总承包商、供应商、专业分包商及下级分包商在公司家族里保持几十年如一日的合作关系。这种长期关系是建立在相互信任、近似兄弟的关系基础上的。总承包商为其分包商的状况负责，总承包商制定严格的技术标准并帮助分包商加以实现。总承包商为分包商的工作支付公平的费用并保证其分包商能够盈利并有发展的机会。另一方面，分包商也努力工作，按规定的时间和质量完成工程。效率不是来自于公司家族内部的竞争，而是来自于研究如何合作才能有更高的生产率。年复一年的改进逐渐在日本形成了一个结构严整、共同繁荣的建筑生产体系。

日本建筑业中最重要的成员是大型建设公司。由于政府的支持等因素，日本的大型建设公司在建设业中的市场份额常年保持稳定。最为著名的是“六大建设公司”：鹿岛（Kajima）、熊谷组（Kumagai Gumi）、大林组（Obayashi）、清水（Shimizu）、大成（Taisei）和竹中（Takenaka）。六大建设公司的管理是日本工程项目管理方式的代表。六大建设公司的规模都很庞大，通常拥有超过 10000 名的工程师雇员，并能提供综合的设计和施工管理服务。实际上，六大建设公司能够进行土地购买、融资、概念设计、详图设计、制造与施工过程的管理以及维护并修理他们建造的工程等一系列的服务。

这些建设公司认为，最重要的投资是人才，他们雇佣大学毕业生并按公司的方法培训他们，提供终身雇佣，承担雇员的家庭、医疗、养老保险及总体福利的责任，支付高工资及与利润相联系的奖金，但同时要求员工对公司负责并绝对忠诚。

这些大型建设公司非常重视项目的详细设计和施工管理。承担项目建设的首要条件就是能够负责详图设计并管理从概念设计到完工的全过程。而实际上，这些公司正是通过对详图设计和施工过程的统一管理来获得高效率的。

在日本，大部分的概念设计是由受建设公司雇佣的建筑师完成的。业主也可以雇佣设计咨询机构完成概念设计，并在移交给建设公司之前完成详图设计。但通常的做法都是将概念设计与施工一同交给建设公司完成。日本工程建设的高效率的基础产生于详图设计和施工规划阶段。在制造与施工开始之前，设计的每一个细节都已经完成了，建设公司设计的详图采用其分包商熟悉的材料与方法，大量使用标准化的详图和规范。许多建筑中的做法都是统一的，对应标准化做法有相当成熟的施工技术，因此，在详图设计阶段就保证了建筑的施工不会发生困难。除了秩序井然的详图设计之外，施工方法也在制造和施工开始之前计划确定的。通过使用网络计划、横道图计划、施工方法图等手段使计划非常周密详细。

由于确信制造商及承包商会严肃对待他们的计划，日本的详图设计者和施工计划制定者努力全面考虑到工程的各个方面，标准化的详图设计和统一的技术规范使详图设计阶段的工作重点集中于寻找最有效的整体生产方法。仔细考虑每一项工作，以确保分包商有能力予以完成，详图设计和施工计划由公司总部或地区办事处的专家负责，随后负责具体施工过程的项目经理（Project Manager）将参与到这一阶段的工作，以便在工程开工之前就能深入了解他将要管理的活动。他有机会考虑每一项施工活动并对其进行简化以确保其分包商不会面临意料之外的新挑战或未纳入计划的工作。此处的项目经理似乎更类似于中国目前常见的项目经理，是承包商内部主要负责现场施工的管理者。在日本的建筑业中，详图设计与施工计划的整体性以及逐渐标准化、实用化的技术使整个建筑生产系统日益表现出惊人的高效率。

5. 法国——受保险制度影响的工程建设

在法国的传统观念中，建筑师是以艺术为基础的自由职业者。这种观念决定了法国建筑师在建筑业中的特殊地位。建筑师的数量较少且其主要工作是负责概念设计，建筑师负责提供规划图及一部分详图，但不提供施工图。

由于建筑师的主要精力集中在概念设计上，在法国的建筑业中占统治地位的是工程师，由工程技术局负责将建筑师的规划图及详图加工成施工图，工程技术局是大型的工程设计机构，通常有数百名雇员。许多工程技术局是归承包商或工业公司所有的，也有一些隶属于银行和保险公司。在公共领域则通常存在于业主机构的内部，除了完成工程设计这一基本任务之外，工程技术局还可提供一系列的工程服务。

建筑师的职能相对较弱，使工程师这一职业得到了发展的机会并在建筑业中扮演关键角色，工程师接受坚实的科学技术教育使之能够从事多种职业。在工程建设过程中，工程师负责房屋设计、结构设计、服务设施设计、项目管理及施工管理等工作。

法国传统的承包方式称为分别承包。其具体运作方式与通常的传统方式类似，但不同点在于不存在总承包商。业主与不同的专业承包商分别签订合同或与一组联合的承包商签订合同。每一个承包商与业主有直接的合同关系，而承包商之间无法律联系。总体的项目管理由施工技术局负责，而日常的协调工作由指定的某一个称为 pilote 的承包商负责，pilote 的责任是协调和监督现场施工的进行并保证施工图能及时到位。分别承包法使业主及其咨询人员能选择在各个专业领域有优势的分包商，也可以采用阶段施工法尽早开始工程施工。法国方法的一个特点就是在承包商的选定是以技术规范和概念设计图为基础的，因此，参加投标的承包商需要说明拟采用的详细设计。这样，竞争性招标就不一定是在相同的基础上了，从而也不一定要选择最低标。与公共项目有关的法律允许选择最合理的投标，这一点与其他国家的惯例有较大的差别。这种方法使承包商能够使用与他们的知识和技术相适应的详细设计及相应的施工方法。

分别承包法要求施工技术局与 pilote 认真规划、管理工程施工。如果现场上某一个承包商的工作延误的话可能会导致严重后果。在此情况下，其他承包商没有义务协助解决这一问题。由此产生的骨牌效应的后果是不堪设想的。

为了解决这一问题，也采用其他的一些合同组织形式，如像在美国和英国比较常用的那样，使用总承包商。另一种方法就是由相互独立的承包商联合承包工程的方式，即由不同专业的承包商共同对整个项目负责或仅仅共同签订一份合同而每个承包商仍只对自己的专业活动负责。但在工程实践中使用最多的仍然是分别承包法。这种方法仍然能够盛行的一个重要原因就是法国的强制保险制度。

1978 年的 Spinetta 法规定了以下三种强制保险：一年的完工保证；两年的功能保证；十年的缺陷保证。保险的责任涉及在工程项目中与业主有合同关系的每一方，包括建筑师、工程师、专业承包商、制造商及参与项目建设的任何人。保险的内容包括新建筑、改建与维修工程的结构失效以及建筑所在场地的破坏。项目涉及的任何机构都可能对项目中的缺陷承担责任，因此每一方都必须参加保险。

强制保险条款的使用可以保证业主不被牵涉到建筑业内部对责任的争执中去，业主的新建筑有十年的有效保证期。该系统耗资巨大，通常会使项目总成本增加 3%～8%。

建筑施工保险的运作是与监督局相联系的。在大多数项目中，业主直接雇佣某一个监督局，检查施工图纸并视察工程现场。监督局的雇佣虽然不是强制的，但如果项目的实施没有监督局的参与，则保险公司就可能会认为该工程可能威胁公共安全，而拒绝提供保险或保险费极高，监督局的参与及严格的保险制度保证了建筑工程的可靠质量。

1.2　国内工程建设监理与国外工程项目管理的类同与不同

1.2.1　国外工程项目管理的含义及其与监理的关系

实际上，笼统说工程项目管理这个词其确实含义是很难说清的。可以说一个工程项目所有参与方对工程项目都会发生管理行为，都可构成工程项目管理。政府、业主、承包商和其他咨询单位对工程项目管理，分别构成政府工程项目管理、业主工程项目管理和承包商工程项目管理。这些管理行为的主体（政府、业主和承包商）从不同角度对同一项目实施监督和管理，以确保各自目标的实现。他们各自在项目管理中地位、目的、方法是不同的。

业主作为工程项目管理的主体，它在项目管理的地位是投资者，是项目的所有者。它管理的目的是实现投资目的，追求最佳的投资经济效果，能尽快收回投资。这就是业主工程项目管理的含义。

业主的工程项目管理可以靠自身去进行，也可委托外界力量代替其进行。这种外界力量（或受委托的单位），正是咨询公司、总承包公司、项目管理公司或者是监理公司等。随着世界经济的全球化和工程项目的大型化，对技术与管理的要求也越来越高，这就使业主不愿意直接面对和处理设计、采购和施工等方面纵横复杂关系，而希望寻找由一方总负责、总协调。因此，近一二十年来不同种类的新型业主工程项目管理方法应运而生。

从国外现有业主工程项目管理方法来看，承包模式影响着对监理的需求。从 CM、MC、D + B、BOT 模式可以看出，业主可以大大的从烦琐的项目管理中解脱出来，这就必须增大业主对监理的需求。目前我国工程项目的承发包模式比较单一，导致监理工作的单一性，只能开展施工阶段监理，是有其必然性。

1.2.2 从业主 PM 看国外工程项目管理与我国建设监理的类同点

国际上工程项目管理名目甚多，要与我国的建设监理进行类比是很难对号的，所以有专家说，中国监理与国际接轨，接哪条轨？这里仅介绍英国皇家特许建造学会（CIOB）组织编的《PN 实用规范》里对 PM 解释，来看与我国建设监理的类同性。PM 即项目管理（Project Management）方式。从国际承包方主体的不同角度划分，有三种情形，即业主 PM、设计方 PM 和施工方的 PM。但人们通常所言的基本上都是业主方的 PM。其定义："对项目从项目初期到项目完成的全面计划、协调和控制，以满足业主的要求，即确保项目在允许的费用和要求的质量标准后按期完成。"从这个定义可以显著地看出，它与我国建设监理"三控制"——质量、投资、工期，协调管理是相似的。所不同点是，业主 PM 不是用"建设监理"名称完成的，而是由受雇于业主的项目管理公司来完成的，项目管理公司也是独立于设计、施工单位以外的第三方。

1.2.3 从德国的项目管理看国外工程项目管理与我国建设监理的不同点

同济大学建设监理研究所徐克全、东方的"中德建设监理和项目管理的比较分析与建议"一文，比较全面地分解了德国的项目管理与我国的建设监理区别，有助于我们了解国外项目管理与我国监理的不同点。见表 1-1。

中德二国工程项目管理比较 **表 1-1**

序号	比较内容	德国的项目管理	我国的建设监理
1	组织名称	项目管理咨询公司或事务所	工程建设监理公司
2	从业人员	从建筑师、结构工程师中划分出的具有工程经济与管理知识和经验的高层次的专业人士	一般从施工技术人员、建设单位基建管理人员转变而来。大多工程经验丰富，但工程经济与管理方面的知识和经验普遍不足，与国际惯例要求相比，差距较大，是知识密集型的实质性管理咨询服务
3	工作性质	知识密集型的实质性管理咨询服务	
4	服务对象	可以是业主、设计单位、施工单位或供货单位	业主

续表

序号	比较内容	德国的项目管理	我国的建设监理
5	作用	代表委托书的利益进行项目管理	应是代表业主方的利益进行项目管理
6	委托性质	自愿委托，政府	有些项目政府强制监理，有些项目自愿委托监量
7	委托方式	陈述与谈判	招投标竞争或直接委托
8	服务范围	已从传统的项目实施阶段的管理，向前延伸到项目决策阶段的策划，向后延伸到物业管理工作，但更侧重于项目前期工作	应是项目实施全过程，包括决策阶段和实施阶段，但目前主要局限于施工阶段
9	服务内容	三控制、两管理、一协调（属于传统的项目管理服务内容），近年又增加了项目前期策划、风险管理、物业管理等	根据规定应是三控制、两管理、一协调，但现阶段监理实践中绝大部分工作仅局限于施工阶段的质量监理
10	工作依据	建筑法、建筑师和工程师收费条例及相关的地方法规、技术规范、工程咨询合同及其他工程合同等	建筑法、建设工程监理规范、工程监理合同、技术规范及工程承包合同等
11	取费标准	根据专业学会制订的最低和最高收费标准，标准中没有包括的服务内容，收费水平与委托人自由协商	政府规定的收费标准
12	职业道德	专业学会制订的标准，要求严格	颁布过监理人员工作守则，但缺少有效制约

1.3 监理企业与国际惯例接轨的途径

1.3.1 入世给我国监理企业带来的机遇和风险

我国加入 WTO 后，给中国企业的发展带来很大的发展机遇，同时也构成了严重的风险。机遇来自中国加入世界贸易组织所享受的权利，而风险则来自于中国加入世界贸易组织应承担的义务。中国加入世界贸易组织所构成的权利与义务主要来自三个方面：首先，世界贸易组织运行机制中的基本原则，也就是非歧视、正当保护、稳定贸易发展、公平竞争、发展中国家作为成员的特殊待遇、地区贸易、以协商和裁决的方式解决贸易争端、例外保障措施、透明度等；第二，世界贸易组织的多边贸易协定与协议，也就是 1994 年的关贸总协定、纺织品服装协议、农产品协议、实施动植物卫生检疫协议、技术贸易壁垒协议、海关估价协议、进口许可证协议、反倾销协议、补贴与反补贴协议、保障措施协议、与贸易有关的投资措施协议、与贸易有关的知识产权协定、服务贸易总协定等，与监理有关的主要是服务贸易总协定、与贸易有关的投资措施协议、与贸易有关的知识产权协定；

第三，是中国加入世界贸易组织与各成员国已经签署的多边议定书。

建设监理是一个咨询服务行业，它的机遇和风险主要表现在：中国将与世界贸易组织的各成员国互相开放服务市场，各成员国的咨询公司可以很自然地进入中国的正处在高峰期的监理市场，同时中国的咨询监理公司也可以借机进入各成员国中工程建设热点地区，如东南亚、南美洲等，从而走出国门；中国的监理公司劳动力成本较低将成为一种竞争的优势；中国的监理公司可以在中国投资走向国际的“走出去”战略中大显身手；中国的监理公司将要和国际上几乎所有的监理公司同台竞争，既要应付国内企业的竞争压力，又要接受国外企业的挑战；不熟悉国际上工程建设的管理体制将是走出国门的最大障碍。

1. 监理咨询企业所面临的市场空间

随着我国综合国力的增强，加入世界贸易组织也使我国的投资规模会有较大的增长，我国的产业结构也将面临一次大的调整，国内市场对建设监理的需求仍将保持一定的规模，随着中国投资走向国际的同时，中国的监理咨询企业也可借此时机，参与国际咨询市场的竞争，拓展国际市场。具体表现在：

（1）我国工程建设的新建项目和技术改造项目具有较大的规模。我国的产业结构将要进行一场全面而又深入的结构调整，一些符合中国国情又有国际市场的新型产业必将出现，我国的工业建设项目仍将保持一定的规模，随着我国改革的深入和经济的增长而发展；在经过一定时间的发展之后，我国的基础设施和能源将再一次表现出薄弱和紧缺，基础设施的投入和能源建设将再现一个高潮。

（2）投资主体将更加主动地寻找监理和咨询服务。我国经济体制改革的深入以及经济全球化,投资主体已由国有投资为主改变为外资、私营投资、股份制投资和国有投资并列的格局,业主将更加重视投资的效益,业主为了减少人员成本,往往不再拥有或拥有很少的属于本单位的工程建设管理人员。工程建设的决策和管理更加主动地依靠专业的监理咨询公司。

（3）投资主体对工程建设监理的服务内容的需求呈现多样性。投资主体为了使自己的投资不出现失误，业主需要知道项目的市场需求；前景如何；项目的各种方案及其投资估算的利弊；需要对各种设备进行选型（性能价格比的分析）和采购（甚至包括监造、运输和办理各种报关投保手续）；需要对工艺方案和设计方案进行评审；进行项目的招标；工程项目实施的管理（包括办理各项审批手续和证件、委托勘察设计，办理施工场地的用水、用电，进行质量、进度和造价的控制）。

（4）加入世界贸易组织和全球工程建设投资的增加促进我国的监理咨询企业拓展国际市场。入世给监理咨询企业提供一张进入国际市场的通行证，这为我国的监理咨询企业拓展国际市场提供了机遇。

（5）监理咨询企业可借助我国的对外投资，打开进入国际咨询服务市场的突破口。自1995年以来，我国的对外援助方式进行了重大改革，实行援外方式的多样化、援助资金来源多样化和贷款方式的灵活多样化。大力推行政府贴息优惠贷款方式，援外项目合资合作的方式，以有经济效益的生产性项目为主，把援外投资、承包工程、贸易等互利使用结合起来实施对外援助项目。但是，我国的监理咨询服务还未能和援外投资充分结合。我们的监理咨询公司应利用本国投资的优势，主动地为援外项目提供各种所需的技术咨询服务，实现监理咨询公司走出国门的第一步。

2. 监理咨询企业所面临的不利影响

(1) 我国的监理咨询企业与西方发达国家的咨询公司相比,竞争能力比较低下。竞争能力是企业进入国际技术服务市场的决定性因素,长期以来,国际上的监理咨询或技术服务市场主要由西方发达国家所垄断,他们通过技术输出或资本输出,几乎占领了整个技术服务市场,一个非常重要的原因就是他们的技术优势,而我国的监理咨询公司成立时间不长,管理水平和服务能力仍然有待提高,在这种情况下,我国的监理咨询公司要和西方发达国家的咨询公司或项目管理公司同台竞争,我国的监理咨询公司将处在一个非常不利的地位。

(2) 我国的监理咨询人才将是国外咨询公司或项目管理公司争夺的对象。监理咨询公司所依靠的就是人才，纵观我国对外开放以来外国企业进入我国的管理模式，几乎均以吸引和招纳我国优秀的技术和管理人才为先导。利用我国的技术和管理人才为他们工作的好处有：成本低、能吃苦、企业包袱小，更重要的是他们了解中国的国情，对中国的业主、承包商等所有的合作对象的工作作风、办事方式、甚至个人喜好均有很好的认识，工作的效率往往要比不了解中国国情的外国人要高。所以一旦外国的咨询公司获准进入中国的监理市场，必将凭借他们的各种优势（如优厚的待遇，优越的工作条件）争夺我国优秀的监理咨询人才。

(3) 我国的监理市场不可避免要受到国际上咨询公司的冲击。根据我国的“入世”承诺，我国的咨询服务市场必须要向所有成员国开放，而中国就像一个大工地，巨大的工程建设市场必然吸引国外的咨询公司进来占有这一非常有前景的市场。

(4) 我国的监理咨询公司对国际咨询市场、国际监理咨询工作的规律和要求缺乏深入地认识和了解。我国的监理咨询公司成立时间比较短,主要从事国内工程的监理工作或咨询工作,由于投资体制和工程建设管理体制的差异,我国目前的监理工作或咨询工作的做法和要求与其他国家的做法和要求并不一样,几乎没有国际工程的监理或咨询工作经验。另外,几乎没有监理或咨询公司走出过国门承接过国外的监理或咨询业务,如何获得国外的工程信息,通过何种途径才能承接到国外的监理或咨询业务,监理或咨询公司几乎一无所知。

通过以上的机遇与风险的分析，可以看出我国加入世界贸易组织以后，监理咨询公司的机遇与风险并存，从目前来看，只要我国的监理咨询公司能够认清形势，摆正监理企业所处的位置，制定正确的入世后与国际惯例接轨的发展战略，提高自己的竞争实力，完全可以将风险转化为机遇。

1.3.2 我国建设监理工作的现状与监理企业竞争力的分析

我国引入建设监理制度以来，建设监理工作不论是监理企业的规模还是从业监理人员数量，不论是接受监理的项目数量还是所取得的监理效果等方面都取得非常巨大的成绩。

但是，对比国际上比较成熟的监理工作，我国的监理工作仍有很大的差距，我国的建设监理制度仍然处于初期阶段，有着较多的局限性有待突破和解决，监理咨询公司的竞争能力不足主要表现在以下几个方面：

1. 由于体制上原因，监理与咨询的界限没有打破，监理业务主要集中于施工阶段，甚至施工阶段的质量监理，监理的高智能服务得不到体现，监理咨询公司非常缺乏项目前期的咨询工作经验，更谈不上对国外工程的监理咨询经验。所能提供监理咨询服务的内容比较单一，不能满足各种业主的咨询要求。

2. 监理取费维持在一个较低的水平上，使监理公司难以发展，更难以吸引高层次人才投入到监理工作中来，使监理工作只能维持在低水平上循环。

3. 大多数监理公司的监理业务来源主要依赖于政府关于强制监理的规定，业主仍然或多或少地拥有工程管理人员，完全主动地委托监理的需求不旺，由于受我国的监理咨询公司所能提供的技术服务的内容和水平的限制，如果没有政府关于强制监理和资质条件的限制，真正想委托监理咨询公司进行工程管理的业主（如外商）往往更趋向于委托国外的咨询公司或项目管理公司。

4. 我国的监理咨询人员的业务能力有待提高，真正既精通工程技术、法律、经济、管理知识，又有较强管理能力和丰富管理经验的监理咨询人员非常之少，监理咨询人员的外语水平和计算机应用能力均显不足。也就是说，目前的大多数监理人员尚不能提供高智能的工程项目建设的咨询服务。

5. 监理咨询公司的人员结构不够合理，一是绝大多数监理人员只能提供施工阶段的质量监理，监理咨询公司缺乏市场调研人员、各种方案设计和方案评审的专家、经济评价和投资估算人员、融资管理人员、法律专家等；二是人员年龄结构不合理，中青年骨干不足；三是监理咨询人员主要是专职人员，缺乏兼职的专家。

1.3.3 监理企业与国际惯例接轨的措施

1. 摈弃被动等待与适应，树立主动进取的观念，积极开拓新的市场。市场经济的本质就是竞争，被动地等待不可能在竞争中拥有主动地位，要主动地学习分析世界贸易组织的规则和各种协议，分析入世以来对我国的经济形势和世界经济的影响，主动寻找新的市场，尤其要改变一些企业过去靠非市场关系（如政府保护）生存和发展的观念，遵守国际法规和国际惯例。

2. 将目前的监理咨询服务主要局限于施工阶段的监理活动扩展为真正的全过程、全方位的咨询服务。当前，我国的市场已真正按照市场经济规则运行，业主的需要就是我们的市场，研究和分析工程项目建设的各种业主的服务要求，向他们提供符合业主要求的各种技术和管理服务。要求所有的从业人员树立对业主的高度责任心，建立有效的服务质量保证制度。

3. 正确分析和预测监理市场情况，结合本公司的实际情况，正确制定本公司的发展战略。我国加入世界贸易组织后，监理市场发生了很大的变化，除了有竞争对手的变化之外，还有工程建设的行业的变化。监理咨询公司一定认识和预测这种变化，要根据本公司的战略，及时进行人才、技术和管理上的准备。

4. 吸纳和培养与公司发展战略相适应的高层次人才，形成施工监理人员与前期决策咨询人员兼备、在职项目骨干和兼职专家兼备的人才结构，提高公司的咨询服务能力。现代企业的竞争主要是人才的竞争，咨询服务企业更是如此，入世之后，国外的咨询公司参与了监理咨询人才的竞争，对此监理咨询公司一方面要制定政策吸纳各方面高素质的人才，另一方面还要制定稳定人才的政策措施。

1.3.4 监理企业开拓国际工程项目管理业务的途径

1. 制定正确的开拓战略。国际工程咨询市场是巨大的市场，我国目前的监理咨询企业还不具备四面出击的能力和条件，因此，监理企业的领导应该高瞻远瞩，认真分析国际工程市场形势，结合本企业的实际情况，制定开拓国际工程项目管理的战略。

(1) 发达国家的市场情况。发达国家已处于后工业化阶段，人均 GNP 高，大规模建设已基本完成，产业结构调整中已重点转向高附加值的智力密集型产业，尽管建筑业所占比重约为 3%～5%。美国政府十分重视建筑业在经济繁荣和吸纳就业中的带动作用，美国著名经济学家罗斯托在其“经济成长阶段理论”中，把后工业化社会细分为“高额大众消费”阶段，以汽车为主导产业；“追求生活质量阶段”，以城市建筑业和服务业为主导产业，期望再创建筑业的辉煌。

未来西方国家建筑市场的绝对规模依然很大，随着产业结构和劳动力结构向智力型转移，将为发展中国家的建筑业提供可能的市场。东欧和中欧有可能随体制改革完成而出现经济复苏，但这类国家已基本上完成大规模基础设施和新建任务。

发达国家在战后重建时期所积蓄起来的大规模建设组织经验，工业化技术，施工力量，建材和设备制造能力，开始向国外释放。初期的海外工程主要由美、英等西方发达国家所垄断。项目管理的经验和实力都很强大。

(2) 发展中国家的市场情况。现在的不发达国家将可能起步进行工业化，咨询市场和建筑市场将逐步扩大，并可向发展中国家和发达国家进行贸易。发达国家在一定时期内可继续在特定的智力、技术密集型专业提供管理和服务，在 BOT 合同领域保持优势。最终，发达国家将成为建筑业的重要进口国。

北美市场因 20 世纪 80 年代建筑业盲目过热的投资，短期尚难摆脱混乱和恢复景气。南美如无北美资金注入，经济很难活跃，建筑市场有限。非洲建筑市场在一定时期内尚难活跃，如能从欧洲获得资金，北部非洲可能活跃。

亚洲市场被各国承包商看好，经济持续稳定的增长带来兴旺的建设需求，投资机会多。各国承包商尤其看好幅员广阔的中国建筑市场，并把中国视为未来亚洲经济的“旗舰”，东南亚（包括中国部分地区）将成为跨本世纪的海外承包主阵地。

此外，20 世纪 70 年代，中东国家凭借巨额石油利润，开始大兴土木，“购买现代化”。因本国的项目管理和咨询力量不足，这些国家一度成为国际大项目管理公司和承包商云集、角逐的重要场所。

(3) 战略要求。第一要有全球意识。我们国内市场现在已演变为国际市场，现在许多国外的项目管理公司都在中国开展项目管理，由于我国强制实行监理，这些项目实行的是既有项目管理，又有监理。但是，国外项目管理公司可以合资或独立承接项目的监理业务。同时，全世界 140 多个国家有我们的办事机构，我们要有全球意识。第二，要紧紧跟上信息时代。咨询企业靠的就是知识，因此，监理咨询企业的发展离不开信息，我们要多了解国际项目管理和咨询信息，要建立项目管理的国际情报信息网，包括项目信息网、材料设备信息网、价格信息网、法律法规信息网等。第三，要有脚踏实地的作风。国际市场中有欧洲、亚洲太平洋地区、南美、中东、北非等若干块。一个从未走出国门的监理咨询企业应该看清形势，结合自己的优势，选择一个或两个方向作为自己开拓方向，等待站稳脚根后再求更大的发展。

2. 与境外的项目管理公司合作是实现与国际惯例接轨的捷径。

在不熟悉国际工程项目管理业务的前提下，监理企业为了实现尽快掌握国际工程项目管理的程序、方法、有关要求及获得国际监理咨询业务的途径，监理企业应该适当放弃眼前利益，努力争取与境外的监理咨询公司合作。通过合作，可以提高自己的监理人员业务素质和水平；可以熟悉和了解工程所在国的工程建设管理体制和相关的法律法规；可以掌握工程项目管理的模式及其要求；可以掌握各种工程项目管理模式的程序和做法；从而获得国际工程项目管理的经验和业绩。

与境外咨询公司合作的途径有以下三种：

(1) 利用各自的优势，与境外项目管理公司合资或合作成立咨询公司，承接国内工程或国外工程项目。

(2) 就某一个工程项目（国内工程或国外工程），与国外项目管理公司开展合作，共同完成工程项目的咨询或监理任务。

(3) 与境外咨询企业或项目管理公司进行人员交流与合作。这在我国的一些设计院或院校已实行多年。但是监理企业要选择有培养前途的监理业务骨干进行交流，同时，要制定一些措施，拴心留人。

3. 在我国援外项目的“走出去”战略中，发挥监理咨询公司的重要作用，积累国际工程项目的经验。我国与发展中国家的经济合作主要体现在两个方面：一是我国的国家或企业提供资金援助而建设的项目，包括从策划到实施。二是国际金融机构提供资金的建设项目，决策由国际金融机构负责，我国可参与有关阶段的有关工作。在这两个方面，我们的监理咨询公司均可发挥重要作用。监理咨询公司应设法主动与国内出资单位、有关国际金融机构合作或资金受益国联系，为他们提供下列有关咨询监理服务：

(1) 协助资金受益国完成宏观经济以及部门、地区经济的调研工作，编制总体发展规划；对具体项目进行初步可行性研究。在此基础上为出资单位确定投资项目的优先次序；

(2) 进行项目的初步设计和技术、经济可行性研究，确定项目的基本特征和可行性；

(3) 为顺利实现项目的成功实施，提出资金受益国在政策、运作和机构设置方面应有哪些变化和改进；

(4) 进行项目实施阶段的监理或管理工作；

(5) 进行项目完成后的评估。

4. 加强对现有咨询监理人员的培训工作，建立监理人员再教育的制度。在对投资和工程咨询及监理执业人员进行资格认证和考核的基础上，加强对他们使用外语能力、出国独立工作能力的培训。

(1) 与国内有关金融机构和有关院校进行合作，加强对他们所从事的业务范围、工作程序及具体要求的培训。

(2) 与国外有关咨询公司或院校进行合作，请有关专家讲授有关国际工程项目管理的要求和方法及最近的发展情况。

(3) 通过国家的有关部门，与 FIDIC 协会、世界银行、亚洲银行、联合国有关专业机构进行联系，举办各种培训班。

5. 借鉴国际工程承包的经验和教训，选派一些业务骨干，到我国一些进入国际市场的施工承包单位，从事国际工程项目的施工管理工作，积极探索在国际监理咨询服务的规律和模式。我国的对外承包相对于咨询监理来说较早进入国际市场，有经验也有教训，监理公司应从中学习有关国际工程管理的规律和管理模式。

1.4 监理人员如何提高自身素质参与国际竞争

1.4.1 加强经济、法律、管理、计算机和外语方面的学习，具备扎实的基本功

我国的监理工程师，在一定程度上讲，专业技术与外国同行相比是不低的，但是，由于历史的原因，我国的许多监理工程师在技术经济、合同应用、索赔管理、法律法规、项目管理等方面的综合素质较差，尽管我国的监理工程师的资格考试的考试内容包括一定的技术经济、合同管理和项目管理的内容，但这种书面上的考试并不能促进能力的提高。同时，我国的监理工程师由于尚未走出国门，外语的应用水平和计算机应用水平也很差，相当一部分监理工程师，甚至一些常用的项目管理软件的名称都不知道。因此，应加强现代知识的学习。

1. 经济方面的学习。不仅仅是概预算的内容。要学习技术经济学、统计学、会计学、金融学、市场调查或预测等多门学科。除此以外，参与国际竞争时，还应掌握工程所在国对工程经济、投资分析、工程估价等方面的习惯方法，掌握国际融资和金融市场的汇率变化情况等。

2. 法律方面的学习。除了要学习中国的法律法规（民法通则、合同法、招标投标法、公司法、保险法、担保法、金融法、税法、土地管理法等）外，还要学习工程所在国的有关法律法规，学习国际私法、国际经济法、国际企业组织法、国际合同法、国际货物买卖法、国际技术转让法、国际金融票据法、国际货物运输法、国际保险法、海关法、国际劳动法的主要内容。学习和掌握国际经济纠纷的处理办法（国际商务仲裁和涉外诉讼等）。

3. 管理方面的学习。这是我国教育所缺少的。要学习管理学的基本原理、组织学、企业管理学、项目管理、运筹学、国际贸易、国际工程市场学、市场调查或预测、网络计划技术等内容，还应掌握 ISO9000 系列标准的应用。

4. 计算机和外语是开展国际工程项目管理的重要工具。语言的沟通能力是项目管理工作的一个必备的重要能力。在信息化时代，项目管理人员必须掌握计算机来处理项目信息。如使用 MS-PROJECT 或 P3 等软件来处理网络进度信息，并计算或安排项目进度，使用预算软件来建立造价信息库和计算项目的有关费用，使用 CAD 绘图软件进行图纸管理、工程变更管理等。

1.4.2 研究有关国家的工程管理体制与咨询公司开展项目管理的做法

1. 研究各国的工程建设管理体制是开拓国际业务的先决条件

各国的工程建设管理体制是工程建设的大的政策环境，工程建设中的一切工作都是依

据工程建设管理体制的要求来进行的，包括工程师的行为、测量师的行为、建筑师的行为等。我国的监理工程师为了使自己完成的咨询工作、项目管理工作等符合工程所在国的建设体制要求，必须对工程所在国的建设管理体制进行深入地研究和学习。

各国的工程建设管理体制都有自己的形成过程，从而形成各自的要求和特点。监理工程师不仅要从法律、法规上学习和掌握各国的工程建设管理体制，还要从工程建设各方的工作惯例、政治经济背景、历史、甚至文化角度来深入研究和学习工程建设管理的要求。例如，有些国家对国有投资项目管理和私人投资项目的管理有非常大的区别，有些国家对公共项目投资管理很严，有些国家对外资项目的管理与国内投资项目有较大的区别。

2. 研究各国的合同条件和法律制度是开展项目管理的核心

在各国的工程建设中都广泛使用标准合同条件，在不同的国家，针对不同的工程项目，选用不同的标准合同条件。

(1) FIDIC 系列合同条件

FIDIC 系列合同条件是国际通用的合同条件，广泛应用于国际工程界，也是国内目前比较熟悉的合同条件之一。FIDIC 系列合同条件包括如下：

1)《FIDIC 土木工程施工合同条件》(红皮书)

该合同条件是基本的合同条件，采用单价形式，适用于土木工程施工。该条款的第一部分是通用条件，内容是各种工程项目普遍适用的规定。第二部分专用条件，用以说明与具体工程项目有关的特殊规定，世界银行、亚洲开发银行和非洲开发银行要求所有利用其贷款的工程项目，都必须采用该条款。

2)《FIDIC 业主/咨询工程师标准服务协议书》(白皮书)

该条款用于业主与咨询工程师之间就工程项目的咨询服务签订协议书。适用于投资前研究、可行性研究、设计及施工管理、项目管理等服务。也分为通用条件和专用条件两部分。

3)《FIDIC 电气与机械工程合同条件》(黄皮书)

该条款是 FIDIC 为机械与设备的供应和安装而专门出版的，在国际上亦得到广泛采用。

4)《设计-建造和交钥匙工程合同条件》(桔皮书)

该条款是为了适应国际工程项目管理方法的新发展而最新出版的，适用于设计-建造及交钥匙工程，亦即国内一般称为总承包工程项目之用。该条件适用于总价合同。

5)《土木工程分包合同条件》

该条款适用于国际工程项目中的工程分包，与红皮书配套使用。

以上几部合同条件目前都已经出版了中译本，后附英文合同条件原文。

(2) 美国 AIA 系列合同文件

美国建筑师学会在美国建筑业界及国际工程界有较高的威信。该学会制定发布的合同条件主要用于私营的房屋建筑工程，在美国应用甚广，影响很大。针对不同的工程项目管理模式及不同的合同类型出版了多种形式的合同条件。AIA 文件中 A 系列是用于业主与承包商的标准合同文件，不仅包括合同条件，还包括承包商资格报表，保证标准格式等。B 系列是用于业主与建筑师之间的标准文件，其中包括专门用于建筑设计、室内装修工程等特定情况的标准文件。C 系列是用于建筑师与专业咨询机构之间的标准文件。D 系列是建筑师行业内部使用的文件。G 系列是建筑师企业及项目管理中使用的文件。

AIA 系列合同文件的核心是“一般条件”(A201 等)。采用不同的工程项目管理模式及不同的计价方式时,只需选用不同的“协议书格式”与“一般条件”。AIA 为包括 CM 方式在内的各种工程项目管理模式专门制定了各种协议书格式。各种协议书格式与一般条件关系在这里不再多述。

(3) 美国 EJCDC 系列合同条件

美国的工程师合同文件联合会(Engineers Joint Contract Document Committee, EJCDC),是数个专业学术组织联合组成的一个委员会,包括美国土木工程师学会(ASCE)、美国专业工程师学会(NSPE)、美国咨询工程师协会(ACEC)、施工技术规程协会(CSI),以及美国私人工程师协会(PEPP)等组织。EJCDC 制定的《施工合同标准一般条件》,在美国工程界享有盛誉,主要用于工程类项目。

该系列合同文件中还包括分别用于固定总价及成本补偿方式的合同协议书标准格式、变更标准格式、基本竣工标准格式等文件。

除了用于传统模式的合同条件外,EJCDC 还专门出版了用于设计-建造模式的系列合同条件。

(4) 英国 ICE 系列合同条件

英国土木工程师学会(ICE)在土木工程建设合同方面具有高度的权威。它编制的土木工程合同条件在土木工程界有广泛的应用。除了 ICE 外,还有英国咨询工程师协会(ACE)、土木工程承包商联合会(FCEC)等参与 ICE 合同条件的制定。

ICE 合同条件属于固定单价合同格式。同 FIDIC 红皮书一样是以实际完成的工程量和投标书中的单价来控制工程项目的总造价。ICE 也为设计-建造模式专门制定了合同条件。

同 ICE 合同条件配套使用的还有一份《ICE 分包合同标准格式》,规定了总承包商与分包商签订分包合同时采用的标准格式。

(5) 英国 RIBA/JCT 系列合同条件

英国皇家建筑师学会(RIBA)是一个在房屋建筑业领域有高度权威性的组织,也是有悠久历史的学术机构。它出版的《建筑合同条件标准格式》对英国及许多其他国家的建筑业发展,起了很大的推动作用。

RIBA 合同条件的制定者,实际上包括 RIBA 在内的许多组织,如英国皇家注册测量师学会(RICS)、英国咨询工程师学会(ACE)、建筑业主联合会(Building Employers Confbderation),以及地方当局及分包商的代表。所有参加者组成一个合同审定联合会(Joint Contract Tribunal, JCT),以它的名义发表了《建筑合同条件标准格式》。因此,RTBA 合同条件又称为 JCT 合同条件或 RIBA/JCT 合同条件。

JCT 系列合同包含适用于各种建筑项目的一系列合同条件。同 ICE 合同条件相比,JCT 合同条件具有以下特点:

1) 对建筑师(相当于 ICE 合同条件中的工程师)的授权方面,JCT 合同对建筑师的授权较 ICE 对工程师的授权要少一些。这是因为建筑工程在实施过程中的风险比土木工程的风险要少一些,因此建筑师的临时决策权较少。

2) JCT 合同条件中的建筑师同 ICE 合同条件中的工程师一样,都负责工程项目施工中的现场监督（Supervision）。但JCT合同条件中的建筑师，有的只承担定期的现场监督职责，而将经常不断的监督工作改由承包商负责。

3）JCT合同条件通常采用总价合同的形式。它包括对工程项目的描述，附有工程量表，要求承包商据此提出合同总价。

4）JCT合同条件中包含一个《增值税补充协议书》，对税收作了详细规定。ICE合同条件对税收问题的规定较FIDIC合同条件详细，但也仅作为一个条款对其进行规定。

1987年，JCT发表了一份新的合同条件标准格式，用于管理承包模式，即相当于美国的风险型建筑工程管理模式。

除了上述在国际上有一定影响的标准合同条件之外，各国还有仅限于本国使用的合同条件，监理工程师也应对此进行研究。

合同纠纷是与法律制度紧密地联系在一起的，监理工程师还必须研究工程所在国的诉讼制度、仲裁制度、时效制度、审判制度，以便于正确地进行各种判断，公正地处理各种索赔和合同纠纷。

3. 研究各国的经济形势与市场变化规律，提高在国外进行工程咨询的能力

国外的业主非常重视项目的效益，为了确保项目的成功，业主往往要花费很长时间来进行项目的决策工作。如世界银行，世行的整个项目周期一般为5~10年。在包括贷款项目的选择、准备、评估、谈判、实施和监督、总结评价等六个阶段中，一般来说，其中选择、准备、评估阶段是关系到项目成败的关键。特别是可行性研究，所费精力和时间较多。而世界银行前期工作做得比较充分，要对项目的建设必要性、建设条件、工程技术、实施计划和组织机构作出估计，进行财务和经济评价，作出风险估计；还要对其环境影响、社会效益进行分析。在可行性研究中，应提出几个可供选择的方案进行比较和分析，推荐最佳方案，最后，编制一份详细的项目报告，即"可行性研究报告"。世界银行对可行性研究报告的编制要求十分严格，其投资费用的估算精度要达到10%之内（与理想的平均值相比）。世界银行专家经常指出，在项目管理中，选择、准备和评估阶段时间不是主要的，在项目实施中时间才是主要的。

一般说来，国外的工程项目的决策程序可以概括为三个阶段：

(1) 机会研究阶段。机会研究的目的是为了寻求项目投资机会，形成项目设想。机会研究又可分为一般机会研究和项目机会研究。

(2) 可行性研究阶段。对于大型复杂的建筑项目，有时又分为两个阶段进行可行性研究：

一是可行性初步研究——是对机会研究阶段提出的投资建议进行鉴别和估价，研究其投资机会是否有前途、项目概念是否正确、有无必要进行详细的可行性研究、投资建议是否可行，这是一种估算；从国家经济形势、国家的产业政策、包括世界经济形势对该项目进行取舍。

二是可行性研究——其任务是对可行性初步研究确定下来的项目进行全面而深入的技术经济论证（定方案、定规模、定投资、定地点、定工期、定效益），为投资决策提供重要依据。实际上这就是第三研究阶段。

因此，监理工程师为了进行准确的工程项目分析与估价，或提交一份完善的工程可行性报告，必须掌握工程所在国的政治经济形势、国际政治经济形势，以及市场的变化规律等许多经济方面的问题。

4. 研究工程所在地的工程习惯，针对性地开展项目管理工作

监理工程师除了研究各国与工程有关的法律、合同、政治、经济等方方面面的情况外，还要注意了解各国各地、甚至各民族的交易习惯、工程管理的习惯。例如，各个英联邦国家，虽然受到英国的法律、政治影响，但是仍然有许多本地的交易习惯，有些国家的习惯受到宗教的影响，如中东的国家。监理工程师必须搞清工程所在地的合同当事人是习惯于协商解决，还是习惯于诉讼解决合同纠纷，各地的业主更看重于工程的那一个方面等等。只有这样，监理工程师才能与当地的工程项目参与各方融入一道，才能与各方融洽相处，才能有效地开展项目管理工作。

1.4.3　尽可能参与国际工程的学习、访问或实践

国际工程的经验是非常重要的，监理工程师要利用一切机会参与国际工程的项目管理的实践。

1. 参加国内的国际工程或外商投资项目的项目管理工作，以取得国际工程的项目管理经验，但是，要注意不要仅把工作内容局限于施工阶段的质量控制工作，一定要借国际工程管理的机会，提高合同管理的水平，提高前期的项目策划水平，提高可行性研究的水平。

2. 利用与外国同行工作的机会，向外国同行学习项目管理的经验和做法。国外的一些知名的咨询公司的业务范围可能遍及世界各地，他们的咨询工程师具有较高的项目管理水平和丰富的项目管理经验，我们应该认真、深入、多方面地向他们学习。

2 工程监理相关法规及监理的法律责任

2.1 概 述

2.1.1 立法基础知识

1. 法律

全国人民代表大会和全国人民代表大会常务委员会行使国家立法权。全国人民代表大会制定和修改刑事、民事、国家机构和其他的基本法律。全国人民代表大会常务委员会制定和修改除应当由全国人民代表大会制定的法律以外的其他法律；在全国人民代表大会闭会期间，对全国人民代表大会制定的法律进行部分补充和修改，但是不得同该法律的基本原则相抵触。法律由国家主席签署主席令予以公布。

2. 行政法规

国务院根据宪法和法律，制定行政法规。行政法规可以就下列事项作出规定：

(1) 为执行法律的规定需要制定行政法规的事项；

(2) 宪法第八十九条规定的国务院行政管理职权的事项。

行政法规由总理签署国务院令公布。

3. 地方性法规

地方性法规可以就下列事项作出规定：

(1) 为执行法律、行政法规的规定，需要根据本行政区域的实际情况作具体规定的事项；

(2) 属于地方性事务需要制定地方性法规的事项。

省、自治区、直辖市的人民代表大会制定的地方性法规由大会主席团发布公告予以公布。省、自治区、直辖市人民代表大会常务委员会制定的地方性法规由常务委员会发布公告，予以公布。

4. 部门规章

国务院各部、委员会，中国人民银行，审计署和具有行政管理职能的直属机构，可以根据法律和国务院的行政法规、决定、命令，在本部门的权限范围内，制定规章。部门规章规定的事项应当属于执行法律或者国务院的行政法规、决定、命令的事项。部门规章由部门首长签署命令予以公布。

5. 地方政府规章

省、自治区、直辖市和较大市的人民政府，可以根据法律、行政法规和本省、自治区、直辖市的地方性法规，制定规章。地方政府规章可以就下列事项作出规定：

（1）为执行法律、行政法规、地方性法规的规定需要制定规章的事项；

（2）属于本行政区域的具体行政管理事项。

地方政府规章由省长或者自治区主席或者市长签署命令，予以公布。

6. 效力

（1）宪法具有最高的法律效力，一切法律、行政法规、地方性法规、规章都不得同宪法相抵触；

（2）法律的效力高于行政法规、地方性法规、规章。行政法规的效力高于地方性法规、规章；

（3）地方性法规的效力高于本级和下级地方政府规章；

（4）部门规章之间、部门规章与地方政府规章之间具有同等效力，在各自的权限范围内施行。

2.1.2 工程监理法规的初步框架

1988年，建设部根据国务院领导同志的指示，提出实施建设监理制，各地区和部门给予了积极的支持。经过十多年的努力，现在全国各省、市、自治区和国务院各个部、委、局、总公司都开展了建设工程监理工作，取得了很大的成绩，工程监理法规体系已基本形成。建设部颁布了监理单位资质管理办法、监理工程师考试与注册办法，逐步形成了一套监理队伍的资质管理与培训制度；1995年，建设部与国家工商局联合颁布了工程建设监理合同范本，2000年根据建筑法和合同法修订后又重新发布；建设部还与国家物价局联合颁发了工程建设监理取费的有关规定，从而规范了监理单位与业主之间的关系；建设部与国家发改委联合颁布了《工程建设监理规定》，特别是1997年11月全国人大通过的《建筑法》，载入了建设监理的内容，从而使建设监理在建设体制中的重要地位得到了国家法律的保障；2000年1月10日，国务院第279号令《建设工程质量管理条例》对工程监理单位的质量责任和义务作了详细的规定；除此之外，《合同法》、《招标投标法》等也都明确写上了工程监理；国家《刑法》第135条明确了对不负责任者刑事处分的内容。此外，《建设工程监理范围和规模标准规定》以及《建设工程监理规范》相继出台。同时，绝大多数地方政府或人大以及各部门，也制订了本地区、本部门的建设监理法规和实施细则，形成了上下衔接的法规体系，使工程监理工作基本上做到有章可循，保障其健康发展。2001年，建设部已完成修订监理单位资质标准以及监理工程师注册及考试制度。同时，建设部已组织编写了《工程监理招标投标的指导意见》，并组织开展了“中国建设监理发展战略研究课题”的研究。建设监理在我国仅仅开展了不足二十年，就形成这样的法规体系和基本框架，应该说是很不容易的，是难能可贵的。

2.1.3 监理工程师应知应会的法律知识

监理工程师从业应知应会的法律知识至少包括两个方面的内容：

1. 关于工程监理相关法规体系的内容，以使监理工程师全面掌握自身行业制度、原则、资质资格、行为准则及规范、职责与义务、工作规范、法律责任以及发展战略等；

2. 涉及工程建设领域相关法律知识。监理工作的一个重要依据就是国家及地方相关法律、法规、规章等，掌握这方面的法律知识，从而使监理工程师了解工程建设相关制度，熟悉工程建设各方主体的职责和义务及其法律责任，明了工程建设各方主体行为的合法与否，并依法做出监理工程师的独立判断。

缺少这两方面的法律知识，就不可能成为一个全面发展的优秀的监理工程师。

2.2 与工程监理相关法规的重要内容

2.2.1 工程监理制度

我国推行工程建设监理制，是我国建设领域继投资、设计、施工等多项改革后进行的又一项重大改革。其目的是为了加强对工程建设的管理，提高工程建设水平，充分发挥投资效益。1988年建设部提出，在全国范围内建立建设监理制。为了稳重起步，先在少数单位开展。起初是“八市二部”先行试点，其中包括上海市、北京市、南京市、电力部的水电系统和交通部门的公路系统等。经逐步发展，工程监理制度不断为人们所认识。在总理政府工作报告中明确提出把工程监理制度作为我国建设领域里的四项重要新制度之一，即项目法人制、招标投标制、合同管理制和工程监理制，现在全国31个省、自治区、直辖市全部推行了工程监理制度，国务院各工业、交通部门也都全面开展了工程监理工作。工程监理已经成为基本建设的一项重要程序，成为我国工程建设管理的重要一环。

《建筑法》明确规定国家推行建筑工程监理制度，并专门用一章的篇幅来写工程监理。作为国务院行政法规的《建设工程质量管理条例》，又用一章的篇幅对工程监理单位的质量责任和义务作了规定。工程监理制度已经成为建设管理体制中的一项基本制度，工程监理事业正在蓬勃发展。首先，全国已组建与锻炼了一支可观的监理队伍。其次全国多数大中型工程项目都实施了工程监理。目前监理工程规模已占开复工规模的86%左右，对提高工程质量、控制工程投资和工期起到了积极的作用。第三，实施工程监理制使工程项目的管理体制和运营机制得到了不同程度的改善。第四，实施监理的工程项目，都取得了比较明显的效果：一是减少了建设管理人员和管理费；二是实施监理所带来的建筑安装造价的节约，往往是监理费支出的几倍至十几倍；三是工程质量普遍得到了保证；四是节省了聘请外国人监理的费用。第五，积累了丰富的监理工作经验，一些监理单位的监理能力已达到世界水平。第六，工程监理得到了社会的普遍认可。

因此，从客观实际上看，无论是监理法规、规章建设的普遍性，或是实行监理的覆盖面；无论是监理队伍的规模，或是监理人员的素质和监理水平；无论是监理在现阶段经济建设中发挥的作用，或是对建立社会主义市场经济体制起到的重要战略意义，工程监理已经成为我国现实生活中的一种制度。国家把工程建设监理作为一种制度写入国家的《建筑法》，既是必要的，也是顺理成章的事。既然是国家大法规定的制度，那么，就要严肃地对待，认真地执行。如果说，《建筑法》实施之前由于种种原因而没有执行监理的有关规定，是可以谅解的话，那么，《建筑法》实施之后，不按《建筑法》中有关监理的规定执行，就是违法行为，就要追究其法律责任。

2.2.2 工程监理性质和地位

工程监理的性质和地位应该怎么来认识，温家宝同志有一段讲话，讲的非常全面。温家宝同志说："工程监理是借鉴国际工程项目管理经验，促进工程建设管理水平提高，保证工程质量和投资效益的重要措施。工程监理是受项目法人委托，对施工全过程进行监督，确保工程质量的一项重要制度。"这是对工程监理的性质和地位非常重要的论述。他又说："监理单位要对项目法人负责，是受项目法人委托的，同时它又是经政府审查认可，并赋予相应资质证书的机构，必须遵守有关的法律、法规和标准，独立履行其职责，对社会负责。"

监理单位是受业主委托的，同时监理单位又是经政府审核授予资质的，必须遵守法律法规，并有独立履行职责的权力，这在《建筑法》中有明确规定。同时，监理单位是受业主委托，但也不是什么都听业主的。如材料质量不合格，即使业主同意使用，如果监理工程师不签字，材料就不能用于工程之上，下一道工序就不能进行，总监理工程师不签字，不能拨付工程款和验收。这些都是《建设工程质量管理条例》里的规定。另一方面，过去监理单位和监理人员，在实行监理工作当中的权力，是借助国家领导人讲话，或者是借助于甲乙双方的合同来确定的，而现在已明确写入《建设工程质量管理条例》。如果违反了，在《条例》的罚则里有明确的处罚规定。《建设工程质量管理条例》把十几年来在实行监理工作方面的一些探索，借鉴国外的一些有益经验，利用法规的形式给予确定了。哪些工程必须实行监理，在《条例》关于建设单位一章里也明确了。这一切都是推进监理工作发展，规范监理工作运行的非常重要的动力。

2.2.3 强制监理

《建筑法》明确授权国务院可以规定强制监理的工程范围。国务院《建设工程质量管理条例》规定五大类工程必须实行监理。2001年1月17日，建设部颁布的第86号令《建设工程监理范围和规模标准规定》对强制监理的工程范围和规模标准作了进一步阐述。这些对监理工作的发展会起到很好推动作用。1999年下半年，建设部依据《建筑法》颁布了《施工许可管理办法》。由于当时《建设工程质量管理条例》还没有出台，对强制监理的范围尚无明确规定，尽管在该文中也提到了工程监理，但规定是很原则的。在明确了强制监理的具体工程范围和规模标准后，《施工许可管理办法》中就可进一步规定，凡必须实行监理的工程，如果没有委托监理，就不能颁发施工许可证，要用施工许可制度保证工程监理的推行。

2.2.4 国务院领导关于工程监理的讲话精神

国务院领导同志多次谈到工程监理工作，做了一系列的指示，对监理单位和监理人员提出了很高的要求。国务院领导同志对工程监理的方方面面都有重要指示：(1) 指出了工程监理制在社会主义市场经济体制中的重要地位，指出了实施工程监理制对保证工程质量，提高投资效果，实现国民经济两个根本性转变都有重大的战略意义；(2) 要求监理队伍必须提高素质，要加强培训和严格管理；(3) 要求工程项目要严格禁止“同体监理”，要用竞争方式选择具有监理资质的监理单位从设计开始实施全过程全方位监理，要依法订立监理合同，明确质量要求和责任；(4) 要求各地方各部门都要严格审查监理单位的资质，加强对监理单位的监督管理，对不符合资质条件的、弄虚作假的监理单位要取消监理资格，要严厉查处；(5) 要求监理单位和监理项目要层层建立领导责任人制度，切实把责任落实到每个工程段、每一个环节，出了问题，要追究行政和法律责任；(6) 要求监理人员要忠于职守，热情服务，要按作业程序进行监理、严格监理，不讲情面，不姑息迁就，不留隐患，对达不到质量要求的工程，不予签认，不支付工程进度款；(7) 对工程监理人员非常重视，非常关心。国务院领导同志曾表示，我是你们的后盾，支持你们，提高你们的地位。国务院领导同志的这些讲话精神，是推进监理事业发展和监理单位振兴的动力。监理工作者应认真学习，以增强责任心和使命感。

2.2.5 创建有公信力的名牌监理公司

国务院领导同志于 2000 年 6 月 24 日对工程建设的重要批示，其中关于工程监理的一段内容为我国建设监理事业指明了努力方向：……工程监理，不能只满足于有一些专家型的“无私无畏”的监理工程师，一定要建设行业性、有公信力的名牌监理公司。否则，中国的工程监理事业永远不能走上正轨，工程质量仍然缺乏保证。

这个问题，不仅仅是要创建出一批有公信力的名牌监理公司，更重要的是应以此来推动整个监理队伍素质的提高，推动我国工程监理水平的提高，这是一项十分重要的战略性任务。作为监理公司，要考虑现有人员的素质如何提高的问题，还应注意人才结构的调整问题。譬如说，如果现在来实施全过程、全方位的监理，现有的监理公司能否胜任；如果要开展设计阶段的监理，还要有做过设计的人员，去搞设计阶段的监理。所以，不仅要提高现有人员的素质，还应注意人才结构的调整。否则，很难适应监理事业发展的要求。

2.3 《建筑法》相关内容

2.3.1 《建筑法》颁布的意义及基本内容

《中华人民共和国建筑法》(以下简称《建筑法》) 于 1997 年 11 月 1 日颁布，1998 年 3 月 1 日施行。这是我国解放以来建设领域的第一部大法，从法制推进的历史意义上，我国建筑业从没有大法到有了这部法。《建筑法》颁布施行以来，在规范建筑活动，维护建筑市场秩序等方面起到了以往许多法规不可替代的作用。尤其是建筑法作为国家的法律，首先为建筑活动构建了一个基本的制度框架和法律基础，其后，配套法规的制订，《建筑法》的修订，都可以在这框架的基础上发展。客观上，这个框架或基础对全国建设立法工作的促进，对立法速度的推动，是显而易见的。

《建筑法》共8章85条。第一章总则共六条，是对《建筑法》的法律原则和有关法律概念的规定，其主要内容是《建筑法》的立法宗旨、《建筑法》的调整范围、国家对建筑活动和建筑业管理的基本政策等；作为《建筑法》主体的法律规范，为第二章至第七章共七十四条，对建筑许可、建筑活动主体、建筑市场、建筑工程监理、建筑安全生产管理、建筑工程质量及违反本法的法律责任作了具体规定；《建筑法》的第八章附则共五条，主要对《建筑法》的适用范围及生效日期等法律技术性问题作了规定。

2.3.2 《建筑法》中有关工程监理的条款

《建筑法》中有关工程监理的条款如下：

第三十条 国家推行建筑工程监理制度。

国务院可以规定实行强制监理的建筑工程的范围。

第三十一条 实行监理的建筑工程，由建设单位委托具有相应资质条件的工程监理单位监理。建设单位与其委托的工程监理单位应当订立书面委托监理合同。

第三十二条 建筑工程监理应当依照法律、行政法规及有关的技术标准、设计文件和建筑工程承包合同，对承包单位在施工质量、建设工期和建设资金使用等方面，代表建设单位实施监督。

工程监理人员认为工程施工不符合工程设计要求、施工技术标准和合同约定的，有权要求建筑施工企业改正。

工程监理人员发现工程设计不符合建筑工程质量标准或者合同约定的质量要求的，应当报告建设单位要求设计单位改正。

第三十三条 实施建筑工程监理前，建设单位应当将委托的工程监理单位、监理的内容及监理权限，书面通知被监理的建筑施工企业。

第三十四条 工程监理单位应当在其资质等级许可的监理范围内，承担工程监理业务。

工程监理单位应当根据建设单位的委托，客观、公正地执行监理任务。

工程监理单位与被监理工程的承包单位以及建筑材料、建筑构配件和设备供应单位不得有隶属关系或者其他利害关系。

工程监理单位不得转让工程监理业务。

第三十五条 工程监理单位不按照委托监理合同的约定履行监理义务，对应当监督检查的项目不检查或者不按照规定检查，给建设单位造成损失的，应当承担相应的赔偿责任。

工程监理单位与承包单位串通，为承包单位谋取非法利益，给建设单位造成损失的，应当与承包单位承担连带赔偿责任。

第六十九条 工程监理单位与建设单位或者建筑施工企业串通，弄虚作假、降低工程质量的，责令改正，处以罚款、降低资质等级证书或者吊销资质证书；有违法所得的，予以没收；造成损失的，承担连带赔偿责任；构成犯罪的，依法追究刑事责任。

工程监理单位转让监理业务的，责令改正，没收违法所得，可以责令停业整顿，降低资质等级；情节严重的，吊销资质证书。

第八十一条 本法关于施工许可、建筑施工企业资质审查和建筑工程发包、承包、禁止转包，以及建筑工程监理、建筑工程安全和质量管理的规定，适用于其他专业建筑工程的建筑活动，具体办法由国务院规定。

第八十五条 本法自 1998 年 3 月 1 日起施行。

2.3.3 对《建筑法》中有关工程监理内容的理解

1.《建筑法》中有关监理规定的特点

《建筑法》中有关监理的规定有其突出的特点，或者说，在四方面有着明显的突破。

第一个特点是，监理在《建筑法》中单列一章。新中国成立几十年来，第一次制定颁发《建筑法》。这既是以慎重的态度对待制定《建筑法》的需要，也是受客观条件约束的结果。我国改革开放以来，建设领域进行了多项改革，唯独把监理单列一章写入《建筑法》。随着监理的发展，尤其是人们对监理认识的深化，监理在建筑施工管理中显现了重要的位置。

第二个特点是，《建筑法》明确规定"国家推行建筑工程监理制度"。

第三个特点是，《建筑法》规定，工程建设要实行"强制监理"。由于认识的原因，相当一部分人总认为，工程要不要委托监理是项目法人的事，国家不要干涉，更不要在法规中强行规定某些工程一定要实行监理。这种观念在相当长的时间内存在着。可想而知，《建筑法》作出"国务院可以规定实行强制监理的建筑工程的范围"是多么必要。

第四个特点是，《建筑法》肯定了监理具有"公正的"特性。这是关系到发展监理事业的指导思想问题。强调监理的公正性，既是我国社会性质所决定，更是监理事业本身发展的需要。所以，《建筑法》规定，监理单位应"客观、公正地执行监理任务"。这既是对监理行为的要求，也是对监理具有公正性的内在基础的肯定。

2.《建筑法》中有关监理规定的理解

《建筑法》的第四章全部是有关监理的规定。在具体内容上，从监理含义的界定，到监理的依据、范围、内容和程序，以及监理的权力、义务、责任和行为规范等都作出了明确的规定。虽然《建筑法》中关于监理的表述文字不太多，但是，覆盖的范围很大，涉及的内容很丰富，有关问题阐述的很明确，推行监理的力度很强。这对监理制的全面发展具有非常重要的意义。

(1)《建筑法》中关于监理的调整范围

《建筑法》总则第二条第二款规定，"本法所称建筑活动，是指各类房屋建筑及其附属设施的建造和与其配套的线路、管道、设备的安装活动"。这是对《建筑法》的适用范围的规定。

按照现行汉语词典的解释，“建筑活动”的概念应当包括房屋建筑、土木建筑等所有工程建设活动，《建筑法》就应当适用于各类工程建设。然而，该法把“建筑活动”仅仅界定在房屋建筑的范围内。但附则第八十一条又规定“本法关于施工许可、建筑施工企业资质审查和建筑工程发包、承包、禁止转包，以及建筑工程监理、建筑工程安全和质量管理的规定，适用于其他专业建筑工程的建筑活动，具体办法由国务院规定。”根据国务院法制局和建设部建筑业司编著的“《建筑法》释义”，该款所说的“其他专业建筑工程”是指房屋建筑以外的建筑工程。无论这种解释准确与否，《建筑法》关于监理的调整范围，第一，各类房屋建筑，包括其他专业工程中的房屋建筑是确定无疑的；第二，由于国务院的其他各专业部门都在积极地推行监理制，也需要参照该法有关监理的原则规定。

我国开始推行监理制时，就明确是在整个工程建设领域内，是在工程建设的全过程中进行这项改革。所以，对监理制名称的科学界定，应当是“工程建设监理制”。

(2) 关于工程监理制

见第 2.2 节相关内容。

(3) 监理的范围和内容

1) 关于监理的范围。《建筑法》第三十条第二款规定，“国务院可以规定实行强制监理的建筑工程的范围”。这一款有三层意思：一是作为国家的大法，《建筑法》不宜把监理的具体对象都列出来，而责成国务院作出具体规定；二是明确指出，国务院要规定一些工程必须实行监理；三是可以推想，既然把监理作为一种制度推行，国务院必然规定对大多数工程实行强制监理，对于其他工程，当属于号召监理之列。

2) 关于监理内容。《建筑法》第三十二条规定，监理单位“对承包单位在施工质量、建设工期和建设资金使用等方面实施监督。”这就是通常所说的“三控”。可以说，“三控”是监理的工作目标，围绕着“三控”，还要进行合同管理、信息管理、以及协调有关方面的工作关系，这些都属于监理的工作内容。当然，在具体监理工作中，各个阶段，都有其不同的监理内容。

(4) 开展监理工作的依据

《建筑法》第三十二条规定，建筑工程监理应当依照法律、行政法规及有关的技术标准、设计文件和建筑工程承包合同，…这是对监理工作依据的具体说明。

1) 法律、行政法规。《建筑法》、《建设工程质量管理条例》及由国务院颁发的《工程建设监理条例》、以及地方人大或人大常委会通过的有关监理的《条例》等都是必须履行的法律、法规，都是开展监理的重要依据。另外，与工程建设监理活动相关的《合同法》、《公司法》、《城市规划法》、《招标投标法》等法律、法规也都是监理工作的依据。

2) 有关的技术标准。这里所说的技术标准，是指工程建设标准，包括对工程建设中各类工程的评估、勘察、规划、设计、施工、验收等所制定的标准。工程建设标准分强制性和推荐性的两种，都必须严格执行。

3) 设计文件。本款所说的设计文件，是指经项目法人认可，并报政府有关部门批准的施工图设计，还包括经有关各方确认的设计变更、工程洽商。这些文件既是工程施工的依据，也是监理的依据。监理单位根据这些文件对施工活动进行监督检查。

因为《建筑法》是界定工程施工阶段活动的行为规范，所以，设计文件是监理的依据。按照工程建设监理的总体概念，在设计监理阶段，设计活动，包括设计活动的产品

——设计图纸（设计文件）都是监理的对象。而设计监理的具体依据是设计合同、规划、有关经济技术指标等。

4）建筑工程承包合同。这是工程项目法人与施工单位根据合同法，结合具体情况，为完成商定的建设工程，协商签订的明确各自权利和义务的协议，包括履行过程中协商签订的补充协议，都具有法律约束力、双方当事人都必须认真履行合同。监理单位应当依据建筑工程承包合同监督双方当事人履行合同规定的义务。

(5) 监理的权利和义务

监理的权利和义务来自有关法律、法规和项目法人的委托两个方面。作为企业法人，除了法律、法规规定的应有的一般权利、义务外，监理还有其独特的权利和义务。

1）关于监理的权利。《建筑法》第三十四条规定，工程监理单位应当在其资质等级许可的范围内，承担工程监理业务。第三十二条还具体规定监理“…对承包单位在施工质量、建设工期和建设资金使用等方面，代表建设单位实施监督。”“工程监理人员认为工程施工不符合工程设计要求、施工技术标准和合同约定的，有权要求建筑施工企业改正。”总体而言，《建筑法》赋予监理三大权利，即承揽监理业务的权利；对工程建设的质量、工期、投资使用等方面的监督权利；要求承建商改正错误的权利。

《建设工程委托监理合同（示范文本）》（GF—2000—0202）第十七条、第十八条、第十九条对监理单位的权利给予了详细地说明。1995 年，建设部与国家计委联合颁发的《工程建设监理规定》对监理的权利也作了相应的规定。

2）关于监理的义务。《建筑法》第三十四条第二款规定“工程监理单位应当根据建设单位的委托，客观、公正地执行监理业务”。在工程施工阶段，《建筑法》第三十二条第三款规定监理有“发现工程设计不符合建筑工程质量标准或者合同约定的质量要求的，应当报告建设单位要求设计单位改正”的义务。《工程建设监理规定》也有有关监理义务的条款。《合同示范文本》更详细地明确了监理的义务。

2.4 《建设工程质量管理条例》相关内容

2.4.1 《条例》实施的意义及背景

2000 年 1 月 10 日，国务院以第 279 号令发布了《建设工程质量管理条例》。《条例》是新中国成立 50 多年来，国务院颁布的第一个专门规范建筑工程质量的法规，是《建筑法》颁布实施后第一个配套的法规。它从我国建设市场的实际出发，总结了我国工程质量管理的经验，借鉴了国际先进管理经验，运用了政府和市场两种手段保证建设工程质量。《条例》的颁布实施，对于我国进一步依法规范建设市场，提高建设工程质量，确保人民生命财产安全，提高投资效益，具有重大的意义。

《条例》出台的背景。《条例》的制定发布是落实国务院领导同志关于“改革、整顿、规范建设市场，确保工程质量”的指示而采取的重大举措。在我国建设工程质量管理的制度和方式都与市场经济的客观要求不相适应，与国外通行的做法有差距，尤其是建设工程质量的管理体制不健全情况下，《条例》作为《建筑法》的补充，覆盖各类建设工程、各方主体以及建设工程的各个主要环节。在两个体制转变过程中，在当时的条件下，在《建筑法》的原则规定下，《条例》的出台是我国建设工程质量管理的突破性成果。

2.4.2 《条例》的特点

1.《条例》体现了科学合理地调整范围和与之相适应的统分结合的管理体制。虽然我国的专业工程是由不同专业部门负责实施，但不同种类的建设工程，质量都是共性的。因此，质量管理必须统一管理，这也是符合国际惯例的一种做法；考虑到专业工程的特殊性，所以采取“统分结合”的方式，即“统一立法，分别监督”。《条例》规定国家实行建设工程质量监督管理制度。《条例》第43条规定：“国务院建设行政主管部门对全国的建设工程质量实施统一监督管理。国务院铁路、交通、水利等有关部门按照国务院规定的职责分工，负责对全国的有关专业建设工程质量的监督管理，县级以上地方人民政府建设行政主管部门对本行政区域内的建设工程质量实施监督管理。县级以上地方人民政府交通、水利等有关部门在各自的职责范围内，负责对本行政区域内的专业建设工程质量的监督管理。”这样，使多年存在的质量管理体制不清、责任不清的问题得到解决。

2.《条例》从工程建设的客观规律出发，明确和规范了参与建设工程各方主体的质量责任，构成了一个围绕工程质量的责任体系。工程质量和各方主体行为息息相关，尤其是建设单位要负整体责任的主要责任，而以前对建设单位的责任和义务缺乏明确的法律法规制约，给执法人员造成了很大的困难，《条例》弥补了这一缺憾。全国规范建设市场的检查结果表明，有86%以上的违规行为发生在建设单位。因此，《条例》特别明确了建设单位处于保证工程质量的主导地位。《条例》用了30条核定了与工程质量有关的责任主体的责任，其中：建设单位11条、勘察设计单位7条、施工单位9条、监理单位5条；《条例》覆盖了与工程质量有关的全过程，改变了过去抓工程质量偏重抓施工单位、偏重于技术性的状况；《条例》明确工程建设各方主体必须承担的质量责任和义务的同时，对参与各方主体的市场行为也纳入质量管理范围，实行市场行为管理和工程质量管理的有机结合。

3.《条例》强调了建设工程必须全过程严格贯彻国家技术标准。大量工程质量事故调查结果表明，没有严格执行国家有关技术标准是其重要原因。纵观发达国家的经验，他们高度重视执行技术标准对确保工程质量的重要性，将技术标准作为法规确保严格执行。因此，《条例》也作出了明确的规定。

4.《条例》明确了政府对工程质量监督的法律地位。20世纪80年代以来，我国逐步设立了政府工程质量监督制度，对确保工程质量起到重要的作用，但严格讲质量监督没有法律依据，《建筑法》对此也没有作出法律规定。《条例》给予政府质量监督以法律地位。同时，《条例》规定政府监督除重点监督建筑物结构安全、环保、消防安全外，还增加了审查施工图，这一工作由政府认可的专门机构来完成。

5.《条例》科学合理地设定了参与各方主体的法律责任、有法可依、有度限定，为完善质量责任追究制度落实到直接责任人身上提供了依据。《条例》加大了对违法违规行为的处罚力度，对违规的单位和个人处罚力度之大也是前所未有的。特别是对故意行为处罚更为严厉，并把对人的处理包括进去。《条例》的这一规定，对违法违规行为起到震慑作用。

《条例》的执法主体是建设行政主管部门和《条例》中涉及的有关部门，质量监督机构协助执法主体确保工程质量。

6.《条例》的颁布为建立符合市场经济要求的政府质量管理体制迈出了关键的一步，是政府质量管理的一项重要改革。

7.《条例》强化了工程建设监理在保证工程质量上的作用，同时，对建设工程在使用阶段各方主体的权利和义务作了明确规定。

2.4.3 工程监理单位的质量责任和义务

1. 工程监理单位应当依法取得相应等级的资质证书，并在其资质等级许可的范围内承担工程监理业务。

禁止工程监理单位超越本单位资质等级许可的范围或者以其他工程监理单位的名义承担工程监理业务。禁止工程监理单位允许其他单位或者个人以本单位的名义承担工程监理业务。

工程监理单位不得转让工程监理业务。

2. 工程监理单位与被监理工程的施工承包单位以及建筑材料、建筑构配件和设备供应单位有隶属关系或者其他利害关系的，不得承担该项建设工程的监理业务。

3. 工程监理单位应当依照法律、法规以及有关技术标准、设计文件和建设工程承包合同，代表建设单位对施工质量实施监理，并对施工质量承担监理责任。

4. 工程监理单位应当选派具备相应资格的总监理工程师和监理工程师进驻施工现场。

未经监理工程师签字，建筑材料、建筑构配件和设备不得在工程上使用或者安装，施工单位不得进行下一道工序的施工。未经总监理工程师签字，建设单位不拨付工程款，不进行竣工验收。

5. 监理工程师应当按照工程监理规范的要求，采取旁站、巡视和平行检验等形式，对建设工程实施监理。

2.5 应重点了解的工程建设基本制度

2.5.1 施工许可制度

1. 相关法规文件

(1)《建筑法》(1997 年 11 月 1 日中华人民共和国主席令第 91 号)。

(2)《建筑工程施工许可管理办法》(建设部第 71 号令)。

(3)《关于加强建筑工程施工许可管理工作的通知》(建设部建办建［1999］67 号)。

《建筑法》对领取施工许可证的工程范围、条件、施工许可证的时效等作出了原则规定。建设部于 1999 年 10 月 15 日以第 71 号令发布了《建筑工程施工许可管理办法》，该办法对建筑工程施工许可证申办的范围、提交文件、程序、时效及违章处罚等作出了规定。

为了更好地贯彻和执行《建筑工程施工许可管理办法》的各项规定，加强对建筑工程施工许可的管理，建设部办公厅发出了建办建［1999］67号《关于加强建筑工程施工许可管理工作的通知》文件。

2. 基本建设程序

凡规定必须申请领取施工许可证的建筑工程未取得施工许可证的，一律不得开工。任何单位和个人不得将应该申请领取施工许可证的工程项目分解为若干限额以下的工程项目，规避申请领取施工许可证。

对工程是否分解的判断标准是：招标工程应以招标的标的为申请办理施工许可证的最小单位，非招标工程以立项批准文件中批准的规模和投资作为办理施工许可证的最小单位。

3. 施工许可证申办的范围

在中华人民共和国境内从事各类房屋建筑及其附属设施的建造、装修装饰和与其配套的线路、管道、设备的安装，以及城镇市政基础设施工程的施工，建设单位在开工前应当依照规定，向工程所在地的县级以上人民政府建设行政主管部门（以下简称发证机关）申请领取施工许可证。

工程投资额在30万元以下或者建筑面积在300m^{2}以下的建筑工程，可以不申请办理施工许可证。省、自治区、直辖市人民政府建设行政主管部门可以根据当地的实际情况，对限额进行调整，并报国务院建设行政主管部门备案。

按照国务院规定的权限和程序批准开工报告的建筑工程，不再领取施工许可证。

4. 申领施工许可证应具备的条件

（1）已经办理该建筑工程用地批准手续；

（2）在城市规划区的建筑工程，已经取得建设工程规划许可证；

（3）施工场地已经基本具备施工条件，需要拆迁的，其拆迁进度符合施工要求；

（4）已经确定施工企业。按照规定应该招标的工程没有招标，应该公开招标的工程没有公开招标，或者肢解发包工程，以及将工程发包给不具备相应资质条件的，所确定的施工企业无效；

（5）已满足施工需要的施工图纸及技术资料，施工图设计文件已按规定进行了审查；

（6）有保证工程质量和安全的具体措施，施工企业编制的施工组织设计中有根据建筑工程特点制定的相应质量、安全技术措施，专业性较强的工程项目编制的专项质量、安全施工组织设计，并按照规定办理了工程质量、安全监督手续；

（7）按照规定应该委托监理的工程已委托监理；

（8）建设资金已经落实。建设工期不足一年的，到位资金原则上不得少于工程合同价的50%；建设工期超过一年的，到位资金原则上不得少于工程合同价的30%。建设单位应当提供银行出具的到位资金证明，有条件的可以实行银行付款保函或者其他第三方担保；

（9）法律、行政法规规定的其他条件。

以上对申请办理施工许可的条件，主要强调三个方面：一是加强工程的发包承包管理，对应该招标的工程是否实行了招标，应该公开招标工程是否公开招标等要严格审查；二是加强工程的质量和安全管理，按规定应该委托监理的工程都要委托监理，施工组织设计中要有相应的质量、安全措施，并按规定办理了质量、安全监督手续；三是建设资金要落实。

5. 申请办理施工许可证的程序

（1）建设单位向发证机关领取《建筑工程施工许可证申请表》；

（2）建设单位持加盖单位及法定代表人印鉴的《建筑工程施工许可证申请表》，并附有关证明文件，向发证机关提出申请；

（3）发证机关在收到建设单位报送的《建筑工程施工许可证申请表》和所附证明文件后，对于符合条件的，应当自收到申请之日起十五日内颁发施工许可证；对于证明文件不齐全或者失效的，应当限期要求建设单位补正，审批时间可以自证明文件补正齐全后作相应顺延；对于不符合条件的，应当自收到申请之日十五日内书面通知建设单位，并说明理由。

建筑工程在施工过程中，建设单位或者施工单位发生变更的，应当重新申请领取施工许可证。

6. 施工许可证的时效

（1）建设单位应当自领取施工许可证之日起三个月内开工，因故不能按期开工的，应当在期满前向发证机关申请延期，并说明理由，延期以两次为限。每次不超过三个月。既不开工又不申请延期或者超过延期次数、时限的，施工许可证自行废止；

（2）在建的建筑工程因故中止施工的，建设单位应当自中止施工之日起一个月内向发证机关报告，报告内容包括中止施工的时间、原因、在施部位维修管理措施等，并按照规定做好建筑工程的维护管理工作；

（3）建筑工程恢复施工时，应当向发证机关报告；中止施工满一年的工程恢复施工前，建设单位应当报发证机关核验施工许可证。

2.5.2 施工图设计文件审查制度

1. 相关法规文件

(1)《建设工程质量管理条例》(2000 年 1 月 10 日国务院令第 279 号)。

(2)《建筑工程施工图设计文件审查暂行办法》(建设部建设［2000］41 号)。

(3)《建筑工程施工图设计文件审查有关问题的指导意见》(建设技［2000］21 号)。

《建设工程质量管理条例》第十一条规定建设单位应当将施工图设计文件报县级以上人民政府建设行政主管部门或者其他有关部门审查。施工图设计文件未经审查批准的，不得使用。

建设部建设［2000］41 号文《建筑工程施工图设计文件审查暂行办法》以及建设技

[2000] 21 号文《建筑工程施工图设计文件审查有关问题的指导意见》对施工图设计文件审查作了详细而具体的规定。

对施工图设计文件进行安全和强制性标准执行情况的审查是建设行政主管部门对建筑工程勘察设计质量进行监督管理的主要途径和方式。建设单位应当将施工图报送建设行政主管部门，由建设行政主管部门委托有关审查机构进行审查。

2. 基本建设程序

施工图审查是政府主管部门对建筑工程勘察设计质量监督管理的重要环节，是基本建设必不可少的程序。

3. 审查的内容

施工图设计文件审查机构审查的重点是对施工图设计文件中涉及安全、公众利益和强制性标准、规范的内容进行审查。建设行政主管部门可结合施工图设计文件报审这一环节，加强对该项目勘察设计单位资质和个人的执业资格情况、勘察设计合同及其他涉及勘察设计市场管理等内容的监督管理。

施工图设计文件中除涉及安全、公众利益和强制性标准、规范的内容外，其它有关设计的经济、技术合理性和设计优化等方面的问题，可以由建设单位通过方案竞选或设计咨询的途径加以解决。

4. 审查程序规范化

(1) 建设单位向建设行政主管部门报送施工图，应有书面登录；

(2) 建设行政主管部门委托审查机构进行审查，应向审查机构发出委托审查通知书；

(3) 审查机构完成审查，应向建设行政主管部门提交技术性审查报告；

(4) 审查结束，建设行政主管部门向建设单位发出程序性审查批准书；

(5) 报审施工图设计文件和有关资料应存档备查。

5. 审查机构

审查机构分为甲、乙、丙三个级别。甲级审查机构的审查范围不受限制；乙级审查机构审查范围为建筑工程设计分级标准规定的二级及以下工程的施工图设计文件；丙级审查机构审查范围为三级工程的施工图设计文件。

6. 施工图修改

施工图一经审查批准，不得擅自进行修改。如遇特殊情况需要进行涉及审查主要内容的修改时，必须重新报请原审批部门，由原审批部门委托审查机构审查后再批准实施。

7. 验收

建筑工程竣工验收时，有关部门应当按照审查批准的施工图进行验收。

2.5.3 工程建设强制性标准监督制度

1. 相关法规文件

(1)《建设工程质量管理条例》(2000 年 1 月 10 日国务院令第 279 号)。

(2)《实施工程建设强制性标准监督规定》(建设部令第 81 号)。

大量工程建设质量事故调查表明，不严格执行国家技术法规是造成工程质量隐患和事故的重要原因。加强工程建设标准的实施监督，对保证工程质量具有十分重要的意义。为了更好地贯彻《建设工程质量管理条例》，建设部在 2000 年 3 月组织全国 150 多名专家对现行 700 余项工程建设标准进行摘录、筛选，编制完成了直接涉及工程安全、人体健康、环境保护和公众利益的《强制性条文》，共计十五个部分，包括城乡规划、城市建设、房屋建筑、工业建筑、水利工程、电力工程、信息工程、水运工程、公路工程、铁道工程、石油和化工建设工程、矿山工程、人防工程、广播电影电视工程和民航机场工程等部分。其中"房屋建筑"部分共分 8 篇，即建筑设计、建筑防火、建筑设备、勘察和地基基础、结构设计、房屋抗震设计、结构鉴定和加固、施工质量和安全，涉及 95 项现行强制性标准，条款共 1549 条。

2002 版强制性条文共分 9 篇、1444 条、107 项标准，与 2000 年版相比，保留 6 项，替换 33 项，新增 13 项，减少条文 82 条，占 2%，标准更新率达 42%。

《建设工程质量管理条例》对工程建设执行强制性技术标准作出了严格的规定，同时，根据违反强制性标准所造成后果的严重程度，规定了相应的处罚措施。这是迄今为止，国家对不执行强制性技术标准而做出的最为严格的规定。这使我国走上了行政管理和技术规定并重保证建设工程质量的道路，为根本上解决建设工程可能出现的各种质量和安全问题，奠定了基础。《强制性条文》将成为参与建设活动各方执行工程建设强制性标准和政府对执行情况实施监督的依据。列入《条文》的所有条款都必须严格执行，也就是说，如果不执行就是违法。

《工程建设标准强制性条文》是工程建设标准化工作的一次重要改革，是借鉴国际经验建立"技术法规-技术标准"模式的初步尝试。《条文》虽然是一个向技术法规与技术标准体制的过渡性成果，但启动了工程建设标准体制的改革，迈出了关键的一步。通过对其内容的不断完善和改造，将逐步形成我国的工程建设技术法规基本体系，与国际惯例接轨。

2000 年 8 月 25 日，建设部通过第 81 号部令发布《实施工程建设强制性标准监督规定》，对强制性标准监督检查作了详细规定。

2. 工程建设强制性标准定义

工程建设强制性标准是指直接涉及工程质量、安全、卫生及环境保护等方面的工程建设标准强制性条文。国家工程建设标准强制性条文由国务院建设行政主管部门会同国务院有关行政主管部门确定。

3. 新技术、新工艺、新材料的使用

工程建设中拟采用的新技术、新工艺、新材料，不符合现行强制性标准规定的，应当由拟采用单位提请建设单位组织专题技术论证，报批准标准的建设行政主管部门或者国务院有关主管部门审定。

4. 工程建设强制性标准实施监督机构

(1) 建设项目规划审查机构应当对工程建设规划阶段执行强制性标准的情况实施监督；

(2) 施工图设计文件审查单位应当对工程建设勘察、设计阶段执行强制性标准的情况实施监督；

(3) 建筑安全监督管理机构应当对工程建设施工阶段执行施工安全强制性标准的情况实施监督；

(4) 工程质量监督机构应当对工程建设、施工、监理单位和验收等阶段执行强制性标准的情况实施监督。

5. 强制性标准监督检查的内容

(1) 有关工程技术人员是否熟悉、掌握强制性标准；

(2) 工程项目的规划、勘察、设计、施工、验收等是否符合强制性标准的规定；

(3) 工程项目采用的材料、设备是否符合强制性标准的规定；

(4) 工程项目的安全、质量是否符合强制性标准的规定；

(5) 工程中采用的导则、指南、手册、计算机软件的内容是否符合强制性标准的规定。

6. 工程监理单位违反强制性标准的罚则

工程监理单位违反强制性标准规定，将不合格的建设工程以及建筑材料、建筑构配件和设备按照合格签字的，责令改正，处50万元以上100万元以下的罚款，降低资质等级或者吊销资质证书；有违法所得的，予以没收；造成损失的，承担连带赔偿责任。

2.5.4 建设工程质量监督管理制度

1. 相关法规文件

(1)《建设工程质量管理条例》(2000年1月10日国务院令第279号)。

(2)《关于建设工程质量监督机构深化改革的指导意见》(建设部建建［2000］151号)。

(3)《建设工程质量监督机构监督工作指南》(建设部建建质［2000］38号)。

《建设工程质量管理条例》明确规定国家实行建设工程质量监督管理制度，明确了在市场经济条件下政府对建设工程质量监督管理的基本原则。政府建设工程质量监督的主要目的是保证建设工程使用安全和环境质量，主要依据是法律、法规和工程建设强制性标准，主要方式是政府认可的第三方强制监督，主要内容是地基基础、主体结构、环境质量和与此相关的工程建设各方主体的质量行为，主要手段是施工许可制度和竣工验收备案制度。

2. 建设工程质量监督机构的性质

建设工程质量监督机构是经省级以上建设行政主管部门或有关专业部门考核认定的社会化、专业化的具有独立法人资格的事业单位。

建设工程质量监督机构接受县级以上地方人民政府建设行政主管部门或有关专业部门的委托，依法对建设工程质量进行强制性监督，并对委托部门负责。

3. 建设工程质量监督机构的主要任务

(1) 根据政府主管部门的委托，受理建设工程项目质量监督；
(2) 制定质量监督工作方案。建设工程质量监督机构应将质量监督工作方案通知建设、勘察、设计、施工、监理单位；
(3) 检查施工现场工程建设各方主体的质量行为；
(4) 检查建设工程的实体质量；
(5) 监督工程竣工验收；
(6) 报送建设工程质量监督报告；
(7) 对预制建筑构件和商品混凝土的质量进行监督；
(8) 受委托部门委托，按规定收取工程质量监督费；
(9) 政府主管部门委托的工程质量监督管理的其他工作。

4. 建设工程质量监督手续的办理。

建设单位在工程项目施工招投标完成后，申请领取施工许可证之前，到所在地建设工程质量监督机构办理工程质量监督登记手续，登记时，应向工程质量监督机构提交以下有关资料：
(1) 规划许可证；
(2) 施工、监理中标通知书；
(3) 施工、监理合同及其单位资质证书（复印件)；
(4) 施工图设计文件审查意见；
(5) 其他规定需要的文件资料。
监督机构对上述资料在七个工作日内审核完毕，符合规定的发给《建筑工程质量监督书》和《工程质量监督计划》。建设单位凭《建筑工程质量监督书》，向建设行政主管部门申请施工许可证。

5. 工程质量监督机构和监督形式改革的三个方面的主要表现

(1) 增加了施工图设计审查环节，废除了质量等级核验制度，改为竣工验收备案制；
(2) 监督的重点从实体检查向主体结构和质量行为转移；
(3) 在监督方式上采用政府认可的第三方强制监督，建立了质量监督工程师制度。

6. 工程质量监督机构和监督形式改革的三层内涵

(1) 监督形式的改变，对工程质量监督不是削弱而是加强。改革等级核验为备案制，正是为了解决事后核验的弊端而强化对设计图纸和施工过程的监督；

(2) 对监督机构和监督人员进行考核认定和进行监督，不是为了削弱质量监督机构和人员的地位与权力，而是对监督机构和人员的加强；

(3) 质量监督机构和监督方式的改革目的是为了工程质量切实得到保证和提高，而不是政府推卸和减轻责任。

7. 我国质量监督保证体系的三个层次

(1) 最低一个层次，是建筑市场的责任主体，即建设单位、施工单位等，要通过他们的质量保证体系来保证工程质量，这是最基层的，也是最重要的；

(2) 第二个层次是社会的。一方面是工程监理，是在社会层面对工程质量进行监督的，受建设单位委托对工程进行监督管理；另一方面是工程风险管理，就是工程质量的保险、担保，包括保修的担保等；

(3) 最高一个层次是政府监督。政府监督要做两方面的工作，一方面是立法、制定规章制度，另一方面是直接对工程质量进行监督，主要手段是施工图审查和施工过程的监督。

8. 质量监督工作性质、内容、方法、程序的转变

(1) 第一个转变就是由授权执法向委托执法转变。以前的监督机构是以委托机关的名义监督执法，对委托机关负责，由委托机构承担执法的后果；

(2) 第二个转变是由监督工程实体质量为主，变成既稽查实体质量，更重要的是还要查责任主体的质量行为，由抽查实体质量发现问题，追溯到责任主体的质量保证体系，督促其加强管理、健全机制，以保证体系的健全来保证工程质量；

(3) 第三个转变是由环环把关，向随机抽查转变。监督机构不再对工程的每一个工序质量进行把关，而是对基础（包括地基）、主体结构、环境质量，特别是涉及到结构安全的重要环节进行抽查，同时加大对每次抽查发现问题的处罚力度，真正起到政府监管的威慑作用；

(4) 第四个转变是由传统的“看”、“问”的检查方式，转向采用科学的检测仪器和设备，提供准确、有说服力的数据，增强监督检查的科学性和权威性；

(5) 第五个转变是由过去的“传、帮、带”的方式，转为执法监督，恢复执法主体地位；

(6) 第六个转变是由为建设单位核验质量等级，转为向备案机关提出备案报告，进行备案登记管理。监督机构由原来向建设单位出具核验报告，对建设单位负责转变成对委托机关负责。作为执法主体，受政府委托执法，而不是替各责任主体打工，建设单位是四方主体责任之一，是重点监督的一个对象。

有了以上转变，质量监督机构的性质也由责任主体向管理机构转变。

2.5.5 见证取样和送检制度

1. 相关法规文件

(1)《建设工程质量管理条例》(2000 年 1 月 10 日国务院令第 279 号)。

(2)《房屋建筑工程和市政基础设施工程实行见证取样和送检的规定》(建建［2000］211 号)。

《建设工程质量管理条例》第三十一条规定，施工人员对涉及结构安全的试块、试件以及有关材料，应当在建设单位或者工程监理单位监督下现场取样，并送具有相应资质等级的质量检测单位进行检测。2000 年 9 月 26 日，建设部发布建建［2000］211 号文《房屋建筑工程和市政基础设施工程实行见证取样和送检的规定》对取样和送检作了具体规定。

2. 见证取样和送检的定义

见证取样和送检是指在建设单位或工程监理单位人员的见证下，由施工单位的现场试验人员对工程中涉及结构安全的试块、试件和材料在现场取样，并送至经过省级以上建设行政主管部门对其资质认可和质量技术监督部门对其计量认证的质量检测单位（以下简称“检测单位”）进行检测。

3. 见证取样和送检的比例

涉及结构安全的试块、试件和材料见证取样和送检的比例不得低于有关技术标准中规定应取样数量的 30%。

4. 必须实施见证取样和送检的试块、试件和材料

（1）用于承重结构的混凝土试块；

（2）用于承重墙体的砌筑砂浆试块；

（3）用于承重结构的钢筋及连接接头试件；

（4）用于承重墙的砖和混凝土小型砌块；

（5）用于拌制混凝土和砌筑砂浆的水泥；

（6）用于承重结构的混凝土中使用的掺加剂；

（7）地下、屋面、厕浴间使用的防水材料；

（8）国家规定必须实行见证取样和送检的其它试块、试件和材料。

5. 见证取样

在施工过程中，见证人员应按照见证取样和送检计划，对施工现场的取样和送检进行见证，取样人员应在试样或其包装上作出标识、封志。标识和封志应标明工程名称、取样部位、取样日期、样品名称和样品数量，并由见证人员和取样人员签字。见证人员应制作见证记录，并将见证记录归入施工技术档案。

6. 送检及检测

见证取样的试块、试件和材料送检时，应由送检单位填写委托单，委托单应有见证人员和送检人员签字。检测单位应检查委托单及试样上的标识和封志，确认无误后方可进行检测。

检测单位应严格按照有关管理规定和技术标准进行检测，出具公正、真实、准确的检测报告。见证取样和送检的检测报告必须加盖见证取样检测的专用章。

2.5.6 工程竣工验收及竣工验收备案管理

1. 相关法规文件

(1)《建筑法》(1997 年 11 月 1 日中华人民共和国主席令第 91 号公布);

(2)《建设工程质量管理条例》(2000 年 1 月 10 日国务院令第 279 号);

(3)《房屋建筑和市政基础设施工程竣工验收备案管理暂行办法》(建设部令第 78 号);

(4)《房屋建筑和市政基础设施工程竣工验收暂行规定》(建建［2000］142 号)。

2. 工程竣工验收

《建筑法》第六十一条规定：交付竣工验收的建筑工程，必须符合规定的建筑工程质量标准，有完整的工程技术经济资料和经签署的工程保修书，并具备国家规定的其他竣工条件。建筑工程竣工验收合格后，方可交付使用；未经验收或者验收不合格的，不得交付使用。《建筑工程质量管理条例》第十六条进一步明确：建设单位收到建设工程竣工报告后，应当组织设计、施工、工程监理等有关单位进行竣工验收。对建设工程竣工验收应当具备的条件作了规定，并再一次强调建设工程经验收合格的，方可交付使用。

为贯彻《建筑法》和《建设工程质量管理条例》，规范房屋建筑工程和市政基础设施工程的竣工验收，保证工程质量，建设部出台了建建［2000］142 号《房屋建筑工程和市政基础设施工程竣工验收暂行规定》(以下简称《暂行规定》) 配套文件，对建设工程竣工验收作了详细而具体的规定。

(1) 工程竣工验收方法的重大变革

《暂行规定》规定，工程竣工验收由质量监督站的质量等级核定改为建设单位向当地建设行政主管部门备案的办法。一种新的运作模式代替了原来的模式。这个规定是具体贯彻《建设工程质量管理条例》的重要组成。它理顺了在市场经济条件下，政府、受政府委托的质量监督机构、工程建设参与各方在工程质量管理上的相互关系，明确了政府对建设工程质量监督管理的基本原则。

(2) 建设单位的竣工验收责任

《暂行规定》体现了我国现行工程项目建设管理体制的四大制度，即项目法人责任制、招标投标制、合同管理制、工程监理制中的首项制度的重要性。一般的建设单位均为项目法人，他既对项目投资决策负责，当然也得对项目的建设质量负责；项目完成后是否达到预定要求，可否竣工验收，当然也由建设单位自己说了算，由自己负责组织实施。但建设单位要受到国家的法律、条例、规定、标准等的约束，不能随心所欲，想什么时候验收就什么时候验收，想怎么简化程序就怎么简化程序。

(3) 质监站的任务

质监站的主要任务有九条。以往最突出的一条职责是核验工程质量等级，现在虽改为备案制度，但仍要现场监督工程竣工验收，而且监督的内容扩展了，包括对竣工验收的组织形式、验收程序、执行验收标准等情况都要进行监督。在工程竣工验收合格之日起15日内，还得向备案机关提交工程质量监督报告。可见，在监督过程中，质监站不仅要检查建设工程的实体质量，还要检查施工现场工程建设参与各方主体的质量行为。

(4) 关于竣工验收的要求非常全面、规范

《暂行规定》除第五条中第（一）、（五）、（六）三款以前都已明确以外，在第（二）款中则强调了施工单位的责任，要求其在工程竣工时必须提出竣工报告和签署工程质量保修书，并经项目经理和施工单位有关负责人审核签字。同时第（三）款为对实行监理的项目，应由监理单位提出工程质量评估报告，并经项目总监和监理单位有关负责人审核签字；第（四）款要求勘察、设计单位提出质量检查报告，也需由有关负责人审核签字；第（九）、第（十）款要求城乡规划行政主管部门、公安消防、环保等部门出具认可文件或准许使用文件；第（十一）款则明确了应完成由建设行政主管部门及其委托的质监站等部门提出的责令整改的全部问题。尤为突出的是其中的第（七）款，即“建设单位已按合同约定支付了工程款”，它既体现了甲、乙双方主体平等原则，又体现了各有关部门和参与各方的质量把关责任。

(5) 明确了竣工验收的实施程序

《暂行规定》从提交竣工验收报告、制定验收方案、通知质监站到组织竣工验收四道程序，非常明确。在具体组织工程竣工验收时，又详细地提出按照汇报情况——审阅资料——实地查验——全面评价——形成意见这样的步骤运作。不仅如此，《暂行规定》对每一个实施步骤的要求也提高了。譬如，以往一般的中小项目竣工验收，往往只是施工单位简略介绍一些工程情况，现在则要求建设、勘察、设计、施工、监理单位分别汇报，而且汇报的内容是工程合同履约情况和执行法律、法规和强制性标准的情况。又如，以往只审阅施工单位的技术资料，现在要审阅建设、勘察、设计、施工、监理等参与各方的工程档案资料。再如，以往只对施工质量作出评价，现在要求对勘察、设计、施工、设备安装质量和各管理环节作出全面评价，最后形成全体验收组人员签署的工程竣工验收意见。

(6) 明确了工程竣工验收报告的主要内容和应附文件

竣工验收报告应当包括工程报建日期，施工许可证号，施工图设计文件审查意见，勘察、设计、施工、工程监理等单位分别签署的质量合格文件及验收人员签署的竣工验收原始文件，市政基础设施的有关质量检测和功能性试验资料以及备案机关认为需要提供的有关资料。其一，在于不仅要阐明建设单位自身执行基本建设程序的情况，而且还要对工程勘察、设计、施工、监理等方面的工作作出评价；其二在于对施工图设计文件要有审查意见；其三在于要有施工、监理、勘察、设计各方的签字文件以及城乡规划、公安消防、环保等行政主管部门的认可文件；其四在于需要有一份验收组全体人员签署的工程竣工验收意见。

(7) 监理单位需做好的相应的本职工作

1）对工程质量进行评估，提出工程质量评估报告；

2）审核施工单位的技术档案和施工管理资料，并在施工单位向建设单位提交的工程竣工报告上签署监理意见；

3）在竣工验收会议上，汇报监理合同履约情况；

4）接受有关方面对监理档案资料的审查；

5）在验收组全体人员共同签署的竣工验收书上签字。

（8）监理单位协助建设单位的工作

1）制订验收方案；

2）协助通知当地工程质量监督机构；

3）协助取得城乡规划、公安消防、环保等部门的认可文件或准用文件；

4）协助组织竣工验收；

5）记录、归纳建设、勘察、设计、施工、监理等参与各方的工程合同履约情况和执行法律、法规和标准等情况的汇总材料；

6）协助审阅上述各参与方的工程档案资料；

7）协助组织实地工程质量查验；

8）协助业主对工程勘察、设计、施工、设备安装质量和管理环节等方面作出全面评价，协调各方意见，起草竣工验收意见；

9）协助编写工程竣工验收报告并收集有关文件；

10）协助业主向当地建设行政主管部门报送竣工验收备案文件。

（9）工程验收建设单位负责制在转轨时期的主要问题

1）现行法律对已具备竣工验收条件的工程建设单位故意不组织验收应如何处理并无明确规定；

2）业主“以质欺价”将难以避免；

3）以甩项工程为由不结算工程款的现象可能增加。

建设工程竣工质量由县级以上建设主管部门质量监督站评定核验并加盖质量等级核验章，这是我国计划体制沿用多年的习惯做法。由于质量等级由政府主管部门评定，承发包双方对评定的等级一般没有争议，其管理上的弊端是政府直接扮演市场主体角色，评定不当的后果由政府承担。但是此项传统的质量评定方法转变为由市场主体即建设单位负责评定后，由于新制度的配套管理规定没有及时跟上，转轨时期的新的矛盾即刻在市场中出现，承发包双方对工程质量竣工验收及评定等级的矛盾表现于不同的三个层面。

按《合同法》第279条的规定：“验收合格的，发包人应当按照约定支付价款，并接收该建设工程。”此项规定同时可以理解为：竣工工程质量未通过验收，承包人不应要求发包人结算工程款，发包人也不应当按照约定支付价款。于是，实践中已出现这样的情况：工程明明已经具备验收条件，由于发包人无钱支付大笔竣工结算应支付的工程款，便迟迟不组织竣工验收。现行法律对已具备竣工验收条件的工程，建设单位故意不组织验收应如何处理并无明确规定，这就很容易成为一个可能引起争议的立法空白。

3. 竣工验收备案管理

（1）竣工验收备案时间要求：

建设单位应当自工程竣工验收合格之日起15日内，向工程所在地备案机关备案。

(2) 建设单位办理工程竣工验收备案应当提交的文件：

1) 工程竣工验收备案表；

2) 工程竣工验收报告；

3) 法律、行政法规规定应当由规划、公安消防、环保等部门出具的认可文件或者准许使用文件；

4) 施工单位签署的工程质量保修书；

5) 法规、规章规定必须提供的其他文件。

商品住宅还应当提交《住宅质量保证书》和《住宅使用说明书》。

2.5.7 房屋建筑工程质量保修制度

1. 相关法规文件

(1)《建筑法》(1997年11月1日中华人民共和国主席令第91号公布)。

(2)《建设工程质量管理条例》(2000年1月10日国务院令第279号)。

(3)《房屋建筑工程质量保修办法》(2000年6月26日建设部令第80号)。

(4)《房屋建筑工程质量保修书》(示范文本)(建设部建建［2000］185号)。

《建筑法》第六十二条明确建筑工程实行质量保修制度。建筑工程的保修范围应当包括地基基础工程、主体结构工程、屋面防水工程和其他土建工程，以及电气管线、上下水管线的安装工程，供热、供冷系统工程等项目；保修的期限应当按照保证建筑物合理寿命年限内正常使用，维护使用者合法权益的原则确定。具体的保修范围和最低保修期限由国务院规定。同时，《建筑法》第六十条规定建筑物在合理使用寿命内，必须确保地基基础工程和主体结构的质量。建筑工程竣工时，屋顶、墙面不得留有渗漏、开裂等质量缺陷；对已发现的质量缺陷，建筑施工企业应当修复。

《建设工程质量管理条例》第六章用整章的篇幅对建设工程质量保修作了规定。第三十九条明确建设工程实行质量保修制度。建设工程承包单位在向建设单位提交工程竣工验收报告时，应当向建设单位出具质量保修书，质量保修书中应当明确建设工程的保修范围、保修期限和保修责任等。第四十条对在正常使用条件下，建设工程的最低保修期限作了规定。第四十一条规定建设工程在保修范围和保修期限内发生质量问题的，施工单位应当履行保修义务，并对造成的损失承担赔偿责任。第四十二条规定建设工程在超过合理使用年限后需要继续使用的，产权所有人应当委托具有相应资质等级的勘察、设计单位鉴定，并根据鉴定结果采取加固、维修等措施，重新界定使用期。

建设部第80号令《房屋建筑工程质量保修办法》以及建设部建建［2000］185号文《房屋建筑工程质量保修书》(示范文本)，对房屋建筑工程质量保修作了详细而具体的规定。

2. 房屋建筑工程质量保修的定义

房屋建筑工程质量保修是指对房屋建筑工程竣工验收后在保修期限内出现的质量缺

陷予以修复。质量缺陷是指房屋建筑工程的质量不符合工程建设强制性标准以及合同的约定。

3. 质量保修范围

质量保修范围包括地基基础工程、主体结构工程，屋面防水工程、有防水要求的卫生间、房间和外墙面的防渗漏，供热与供冷系统，电气管线、给排水管道、设备安装和装修工程，以及发包人与承包人约定的其他项目。

4. 在正常使用下，房屋建筑工程的最低保修期限

(1) 地基基础和主体结构工程，为设计文件规定的该工程的合理使用年限；
(2) 屋面防水工程、有防水要求的卫生间、房间和外墙面的防渗漏，为5年；
(3) 供热与供冷系统，为2个采暖期、供冷期；
(4) 电气系统、给排水管道、设备安装为2年；
(5) 装修工程为2年。
其他项目的保修期限由建设单位和施工单位约定。

5. 质量保修责任

(1) 属于保修范围、内容的项目，承包人应当在接到保修通知之日起7天内派人保修。承包人不在约定期限内派人保修的，发包人可以委托他人修理。
(2) 发生紧急抢修事故的，承包人在接到事故通知后，应当立即到达事故现场抢修。
(3) 对于涉及结构安全的质量问题，应当按照《房屋建筑工程质量保修办法》的规定，立即向当地建设行政主管部门报告，采取安全防范措施；由原设计单位或者具有相应资质等级的设计单位提出保修方案，承包人实施保修。
(4) 质量保修完成后，由发包人组织验收。

6. 保修费用

保修费用由造成质量缺陷的责任方承担。

7. 建设工程的保修期，自竣工验收合格之日起计算。

2.5.8 工程质量领导人责任制和终身负责制

1. 工程质量行政领导人责任制

对基础设施项目工程质量，实行行业主管部门、主管地区行政领导责任人制度。中央项目的工程质量，由国务院有关行业主管部门的行政领导人负责；地方项目的工程质量，按照项目所属关系，分别由各级地方政府行政领导人负责。如发生重大工程质量事故，除追究当事单位和当事人的直接责任外，还要追究相关行政领导人在项目审批、执行建设程序、干部任用和工程建设监督管理等方面失察的领导责任。

2. 项目法人责任制

基础设施项目，除军事工程等特殊情况外，都要按政企分开的原则组成项目法人，实行建设项目法人责任制，由项目法定代表人对工程质量负总责。

凡没有实行项目法人责任制的在建项目，要限期进行整改。项目法定代表人必须具备相应的政治、业务素质和组织能力，具备项目管理工作的实际经验。项目法人单位的人员素质、内部组织机构，必须满足工程管理和技术上的要求。

3. 参建单位工程质量领导人责任制

勘察设计、施工、监理等单位的法定代表人，要按各自职责对所承建项目的工程质量负领导责任。因参建单位工作失误导致重大工程质量事故的，除追究直接责任人的责任外，还要追究参建单位法定代表人的领导责任。

4. 工程质量终身负责制

项目工程质量的行政领导责任人，项目法定代表人，勘察设计、施工、监理等单位的法定代表人，要按各自的职责对其经手的工程质量负终身责任。如发生重大工程质量事故，不管调到哪里工作，担任什么职务，都要追究相应的行政和法律责任。

2.6 江苏省工程监理主要法规文件

2.6.1 工程监理法规体系

《建筑法》和《建设工程质量管理条例》以及江苏省出台的《江苏省工程建设市场管理条例》等法律、法规都有专门的章节，阐述了监理的地位、作用、职责、权利，是省监理工作的强有力的法律武器。此外，近几年江苏省还陆续制定和颁布了建设监理相关法规和规范性文件，如，《江苏省建设项目总监理工程师和临时总监理工程师管理办法》、《江苏省监理单位跨地区跨省经营管理暂行规定》、《江苏省建设监理单位综合考评办法》和《江苏省建设工程项目监理合同备案制度》等等，同时，转发了国家相关法规规章文件，初步形成了自身的法规体系，基本做到了各项工作有法可依，有章可循。尤其是《江苏省建设监理单位的综合考评办法》和《江苏省建设工程项目施工阶段监理现场用表示范表式》的制定和实施，对监理单位内部建设、经营管理和现场的监理工作提出了非常具体的规定和要求，使江苏省监理工作的规范化、制度化、科学化迈上新的台阶。

2.6.2 主要法规相关内容简介

1.《江苏省建筑市场管理条例》

《江苏省建筑市场管理条例》于 2000 年 4 月 22 日江苏省第九届人民代表大会常务委员会第十五次会议通过，自 2000 年 7 月 1 日起施行。

（1）与工程监理相关的内容

1）第十一条规定，监理业务的发包，以工程项目的单位工程或者标段为允许划分的最小发包单位。

2）第二十二条规定，从事工程造价咨询、招标代理、建设监理、工程检测等中介服务活动的机构应当依法设立，不得与行政机关和其他国家机关存在隶属关系或者其他利益关系。工程建设中介服务机构应当在资格（资质）证书许可的业务范围内承接业务并自行完成，不得转让。从事中介服务活动的专业技术人员，应当具有与所承担的工程业务相适应的执业资格，并不得同时在两个以上的中介服务机构执业。中介服务人员承办业务，由中介服务机构统一承接。

3）第二十三条规定，工程建设中介服务机构必须遵守法律、法规和国家政策，严格执行工程建设标准、规范和规程；遵循诚实信用的原则，按照合同的约定，办理受托事务，对提供的信息、数据、结论，出具的证明、报告或者其他文件的真实性、准确性负责，确保服务活动和工作成果的质量，保守技术秘密和其他商业秘密。工程建设中介服务机构收取中介服务费用应当按国家和省人民政府有关规定执行。

4）第二十四条规定，工程建设中介服务机构不得实施下列行为：①以他人名义或者允许他人以自己的名义从事中介服务活动；②同时接受发包人和承包人对同一工程项目的有关业务委托；③与发包人或者承包人串通，谋取非法利益；④法律、法规禁止实施的其他行为。工程建设中介服务机构不得与委托人的相对方有隶属关系或者其他利害关系。

5）第二十八条规定，工程建设监理实行总监理工程师负责制。监理单位应当派出具有相应执业资格的总监理工程师及其他监理人员进驻现场，从事监理业务。工程监理人员在监理过程中发现设计文件不符合工程质量标准或者合同约定的质量要求的，应当报告建设单位要求设计单位改正；发现工程施工不符合施工技术标准和合同要求的，监理人员有权要求施工承包人改正；发现工程上使用不符合设计要求及国家质量标准的材料设备，有权通知施工承包人停止使用。

6）第二十九条规定，工程监理人员在进行工程施工监理时，监理工程师应当对监理工程实行全过程跟踪监理；对重要工序和关键部位实行旁站监理。工程监理人员必须按照施工工序，在施工单位自检基础上，对分项、分部工程进行核查并验收签证。未经监理人员核验签证的，施工单位不得进行下道工序的施工，建设单位不拨付工程进度款。

（2）其他重要内容

1）第十二条规定，发包人不得实施下列行为：

①强令承包人、中介服务机构从事损害公共安全、公共利益或者违反工程建设程序和标准、规范、规程的活动；

②将工程发包给没有资质证书或者不具有相应资质等级的承包人；

③要求承包人以低于发包工程成本的价格承包工程或者要求承包人以垫资、变相垫资或者其他不合理条件承包工程；

④将应当招标发包的工程直接发包，或者与承包人串通，进行虚假招标；

⑤泄露标底或者将投标人的投标文件等有关资料提供给其他投标人；

⑥强令总承包人实施分包，或者限定总承包人将工程发包给指定的分包人；

⑦施工图设计未经审查合格进行施工招标；

⑧未依法办理施工许可手续开工建设；

⑨擅自修改勘察设计文件、图纸；

⑩强行要求承包人购买其指定的生产厂、供应商的产品；

⑪拖欠工程款项；

⑫法律、法规禁止实施的其他行为。

2）第十四条列举了属于违法分包的情形：

①总承包人将建设工程分包给不具备相应资质条件的承包人的；

②建设工程总承包合同中未有约定，又未经发包人认可，承包人将其承包的部分建设工程交由他人完成的；

③施工总承包人将建设工程主体结构的施工分包给他人的；

④分包人将其承包的建设工程再分包的。

3）第十九条规定用于工程建设的材料设备，必须符合设计要求并具备下列条件：

①有产品名称、生产厂厂名、厂址和产地；

②有产品质量检验合格证明；

③产品包装和商标式样符合有关规定和标准要求；

④设备应当有详细的使用说明书；

⑤实施生产许可、准用管理或者实行质量认证的产品，应当具有相应的许可证、准用证或者认证证书；

⑥合同约定的其他条件。

2.《江苏省建设项目总监理工程师和临时总监理工程师管理办法》

《江苏省建设项目总监理工程师和临时总监理工程师管理办法》（苏建监［1998］84号）于2001年5月31日起施行，对加强全省工程监理队伍建设和管理，提高工程监理水平起到了很大的促进作用。《办法》对总监的定义、职责和管理权力、资质分级及各级别任职条件、总监资质的变更和升定级，总监岗位资格证书申请条件、申请程序、变更手续、总监岗位资格证书缴回情形，各级别总监承担的工程等级范围及数量限制、总监的年龄要求、总监资格的年检制度等作了详细规定。

3.《江苏省建设监理单位的综合考评办法》

《江苏省建设监理单位的综合考评办法》包含四张表格：表一、监理单位综合考评汇总表；表二、监理单位综合考评评分细则；表三、监理单位在编人员汇总表；表四、监理单位竣工工程汇总表。其中监理单位综合考评评分细则（表二），对监理单位从单位素质、经营行为与业绩、现场监理三个方面进行全面考评，并对每个方面规定了详细的考评内容，对每项内容列出了具体的评分标准。办法的三个部分总分100分，其中，单位素质部分30分，经营行为与业绩部分25分，现场监理部分45分。该办法成为我省工程监理资质动态管理和资质年检的主要依据。

2.7 监理单位与监理人员的法律责任和责任风险

2.7.1 监理的法律责任

1. 概述

当前我国正在发展中的社会主义市场经济，是法制的经济。作为建筑市场主体之一的社会监理单位，在参与市场活动的过程中，依法享受法律规定的权利，承担法律规定的义务。如果监理单位或监理工程师在执业过程中发生了违法行为，就要承担相应的法律责任。

(1) 法律责任基本概念

“法律责任”一词，有广义和狭义两种解释。广义的法律责任是指守法的义务，即任何组织和个人都有遵守法律、维护法律尊严的义务。狭义的法律责任仅仅是指公民或法人发生违法行为应受法律制裁的责任。本节所要讨论的，是狭义的法律责任，即监理单位或监理工程师在履行监理职责过程中发生违法行为所应承受的制裁性法律后果。至于监理单位和监理工程师在履行监理职责以外的场合发生违法行为所应承担的法律责任，与其他的法人和公民没有区别，在此也不作讨论。

法律责任体现了个人与个人、个人与社会和国家之间权利义务相统一的关系，是法律体系中不可缺少的重要组成部分。法律责任是保护法律关系主体的权利得到实现的可靠法律手段，是在法律体系范围内抵制和预防违法行为的重要法律形式，是解决权利义务纠纷和冲突的文明方式。法律责任的大小、范围、期限和性质，都是由法律明确规定的；法律责任的认定和实现，必须由国家专门机关通过法律程序进行，其他任何组织和个人均无此项权力；法律责任具有国家强制性，以国家暴力机器为后盾保证其实施。

(2) 法律责任追究的原则

追究责任主体的法律责任，应当遵循以下几条原则：

1) 责任法定原则。其基本含义是：法律责任必须在法律上有明确、具体的规定，当违法行为发生后，必须按照法律事先规定的性质、范围、程度、期限、方式来追究责任主体的责任，设立新的强制性的义务，使其承受制裁性的法律后果。任何实施或适用法律责任的主体都无权向任何一个责任主体实施和追究法律明文规定以外的责任，任何责任主体都有权拒绝承担法律没有明文规定的责任。

2) 责任自负原则。法律责任是针对违法者的违法行为而设置的，凡是实施了违法行为的人必须承担法律责任，而且必须是独立承担法律责任。

3) 违法行为与法律责任相适应原则。法律责任的性质、种类以及轻重应与主体所实施的违法行为及其危害结果的性质和状态相适应。具体说，就是有责当究，无责不究；轻责轻究，重责重究；相同的违法行为追究相同的责任；数个违法行为要同时追究其责任。

4) 责任平等原则。按照法律面前人人平等的法制精神，在确认和追究法律责任时，应该对责任主体一律平等地追究责任，绝不允许任何组织和个人享有规避法律责任的特权，绝不允许出现同责异罚，差别对待的特权现象。

5）重在教育原则。追究法律责任的目的，在于通过使责任主体承受利益丧失带来的惩罚，唤醒其善良意志和守法意识，教育其依法办事，正确行使权利，忠实履行义务。

2. 监理单位和监理工程师的法律责任

如前所述，法律责任是法律所确定的违法行为者所应承担的制裁性法律后果。对于监理单位和监理工程师个人来说，在其执业过程中有可能发生的违法行为主要包括行政违法、民事违法、刑事违法等几个方面，与之相对应，监理的法律责任也可分为行政法律责任、民事法律责任和刑事法律责任等类型。

（1）监理的行政法律责任

监理行政法律责任，是指监理单位或监理工程师在行使监理职责时违反了行政法律规范，国家行政机关依法对监理单位或监理工程师违反有关法律、法规、规章的行为所应承担法律后果的追究。行政法律责任必须由国家授权的行政机关负责追究，行政机关追究责任主体的行政法律责任必须按法律规定的行政处罚程序进行。追究行政法律责任一般采用警告、通报批评、责令改正、没收非法所得、罚款、责令停业整顿、降低资质等级、吊销资质证书、收缴岗位证书等方式。行政机关对监理单位和监理工程师进行处罚时，应当以事实为根据，以法律为准绳，遵循公正、公开的原则。

国家有关的法律法规对监理单位和监理工程师违法执业所应承担的行政法律责任有如下规定：

《建筑法》第六十九条规定，工程监理单位与建设单位或者建筑施工企业串通，弄虚作假、降低工程质量的，责令改正，处以罚款，降低资质等级或者吊销资质证书；有违法所得的，予以没收……。工程监理单位转让监理业务的，责令改正，没收违法所得，可以责令停业整顿，降低资质等级；情节严重的，吊销资质证书。

《建设工程质量管理条例》第六十条规定，勘察、设计、施工、工程监理单位违反本条例规定，超越本单位资质等级承揽工程的，责令停止违法行为，对勘察、设计单位或者工程监理单位处合同约定的勘察费、设计费或者监理酬金1倍以上2倍以下的罚款；情节严重的，吊销资质证书；有违法所得的，予以没收。并规定未取得资质证书承揽工程的，予以取缔，依照规定处以罚款；有违法所得的，予以没收；以欺骗手段取得资质证书承揽工程的，吊销资质证书，依照规定处以罚款；有违法所得的，予以没收。

《建设工程质量管理条例》第六十一条规定，勘察、设计、施工、工程监理单位违反本条例规定，允许其他单位或者个人以本单位名义承揽工程的，责令改正，没收违法所得，对勘察、设计单位和工程监理单位处合同约定的勘察费、设计费和监理酬金1倍以上2倍以下的罚款；可以责令停业整顿，降低资质等级；情节严重的，吊销资质证书。第六十二条规定，工程监理单位转让工程监理业务的，责令改正，没收违法所得，处合同约定的监理酬金百分之二十五以上百分之五十以下的罚款；可以责令停业整顿，降低资质等级；情节严重的，吊销资质证书。

《建设工程质量管理条例》第六十七条规定，工程监理单位有下列行为之一的，责令改正，处50万元以上100万元以下的罚款，降低资质等级或者吊销资质证书；有违法所得的，予以没收：1）与建设单位或者施工单位串通，弄虚作假、降低工程质量的；2）将不合格的建设工程、建筑材料、建筑构配件和设备按照合格签字的。第六十八条规定，工程监理单位与被监理工程的施工承包单位以及建筑材料、建筑构配件和设备供应单位有隶属关系或者其他利害关系承担该项建设工程的监理业务的，责令改正，处5万元以上10万元以下的罚款，降低资质等级或者吊销资质证书；有违法所得的，予以没收。

《建设工程质量管理条例》第七十二条规定，监理工程师等注册执业人员因过错造成质量事故的，责令停止执业1年；造成重大质量事故的，吊销执业资格证书，5年以内不予注册；情节特别恶劣的，终身不予注册。第七十三条规定，给予单位罚款处罚的，对单位直接负责的主管人员和其他直接责任人员处单位罚款数额百分之五以上百分之十以下的罚款。第七十七条规定，建设、勘察、设计、施工、工程监理单位的工作人员因调动工作、退休等原因离开该单位后，被发现在该单位工作期间违反国家有关建设工程质量管理规定，造成重大工程质量事故的，仍应当依法追究法律责任。

建设部、国家计委建监［1995］737号《工程建设监理规定》第三十条规定，监理单位违反本规定，有下列行为之一的，由人民政府建设行政主管部门给予警告、通报批评、责令停业整顿、降低资质等级、吊销资质证书的处罚，并可处以罚款。1）未经批准而擅自开业；2）超出批准的业务范围从事工程建设监理活动；3）转让监理业务；4）故意损害项目法人、承建商利益；5）因工作失误造成重大事故。第三十一条规定，监理工程师违反本规定，有下列行为之一的，由人民政府建设行政主管部门没收非法所得、收缴《监理工程师岗位证书》，并可处以罚款。1）假借监理工程师的名义从事监理工作；2）出卖、出借、转让、涂改《监理工程师岗位证书》；3）在影响公正执行监理业务的单位兼职。

建设部第16号令《工程建设监理单位资质管理试行办法》第二十八条规定：监理单位有下列行为之一的，由资质管理部门根据情节，分别给予警告、通报批评、罚款、降低资质等级、停业整顿直至收缴《监理申请批准书》或者《监理许可证书》、《资质等级证书》的处罚；……1）申请设立或者定级、升级时隐瞒真实情况，弄虚作假的；2）超越核定的监理业务范围或者未经批准擅自从事监理活动的；3）伪造、涂改、出租、出借、转让、出卖《监理申请批准书》或者《监理许可证书》、《资质等级证书》的；4）徇私舞弊，损害委托单位或者被监理单位利益的；5）因监理过失造成重大事故的；6）变更或者终止业务，不及时办理核批或者备案手续和在报纸上公告的。

建设部令第18号《监理工程师资格考试和注册试行办法》第二十一条规定，违反本办法，有下列行为之一的，由监理工程师注册机关根据情节，分别给予停止执业、收缴《监理工程师资格证书》、收缴《监理工程师岗位证书》、限期四年不准参加考试和注册的处罚，并可处以罚款：1）未经注册，以监理工程师名义从事监理业务的；2）以监理工程师个人名义承接工程监理业务的；3）以不正当手段取得《监理工程师资格证书》或《监理工程师岗位证书》的。第二十二条规定，因监理工程师的过错造成利害关系人严重经济损失的，还应撤消其注册，收缴其《监理工程师岗位证书》。

(2) 监理民事法律责任

监理民事法律责任，是指监理单位或监理工程师在执业过程中，因违法执业或者因过错给业主或其他主体的合法权益造成损害而应承担的民事法律责任。监理承担民事法律责任的形式主要有赔偿损失、支付违约金、赔礼道歉、停止侵害、消除影响、排除妨碍等。

我国《民法通则》第106条第2款规定：公民、法人由于过错侵害国家的、集体的财产，侵害他人财产、人身的，应当承担民事责任。因此，根据民法精神，如果监理单位或监理工程师在执业过程中因违法执业或因自身过错给业主、承包商等有关主体造成财产和人身损害，就应当承担民事赔偿责任。

确定监理民事赔偿责任，对于促进监理单位和监理工程师自觉遵守职业规范，提高监理服务质量，维护监理行业的社会声誉都具有重要意义。此外，建立监理民事赔偿制度，有利于加强政府对监理的管理及社会各界对监理的监督，减少监理工作中的失误，拓展监理业务，巩固推行建设监理制度的成果，促使我国的建设监理事业健康发展。

监理损害赔偿，其实质就是民事损害赔偿，因此适用民事损害赔偿的条件。监理承担民事赔偿的责任必须满足如下条件：

1）监理必须实施了侵害当事人合法权益的行为。这种侵害行为，可以是作为，例如与承包商恶意串通，出卖业主利益等；也可以是不作为，也就是不履行法定义务或合同约定义务，例如，对应该检查的部位不检查或不按规定的深度和标准进行检查，致使工程质量达不到合同约定的标准，给业主的利益造成损失。

2）监理在主观上存在过错。所谓主观上存在过错，是指监理实施损害行为是由于其主观上的故意或过失。如果监理在主观上没有过错，即使在执业过程中给当事人造成经济损失，根据民法原理，也不应承担赔偿责任。

3）监理的行为已经给当事人造成了经济或人身损害，而且监理的行为与当事人的经济或人身损害之间存在因果联系。这是监理承担民事赔偿责任的重要条件。如果监理违法执业或者工作中存在过错，但并未给当事人造成任何经济和人身上的损害，那么监理只应受到行政处罚或纪律处分，而不应承担赔偿责任。

4）监理的行为必须具有违法性。如果监理单位或监理工程师的行为系正当执业，既不违反法律规定，又不违反监理职业规范，也不违反监理委托合同，亦不超越监理权限，即使业主受到经济损害，也不能由监理承担赔偿责任。

5）监理的损害行为必须是发生在监理执业过程中。如果监理工程师给业主合法权益造成损害的行为不是发生在监理执业过程中，则不是监理执业过错行为，而是发生在监理执业以外的个人行为，应由造成损害的个人承担包括赔偿损失在内的民事责任及其他责任。但这种情形并不属于监理赔偿责任，也不属于《建筑法》第六十九条调整的范围。

监理的民事法律责任，可通过双方当事人自行协商、有关部门调解、仲裁机关仲裁、当事人向法院提起民事诉讼等途径来实现。根据民法的有关规定，监理承担的民事法律责任主要是补偿性的，其方式以财产性经济补偿为主，非财产性补偿措施（如，停止侵害、排除妨碍、赔礼道歉等）为辅。监理单位以其全部资产对其债务承担责任。

国家有关法律法规对监理执业造成民事损害的法律责任有如下规定：

《建筑法》第六十九条规定，工程监理单位与建设单位或者建筑施工企业串通，弄虚作假、降低工程质量的，造成损失的，承担连带赔偿责任。

《建设工程质量管理条例》第六十七条规定，工程监理单位有下列行为之一的，造成损失的，承担连带赔偿责任：1）与建设单位或者施工单位串通，弄虚作假、降低工程质量的；2）将不合格的建设工程、建筑材料、建筑构配件和设备按照合格签字的。

建设部、国家工商行政管理局《工程建设监理合同》示范文本第25条规定，监理单位在责任期内，应当履行合同中约定的义务。如果因监理单位过失而造成了经济损失，应当向业主进行赔偿。

(3) 监理刑事法律责任

所谓刑事法律责任，是指行为人实施刑事法律禁止的行为所必须承担的法律后果。刑事责任是刑罚的前提，是法律责任中最严厉的一种。

监理刑事法律责任，是指监理单位或监理工程师在监理执业过程中触犯了刑律，构成犯罪，国家司法机关依法对监理单位或监理工程师违法犯罪行为所应承担刑事法律后果的追究。

关于监理的刑事法律责任，应当注意监理工程师的违法行为是否能够直接反映监理职业行为的不适当性，是区分监理工程师个人犯罪和监理职业犯罪的界限。监理工程师自身的与执业活动不相关的犯罪行为所应承担的刑事责任，属于一般主体刑事责任，与监理执业是否适当无关。如果监理工程师在执业过程中，利用职务之便实施犯罪行为，例如收受承包商贿赂，提供虚假工程量骗取业主工程款；与承包商恶意串通，随意降低工程质量标准，给国家和社会公众利益造成重大损失等，就构成了监理工程师的职业犯罪，必须追究其刑事法律责任。追究监理的刑事法律责任，应当由国家司法机关按法律规定的刑事诉讼程序进行。

关于监理刑事法律责任的主体，不仅仅指执业监理工程师，还应当包括监理单位。在实行改革开放建立市场经济的新形势下，为了适应打击严重经济犯罪的需要，随着我国刑事法律法规的增补和完善，国家已明确规定法人在特定条件下也可作为刑事犯罪的主体。监理单位是独立自主、自负盈亏，具有独立责任的法人组织，在监理执业活动中，以监理单位名义实施违法行为且情节严重构成犯罪的，或者因严重失职给国家、社会和公众造成重大损失的，法律规定除追究直接责任者的刑事责任外，还将追究监理单位的刑事责任。

国家有关法律法规对监理执业构成犯罪的刑事法律责任有如下规定：

《刑法》第一百三十七条规定建设单位、设计单位、施工单位、工程监理单位违反国家规定，降低工程质量标准，造成重大安全事故的，对直接责任人员，处五年以下有期徒刑或者拘役，并处罚金；后果特别严重的，处五年以上十年以下有期徒刑，并处罚金。

《建筑法》第六十八条规定，在工程发包与承包中索贿、受贿、行贿，构成犯罪的，依法追究刑事责任。第六十九条规定，工程监理单位与建设单位或者建筑施工企业串通，弄虚作假、降低工程质量……构成犯罪的，依法追究刑事责任。

《建设工程质量管理条例》第七十四条规定，建设单位、设计单位、施工单位、工程监理单位违反国家规定，降低工程质量标准，造成重大安全事故，构成犯罪的，对直接责任人员依法追究刑事责任。

建设部16号令《工程建设监理单位资质管理试行办法》第二十八条规定，监理单位有下列行为之一的，……构成犯罪的，由司法机关依法追究主要责任者的刑事责任。

建设部18号令《监理工程师资格考试和注册试行办法》第二十二条规定，因监理工程师的过错造成利害关系人严重经济损失……构成犯罪的，由司法机关依法追究其刑事责任。

我国自1988年开始推行建设监理制度以来，监理事业迅速发展，监理单位与监理工程师队伍日益扩大，监理业务不断拓展，工程监理单位得以从更深层次、更广领域为社会提供监理咨询服务。实践证明，监理制度在提高投资效益和建设水平，确保国家建设计划和工程合同的实施，逐步建立建设领域社会主义商品经济的新秩序方面，发挥着越来越重要的作用。监理工程师在公众心目中树立了良好的社会形象，建立了良好的社会声誉。但与此同时，我们也应看到，监理工程师队伍中有的人员素质还不高，执业道德和执业纪律观念不强，少数监理单位和监理执业人员也存在某些违反职业道德、败坏监理声誉的违法乱纪问题。尽管这些现象只发生在少数单位和个人身上，但严重损害监理的整体形象，妨碍监理事业的健康发展。针对此种情况，一方面要加强监理的职业道德和执业纪律教育，培养公正廉洁、勤奋敬业的良好职业道德，另一方面也必须规定监理的法律责任，对监理执业过程中的违法行为进行惩罚。

对有违法行为的监理单位和监理工程师进行处罚，是加强监理职业道德和执业纪律的重要保障，有利于纯洁监理队伍，提高监理素质，增强监理的自律性，维护监理形象，提高监理声誉，从而保证监理依法执行职务，认真履行职责。

2.7.2 监理工程师的责任风险

在监理应当承担的责任方面，存在许多盲区，人们只强调监理工程师必须对工程质量承担监理责任，但对监理责任的内涵这一关键问题至今未进行过深入探讨。有责任就有风险。认识和防范监理责任风险已成为十分紧迫和重要的任务，应该引起高度重视。

1. 监理工程师的工作特征

(1) 工作具有委托性

根据我国《建筑法》的规定，国家推行建设监理制度，国务院可以规定强制监理的范围。但这并不改变建设监理由业主委托监理工程师来完成这一根本属性。国家虽然对实行强制监理的范围进行了规定，但由谁家具体的监理单位来实施，则由业主按照市场方法来决定。《建筑法》明确规定，由建设单位委托具有相应资质的监理单位进行监理，并且双方应订立书面的委托监理合同。监理工程师必须在委托合同规定的工作范围内开展工作。

(2) 基于专业技术的服务

监理工程师所提供的服务，是基于自身专业技能的管理、技术或咨询服务。因此，在同样的工作范围及权限内，不同的监理工程师提供服务的成效可能大不相同，这和监理工程师本身所掌握的专业技能有关。这种专业技能可以从两个方面来进行理解：

1) 专业技术水平及工程实践经验，这是监理工程师工作能力的重要基础，和其他的专业技术人员并无不同；

2) 本身的工作协调能力，这点监理工程师与其他专业技术人员有所不同。协调参与工程建设各方面的技术力量，使参建各方的能力能最大程度地发挥是监理工程师能力的体现。

(3) 工作成效受主观能动性影响较大

监理工程师的工作具有较大的弹性。同样的工作，可以做得细致认真，也可以做得较为马虎，监理的工作成效界定起来也较为困难，好坏难以运用定量的标准来衡量，其工作成效和自身的主观能动性有关。这种主观能动性，主要来自三个方面：

1) 取决于职业道德的约束；2) 取决于监理工程师自身对监理工作的热爱；3) 是业主的支持。

(4) 工作成果是集体行为的产物

监理是一种需要多专业配合协调的技术服务，监理工程师的工作更多地体现集体行为。我国的监理推行总监负责制，总监在监理服务中主要起领导、组织和协调的作用，其具体的专业监理工作由专业监理工程师来完成。但是，监理的服务质量和水平最终是由监理机构的整体服务来体现的。只有整个项目监理机构有效、负责的运作，监理的效果才能得到体现。

(5) 工作责任巨大

监理工程师工作的对象和内容客观上决定了监理工程师需担负非常重大的责任，因为工程项目投资巨大，且和社会公众的切身利益密切相关，一旦损害发生，涉及到的经济额度很大，并可能造成人身伤亡等重大事故。另外，工程质量的好坏、造价的高低以及工程建设周期的长短都和社会公众，特别是消费者的利益密切相关。随着社会的进步，人民群众法律意识的增强，包括监理工程师在内的工程相关人员需要承担的法律责任也在逐步增加。

2. 监理工程师的责任风险

(1) 行为责任风险

监理工程师的行为责任风险来自三个方面：

1) 监理工程师违反了监理委托合同规定的职责义务，超出了业主委托的工作范围，从事了本不属于自身职责范围内的工作，并造成了工程上的损失，就可能因此承担相应的责任；

2) 监理工程师未能正确地履行监理合同中规定的职责，在工作中发生失职行为；

3) 监理工程师由于主观上的无意行为未能严格履行自身的职责并因此而造成了工程损失。

(2) 工作技能风险

监理工作是基于专业技能基础上的技术服务，因此，尽管监理工程师履行了监理合同中业主委托的工作职责，但由于其本身专业技能的限制，可能并不一定能取得应有的效果。如今的工程技术日新月异，新材料、新工艺层出不穷，并不是每一位监理工程师都能及时、准确、全面地掌握所有的相关知识和技能的，因此也就无法完全避免这一类的风险。

(3) 技术资源风险

即使监理工程师在工作中并无行为上的过错，仍然有可能承受由技术、资源而带来的工作上的风险。因为：

1) 某些工程上质量隐患的暴露需要一定的时间和诱因，利用现有的技术手段和方法，并不可能保证所有问题都能及时发现；

2) 由于人力、财力和技术资源的限制，监理工程师无法对施工过程中的任何部位、任何环节都进行细致全面的检查，因此，也就有可能要面对这一方面的风险。

(4) 管理风险

明确的管理目标，合理的组织机构，细致的职责分工，有效的约束机制，是监理组织管理的基本保证。尽管有高素质的人才资源，但如果管理机制不健全，监理工程仍然可能面对较大的风险。这种管理上的风险主要来自两个方面：一是监理单位和监理机构之间的管理约束机制；二是项目监理机构的内部管理机制。

(5) 社会环境风险

社会上相当一部分的人士认为，既然工程实施了监理，监理工程师就应该对工程质量负责，工程出了质量问题时，首先向监理工程师追究责任。同样有不少人士认为监理工程师应该对施工安全负责，当然，监理工程师既然在工程现场实施监督管理，其工作的对象和范围就应该是全方位的，监理工程师当然不能对施工安全问题不闻不问，但应该明确，监理工程师和承包商二者在质量责任和安全责任方面的性质是完全不同的。监理工程师的介入，可以使工程质量和安全更有保证，但监理工程师的工作不能替代承包商来担保工程不出现质量和安全问题。

3. 责任风险的控制

监理工程师必须加强风险意识，提高对风险的警觉和防范，减少和控制责任风险。控制责任风险，主要做好以下几方面工作：

(1) 严格履行合同。

(2) 提高专业技能。

(3) 提高管理水平。

(4) 加强职业道德约束。

(5) 完善法律体系。迄今我国建设领域法律体系的建立已取得了长足的进展。但是，存在的问题也是不少的，主要表现在：不同的法律、法规之间，国家的法律、法规和地方的法律、法规之间存在不少不协调乃至矛盾抵触的地方；法律、法规还大量存在覆盖不到的范围，不少法律的定义不明确。例如，我国《建设工程质量管理条例》第三十六条规定：工程监理单位应该依据法律、法规以及有关技术标准、设计文件和建设工程承包合同，代表建设单位对施工质量实施监理，并对施工质量承担监理责任。但是，此处所述的监理责任却没有明确的规定。

(6) 推行职业责任保险。监理工程师对自身因工作的疏忽或过失造成合同对方或其他第三方的损失而承担赔偿的职业责任进行投保，一旦由于职业责任导致了业主或其他第三方的损失，其赔偿由保险公司来承担，索赔的处理过程也由保险公司来负责。也就是说，通过市场手段来转移监理工程师的责任风险。这在国际上是一种通行的办法，对于保障业主及监理工程师的切身利益起到很好的作用。需要强调的是，职业责任保险的保险标的没有有形的物质载体，其保险的是你的责任。因此，要开展这种保险，必须首先对监理工程师应当承担的责任进行研究分析，搞清楚他的职业责任和其他责任的区别。特别需要注意的是，监理工程师的责任风险是多方面的，并不是监理工程师的任何责任风险都能够通过保险来解决。职业责任保险所针对的仅仅是职业责任，即只针对监理工程师根据委托监理合同在提供服务时由于疏忽行为而造成业主或依赖于这种服务的第三方的损失。且这种行为主观上必须是无意的，并仅限于监理工程师专业范围内的行为，而不包括不负责和专业范围无关的疏忽行为造成的损失。

造成监理工程师责任风险的原因是复杂的、多方面的，有些风险来自社会环境，有些风险来自工作环境，有的风险来自监理工程师本身。监理工程师必须对监理责任风险有一个全面、清晰地认识，在监理服务中，认真负责，积极进取，谨慎工作，以期有效地消除和防范可能面对的风险。

3 建设工程合同

3.1 建设工程委托监理合同

3.1.1 建设工程委托监理合同概述

1. 建设工程委托监理合同的概念

建设工程委托监理合同简称监理合同，是指工程建设单位聘请监理单位代其对工程项目进行管理，明确双方权利、义务的协议。建设单位称委托人、监理单位称监理人。

2. 建设工程委托监理合同的特征

(1) 监理合同的当事人双方应当是具有民事权利能力和民事行为能力、取得法人资格的企事业单位、其他社会组织，个人在法律允许范围内也可以成为合同当事人。作为委托人必须是有国家批准的建设项目，落实投资计划的企事业单位、其他社会组织及个人，作为监理人必须是依法成立具有法人资格的监理单位，并且所承担的工程监理业务应与单位资质相符合。

(2) 监理合同的订立必须符合工程项目建设程序。

(3) 委托监理合同的标的是服务。工程建设实施阶段所签订的其他合同，如勘察设计合同、施工承包合同、物资采购合同、加工承揽合同的标的物是产生新的物质或信息成果，而监理合同的标的是服务，即监理工程师凭据自己的知识、经验、技能受业主委托为其所签订的其他合同的履行实施监督和管理。因此《中华人民共和国合同法》将监理合同划入委托合同的范畴。《合同法》第二百七十六条规定“建设工程实施监理的，发包人应当与监理人采用书面形式订立委托监理合同。发包人与监理人的权利和义务以及法律责任，应当依照本法委托合同以及其他有关法律、行政法规的规定。”

3. 建设工程委托监理合同应具备的条款结构

监理合同是委托任务履行过程中当事人双方的行为准则，因此内容应全面、用词要严谨。合同条款的组成结构包括以下几个方面：

(1) 合同内所涉及的词语定义和遵循的法规；

(2) 监理人的义务；

(3) 委托人的义务；

(4) 监理人的权利；

(5) 委托人的权利；

（6）监理人的责任；

（7）委托人的责任；

（8）合同生效、变更与终止；

（9）监理报酬；

（10）其他；

（11）争议的解决。

3.1.2 建设工程委托监理合同示范文本的组成

《建设工程委托监理合同（示范文本）》由“建设工程委托监理合同”（下称“合同”）、“标准条件”和“专用条件”三部分组成。

1．“合同”是一个总的协议，是纲领性文件。主要内容是当事人双方确认的委托监理工程的概况（工程名称、地点、规模及总投资）；合同签订、生效、完成时间；双方愿意履行约定的各项义务的承诺，以及合同文件的组成。监理合同除“合同”文本之外，还应包括：

（1）监理投标书或中标通知书；

（2）监理委托合同标准条件；

（3）监理委托合同专用条件；

（4）在实施过程中双方共同签署的补充与修正文件。

“合同”是一份标准的格式文件，经当事人双方在有限的空格内填写具体规定的内容并签字盖章后，即发生法律效力。

2．“标准条件”。内容涵盖了合同中所用词语定义，适用范围和法规，签约双方的责任、权利和义务，合同生效、变更与终止，监理报酬，争议解决以及其他一些情况。它是监理合同的通用文本，适用于各类工程建设监理委托，是所有签约工程都应遵守的基本条件。

3．“专用条件”。由于标准条件适用于所有的工程建设监理委托，因此其中的某些条款规定得比较笼统，需要在签订具体工程项目的监理委托合同时，就地域特点、专业特点和委托监理项目的特点，对标准条件中的某些条款进行补充、修正。如对委托监理的工作内容而言，认为标准条件中的条款还不够全面，允许在专用条件中增加双方议定的条款内容。

所谓“补充”是指标准条件中的某些条款明确规定，在该条款确定的原则下，在专用条件的条款中进一步明确具体内容，使两个条件中相同序号的条款共同组成一条内容完备的条款。如标准条件中规定“监理合同适用的法律是国家法律、行政法规，以及专用条件中议定的部门规章或工程所在地的地方法规、地方规章。”这就要求在专用条件的相同序号条款内写入应遵循的部门规章和地方法规的名称，作为双方都必须遵守的条件。

所谓“修改”是指标准条件中规定的程序方面的内容，如果双方认为不合适，可以协议修改。如标准条件中规定“委托人对监理人提交的支付通知书中酬金或部分酬金项目提出异议，应在收到支付通知书24小时内向监理人发出异议的通知。”如果委托人认为这个时间太短。在与监理人协商达成一致意见后，可在专用条件的相同序号内延长时效。

词语定义是合同中专用名词的含义；这些名词的含义是根据合同的特殊需要而定的，它可能不同于其他文件或词典内的定义或解释。在合同中，这些专用名词只能按特定的含义去理解，不能任意解释。

(1) 合同当事人

“委托人”是指承担直接投资责任的和委托监理业务的一方，以及其合法继承人。

“监理人”是指承担监理业务和监理责任的一方，以及其合法继承人。

委托人和监理人构成了合同的“主体”。委托人和监理人在合同当中具有平等的法律地位。委托人和监理人经协商一致签订监理合同，在履行合同过程中双方都依法享有权利和义务，他们都处于监理合同这一民事法律关系的主体地位，这种主体地位是平等的。它不同于政府对经济的管理。因此，签订合同的双方即使有上下级的隶属关系，在履行合同当中也互为平等主体，双方是法律关系。

由于监理委托合同是双方当事人协商一致后签订的，因此无论委托人还是监理人，未经双方的书面同意，均不能将所签订合同的议定权利和义务转让给第三者，而单方面变更合同主体。

(2) 合同的标的

“工程”是指委托人委托实施监理的工程。

工程建设监理工作包括工程监理的正常工作、附加工作和额外工作。

监理合同的标的，是监理人为委托人提供的监理服务。在《工程建设监理规定》中规定：“工程建设监理的主要内容是控制工程建设的投资、建设工期和工程质量；进行工程建设合同管理，协调有关单位间的工作关系。”

按照这一规定，委托人委托监理业务的范围非常广泛，从工程建设准备阶段来说可以包括项目前期立项咨询到设计阶段、实施阶段、保修阶段的监理。在每一阶段内，又可以进行投资、质量、工期的三大控制，及信息、合同两项管理。“工程监理的正常工作”是指双方在专用条件内约定，委托人委托的监理工作范围和内容，大致包括以下几方面内容。

1) 工程技术咨询服务：如进行可行性研究，各种方案的成本效益分析，建筑设计标准，准备技术规范，提出质量保证措施等等。

2) 协助委托人选择承包人，组织设计、施工、设备采购招标等。

3) 技术监督和检查。检查工程设计，材料和设备质量；对操作或施工质量的监督和检查等。

4) 施工管理。包括质量控制、成本控制、计划和进度控制等。

但就具体项目而言，要根据工程的特点，监理人的能力，建设不同阶段的监理等诸方面因素，将委托的监理业务详细地写入合同的专用条件之中。

“工程监理的附加工作”是指委托人委托监理范围以外，通过双方书面协议另外增加的工作或由于委托人或承包人原因，使监理工作受到阻碍或延误，因增加工作量或持续时间而增加的工作。

“工程监理的额外工作”是指正常工作和附加工作以外或非监理人自己的原因而暂停或终止监理业务，其善后工作及恢复监理业务的工作。

(3) 承包人

指监理人以外，委托人就工程建设有关事宜签订合同的当事人。

(4) 监理机构

是监理人派驻本工程现场实施监理业务的组织。

（5）总监理工程师

指经委托人同意，监理人派驻监理机构全面履行合同的全权负责人。

（6）建设工程委托监理合同适用的法律

国家颁布的有关法律、行政法规，以及专用条件中议定的部门规章和工程所在地的地方法规、地方规章。

3.1.3 双方的权利和义务

双方签订合同，其根本目的就是为实现合同的标的，明确双方的权利和义务。在合同中的每一条款当中，都反映了这种关系。为了使合同更加清晰、明确，便于掌握，在制定中，把双方在执行合同中的权利义务，列在一起设立了"监理人的义务"、"委托人的义务"、"监理人的权利"、"委托人的权利"。合同双方的权利和义务都是成对出现的，在制定一方权利的同时约定了另一方的义务。

归纳起来，双方的权利义务如下：

1. 委托人的权利

（1）委托人有选定工程总承包人，以及与其订立合同的权利；

（2）委托人有对工程规模、设计标准、规划设计、生产工艺设计和设计使用功能要求的认定权，以及对工程设计变更的审批权；

（3）监理人调换总监理工程师需事先经委托人同意；

（4）委托人有权要求监理人提供监理工作月报及监理业务范围内的专项报告；

（5）当委托人发现监理人员不按监理合同履行监理职责，或与承包人串通给委托人或工程造成损失的，委托人有权要求监理人更换监理人员，直到解除合同并要求监理人承担相应的赔偿责任或连带赔偿责任。

2. 委托人的义务

（1）委托人在监理人开展监理业务之前应向监理人支付预付款；

（2）委托人应当负责工程建设的所有外部关系的协调，为监理工作提供外部条件。如将部分或全部协调工作委托监理人承担，则应在专用条款中明确委托的工作和相应的报酬；

（3）委托人应当在双方约定的时间内免费向监理人提供与工程有关的为监理工作所需要的工程资料；

（4）委托人应当在专用条款约定的时间内就监理人书面提交并要求做出决定的一切事宜作出书面决定；

（5）委托人应当授权一名熟悉工程情况、能在规定时间内做出决定的常驻代表（在专用条款中约定），负责与监理人联系。更换常驻代表，要提前通知监理人；

（6）委托人应当将授予监理人的监理权利，以及监理人主要成员的职能分工、监理权限及时书面通知已选定的合同承包人，并在与第三人签订的合同中予以明确；

（7）委托人应当在不影响监理人开展监理工作的时间内提供如下资料：

1）与本工程合作的原材料、构配件、设备等生产厂家名录；

2）提供与本工程有关的协作单位、配合单位的名录。

(8) 委托人应免费向监理人提供办公用房、通讯设施、监理人员工地住房及合同专用条件约定的设施。对监理人自备的设施给予合理的经济补偿（补偿金额 = 设施在工程使用时间占折旧年限的比例 × 设施原值 + 管理费）；

(9) 根据情况需要，如果双方约定，由委托人免费向监理人提供其他人员，应在监理合同专用条件中予以明确。

3. 监理人的权利

(1) 监理人在委托人委托的工程范围内，享有以下权利：

1）选择工程总承包人的建议权；

2）选择工程分包人的认可权；

3）对工程建设有关事项包括工程规模、设计标准、规划设计、生产工艺设计和使用功能要求，向委托人的建议权；

4）对工程设计中的技术问题，按照安全和优化的原则，向设计人提出建议，如果提出的建议可能会提高工程造价，或延长工期，应当事先征得委托人的同意。当发现工程设计不符合国家颁布的设计工程质量标准或设计合同约定的质量标准时，监理人应当书面报告委托人并要求设计人更正；

5）审批工程施工组织设计和技术方案，按照保质量、保工期和降低成本的原则，向承包人提出建议，并向委托人提出书面报告；

6）主持工程建设有关协作单位的组织协调，重要协调事项应当事先向委托人报告；

7）征得委托人同意，监理人有权发布开工令、停工令、复工令，但应当事先向委托人报告。如在紧急情况下未能事先报告时，则应在24h内向委托人做出书面报告；

8）工程上使用的材料和施工质量的检验权。对于不符合设计要求和合同约定及国家质量标准的材料、构配件、设备，有权通知承包人停止使用。对于不符合规范和质量标准的工序、分部、分项工程和不安全施工作业，有权通知承包人停工整改、返工。承包人得到监理机构复工令后才能复工；

9）工程施工进度的检查、监督权，以及工程实际竣工日期提前或超过工程施工合同规定的竣工期限的签认权；

10）在工程施工合同约定的工程价格范围内，工程款支付的审核和签认权，以及工程结算的复核确认权与否决权。未经总监理工程师签字确认，委托人不支付工程款。

(2) 监理人在委托人授权下可对任何承包合同规定的义务提出变更。如果由此严重影响了工程费用或质量或进度，则这种变更须经委托人事先批准。在紧急情况下未能事先报委托人批准时，监理人所作的变更也应尽快通知委托人。在监理过程中如发现工程承包人员工作不力，监理机构可要求承包人调换有关人员。

(3) 在委托的工程范围内，委托人或承包人对对方的任何意见和要求（包括索赔要求），均必须事先向监理机构提出，由监理机构研究处理意见，再同双方协商确定。当委托人和承包人发生争执时，监理机构应根据自己的职能，以独立的身分判断，公正地进行调解。当双方的争议由政府建设行政主管部门调解或仲裁机构仲裁时，应当提供作证的事实材料。

4. 监理人义务

(1) 监理人按合同约定派出监理工作需要的监理机构及监理人员。向委托人报送委派的总监理工程师及其监理机构的主要成员名单、监理规划，完成监理合同专用条件中约定的监理工程范围内的监理业务。在履行合同义务期间，应按合同约定定期向委托人报告监理工作；

(2) 监理人在履行本合同的义务期间，应认真勤奋的工作，为委托人提供与其水平相适应的咨询意见，公正维护各方面的合法利益；

(3) 监理人使用委托人提供的设施和物品属委托人的财产。在监理工作完成或中止时，应将其设施和剩余的物品按合同约定的时间和方式移交委托人；

(4) 在合同期内和合同终止后，未征得有关方同意，不得泄漏与本工程、本合同业务有关的保密资料。

3.1.4 双方责任

1. 监理人责任

(1) 监理人的责任期即委托监理合同有效期。在监理过程中，如果因工程建设进度的推迟延误而超过书面约定的日期，双方应进一步约定相应延长的合同期；

(2) 监理人在责任期内，应当履行约定的义务。如果因监理人过失而造成了委托人的经济损失，应当向委托人赔偿。累计赔偿总额不应超过监理报酬总额（除去税金）；

(3) 监理人对承包人违反合同规定的质量和要求完工（交货、交图）时限，不承担责任。因不可抗力导致委托监理合同不能全部或部分履行，监理人不承担责任。但对违反工作规定引起的与之有关的事宜，向委托人承担赔偿责任；

(4) 监理人向委托人提出赔偿要求不能成立时，监理人应当补偿由于该索赔所导致委托人的各种费用支出。

2. 委托人责任

(1) 委托人应当履行委托监理合同约定的义务，如有违反则应当承担违约责任，赔偿给监理人造成的经济损失；

(2) 监理人处理委托业务时，因非监理人原因的事由受到损失的，可向委托人要求补偿损失；

(3) 委托人如果向监理人提出赔偿的要求不能成立，则应当补偿由该索赔所引起的监理人的各种费用支出。

3.1.5 合同生效、变更与终止

(1) 由于委托人或承包人的原因使监理工作受到阻碍或延误，以至发生了附加工作或

延长监理时间，监理人应通知委托人。完成监理业务的时间相应延长，并得到附加工作的报酬。

(2) 在委托监理合同签订后，实际情况发生变化，使得监理人不能全部或部分执行监理业务时，监理人应当立即通知委托人。该监理业务的完成时间应予延长。当恢复执行监理业务时，应当增加不超过42日的时间用于恢复执行监理业务，并按双方约定的数量支付监理报酬。

(3) 监理人向委托人办理完竣工验收或工程移交，承包人和委托人已签订工程保修责任书，监理人收到监理报酬尾款，监理合同即终止。保修期间的责任，双方在专用条款中约定。

(4) 当事人一方要求变更或解除合同时，应当在42日前通知对方，因解除合同使一方受到损失的除依法可以免除责任的外，应由责任方负责赔偿。变更或解除合同的通知或协议必须采取书面形式；协议未达成之前，原合同依然有效。

(5) 监理人在应当获得监理报酬之日起30日内仍未收到支付单据，而委托人又未对监理人提出任何书面解释时，或暂停执行监理业务时限超过六个月的，监理人可以向委托人发出终止合同的通知，发出通知后14日内仍未得到委托人答复，可进一步发出终止合同的通知，如果第二份通知发出后42日内仍未得到委托人答复，可终止合同或自行暂停执行全部或部分监理业务。委托人承担违约责任。

(6) 监理人由于非自己的原因而暂停或终止执行监理业务，其善后工作以及恢复执行监理业务的工作，应当视为额外工作，有权得到额外的报酬。

(7) 当委托人认为监理人无正当理由而又未履行监理义务时，可向监理人发出指明其未履行监理义务的通知。若委托人发出通知后21日内没有收到答复，可在第一个通知发出后35日内发出终止委托监理合同的通知，合同即行终止。监理人承担违约责任。

(8) 合同协议的终止并不影响各方面应有的权利和应当承担的责任。

3.1.6 监理报酬

正常的监理酬金的构成，是监理人在工程项目监理中所需的全部成本，再加上合理的利润和税金。具体包括：

1. 直接成本

(1) 监理人员和监理辅助人员的工资，包括津贴、附加工资、奖金等；
(2) 用于该项工程监理人员的其他专项开支，包括差旅费、补助费、书报费等；
(3) 监理期间使用与监理工作相关的计算机和其他仪器、机械的费用；
(4) 所需的其他外部协作费用。

2. 间接成本

全部业务经营开支和非工程项目的特定开支：
(1) 管理人员、行政人员、后勤服务人员的工资；
(2) 经营业务费，包括为招揽业务而支出的广告费等；

(3) 办公费，包括文具、纸张、账表、报刊、文印费用等；

(4) 交通费、差旅费、办公设施费（公司使用的水、电、气、环卫、治安等费用）；

(5) 固定资产及常用工器具、设备的使用费；

(6) 业务培训费、图书资料购置费；

(7) 其他行政活动经费。

我国现行的监理费计算方法主要有四种，即国家物价局、建设部颁发的价费字（1992）479号文《关于发布工程建设监理费有关规定的通知》中规定的：

1）按照监理工程概预算的百分比计收；

2）按照参与监理工作的年度平均人数计算；

3）不宜按1）、2）两项办法计收的，由甲方和乙方按商定的其他方法计收；

4）中外合资、合作、外商独资的建设工程，工程建设监理费由双方参照国际标准协商确定。

上述4种取费方法，其中第3）、4）种的具体适用范围，已有明确的界定，第1）、2）两种的使用范围，按照我国目前情况，做如下规定：

第1种方法，即按监理工程概（预）算百分比计收，这种方法比较简单、科学，在国际上也是一种比较常用的方法，一般情况下，新建、改建、扩建的工程，都应采用这种方式。

第2种方法，即按照参与监理工作的年度平均人数计算收费，1994年5月5日建设部监理司以建监工便（1994）第5号文做了简要说明。这种方法，主要适用于单工种或临时性或不宜按工程概（预）算的百分比计取监理费的监理项目。

按以上取费方法收取的费用，仅是正常的监理工作的那部分取费，在监理工作中所收费用还应包括附加工作和额外工作的报酬，其收费应按照监理合同专用条件约定的方法计取，并按约定的时间和数额进行支付。

正常的监理工作、附加工作和额外工作的报酬，按照监理合同专用条件中约定的方法计算，并按约定的时间和数额支付。

如果委托人在规定的时间未支付监理报酬，自规定之日起，还应向监理人支付滞纳金。滞纳金从规定支付期限最后一日算起。

支付监理报酬所采取的货币币种、汇率由合同专用条件约定。

如果委托人对监理人提交的支付通知书中的报酬项目提出异议，应当在收到支付通知书24小时内向监理人发出表示异议的通知，但委托人不得拖延其他无异议报酬项目的支付。

3.1.7 其他

(1) 委托的建设工程监理所必要的监理人员出外考察，材料、设备复试，其费用支出经委托人同意的，在预算范围内向委托人实报实销。

(2) 在监理业务范围内，如需聘用专家咨询或协助，由监理人聘用的，其费用由监理人承担；由委托人聘用的，其费用由委托人承担。

(3) 监理人在监理工作中提出的合理化建议，使委托人得到了经济利益。委托人应当按专用条件中的约定给予经济奖励。

(4) 监理人驻地监理机构及其职员不得接受监理工程项目施工承包人的任何报酬或者经济利益。监理人不得参与可能与合同规定的与委托人的利益相冲突的任何活动。

(5) 监理人在监理过程中，不得泄漏委托人申明的秘密，监理人亦不得泄漏设计人、承包人等提供并申明的秘密。

(6) 监理人对于由其编制的所有文件拥有版权，委托人仅有权为本工程使用或复制此类文件。

3.1.8 争议的解决

因违反或终止合同而引起的对方损失或损害的赔偿，双方首先应协商解决。如协商未达成一致，可提交主管部门协调。仍不能达到一致时，根据约定提交仲裁或向法院起诉。

3.2 技术合同

3.2.1 技术合同概述

1. 技术合同的概念

技术合同是当事人就技术开发、转让、咨询或者服务订立的确定相互之间权利义务的合同。

2. 技术合同特征

(1) 技术合同的标的是提供技术的行为。这些行为包括提供现存的技术成果，对尚未存在的技术进行开发以及提供与技术有关的辅助性帮助等行为，如技术开发、转让、咨询和服务行为。确定这些行为是否属于提供技术的行为，首先从合同标的所涉及的对象上看，即涉及对象是否为“技术”。技术一般指根据生产实践经验和科学原理而形成，作用于自然界一切物质设备的操作方法和技能。“技术”依不同标准可分为专利技术和专有技术，生产性技术和非生产性技术等。

(2) 技术合同的履行具有特殊性。技术合同履行因常涉及与技术有关的其他权利归属而具有与一般合同履行不同的特性。如发明权、科技成果权、转让权等，故技术合同既受合同法的约束、又受知识产权制度的规范。技术合同的履行由于其标的涉及对象为“技术”的特征，形成了其履行的特殊性。

(3) 技术合同是双方、有偿合同。技术合同的当事人一方应进行开发、转让、咨询或服务，另一方应支付价款或报酬。

(4) 技术合同当事人具有广泛性和特定性。虽然技术合同的主体范围在法律上没有限制，无论自然人、法人、其他组织，还是企业、事业单位、社会团体、机关法人等，均有主体资格。但通常至少一方是能够利用自己的技术力量从事技术开发、技术转让、技术服务或技术咨询的组织或个人，因此，技术合同的当事人仍有一定的限定性。

3. 订立技术合同应遵循的基本原则

《合同法》规定："订立技术合同，应当有利于科学技术的进步，加速科学技术成果的转化、应用和推广。"技术合同的订立除应遵循《合同法》总则中的基本原则之外，还应根据技术合同自身的特点遵守技术合同的特殊基本原则：

(1) 订立技术合同应当采用书面形式；

(2) 订立技术合同应有利于科学技术的进步，这是合同当事人必须遵循的原则，也是科学技术发展的必然要求。现代国际经济竞争在很大程度上是科学技术的竞争，"科学技术是第一生产力"已成为共识，我们实现两个"根本转变"的重要途径就是依靠科技进步和提高劳动者素质。所以技术合同当事人在订立、履行合同过程中都要贯彻有利于科学技术进步的原则，努力开发新产品、新工艺、新材料，促进科学技术的繁荣和发展。

加速科技成果的转化、应用和推广，是指必须将科技成果与生产实践和经济建设相结合，将科技成果转化为生产力。科技成果的转化、应用和推广是利用技术合同这一形式实现的。

《合同法》还规定："非法垄断技术，妨碍技术进步或者侵害他人技术成果的技术合同无效。"这条立法目的在于：由于技术成果对社会发展具有举足轻重的作用。因而法律采取必要的措施保护技术合同当事人的合法权益；同时，又不允许当事人滥用这种权利来损害国家利益和社会公共利益。这是订立技术合同应遵循的基本原则的具体体现。

3.2.2 技术合同的类型

技术合同分为四种类型：技术开发合同、技术转让合同、技术咨询合同、技术服务合同。

1. 技术开发合同

技术开发合同，是指当事人之间就新技术、新产品、新工艺或者新材料及其系统的研究开发所订立的合同。技术开发合同包括委托开发合同和合作开发合同。

当事人之间就具有产业应用价值的科技成果实施转化，可参照技术开发合同的规定订立合同。

2. 技术转让合同

技术转让合同，是指当事人就专利权转让、专利申请权转让、非专利技术转让、专利实施许可及技术引进所订立的合同。包括专利权转让、专利申请权转让，技术秘密转让、专利实施许可合同。

3. 技术咨询合同

技术咨询合同，是指当事人一方就特定技术项目提供可行性论证、技术预测、专题技术调查、分析评价报告等咨询服务，另一方支付咨询报酬的合同。

4. 技术服务合同

技术服务合同，是指当事人一方以技术知识为另一方解决特定技术问题所订立的合同。技术服务合同不包括建设工程的勘察、设计、施工和承揽合同。

3.2.3 技术合同的主要条款

技术合同的主要条款是根据技术合同的内容，由当事人约定。一般包括以下条款：

1. 项目名称

即技术标的名称。包括标的类别、性质等，是区分不同类型技术合同的标志。

2. 标的内容、范围和要求

这是技术合同的中心条款，它要求确切表明技术合同的具体任务、写明技术合同类型、技术范围、技术条件及技术参数等，这一条款既是确定双方权利义务关系的依据，也是将来检验合同履行状况的依据。

3. 履行的计划、期限、进度、地点和方式

履行的计划、进度，表明当事人履行技术合同的科学性和真实性。合同履行期限包括合同签订日期、完成日期和合同有效期限。

合同履行地点指合同当事人约定在哪一方履行及履行的具体地点和场所。合同履行方式指以什么样的手段完成，实现技术合同标的所要求的技术指标和经济指标。

4. 技术情报和资料的保密

这是对有关技术情报和资料的公开性、限制性要求。当事人在订立合同前可以就交换技术情报和资料达成书面保密协议。即使合同达不成协议时也不影响保密协议的效力；同时，技术合同终止后，当事人可以约定一方或各方在一定期限、一定地域内对有关情报和资料负有保密义务。

5. 风险责任承担

风险责任承担条款用来解决技术合同在履行中出现无法预见、无法防止、无法克服的客观原因导致部分或全部失败时，如何承担风险的问题。

6. 技术成果的归属和收益的分成办法

该条款由于涉及双方的技术权益和经济利益，故在合同中应载明关于技术成果的权利归属、如何使用和转让以及产生的利益如何分配。

7. 验收标准和方法

验收标准和方法指完成合同规定任务所应达到的技术、经济指标及其鉴定方式。这是合同履行验收的依据。

8. 价款或报酬及其支付方式

技术合同的价款或报酬没有统一的成文标准，由双方综合市场需要、成本大小、经济利益、同类技术状况风险大小等自由约定；支付方式可采用一次总算或一次总算分期支付，亦可采用提成支付附加预付费等方式。

若约定提成支付的，可以按照产品价格、实施专利和使用技术秘密后新增的产值、利润或者产品的销售额的一定比例提成，也可以按照约定的其他方式计算。提成支付的比例可以采取固定比例、逐年递增比例或逐年递减比例。约定提成支付的，当事人应当在合同中约定查阅有关会计账目的办法。

9. 违约金或损害赔偿的计算方法

指当事人违约后，一方承担违约责任而赔偿受损失一方的计算标准、方法和数额。

10. 争议解决的方法

双方可以约定选择采用协商、调解、仲裁、诉讼等办法来解决纠纷。

11. 术语和名词的解释

技术合同专业性较强，为避免对关键词和术语的理解发生歧义引起争议，可对合同中的不特定的词语和概念作特定的界定，以免引起误解或留下漏洞。除以上条款外，与履行合同有关的技术背景资料、可行性论证和技术评价报告、项目任务书和计划书、技术标准、技术规范、原始设计和工艺文件，以及其他技术文档，按照当事人的约定可以作为合同的组成部分。同时，技术合同涉及专利的，应当注明发明创造的名称、专利申请人和专利权人、申请日期、申请专利号以及专利权的有效期限。

3.3 建设工程勘察、设计合同

3.3.1 建设工程勘察、设计合同概述

1. 建设工程勘察、设计合同的概念

建设工程勘察、设计合同，简称勘察、设计合同，是指建设人与勘察人、设计人为完成一定的勘察、设计任务，明确双方权利、义务的协议。建设单位或有关单位称发包人，勘察、设计单位称承包人。根据勘察、设计合同，承包人完成委托方委托的勘察、设计项目，发包人接受符合约定要求的勘察、设计成果，并给付报酬。

2. 建设工程勘察、设计合同的特征

（1）勘察、设计合同的当事人双方一般应具有法人资格

建设工程勘察、设计合同的当事人双方应当具有民事权利能力和民事行为能力，取得

法人资格的组织或者其他组织及个人在法律和法规允许的范围内均可以成为合同当事人。作为发包方，必须是有国家批准建设项目、落实投资计划的企事业单位、社会组织；作为承包方应当是经有关部门核准的资质等级的勘察、设计单位。

(2) 勘察、设计合同的订立必须符合工程项目建设程序

勘察、设计合同必须符合国家规定的工程项目建设程序。合同的订立应以国家批准的设计任务书或其他有关文件为基础。

(3) 勘察、设计合同具有建设工程合同的基本特征

勘察、设计合同是建设工程合同中的类型之一。建设工程合同的基本特征，勘察、设计合同都具有。

3.3.2 建设工程勘察、设计合同的法律规范

建设工程勘察、设计合同的基本法律，即1999年3月15日第九届全国人民代表大会第二次会议通过，并于1999年10月1日起施行的《中华人民共和国合同法》。此外，1983年8月8日国务院发布的《建设工程勘察、设计合同条例》仍有约束力。1997年11月1日第八届全国人民代表大会常务委员会第二十八次会议通过并于1998年3月1日起施行的《中华人民共和国建筑法》、1995年9月23日国务院发布的《中华人民共和国注册建筑师条例》、1996年7月1日国家建设部发布的《中华人民共和国注册建筑师条例实施细则》、1997年12月23日国家建设部发布的《建设工程勘察和设计单位资质管理规定》、1999年1月7日国家建设部发布的《建设工程勘察设计市场管理规定》等法律、法规及规章，也是规范建设工程勘察、设计合同的法律规范。这些规范性文件，是建设工程勘察、设计合同的管理依据。

3.3.3 设计的修改和终止

1. 设计修改

(1) 设计文件批准后不得任意修改或变更。如果必须修改，需经有关部门批准，其批准权限视修改的内容所涉及的范围而定。

(2) 委托人因故要求修改工程设计，经承包人同意后，除设计文件的提交时间另定外，委托方还应按承包人实际返工修改的工作量增付设计费。

(3) 原定设计任务书或初步设计如有重大变更而需重做或修改设计时，须经设计任务书或初步设计批准机关同意，并经双方当事人协商后另订合同。委托人负责支付已经进行了的设计费用。

2. 设计终止

委托方因故要求中途终止设计应及时通知承包人，已付的设计费不退，并按该阶段实际所耗工时，增付和结清设计费，同时解除合同关系。

3.3.4 违约责任

1. 勘察、设计人的责任

《合同法》第二百八十条规定：“勘察、设计的质量不符合要求或者未按照期限提交勘察、设计文件拖延工期，造成发包人损失的，由勘察人、设计人继续完善勘察、设计，减收或者免收勘察、设计费并赔偿损失。”该条规定包括下述内容：

(1) 勘察人、设计人要对其勘察、设计的质量和提交勘察、设计文件的期限予以保证，根据《建筑法》第52条的规定，“建筑工程勘察、设计的质量必须符合国家有关建筑工程安全标准的要求，具体办法由国务院规定”。根据国家《标准化法》的规定，建筑工程的设计和安全标准应当符合国家颁布的标准。

《建筑法》第56条规定，“建筑工程的勘察、设计单位必须对其勘察、设计的质量负责。勘察、设计文件应当符合有关法律、行政法规的规定和建筑工程质量、安全标准、建筑工程勘察、设计规范以及合同的约定。设计文件选用的建筑材料、建筑构配件和设备，应当注明其规格、型号、性能等技术指标，其质量要求必须符合国家规定的标准”。

建设工程的完成具有明显的程序性。简单地讲，建筑工程先要进行勘察、设计，然后进行工程施工，有的工程还需要委托监理，最后要组织建设工程竣工验收。建设工程的勘察、设计是整个建设工程工作进行的开始和基础，勘察人、设计人应当按照约定提交勘察、设计文件，如果勘察人、设计人拖延勘察、设计文件的提交，则工程建设便无法进行，这会给发包人造成损失。

(2) 勘察、设计质量低劣或者未按期限提交勘察、设计文件拖延工期的违约责任。《合同法》第111条规定，“质量不符合约定的，应当按照当事人的约定承担违约责任。对违约责任没有约定或者约定不明确，依照本法第61条的规定仍不能确定的，受损害方根据标的物的性质以及损失的大小，可以合理选择请求对方承担修理、更换、重作、退货、减少价款或者报酬等违约责任”。具体对勘察、设计合同而言，由勘察人、设计人继续完善其勘察、设计，以保证其勘察、设计的质量符合合同的约定和有关标准。由于勘察、设计的质量低劣或者未按照期限提交勘察、设计文件拖延工期，则可能会给发包人造成一定的损失。如建筑人、安装人已经依照质量低劣的勘察、设计文件进行施工，不合格的工程需要返工、改建，其中给发包人造成的损失，勘察人、设计人应当承担相应的赔偿责任。勘察人、设计人未按照期限提交勘察、设计文件拖延工期，则会使发包人支付一定费用和相应的利息，这也是勘察人、设计人违反合同约定造成的。对上述情况，勘察人、设计人除继续完善勘察、设计外，还要减收或者免收勘察、设计费并赔偿损失。关于违约金和赔偿额的计算方法，依照本法有关规定执行。

关于建筑设计单位的质量责任，《建筑法》在第73条中作了比较全面的规定，即：“建筑设计单位不按照建筑工程质量、安全标准进行设计的，责令改正，处以罚款；造成工程质量事故的，责令停业整顿，降低资质等级或者吊销资质证书，没收违法所得；造成损失的，承担赔偿责任；构成犯罪的，依法追究刑事责任。”

2. 发包人的责任

（1）由于发包人的原因造成勘察、设计的返工、停工或者修改设计，发包人应当按照勘察人、设计人实际消耗的工作量增付费用。《合同法》第285条规定，"因发包人变更计划，提供的资料不准确，或者未按照期限提供必需的勘察、设计工作条件而造成勘察、设计的返工、停工或者修改设计，发包人应当按照勘察人、设计人实际消耗的工作量增付费用"。发包人变更计划及违约造成勘察、设计的返工、停工或者修改设计的原因一般有三种情况：

1）由于发包人变更计划。如在数量上的增减、质量上的高低、以及工程的场所的变化等，但不论何种变化，都需要对勘察、设计进行相应的变化；

2）发包人提供的资料不准确；

3）发包人未按照期限提供必需的勘察、设计工作条件。

（2）发包人应承担的责任

发包人的上述行为会造成勘察、设计的返工，重新进行勘察、设计，也会造成停工，或者对设计进行修改，如果不是发包人变更计划，提供的资料不准确，或者未按照期限提供必需的勘察、设计工作条件，勘察人、设计人已经完成了勘察、设计任务，按照建设工程合同履行了义务，应当获得相应的报酬。勘察、设计的返工、停工或者修改设计，都需要重新消耗一定的工作量，这完全是由于发包人的原因造成的。所以，发包人应当按照勘察人、设计人实际消耗的工作量增付费用。

3.3.5 建设工程勘察、设计合同应当具备的主要条款

1. 建设工程名称、规模、投资额、建设地点；
2. 发包人提供资料的内容、技术要求及期限，承包方勘察的范围、进度和质量，设计的阶段、进度、质量和设计文件份数；
3. 勘察、设计取费的依据，取费标准及拨付办法；
4. 协作条件；
5. 违约责任；
6. 其他约定条款。

3.4 建设工程施工合同

3.4.1 建设工程施工合同概述

《建设工程施工合同（示范文本）》（以下简称《施工合同文本》）由"协议书"、"通用条款"、"专用条款"三部分组成，并附有三个附件：附件一是"承包方承揽工程项目一览表"、附件二是"发包方供应材料设备一览表"、附件三是"房屋建筑工程质量保修书"。

1. "协议书"是《施工合同文本》中总纲性的文件。虽然其文字量并不大，但它规定

了合同当事人双方最主要的权利义务，规定了组成合同的文件及合同当事人对履行合同义务的承诺，并且合同当事人在这份文件上签字盖章，因此具有很高的法律效力。“协议书”的内容包括工程概况、工程承包范围、合同工期、质量标准、合同价款、组成合同的文件及双方的承诺等。

2．“通用条款”是根据《合同法》、《建筑法》等法律对承发包双方的权利义务作出的规定，除双方协商一致对其中的某些条款作了修改、补充或取消外，双方都必须履行。它是将建设工程施工合同中共性的一些内容抽象出来编写的一份完整的合同文件。“通用条款”具有很强的通用性，基本适用于各类建设工程。“通用条款”共有十一部分 47 条组成。这十一部分内容是：

(1) 词语定义及合同文件；

(2) 双方一般权利和义务；

(3) 施工组织设计和工期；

(4) 质量与检验；

(5) 安全施工；

(6) 合同价款与支付；

(7) 材料设备供应；

(8) 工程变更；

(9) 竣工验收与结算；

(10) 违约、索赔和争议；

(11) 其他。

3. 考虑到建设工程的内容各不相同，工期、造价也随之变动，承包人、发包人各自的能力、施工现场的环境和条件也各不相同，“通用条款”不能完全适用于各个具体工程，因此设置“专用条款”对其作必要的修改和补充，使“通用条款”和“专用条款”成为双方统一意愿的体现。“专用条款”的条款号与“通用条款”相一致，但主要是空格，由当事人根据工程的具体情况予以明确或者对“通用条款”进行修改、补充。

4.《施工合同文本》的附件则是对施工合同当事人的权利义务的进一步明确，并且使得施工合同当事人的有关工作一目了然，便于执行和管理。

5. 合同文件的组成及解释顺序：

(1) 施工合同协议书；

(2) 投标书及其附件；

(3) 施工合同专用条款；

(4) 施工合同通用条款；

(5) 标准、规范及有关技术文件；

(6) 图纸；

(7) 工程量清单；

(8) 工程报价单或预算书。

双方有关工程的洽商、变更等书面协议或文件视为协议书的组成部分。

上述合同文件应能够互相解释、互相说明。当合同文件中出现不一致时，上面的顺序是合同的优先解释顺序。在不违反法律和行政法规的前提下，当事人可以通过协商变更合同的内容。这些变更的协议或文件，效力高于其他合同文件；且签署在后的协议或文件效力高于签署在先的协议或文件。当合同文件出现含糊不清或者当事人有不同理解时，按照合同争议的解决方式处理。

3.4.2 发包人工作

1. 工作内容

根据专用条款约定的内容和时间，发包人应分阶段或一次完成以下的工作：

(1) 办理土地征用、拆迁补偿、平整施工场地等工作，使施工场地具备施工条件，并在施工后继续解决以上事项的遗留问题；

(2) 将施工所需水、电、电信线路从施工场地外部接至专用条款约定地点，并保证施工需要；

(3) 开通施工场地与城乡公共道路的通道，以及专用条款约定的施工场地内的主要交通干道，满足施工运输的需要，保证施工期间的畅通；

(4) 向承包人提供施工场地的工程地质和地下管线资料，保证数据真实，位置准确；

(5) 办理施工许可证和临时用地、停水、停电、中断道路交通、爆破作业以及可能损坏道路、管线、电力、通讯等公共设施法律、法规规定的申请批准手续及其他施工所需的证件证明（承包人自身资质的证件除外）；

(6) 确定水准点与坐标控制点，以书面形式交给承包人，并进行现场交验；

(7) 组织承包人和设计单位进行图纸会审和设计交底；

(8) 协调处理施工现场周围地下管线和邻近建筑物、构筑物（包括文物保护建筑）、古名木的保护工作，并承担有关费用；

(9) 发包人应做的其他工作，双方在专用条款内约定。

2. 其他事项

发包人可以将上述部分工作委托承包方办理，具体内容由双方在专用条款内约定，其费用由发包人承担。

发包人不按合同约定完成以上义务，导致工期延误或给承包人造成损失的，赔偿承包人的有关损失，延误的工期相应顺延。

3.4.3 承包人工作

1. 工作内容

承包人按专用条款约定的内容和时间完成以下工作：

(1) 根据发包人的委托，在其设计资质允许的范围内，完成施工图设计或与工程配套的设计，经工程师确认后使用，发生的费用由发包人承担；

(2) 向工程师提供年、季、月工程进度计划及相应进度统计报表；

(3) 按工程需要提供和维修非夜间施工使用的照明、围栏设施，并负责安全保卫；

(4) 按专用条款约定的数量和要求，向发包人提供在施工现场办公和生活的房屋及设施，发生费用由发包人承担；

(5) 遵守有关部门对施工场地交通、施工噪声以及环境保护和安全生产等的管理规定，按管理规定办理有关手续，并以书面形式通知发包人。发包人承担由此发生的费用，因承包人责任造成的罚款除外；

(6) 已竣工工程未交付发包方之前，承包人按专用条款约定负责已完工程的成品保护工作，保护期间发生损坏，承包人自费予以修复。要求承包人采取特殊措施保护的单位工程或部位和相应追加的合同价款，在专用条款内约定；

(7) 按专用条款的约定做好施工现场地下管线和邻近建筑物、构筑物（包括文物保护建筑）、古树名木的保护工作；

(8) 保证施工场地清洁符合环境卫生管理的有关规定。交工前清理现场达到专用条款约定的要求，承担因自身原因违反有关规定造成的损失和罚款；

(9) 承包人应做的其他工作，双方在专用条款内约定。

2. 其他事项

承包人不履行上述各项义务，造成发包人损失的，应对发包人的损失给予赔偿。

3.4.4 工程师的产生和职权

1. 工程师的产生和易人

工程师包括监理单位委派的总监理工程师或者发包人指定的履行合同的负责人两种情况。

(1) 发包人委托监理

发包人可以委托监理单位全部或者部分负责合同的履行。国家推行工程监理制度。对于国家规定实行强制监理的工程，发包人必须委托监理；对于国家未规定实施强制监理的工程，发包人也可以委托监理。工程监理应当依照法律、行政法规及有关的技术标准、设计文件和建设工程施工合同，对承包人在施工质量、建设工期和建设资金使用等方面，代表发包人实施监督。发包人应当将委托的监理单位名称、工程师的姓名、监理内容及监理权限以书面形式通知承包人。除合同内有明确约定或经发包人同意外，负责监理的工程师无权解除承包人的任何义务。

监理单位委派的总监理工程师在施工合同中称为工程师。总监理工程师是经监理单位法定代表人授权，派驻施工现场监理组织的总负责人，行使监理合同赋予监理单位的权利和义务，全面负责受委托工程的建设监理工作。监理单位委派的总监理工程师姓名、职务、职责应当向发包人报送，在施工合同专用条款中应当写明总监理工程师的姓名、职务、职责。

(2) 发包人派驻施工现场履行合同的代表

发包人派驻施工现场履行合同的代表在施工合同中也称工程师。发包人代表是经发包人单位法定代表人授权，派驻施工现场的负责人，其姓名、职务、职责在专用条款内约定，但职责不得与监理单位委派的总监理工程师职责相互交叉。双方职责发生交叉或不明确时，由发包人明确双方职责，并以书面形式通知承包方。目前，许多工程发包人同时委托监理和派驻代表，两者职责发生交叉后，给工程施工的管理带来了困难。发包人应避免这种情况的出现，一旦出现，应尽早解决。

(3) 工程师易人

工程师易人，发包人应至少提前7天以书面形式通知承包人，后任继续履行合同文件约定和前任的权利和义务，不得更改前任作出的书面承诺。

2. 工程师的职责

工程师按约定履行职责。发包人对工程师行使的权力范围一般都有一定的限制，如对委托监理的工程师要求其在行使认可索赔权力时，若索赔额超过一定限度必须先征得发包人的批准。工程师的具体职责如下：

(1) 工程师委派具体管理人员

在施工过程中，不可能所有的监督和管理工作都由工程师亲自完成。工程师可委派具体管理人员，行使自己的部分权力和职责，并可在认为必要时撤回委派，委派和撤回均应提前7d以书面形式通知承包人，负责监理的工程师还应将委派和撤回通知发包人。委派书和撤回通知作为合同附件。

工程师代表在工程师授权范围内向承包人发出的任何书面形式的函件，与工程师发出的函件效力相同。

(2) 工程师发布指令、通知

工程师的指令、通知由其本人签字后，以书面形式交给项目经理在回执上签署姓名和收到时间后生效。确有必要时，工程师可发出口头指令，并在48h内给予书面确认，承包人对工程师的指令应予执行。工程师不能及时给予书面确认，承包人应于工程师发出口头指令后7d内提出书面确认要求。工程师在承包人提出确认要求后48h内不予答复，应视为承包人要求已被确认。

承包人认为工程师指令不合理，应在收到指令后24h内提出书面报告，工程师在收到承包人报告后24h内做出修改指令或继续执行原指令的决定，并以书面形式通知承包人。紧急情况下，工程师要求承包人立即执行的指令或承包人虽有异议，但工程师决定仍继续执行的指令，承包人应予执行。因指令错误发生的费用和给承包人造成的损失由发包人承担，延误的工期相应顺延。

对于工程师代表在其权限范围内发出的指令和通知，视为工程师发出的指令和通知，但工程师代表发出指令失误时，工程师可以纠正。除工程师和工程师代表外，发包人驻现场的其他人员均无权向承包人发出任何指令。

(3) 工程师应当及时履行自己的职责

工程师应按合同约定，及时向承包人提供所需指令、批准、图纸并履行其他约定的义务，否则承包人在约定时间后24h内将具体要求、需要的理由和延误的后果通知工程师，工程师收到通知后48h内不予答复，应承担延误造成的追加合同价款，并赔偿承包人有关损失，顺延延误的工期。

(4) 工程师做出处理决定

在合同履行中，发生影响承发包双方权利或义务的事件时，负责监理的工程师应依据合同在其职权范围内客观公正地进行处理。为保证施工正常进行，承发包双方应遵守和执行工程师的决定。承包人对工程师的处理有异议时，按照合同约定争议处理办法解决。

3.4.5 项目经理的产生和职责

1. 项目经理产生

(1) 项目经理是由承包人单位法定代表人授权的，派驻施工场地的承包人的总负责人，他代表承包人负责工程施工的组织、实施。承包人施工质量、进度管理方面的好坏与承包方代表的水平、能力、工作热情有很大的关系，一般都应当在投标书中明确项目经理，并作为评标的一项内容。最后，项目经理的姓名、职务在专用条款内约定。项目经理一旦确定后，则不能随意易人。

(2) 项目经理易人，承包人应至少提前 7d 以书面形式通知发包人，后任继续履行合同文件约定的前任的权利和义务，不得更改前任作出的书面承诺。因为前任项目经理的书面承诺是代表承包人的，项目经理的易人并不意味着合同主体的变更，双方都应履行各自的义务。发包人可以与承包人协商，建议调换其认为不称职的项目经理。

2. 项目经理的职责

(1) 代表承包人向发包人提出要求和通知。

项目经理有权代表承包人向发包人提出要求和通知。承包人的要求和通知，以书面形式由项目经理签字后送交工程师，工程师在回执上签署姓名和收到时间后生效。

(2) 组织施工。

项目经理按发包人认可的施工组织设计（或施工方案）和依据合同发出的指令、要求组织施工。在情况紧急且无法与工程师联系时，应当采取保证人员生命和工程财产安全的紧急措施，并在采取措施后 48h 内向工程师送交报告。如果责任在发包人和第三人，由发包人承担由此发生的追加合同价款，相应顺延工期；如果责任在承包人，由承包人承担费用，不顺延工期。

3.4.6 进度控制

施工合同的进度控制可以分为施工准备阶段、施工阶段和竣工验收阶段的进度控制。

1. 施工准备阶段的进度控制

施工准备阶段的许多工作都对施工的开始和进度有直接的影响，包括双方对合同工期的约定、承包人提交进度计划、设计图纸的提供、材料设备的采购、延期开工的处理等。

(1) 施工合同工期和进度计划

1) 施工合同工期，是指施工的工程从开工起到完成施工合同专用条款双方约定的全部内容，工程达到竣工验收标准所经历的时间。合同工期是施工合同的重要内容之一，故

《施工合同文本》要求双方在协议书中作出明确约定；

2）约定的内容包括开工日期、竣工日期和合同工期的总日历天数。合同工期是按总日历天数计算的，包括法定节假日在内的承包天数；

3）合同当事人应当在开工日期前做好一切开工的准备工作，承包人则应按约定的开工日期开工。承包人应当在专用条款约定的日期，将施工组织设计和工程进度计划提交工程师；

4）群体工程中采取分阶段进行施工的单项工程，承包人则应按照发包人提供的图纸及有关资料的时间，按单项工程编制进度计划，分别向工程师提交；

5）工程师对进度计划予以确认或者提出修改意见。工程师接到承包人提交的进度计划后，应当予以确认或者提出修改意见，时间限制则由双方在专用条款中约定。如果工程师逾期不确认也不提出书面意见，则视为已经同意；

6）工程师对进度计划予以确认或者提出修改意见，并不免除承包人施工组织设计和工程进度计划本身的缺陷所应承担的责任。工程师对进度计划予以确认的主要目的，是为工程师对进度进行控制提供依据。

（2）其他准备工作

在开工前，合同双方还应当做好其他各项准备工作。如发包人应当按照专用条款的规定使施工现场具备施工条件、开通施工现场与公共道路，承包人应当做好施工人员和设备的调配工作。对于工程师而言，特别需要做好水准点与坐标控制点的交验，按时提供标准、规范。为了能够按时向承包人提供设计图纸，工程师可能还需要做好设计单位的协调工作，按照专用条款的约定组织图纸会审和设计交底。

（3）延期开工

1）如果是承包人要求的延期开工，则工程师有权批准是否同意延期开工。

承包人应当按协议书约定的开工日期开始施工。承包人不能按时开工，应在不迟于协议书约定的开工日期前7d，以书面形式向工程师提出延期开工的理由和要求。工程师在接到延期开工申请后的48h内以书面形式答复承包人。工程师在接到延期开工申请后的48h内不答复，视为同意承包人的要求，工期相应顺延。

如果工程师不同意延期要求，工期不予顺延。如果承包人未在规定时间内提出延期开工要求，工期也不予顺延。

2）由于发包人的原因不能按照协议书约定的开工日期开工，工程师以书面形式通知承包人后，可推迟开工日期。承包人对延期开工的通知没有否决权，但发包人应当赔偿承包人因此造成的损失，相应顺延工期。

2. 施工阶段的进度控制

工程开工后，合同履行即进入施工阶段，直至工程竣工。这一阶段进行控制的任务是控制施工任务在协议书规定的合同工期内完成。

（1）监督进度计划的执行

1）开工后，承包人必须按照工程师确认的进度计划组织施工，接受工程师对进度的检查、监督。这是工程师进行进度控制的一项日常性工作。检查、监督的依据是已经确认的进度计划。一般情况下，工程师每月检查一次承包人的进度计划执行情况，由承包人提交一份上月进度计划实际执行情况和本月的施工计划。同时，工程师还应进行必要的现场实地检查。

2）工程实际进度与计划进度不符时，承包人应当按照工程师的要求提出改进措施，经工程师确认后执行。但是，对于因承包人自身的原因造成工程实际进度与经确认的进度计划不符的，所有的后果都应由承包商自行承担，工程师也不对改进措施的效果负责。如果采用改进措施后，经过一段时间工程实际进展赶上了计划进度，则仍可按原进度计划执行。如果采用改进措施一段时间后，工程实际进展仍明显与计划进度不符，则工程师可以要求承包人修改原进度计划，并经工程师确认。但是，这种确认并不是工程师对工程延期的批准，而仅仅是要求承包人在合理的状态下施工。因此，如果修改后的进度计划不能按期完工，承包人仍应承担相应的违约责任。

3）工程师应当随时了解施工进度计划执行过程中所存在的问题，并帮助承包人予以解决，特别是承包人无力解决的内外关系协调问题。

（2）暂停施工

在施工过程中，有些情况会导致暂停施工。暂停施工当然会影响工程进度，作为工程师应当尽量避免暂停施工。暂停施工的原因是多方面的，但归纳起来有以下三个方面：

1）工程师要求的暂停施工。

工程师在主观上是不希望暂停施工的，但有时继续施工会造成更大的损失。工程师在确有必要时，应当以书面形式要求承包人暂停施工，不论暂停施工的责任在发包人还是在承包人。工程师应当在提出暂停施工要求后48h内提出书面处理意见。承包人应当按照工程师的要求停止施工，并妥善保护已完工工程。承包人实施工程师作出的处理意见后提出书面复工要求，工程师应当在48h内给予答复。工程师未能在规定时间内提出处理意见，或收到承包人复工要求后48h内未予答复，承包人可以自行复工。

如果停工责任在发包人，由发包人承担所发生的追加合同价款，赔偿承包商由此造成的损失，相应顺延工期；如果停工责任在承包人，由承包人承担发生的费用，工期不予顺延。因为工程师不及时作出答复，导致承包人无法复工，由发包人承担违约责任。

2）发包人违约，承包人主动暂停施工。

当发包人出现某些违约情况时，承包人可以暂停施工。这是承包人保护自己权益的有效措施。如发包人不按合同规定及时向承包人支付工程预付款、发包人不按合同规定及时向承包人支付工程进度款且双方未达成延期付款协议，在承包人发出要求付款通知后仍不付款。经过一定时间后，承包人均可暂停施工。这时，发包人应当承担相应的违约责任。出现这种情况时，工程师应当尽量督促发包人履行合同，以求减少双方的损失。

3）意外情况导致的暂停施工。

在施工过程中出现一些意外情况，如果需要暂停施工，则承包人应暂停施工。在这些情况下，工期是否给予顺延应视风险责任的承担确定。如发现有价值的文物、发生不可抗拒事件等，风险责任应当由发包人承担，故应给予承包人工期顺延。

（3）设计变更

在施工过程中如果发生设计变更，将对施工进度产生很大的影响。因此，工程师在其可能的范围内应尽量减少设计变更。如果必须对设计进行变更，应当严格按照国家的规定和合同约定的程序进行。

1）发包人对原设计进行变更。发包人发出变更通知，变更超过原设计标准或者批准的设计规模时，须经原规划管理部门和其他有关部门审查批准，并由原设计单位提供变更的相应的图纸和说明。

2）承包人要求对原设计进行变更。承包人应当严格按照图纸施工，不得随意变更设计。施工中承包人提出合理化建议涉及到对设计图纸进行变更，须经工程师同意。工程师同意变更后，也须经原规划管理部门和其他有关部门审查批准，并由原设计单位提供变更的相应的图纸和说明。承包人未经工程师同意不得擅自变更设计，否则，因擅自变更设计发生的费用和由此导致发包人的直接损失，由承包人承担，延误的工期不予顺延。

3）设计变更事项。构成设计变更的事项包括以下内容：

①更改有关部分的标高、基线、位置和尺寸；

②增减合同中约定的工程量；

③改变有关工程的施工时间和顺序；

④其他有关变更引起的附加工作。

由于发包人对原设计进行变更，以及经工程师同意的、承包人要求进行的设计变更，导致合同价款的增减及造成的承包人损失，由发包人承担，延误的工期相应顺延。

（4）工期延误

承包人应当按照合同约定完成工程施工，如果由于其自身的原因造成工期延误，应当承担违约责任。但是，在有些情况下工期延误后竣工日期可以相应顺延。

因以下原因造成工期延误，经工程师确认工期相应顺延：

1）发包人不能按专用条款的约定提供开工条件；

2）发包人不能按约定日期支付工程预付款、进度款，致使工程不能正常进行；

3）工程师未按合同约定提供所需指令、批准等，致使施工不能正常进行；

4）设计变更和工程量增加；

5）一周内非承包人原因停水、停电、停气造成停工累计超过 8h；

6）不可抗力；

7）专用条款中约定或工程师同意工期顺延的其他情况。

这些情况工期可以顺延的根本原因在于：这些情况属于发包人违约或者是应当由发包人承担的风险。反之，如果造成工期延误的原因是承包人的违约或者应当由承包人承担的风险，则工期不能顺延。

工期顺延的确认程序：

承包人在工期可以顺延的情况发生后 14d 内，就延误的工期向工程师提出书面报告。工程师在收到报告后 14d 内予以确认答复，逾期不予答复，视为报告要求已经被确认。当然，工程师确认的工期顺延期限应当是事件造成的合理延误，由工程师根据发生事件的具体情况和工期定额、合同等的规定确认。经工程师确认的顺延的工期应纳入合同工期，作为合同工期的一部分。如果承包人不同意工程师的确认结果，则按合同规定的争议解决方式处理。

3. 竣工验收阶段的进度控制

（1）竣工验收的程序

工程应当按期竣工，工程按期竣工有两种情况：承包人按照协议书约定的竣工日期或者工程师同意顺延的工期竣工。工程如果不能按期竣工，承包人应当承担违约责任。

1）承包人提交竣工验收报告。

当工程按合同要求全部完成后，工程具备了竣工验收条件，承包人按国家工程竣工验收的有关规定，向发包人提供完整的竣工资料和竣工验收报告，并按专用条款要求的日期和份数向发包人提交竣工图。

2）发包人组织验收。

发包人在收到竣工验收报告后28d内组织有关部门验收，并在验收14d内给予认可或者提出修改意见。承包人应当按要求进行修改，并承担由自身原因造成修改的费用。竣工日期为承包人送交竣工验收报告日期。需修改后才能达到验收要求的，竣工日期为承包人修改后提请发包方验收日期。

中间交工工程的范围和竣工时间，由双方在专用条款内约定。其验收程序与上述规定相同。

3）发包人不按时组织验收的后果。

发包人收到承包人送交的竣工验收报告后28d内不组织验收，或者在验收后14d内不提出修改意见，则视为竣工验收报告已经被认可。发包人收到承包人送交的竣工验收报告后28d内不组织验收，从第29d起承担工程保管及一切意外责任。

(2) 发包人要求提前竣工

在施工中，发包人如果要求提前竣工，应当与承包人进行协商，协商一致后应签订提前竣工协议。发包人应为赶工提供方便条件。提前竣工协议应包括以下方面的内容：

1）提前的时间；

2）承包人采取的赶工措施；

3）发包人为赶工提供的条件；

4）承包人为保证工程质量采取的措施；

5）提前竣工所需的追加合同价款。

(3) 甩项工程

因特殊原因，发包人要求部分单位工程或工程部位甩项竣工的，双方应当另行签订甩项竣工协议，明确各方责任和工程价款的支付方法。

3.4.7 质量控制

1. 合同适用标准规范

(1) 按照《标准化法》的规定，为保障人体健康、人身财产安全的标准属于强制性标准，建设工程施工的技术要求和方法即为强制性标准，施工合同当事人必须执行。《建筑法》也规定，建筑工程施工的质量必须符合国家有关建筑工程安全标准的要求。因此，施工中必须使用国家标准、规范；没有国家标准、规范但有行业标准、规范的，使用行业标准、规范；没有国家和行业标准、规范的，适用工程所在地的地方标准、规范。

(2) 双方应当在专用条款中约定适用标准、规范的名称。发包人应当按照专用条款约定的时间向承包人提供一式两份约定的标准、规范。

(3) 国内没有相应的标准、规范时，可以由合同当事人约定工程适用的标准。首先，应由发包人按照约定的时间向承包人提出施工技术要求，承包人按照约定的时间和要求提出施工工艺，经发包人认可后执行；若发包人要求工程使用国外标准、规范时，发包人应当负责提供中文译本。购买、翻译和制定标准、规范或制定施工工艺的费用，由发包人承担。

2. 图纸

建设工程施工应当按照设计图纸进行。在施工合同管理中的图纸是指由发包人提供或者由承包人提供经工程师批准、满足承包人施工需要的所有图纸（包括配套说明和有关资料）。按时、按质、按量提供施工所需图纸，也是保证工程施工质量的重要方面。

(1) 发包人提供图纸

在我国目前的建设工程管理体制中，施工中所需图纸主要由发包人提供（发包人通过设计合同委托设计单位设计）。在对图纸的管理中，发包人应当完成以下工作：

1) 发包人应当按照专用条款约定的日期和套数，向承包人提供图纸；

2) 承包人如果需要增加图纸套数，发包人应当代为复制，发包人代为复制意味着发包人应当为图纸的正确性负责；

3) 如果对图纸有保密要求的，应当承担保密措施费用。

对于发包人提供的图纸，承包人应当完成以下工作：

1) 在施工现场保留一套完整图纸，供工程师及其他有关人员进行工程检查时使用；

2) 如果专用条款对图纸提出保密要求的，承包人应在约定的保密期限内承担保密义务；

3) 承包人如果需要增加图纸套数，复制费用由承包人承担。

使用国外或者境外图纸，不能满足施工需要时，双方在专用条款内约定复制、重新绘制、翻译、购买标准图纸等责任及费用承担。

工程师在对图纸进行管理时，重点是按照合同约定按时向承包人提供图纸，同时，根据图纸检查承包人的工程施工。

(2) 承包人提供图纸

有些工程，施工图纸的设计或者与工程配套的设计有可能由承包人完成。如果合同中有这样的约定，则承包人应当在其设计资质允许的范围内，按工程师的要求完成这些设计，经工程师确认后使用，发生的费用由发包人承担。在这种情况下，工程师对图纸的管理重点是审查承包人的设计。

3. 材料设备供应的质量控制

(1) 材料生产和设备供应单位应具备法定条件

建筑材料、构配件生产及设备供应单位必须具备相应的生产条件、技术装备和质量保证体系，具备必要的检测人员和设备，把好产品看样、定货、储存、运输和核验的质量关。

(2) 材料设备质量应符合要求

1) 符合国家或者行业现行有关技术标准规定的合格标准和设计要求；

2）符合在建筑材料、构配件及设备或其包装上注明采用的标准，符合以建筑材料、构配件及设备说明、实物样品等方式表明的质量状况。

（3）材料设备或者其包装上的标识应符合的要求

1）产品质量检验合格证明；

2）有中文标明的产品名称、生产厂家厂名和厂址；

3）产品包装和商标样式符合国家有关规定和标准要求；

4）设备应有产品详细的使用说明书，电气设备还应附有线路图；

5）实施生产许可证或使用产品质量认证标志的产品，应有许可证或质量认证的编号、批准日期和有效期限。

（4）发包人供应材料设备时的质量控制

1）双方约定发包人供应材料设备的一览表。

对于由发包人供应的材料设备，双方应当约定发包人供应材料设备的一览表，作为合同附件。一览表的内容应当包括材料设备种类、规格、型号、数量、单价、质量等级、提供的时间和地点。发包人按照一览表的约定提供材料没备。

2）发包人供应材料设备的验收。

发包人应当向承包人提供其供应材料设备的产品合格证明，并对这些材料设备的质量负责。发包人应在其所供应的材料设备到货前24h，以书面形式通知承包人，由承包人派人与发包人共同清点。

3）材料设备验收后的保管。

发包人供应的材料设备经双方共同验收后由承包人妥善保管，发包人支付相应的保管费用，因承包人的原因发生损坏丢失，由承包人负责赔偿。发包人不按规定通知承包人验收，发生的损坏丢失由发包人负责。

4）发包人供应的材料设备与约定不符时的处理：

发包人供应的材料设备与约定不符时，应当由发包人承担有关责任，具体按照下列情况进行处理：

①材料设备单价与合同约定不符时，由发包人承担所有差价；

②材料设备种类、规格、型号、数量、质量等级与合同约定不符时。承包人可以拒绝接收保管，由发包人运出施工场地并重新采购；

③发包人供应材料的规格、型号与合同约定不符时，承包人可以代为调剂串换，发包方承担相应的费用；

④到货地点与合同约定不符时，发包人负责运至合同约定的地点；

⑤供应数量少于合同约定的数量时，发包人将数量补齐；多于合同约定的数量由发包人负责将多出部分运出施工场地；

⑥到货时间早于合同约定时间，发包人承担因此发生的保管费用；到货时间迟于合同约定的供应时间，由发包人承担相应的追加合同价款。发生延误，相应顺延工期，发包人赔偿由此给承包人造成的损失。

5）发包人供应材料设备使用前的检验或试验。

发包人供应的材料设备进入施工现场后需要在使用前检验或者试验的，由承包人负责，费用由发包人负责。即使在承包人检验通过之后，如果又发现材料设备有质量问题的，发包人仍应承担重新采购及拆除重建的追加合同价款，并相应顺延由此延误的工期。

(6) 承包人采购材料设备的质量控制

承包人采购的材料设备，应当由承包人选择生产厂家或者供应商，发包人不得指定生产厂家或者供应商。

1) 承包人采购材料设备的验收。

承包人根据专用条款的约定及设计和有关标准要求采购工程需要的材料设备，并提供产品合格证明。承包人在材料设备到货前24h通知工程师验收，这是工程师的一项重要职责，工程师应当严格按照合同约定、有关标准进行验收。

2) 承包人采购的材料设备与要求不符时的处理。

承包人采购的材料设备与设计或者标准要求不符时，工程师可以拒绝验收，由承包人按照工程师要求的时间运出施工场地，重新采购符合要求的产品，并承担由此发生的费用，由此延误的工期不予顺延。

工程师发现材料设备不符合设计或者标准要求时，应要求承包方负责修复、拆除或者重新采购，并承担发生的费用，由此造成工期延误不予顺延。

3) 承包人需要使用代用材料时，承包人须经工程师认可后方可使用，由此增减的合同价款由双方以书面形式议定。

4) 承包方采购材料设备在使用前检验或试验。

承包人采购的材料设备在使用前，承包人应按工程师的要求进行检验或试验，不合格的不得使用，检验或试验费用由承包人承担。

4. 施工企业的质量控制

施工企业的质量控制是工程师进行质量控制的出发点和落脚点。工程师应当协助和监督施工企业建立有效的质量管理体系。

(1) 建设工程施工企业的经理，要对本企业的工程质量负责，并建立有效的质量保证体系；施工企业的总工程师和技术负责人要协助经理管好质量工作。

(2) 施工企业应当逐级建立质量责任制。项目经理要对本施工现场内所有单位工程的质量负责；栋号工长要对单位工程质量负责；生产班组要对分项工程质量负责。现场施工员、工长、质量检验员和关键工种工人必须经过考核取得岗位证书后，方可上岗。企业内各级职能部门必须按企业规定对各自的工作质量负责。施工企业必须设立质量检查、测试机构，并由经理直接领导，企业专职质量检查员应抽调有实践经验和独立工作能力的人员充任。任何人不得设置障碍，干预质量检测人员依章行使职权。用于工程的建筑材料，必须送试验室检验，并经试验室主任签字认可后，方可使用。

(3) 实行总承包的工程，分包单位要对分包工程的质量负责，总包单位对承包的全部工程质量负责。

(4) 国家对从事建筑活动的单位推行质量体系认证制度。施工企业根据自身情况可以向国务院产品质量监督管理部门或者其授权的部门认可的认证机构申请质量体系认证。

5. 工程验收的质量控制

工程验收是一项以确认工程是否符合施工合同规定目标的行为，是质量控制的最重要的环节。

（1）工程质量标准

工程质量应当达到协议书约定的质量标准，质量标准的评定以国家或者专业的质量检验评定标准为依据，发包人对部分或者全部工程质量有特殊要求的，应支付由此增加的追加合同价款，对工期有影响的应给予相应顺延，达不到约定标准的工程部分，工程师一经发现，可要求承包人返工，承包人应当按照工程师的要求返工，直到符合约定标准。因承包人的原因达不到约定标准，由承包人承担返工费用，工期不预顺延。因发包人的原因达不到约定标准，由发包人承担返工的追加合同价款，工期相应顺延。因双方原因达不到约定标准，责任由双方分别承担。

双方对工程质量有争议，由专用条款约定的工程质量监督部门鉴定，所需费用及因此造成的损失，由责任方承担。双方均有责任，由双方根据其责任分别承担。

（2）施工过程中的检查和返工

在工程施工过程中，工程师及其委派人员对工程的检查检验，是他们一项日常性工作和重要职能。

承包人应认真按照标准、规范和设计要求以及工程师依据合同发出的指令施工，随时接受工程师及其委派人员的检查检验，为检查检验提供便利条件。工程质量达不到约定标准的部分，工程师一经发现，可要求承包人拆除和重新施工，承包人应按工程师及其委派人员的要求拆除和重新施工，承担由于自身原因导致拆除和重新施工的费用，工期不予顺延。

检查检验合格后，又发现因承包人引起的质量问题，由承包人承担责任，赔偿发包人的直接损失，工期不应顺延。

检查检验不应影响施工正常进行。如影响施工正常进行，检查检验不合格时，影响正常施工的费用由承包人承担。除此之外影响正常施工的追加合同价款由发包人承担，相应顺延工期。

因工程师指令失误和其他非承包人原因发生的追加合同价款，由发包人承担。

（3）隐蔽工程和中间验收

由于隐蔽工程在施工中一旦完成隐蔽，难再对其进行质量检查（这种检查成本很大），因此必须在隐蔽前进行检查验收，对于中间验收，合同双方应在专用条款中约定需要进行中间验收的分项工程和部位的名称、验收的时间和要求、以及发包人应提供的便利条件。

工程具备隐蔽条件和达到专用条款约定范围的中间验收部位，承包人进行自检，并在隐蔽和中间验收前48h以书面形式通知工程师验收。通知包括隐蔽和中间验收内容、时间、地点。承包人准备验收记录，验收合格，工程师在验收记录上签字后，承包人可进行隐蔽和继续施工。验收不合格，承包人在工程师限定的时间内修改后重新验收。

工程质量符合标准、规范和设计图纸等的要求，验收24h后，工程师不在验收记录上签字，视为工程师已经批准，承包人可进行隐蔽或者继续施工。

（4）重新检验

工程师不能按时参加验收，须在开始验收前24h向承包人提出书面延期要求，延期不能超过48h。工程师未能按以上时间提出延期要求，不参加验收，承包人可自行组织验收，工程师应承认验收记录。

无论工程师是否参加验收，当其提出对已经隐蔽的工程重新检验的要求时，承包人应按要求进行剥露或开孔，并在检验后重新覆盖或者修复。检验合格，发包人承担由此发生的全部追加合同价款，赔偿承包人损失，并相应顺延工期。检验不合格，承包人承担发生的全部费用，工期不予顺延。

(5) 试车

1) 试车的组织责任：

对于设备安装工程，应当组织试车。试车内容应与承包人承包的安装范围相一致。

①单机无负荷试车。设备安装工程具备单机无负荷试车条件，由承包人组织试车。只有单机试运转达到规定要求，才能进行联试。承包人应在试车前48h书面通知工程师。

通知包括试车内容、时间、地点。承包人准备试车记录，发包人根据承包人要求为试车提供必要条件。试车通过，工程师在试车记录上签字；

②联动无负荷试车。设备安装工程具备无负荷联动试车条件，由发包人组织试车，并在试车前48h书面通知承包人。通知内容包括试车内容、时间、地点和对承包人的要求，承包人按要求做好准备工作和试车记录。试车通过，双方在试车记录上签字；

③投料试车。投料试车，应当在工程竣工验收后由发包人全部负责。如果发包人要求承包方配合或在工程竣工验收前进行时，应当征得承包人同意，另行签订补充协议。

2) 试车的双方责任：

①由于设计原因试车达不到验收要求，发包人应要求设计单位修改设计，承包人按修改后的设计重新安装。发包人承担修改设计、拆除及重新安装全部费用和追加合同价款，工期相应顺延；

②由于设备制造原因试车达不到验收要求，由该设备采购一方负责重新购置和修理，承包方负责拆除和重新安装。设备由承包人采购，由承包人承担修理或重新购置、拆除及重新安装的费用，工期不予顺延；设备由发包人采购的，发包人承担上述各项追加合同价款，工期相应顺延；

③由于承包人施工原因试车达不到验收要求，承包人按工程师要求重新安装和试车，承担重新安装和试车的费用，工期不予顺延；

④试车费用除已包括在合同价款之内或者专用条款另有约定外，均有发包人承担；

⑤工程师未在规定时间内提出修改意见，或试车合格而不在试车记录上签字，试车结束24h后，记录自行生效，承包人可继续施工或办理竣工手续。

3) 工程师要求延期试车：

工程师不能按时参加试车，须在开始试车前24h向承包人提出书面延期要求，延期不能超过48h，工程师未能按以上时间提出延期要求，不参加试车，承包人可自行组织试车，发包人应当承认试车记录。

(6) 竣工验收

竣工验收是全面考核建设工作，检查是否符合设计要求和工程质量的重要环节。

竣工交付使用的工程必须符合下列基本要求：

1) 完成工程设计和合同中规定的各项工作内容，达到国家规定的竣工条件；

2) 工程质量应符合国家现行有关法律法规、技术标准、设计文件及合同规定的要求；

3) 工程所用的设备和主要建筑材料、构件应具有产品质量出厂检验合格证明和技术标准规定必要的进场试验报告；

4）具有完整的工程技术档案和竣工图，已办理工程竣工交付使用的有关手续；

5）已签署工程质量保修证书。

(7) 竣工验收中承发包双方的具体工作和责任

1）工程具备竣工验收条件，承包人按国家工程竣工验收有关规定，向发包人提供完整竣工资料及竣工验收报告。双方约定由承包人提供竣工图，应当在专用条款内约定提供的日期和份数；

2）发包人收到竣工验收报告后组织有关部门验收。由于承包人原因，工程质量达不到约定的质量标准，承包人承担违约责任；

3）建设工程未经验收或验收不合格，不得交付使用。发包人强行使用的，由此发生的质量问题及其他问题，由发包人承担责任。但在这种情况下发包人主要是对强行使用直接产生的质量问题及其他问题承担责任，不能免除承包人对工程的保修等责任。

3.4.8 投资控制

1. 工程量的确认

对承包人已完成工程量的核实确认，是发包人支付工程款的前提；其具体的确认程序如下：

(1) 承包人向工程师提交已完工程量的报告

承包人按专用条款约定的时间，提交已完工程量的报告。该报告应当由“工程量报审表”和作为其附件的“完成工程量的计算书”组成。承包人应当写明项目名称、申报工程量及简要说明。

(2) 工程师的计量

1）工程师接到报告后7d内按设计图纸核实已完工程量（以下称计量），并在计量前24h通知承包人，承包人为计量提供便利条件并派人参加。承包人不参加计量，发包人自行进行，计量结果有效，作为工程价款支付的依据。

2）工程师收到承包人报告后7d内未进行计量，从第8d起，承包人报告中开列的工程量即视为已被确认，作为工程价款支付的依据。工程师不按约定时间通知承包人，使承包人不能参加计量，计量结果无效。

3）工程师对承包人超出设计图纸范围和（或）因自身原因造成返工的工程量，不予计量。

2. 结算方式

(1) 按月结算

这种结算办法实行旬末或月中预支，月末结算，竣工后清算的办法。跨年度施工的工程，在年终进行工程盘点，办理年度结算。

(2) 竣工后一次结算

建设项目或单位工程全部建筑安装工程建设期较短或施工合同价较低的，可以实行工程价款每月月中预支，竣工后一次结算。

(3) 分段结算

这种结算方式要求当年开工、当年不能竣工的单项工程或单位工程按照工程形象进度，划分不同阶段进行结算。分段的划分标准，由各部门和省、自治区、直辖市、计划单列市规定，分段结算可以按月预支工程款。

实行竣工后一次结算和分段结算的工程，当年结算的工程应与年度完成工程量一致，年终不另清算。

(4) 其他结算方式

结算双方可以约定采用并经开户银行同意的其他结算方式。

3. 工程款（进度款）支付的程序和责任

1) 发包人应在双方计量确认后14d内，向承包人支付工程款（进度款）。同期用于工程上的发包人供应材料设备的价款，以及按约定时间发包人应按比例扣回的预付款，与工程款（进度款）同期结算。合同价款调整、设计变更调整的合同价款及追加的合同价款，应与工程款（进度款）同期调整支付；

2) 发包人超过约定的支付时间不支付工程款（进度款），承包人可向发包人发出要求付款的通知，发包人在收到承包人通知后仍不能按要求支付，可与承包人协商签订延期付款协议，经承包人同意后可以延期支付。协议须明确延期支付时间和从结果确认计量后第15d起计算应付款的贷款利息。发包人不按合同约定支付工程款（进度款），双方又未达成延期付款协议，导致施工无法进行，承包人可停止施工，由发包人承担违约责任。

4. 变更价款的确定程序

1) 设计变更发生后，承包人在工程设计变更确定后14d内，提出变更工程价款的报告，经工程师确认后调整合同价款。承包人在确定变更后14d内不向工程师提出变更工程价款报告时，视为该项设计变更不涉及合同价款的变更；

2) 工程师收到变更工程价款报告之日起14d内，予以确认。工程师无正当理由不确认时，自变更价款报告送达之日起14d后变更工程价款报告自行生效；

3) 工程师不同意承包人提出的变更价格，按照合同约定的争议解决方法处理。

5. 变更价款的确定方法

变更合同价款按照下列方法进行：

(1) 合同中已有适用于变更工程的价格，按合同已有的价格计算变更合同价款；

(2) 合同中只有类似于变更工程的价格，可以参照此价格确定变更价格，变更合同价款；

(3) 合同中没有适用或类似于变更工程的价格，由承包人提出适当的变更价格，经工程师确认后执行。

6. 施工中涉及的其他费用

(1) 安全施工方面的费用

1）承包人按工程质量、安全及消防管理有关规定组织施工，采取严格的安全防护措施，承担由于自身的安全措施不力造成事故的责任和因此发生的费用。非承包人责任造成安全事故，由责任方承担责任和发生的费用；

2）发生重大伤亡及其他安全事故，承包人应按有关规定立即上报有关部门并通知工程师，同时按政府有关部门要求处理，发生的费用由事故责任方承担；

3）发包人应对其在施工场地的工作人员进行安全教育，并对他们的安全负责；

4）承包人在动力设备、输电线路、地下管道、密封防震车间、易燃易爆地段以及临街交通要道附近施工时，施工开始前应向工程师提出安全保护措施，经工程师认可后实施，防护措施费用由发包人承担。

5）实施爆破作业，在放射、毒害性环境中施工（含存储、运输、使用）及使用毒害性、腐蚀性物品施工时，承包人应在施工前14d以书面形式通知工程师，并提出相应的安全保护措施，经工程师认可后实施。安全保护措施费用由发包人承担。

（2）文物和地下障碍物

1）在施工中发现古墓、古建筑遗址等文物及化石或其他有考古、地质研究等价值的物品时，承包人应立即保护好现场并于4h内以书面形式通知工程师，工程师应于收到书面通知后24h内报告当地文物管理部门，并按有关管理部门要求采取妥善保护措施。发包人承担由此发生的费用，延误的工期相应顺延。

2）施工中发现影响施工的地下障碍物时，承包人应于8h内以书面形式通知工程师，同时提出处置方案，工程师收到处置方案后8h内予以认可或提出修正方案。发包人承担由此发生的费用，延误的工期相应顺延。

所发现的地下障碍物有归属单位时，发包人报请有关部门协同处置。

7. 竣工结算

（1）承包人递交竣工结算报告及违约责任

1）工程竣工验收报告经发包人认可后，承发包双方应当按协议书约定的合同价款及专用条款约定的合同价款调整方式，进行工程竣工结算；

2）工程竣工验收报告经发包人认可后28d，承包人向发包人递交竣工结算报告及完整的结算资料；

3）工程竣工验收报告经发包人认可后28d内，承包人未能向发包人递交竣工结算报告及完整的结算资料，造成工程竣工结算不能正常进行或工程竣工结算价款不能及时支付，发包人要求交付工程的，承包人应当交付；发包人不要求交付工程的，承包人承担保管责任。

（2）发包人的核实和支付

发包人自收到竣工结算报告及结算资料后28d内进行核实，确认后支付工程竣工结算价款。承包人收到竣工结算价款后14d内将竣工工程交付发包人。

（3）发包人不支付结算价款的违约责任

1）发包人收到竣工结算报告及结算资料后28d内无正当理由不支付工程竣工结算价款。从第29d起按承包人同期向银行贷款利率支付拖欠工程价款的利息，并承担违约责任；

2）发包人收到竣工结算报告及结算资料后28d内不支付工程竣工结算价款，承包人可以催告发包人支付结算价款。发包人在收到竣工结算报告及结算资料后56d内仍不支付的，承包人可以与发包人协议将该工程折价，也可以由承包人申请人民法院将该工程依法拍卖，承包人就该工程折价或者拍卖的价款优先受偿。目前在建设领域，拖欠工程款的情况十分严重，承包方采取有力措施，保护自己的合法权利是十分重要的。但对工程的折价或者拍卖，尚需其他相关部门的配合。

8. 质量保修金

（1）质量保修金的支付

保修金由承包人向发包人支付，也可由发包人从应付承包人工程款内预留。质量保修金的比例及金额由双方约定，但不应超过施工合同价款的3%～5%。

（2）质量保修金的结算与返还

工程的质量保修期满后，发包人应当及时结算和返还（如有剩余）质量保修金。发包人应当在质量保证期满后14d内，将剩余保修金和按约定利率计算的利息返还承包人。

3.5 建设工程材料设备买卖合同

3.5.1 建设工程材料买卖合同的主要条款

1. 合同约首包括双方当事人的名称、地址、法人姓名，委托代订合同的，应有授权委托书并注明代理人姓名、职务等。

2. 合同标的

材料的名称、品种、型号、规格等应符合施工合同的规定。

3. 技术标准和质量要求

质量条款应明确各类材料的技术要求、试验项目、试验方法、试验频率以及国家法律规定的国家强制性标准和行业强制性标准。

4. 材料数量及计量方法

材料数量的确定由当事人协商，应以材料清单为依据；并规定交货数量的正负尾差、合理磅差和在途自然减（增）量及计量方法。计量单位采用国家规定的度量衡标准，计量方法按国家的有关规定执行，没有规定的，可由当事人协商执行。

5. 材料的包装

材料的包装是保护材料在储运过程中免受损坏不可缺少的环节。包装质量可按国家和有关部门规定的标准签订；当事人有特殊要求的，可由双方商定标准，但应保证材料包装适合材料的运输方式，并根据材料特点采取防潮、防雨、防锈、防震、防腐蚀的保护措施和提供包装物的当事人及包装品回收等。

6. 材料交付方式

材料交付可采取送货、自提和代运三种不同方式。由于工程用料数量大、体积大、品种繁杂、时间性较强，当事人应采取合理的交付方式，明确交货地点，以便及时、准确、安全、经济地履行合同。

7. 材料的交货期限

约定合同材料分期分批交货时间。

8. 材料的价格

材料的价格应在订立合同时明确定价，可以是约定价格，也可以是政府定价或指导价。

9. 违约责任

在合同中，当事人应对违反合同所负的经济责任作出明确规定。

10. 特殊条款

如果双方当事人对一些特殊条件或要求达成一致意见，也可在合同中明确规定，成为合同的条款。当事人对以上条款达成一致意见形成书面协议后，经当事人签名盖章即产生法律效力，若当事人要求签证或公证的，则经签证机关或公证机关盖章后方可生效。

11. 争议解决的方式。

3.5.2 建设工程设备买卖合同的内容与条款

1. 设备采购合同的内容

设备采购合同通常采用标准合同格式，其内容可分为三部分

(1) 约首，即合同开头部分，包括项目名称、合同号、签约日期、签约地点、双方当事人名称或者姓名和住所等条款；

(2) 正文，即合同的主要内容包括合同文件、合同范围和条件、货物及数量、合同金额、付款条件、交货时间和交货地点及合同生效等条款。其中合同文件包括合同条款、投标格式和投标人提交的投标报价表、要求一览表、技术规范、履约保证金、规格响应表、买方授权通知书等；货物及数量、交货时间和交货地点等均在要求一览表中明确；合同金额指合同的总价，分项价格则在投标报价表中确定；

(3) 合同生效条款规定本合同经双方授权部分为合同约尾，即合同的结尾部分，包括双方的名称、签字盖章及签字时间、地点等。

2. 设备采购合同条款

(1) 定义。对合同中的术语作统一解释主要有：

1)“合同”系指买卖双方签署的，合同格式中载明的买卖双方所达成的协议，包括所有的附件、附录和构成合同所有文件。

2)“合同价格”系指根据合同规定，卖方在完全履行合同义务后买方应付给的价金。

3)“货物”系指卖方根据合同规定须向买方提供的一切设备、机械、仪表、备件、工具、手册和其他技术资料及其他资料。

4)“服务”系指根据合同规定卖方承担与供货有关的辅助服务，如运输、保险以及其他服务（如安装、调试、提供技术援助、培训和其他类似义务)。

5)“买方”系指根据合同规定支付货款的需方单位。

6）“卖方”系指根据合同规定提供货物和服务的具有法人资格的公司或其他组织。

（2）技术规范。提供和交付的货物和技术规范应与合同文件的规定相一致。

（3）专利权。卖方应保证买方在使用该货物或其他任何一部分时不受第三方提出侵犯其专利权、商标权和工业设计权的起诉。

（4）包装要求。卖方提供货物的包装应适应于运输、装卸、仓储的要求，确保货物安全无损运抵现场，并在每份包装箱内附一份详细装箱单和质量合格证，在包装箱表面作醒目的标示。

（5）装运条件及装运通知。卖方应在合同规定的交货期前30d以电报或电传形式将合同号、货物名称、数量、包装箱号、总毛重、总体积和备妥交货日期通知买方，同时应用挂号信将详细交货清单以及对货物运输和仓储的特殊要求和注意事项通知买方。如果卖方交货超过合同的数量或重量，产生的一切法律后果由卖方负责。

卖方在货物装完24h内以电报或电传的方式通知买方。

（6）保险。出厂价合同，货物装运后由买方办理保险。目的地交货价合同，由卖方办理保险。

（7）交付。卖方按合同规定履行完义务后，交付资料一套寄给买方，并在发货时另行随货物发运一套。

（8）质量保证。卖方须保证货物是全新的、未使用过的，并完全符合合同规定的质量、规格和性能的要求，在货物最终验收后的质量保证期内，卖方应对由于设计、工艺或材料的缺陷而发生的任何不足或故障负责，费用由卖方负担。

（9）检验。在发货前，卖方应对货物的质量、规格、性能、数量和重量等进行准确而全面的检验，并出具证书，但检验结果不能视为最终检验。

（10）违约罚款。在履行合同过程中，如果卖方遇到不能按时交货或提供服务的情况，应及时以书面形式通知买方，并说明不能交货的理由及延误时间。买方在收到通知后，经分析，可通过修改合同，酌情延长交货时间。

如果卖方毫无理由地拖延交货，买方可没收履约保证金，加收罚款或终止合同。

（11）不可抗力。发生不可抗力事件后，受事故影响一方应及时书面通知另一方，双方协商延长合同履行期限或解除合同。

（12）履约保证金。卖方应在收到中标通知书30d内，通过银行向买方提供相当于合同总价10%的履约保证金，其有效期到货物保证期满为止。

（13）争议的解决。执行合同中所发生的争议，双方应通过友好的协商解决，如协商不能解决时，当事人应选择仲裁解决或诉讼解决，具体解决方式应在合同中明确规定。

3.6 FIDIC合同条款中工程师对质量、进度和投资的控制

3.6.1 对工程质量的控制

1. 对工程质量的检验和试验

（1）工程师可以进行合同内没有规定的检查和试验

为了确保工程质量，工程师可以根据工程施工的进展情况和工程部位的重要性进行合同没有规定的必要检查或试验。有权要求对承包商采购的材料进行额外的物理、化学、金相等试验；对已覆盖的工程进行重新剥露检查；对已完成的工程进行穿孔检查。

合同条件规定属于额外的检验包括：

1）合同内没有指明或规定的检验；

2）采用与合同规定不同方法进行检验；

3）在承包商有权控制的场所之外进行的检验（包括合同内规定的检验情况），如在工程指定的检验机构进行。

（2）检验不合格的处理

进行合同没有规定的额外检验属于承包商投标阶段不能合理预见的事件，如果检验合格，应根据具体情况给承包商以相应的费用和工期损失补偿。若检验不合格，承包商必需修复缺陷后在相同条件下进行重复检验，直到合格为止并由其承担额外检验费用。但对于承包商未通知工程师检查而自行隐蔽的任何工程部位，工程师要求进行剥露或穿孔检查时，不论检验结果表明质量是否合格，均由承包商承担全部费用。

2. 承包商执行工程师的有关指示

（1）承包商应执行工程师发布的与质量有关指令

除了法律或客观上不可能实现的情况以外，承包商应认真执行工程师对有关工程质量发布的指示，而不论指示的内容在合同内是否写明。例如，工程师为了探查地基覆盖层情况，要求承包商进行地质钻探或挖探坑。如果工程量清单中没有包括这项工作，则应按变更工作对待，承包商完成工作后有权获得相应补偿。

（2）调查缺陷原因

在缺陷责任期满前的任何时候，承包商都有义务根据工程师的指示调查工程中出现的任何缺陷、收缩或其他不合格之处的原因，将调查报告报送工程师，并抄送业主。调查费用由造成质量缺陷的责任方承担：

1）施工期间，承包商应自费进行此类调查。除非缺陷原因属于业主应承担的风险、业主采购的材料不合格、其他承包商施工造成的损害等，应由业主负责调查费用。

2）缺陷责任期内，只要不属于承包商使用有缺陷材料或设备、施工工艺不合格、以及其他违约行为引起的缺陷责任，调查费用应由业主承担。

3. 对承包商设备的控制

工程质量的好坏和施工进度的快慢，很大程度上取决于投入施工的机械设备、数量和型号上的满足程度。鉴于承包商投标书报送的设备计划是业主决标考虑的主要因素之一，因此合同条件规定承包商自有的施工机械、设备、材料（不包括运送人员和材料的运输设备），一经运抵施工现场后就被视为专门为本合同工程施工所用。虽然承包商拥有所有权和使用权，但未经工程师批准不能将其中的任何一部分运出施工现场。

此项规定的目的是保证本工程的施工，并非在施工期内绝对不允许承包商将自有设备运出工地。某些使用台班数较少的施工机械在现场闲置期间，如果承包商的其他工程需要使用时，可以向工程师申请暂时运出。当工程师依据施工计划考虑该部分机械暂时不用同意运出时，应同时指示何时必须运回以保证本工程施工之用，要求承包商遵照执行。对后期不再使用的设备，经工程师批准后，承包商可以提前撤出工地。

4. 照管责任

从开工之日起到颁发工程移交证书之日止，承包商负有照管工程的责任。在此期间，工程的任何部分、待用材料、设备如果出现任何损失或损坏，除了业主应承担责任事件导致的原因外，应由承包商自费弥补这些损失或损坏。办理工程移交时，工程的各方面均需达到合同规定的标准。尽管承包商不对业主风险造成的损坏负责；但当工程师提出要求时，仍应按指示修复缺陷，工程师也应批准给予相应的补偿。

缺陷责任期内，业主对移交工程承担照管责任。承包商不对工程运行条件下的正常维护或维修工作承担责任，只对缺陷责任期内应继续完成扫尾或修补缺陷部分的工程提供该部分工程使用的材料和设备负有照管责任。

3.6.2 对工程投资的控制

土木工程施工合同条件规定的支付结算程序包括：每个月末支付工程进度款；竣工移交时办理竣工结算；解除缺陷责任后进行最终决算三大类型。支付结算过程中涉及的费用又可以分为两大类：一类是工程量清单中列明的费用；另一类属于工程量清单内虽未注明，但余款有明确规定的费用，如变更工程款、物价浮动调整款、预付款、保留金、逾期付款利息、索赔款、违约赔偿款等。

1. 工程进度款支付管理

(1) 保留金

保留金是按合同约定从承包商应得工程款中相应扣减的一笔金额保留在业主手中，作为约束承包商严格履行合同义务的措施之一，当承包商有一般违约行为使业主受到损失时，可从该项金额内直接扣除损害赔偿费。例如，承包商未能在工程师规定的时间内修复缺陷工程部位，业主雇用其他人完成后，这笔费用可从保留金内扣除。

1）保留金的扣留。从首次支付工程进度款开始，用该月承包商有权获得的所有款项中减去调价款后的金额，乘以合同约定保留金的百分比作为本次支付时应扣留的保留金(通常为10%)。逐月累计扣到合同约定的保留金最高限额为止（通常为合同总价的5%）。

2）保留金的返还。颁发工程移交证书后，退还承包商一半保留金。如果颁发的是部分工程移交证书，也应退还该部分永久工程占合同工程相应比例保留金的一半。颁发解除缺陷责任证书后，退还剩余的全部保留金。在业主同意的前提下，承包商可以提交与保留金一半等额的维修期保函代换缺陷责任期内的保留金，在颁发移交证书后业主将全部保留金退还承包商。

(2) 预付款

《土木工程施工合同条件》中，将预付款分为动员预付款和预付材料款两部分。

1）动员预付款。业主为了解决承包商进行施工前期工作时资金短缺，从未来的工程款中提前支付一笔款项。通用条件对动员预付款没有做出明确规定，因此，业主同意给动员预付款时，须在专用条件中详细列明支付和扣还的有关事项。

①动员预付款的支付。动员预付款的数额由承包商在投标书内确认，一般在合同价的10%～15%范围内。承包商须首先将银行出具的预付款保函交给业主并通知工程师，在14天内工程师应签发“动员预付款支付证书”，业主按合同约定的数额和外币比例支付动员预付款。预付款保函金额始终保持与预付款等额，即随着承包商对预付款的偿还逐渐递减保函金额。

②动员预付款的扣还。自承包商获得工程进度款累计总额达到合同总价20%时，当月起扣，到规定竣工日期前3个月扣清，在此期间每个月按等值从应得工程进度款内扣留。若某月承包商应得工程进度款较少，不足以扣除应扣预付款时，其余额计入下月应扣款内。

2）预付材料款。由于合同条件是针对包工包料承包的单价合同编制，因此，条款规定由承包商自筹资金去订购其应负责采购的材料和设备，当材料和设备用于永久工程后，才能将这部分费用计入到工程进度款内支付。

①预付材料款的支付。为了帮助承包商解决订购大宗主要材料和设备的资金周转，订购物资运抵施工现场经工程师确认合格后，按发票价值乘以合同约定的百分比（60%～90%）作为预付材料款，包括在当月应支付的工程进度款内；

②预付材料款的扣还。对扣还方式FIDIC没有明确规定，通常在专用条件中约定的方式有：在约定的后续月内每月按平均值扣还或从已计量支付的工程量内扣除其中的材料费等方法。工程完工时，累计支付的材料预付款应与逐月扣还的总额相等。

（3）计日工费

计日工费，是指承包商在工程量清单的附件中，按工种或设备填报单价的日工劳务费和机械台班费，一般用于工程量清单中没有合适项目，且不能安排大批量的流水施工的零星附加工作。只有当工程师根据施工进展的实际情况，指示承包商实施以日工计价的工作时，承包商才有权获得用日工计价的付款。实施计日工工作过程中，承包商每天应向工程师送交一式两份报表：

1）列明所有参加计日工作的人员姓名、职务、工种和工时的确切清单；

2）列明用于计日工的材料和承包商所用设备的种类及数量的报表。

工程师经过核实批准后在报表上签字，并将其中一份退还承包商。如果承包商需要为完成计日工购买材料，应先向工程师提交订货报价单请他批准，采购后还要提供证实所付款的收据或其他凭证。

每个月的月末，承包商应提交一份除日报表以外所涉及到日工计价工作的所有劳务、材料的使用、承包商设备的报表，作为申请支付的依据。如果承包商未能按时申请，能否取得这笔款项取决于申请的原因和工程师的决定。

（4）因物价浮动的调价款

长期合同计有调价条款时，每次支付工程进度款均应按合同约定的方法计算价格调整费用。如果工程施工因承包商责任延误工期，则在合同约定的全部工程应竣工日后的施工期间，不再考虑价格调整，各项指数采用应竣工日当月所采用值；对不属于承包商责任的施工延期，在工程师批准的延期限内仍应考虑价格调整。

（5）工程量计量

工程量清单中所列的工程量仅是对工程的估算量，不能作为承包商完成合同规定施工义务的结算依据。每次支付工程进度款前，均需通过测量来核实实际完成的工程量，以计量值作为支付的依据。

(6) 支付工程进度款

1) 承包商提供报表

每个月的月末，承包商应按工程师规定的格式提交一式6份本月支付报表。内容包括以下几个方面：

①本月实施的永久工程价值；

②对工程量清单中列有的，包括临时工程、计日工费等任何项目应得款；

③对预付材料款；

④按合同约定方法计算的、因物价浮动而需增加的调价款；

⑤按合同有关条款约定，承包商有权获得的补偿款。

2) 工程师签证

工程师接到报表后，要审查款项内容的合理性和计算的正确性。在核实承包商本月应得款的基础上，再扣除保留金、动员预付款、预付材料款，以及所有承包商责任而应扣减的款项后，据此签发中期支付的临时支付证书。如果本月承包商应获得支付的金额小于投标附件中规定的中期支付最小金额时，工程师可不签发本月进度款的支付证书，这笔款接转下月一并支付。工程师的审查和签证工作，应在收到承包商报表后的28d内完成。工程进度款支付证书属于临时支付证书，他有权对以前签发过的证书进行修正；若对某项工作的完成情况不满意时，也可以在后续证书内删去或减少这项工作的价值。

3) 业主支付

承包商的报表经过工程师认可并签发工程进度款的支付证书后，业主应在接到证书后28d内给承包商付款。如果逾期支付，将按投标书附录约定的利率计算延期付款利息。

2. 竣工结算

(1) 竣工结算程序

颁发工程移交证书后的84d内，承包商应按工程师规定的格式报送竣工报表。报表内容包括：

1) 到工程移交证书中指明的竣工日止，根据合同完成全部工作的最终价值；

2) 承包商认为应该获得的其他款项，如要求的索赔款、应退还的部分保留金等；

3) 承包商认为根据合同应支付给他的估算总额。

所谓“估算总额”是这笔金额还未经过工程师审核同意。估算总额应在竣工结算报表中单独列出，以便工程师签发支付证书。

工程师接到竣工报表后，应对照竣工图进行工程量详细核算，对其他支付要求进行审查，然后再依据检查结果签署竣工结算的支付证书。此项签证工作，工程师也应在收到竣工报表后28d内完成。业主依据工程师的签证予以支付。

(2) 对竣工结算款总金额的调整

一般情况下，承包商在整个施工期内完成的工程量乘以工程量清单中的相应单价后，再加上其他有权获得费用总和，即为工程竣工结算总额。但当颁发工程移交证书后发现，由于施工期内累计变更的影响和实际完成工程量与清单内估计工程量的差异，导致承包商按合同约定方式计算的实际结算款总额，比原定合同价格增加或减少过多时，均应对结算价款总额予以相应调整。

通用条件规定，进行竣工结算时，将承包商实际施工完成的工程量按合同约定费率计算的结算款，扣除暂定金额项内的付款、计日工付款和物价浮动调价款后，与中标通知书中注明的合同价格扣除工程量清单内所列暂定金额、计日工费两项后的“有效合同价”进行比较。不论增加还是减少的额度超过有效合同价15%以上时，均要对承包商的竣工结算总额加以调整。调整处理的原则是：

1）增减差额超过有效合同价15%以上的原因是由于累计变更过多导致，不包括其他原因。即合同履行过程中不属于工程变更范围内所给承包商的补偿费用，不应包括在计算竣工结算款调整费之列，如业主违约或应承担风险事件发生后的补偿款；因法规、税收等政策变化的补偿款；汇率变化的调整费等；

2）增加或减少超过有效合同价15%后的调整，是针对整个合同而言。对于某项具体工作内容或分阶段移交工程的竣工结算，虽然也有可能超过该部分工程合同价格的15%以上，但不应考虑该部分的结算价格调整；

3）增加或减少幅度在有效合同价15%之内，竣工结算款不应作调整。因为工程量清单内所列的工程量是估计工程量，允许实施过程中与它有差异，而且施工中的变更也是不可避免的，所以在此范围内的变化按双方应承担的风险对待；

4）增加款额部分超过15%以上时，应将承包商按合同约定方式计算的竣工结算款总额适当减少；反之，减少的款额部分超过有效合同价15%以上时，则在承包商应得结算款基础上，增加一定的补偿费。

进行此项调整的原因，是基于单价合同的特点。承包商在工程量清单中所报单价既包括直接费部分，还包括间接费、利润、公司管理费等在该部分工程款中的摊销。为了使承包商的实际收入与支出之间达到总体平衡，因此要对摊销费中不随工程量实际增减变化的部分予以调整。调整范围仅限于增减超过15%以上部分。

3. 最终决算

最终决算，是指颁发解除缺陷责任证书后，对承包商完成全部工作价值的详细结算，以及根据合同条件对应付给承包商的其他费用进行核实，确定合同的最终价格。

颁发解除缺陷责任证书后的56d内，承包商应向工程师提交最终报表草案，以及工程师要求提交的有关资料。最终报表草案要详细说明根据合同完成的全部工程价值和承包商依据合同认为还应支付给他的任何进一步款项，如剩余的保留金及缺陷责任期内发生的索赔费用等。

工程师审核后与承包商协商，对最终报表草案进行适当的补充或修改后形成最终报表。承包商将最终报表送交工程师的同时，还需向业主提交一份“结清单”，进一步证实最终报表中的支付总额，作为同意与业主终止合同关系的书面文件。工程师在接到最终报表和结清单附件后的28d内签发最终支付证书，业主应在收到证书后的56d内支付。只有当业主按照最终支付证书的金额予以支付并退还履约保函后，结清单才生效，承包商的索赔权也即行终止。

3.6.3 对工程进度的控制

1. 暂停施工

(1) 暂停施工的责任

工程师有权视工程进展的实际情况，针对整个工程或部分工程的施工发布暂停施工指示。施工的中止必然会影响承包商按计划组织的施工工作，但并非工程师发布暂停施工令后承包商就可以此指令作为索赔的合理依据，而要根据指令发布的原因划分合同责任。合同条件规定，除了以下 4 种情况外，暂停施工令发布后均应给承包商以补偿。这 4 种情况是：

1) 在合同中有规定；

2) 因承包商的违约行为或应由他承担风险事件影响的必要停工；

3) 由于现场不利气候条件而导致的必要停工；

4) 为了工程合理施工及整体工程或部分工程安全必要的停工。

(2) 超过 84d 的暂停施工

出现非承包商应负责原因的暂停施工已持续 84d 工程师仍未发布复工指示，承包商可以通知工程师要求在 28d 内允许继续施工。如果仍得不到批准，承包商有权通知工程师认为被停工的工程属于按合同规定被删减的工程，不再承担继续施工义务。若是整个合同工程被暂停，此项停工可视为业主违约终止合同，宣布解除合同关系。如果承包商还愿意继续实施这部分工程，也可以不发这一通知而等待复工指示。

2. 追赶施工进度

工程师认为整个工程或部分工程的施工进度滞后于合同内竣工要求的时间时，可以下达赶工指示。承包商应立即采取经工程师同意的必要措施加快施工进度。发生这种情况时，也要根据赶工指令的发布原因，决定承包商的赶工措施是否应该给予补偿。在承包商没有合理理由延长工期的情况下，他不仅无权要求补偿赶工费用，而且在他的赶工措施中若包括有夜间或当地公认的休息日加班工作时，还承担工程师因增加附加工作所需补偿的监理费用。虽然这笔费用按责任划分应由承包商负担，但不能由他直接支付给工程师，而由业主支付后从承包商应得款内扣回。

4　设计阶段监理

4.1　设计阶段监理的目的

设计阶段监理的目的对工程项目而言，仍然是对项目总目标即投资、质量、进度进行控制，但是这三大目标的控制在设计监理阶段有着特殊的意义。

4.1.1　投资

对项目总体而言设计阶段监理为实现论证投资是否合理（就是在满足业主所需功能和使用价值的前提下选择投资最少）这个目的，可以通过设计竞赛和方案比较来选择经济性好，使用功能佳的方案提高工程项目投资效益。设计监理还可以分阶段地对工程进行投资估算，推行“限额设计”，使工程造价在每个阶段设计中始终控制于限额之内，即初步设计概算不超计划投资；技术设计修正概算不超概算；施工图预算不超过修正概算，把设计与经济二者有效地统一起来。确保设计阶段成为确定工程成本的阶段，成为确保工程价格的基本阶段，成为影响投资程度的关键阶段，国内外资料表明设计阶段节约工程投资的可能为88%。

4.1.2　质量

设计阶段监理对质量的控制目的包含了二个方面：一个方面对项目而言是要保证设计阶段工程质量——设计质量，就是在严格遵守国家建设法规、专业设计规范的基础上正确处理资金、技术、环境条件的制约，使设计项目能满足业主所需的功能和使用价值，但又要处理好质量和投资二者之间的关系。在设计阶段监理中，既不能不顾投资的制约，过分的追求功能越全、质量标准越高越好；亦不能牺牲必要的功能和质量标准，过分强调节省投资，追求投资越少越好。在质量与投资两者之间，一般来说，质量居主导地位，项目投资的多少，应由项目合理的质量目标及水平确定。既不能设计为“超功能”也不能“功能不足”。另一方面，对设计本身而言，设计阶段监理通过跟踪审查、全面审查，保证了设计图纸质量，通过博采众家之长在设计水平方面克服设计单位在技术上的局限性与封闭性和审图方面的“人情关”，杜绝材料、设备、施工各总包、分包单位以设计为突破口使不必要的或低质产品进入设计要求之中。从而保证设计文件的规范性、结构安全性、工艺先进性、技术合理性、施工可行性。设计阶段监理通过协调设计内、外各环节，各单位之间的联系与配合，各专业设计之间的衔接，可以使设计成品——建（构）筑物既符合城市规划，又符合业主要求，既美观安全，又经济适用。

4.1.3 进度

设计进度是影响项目工期的关键阶段，监理工程师对设计进度的控制是控制项目总进度的基础，是施工进度控制的前提，设计阶段监理从实现项目总工期目标出发对设计单位制定的设计进度进行审核、监督执行，协调、纠偏可以保证设计单位保质、按时提供各阶段设计文件和图纸。从而保证了工程按时招标、按时开工，保障了材料与设备材料的供应进度，达到项目进行不受设计进度牵连。最终保证了项目总工期的实现。实施勘察设计阶段的第三方监理，可以杜绝无证设计、越级设计乃至出卖设计资质等不良现象，促进设计市场管理的规范化。

4.2 设计阶段监理的内容

4.2.1 基本内容

设计阶段监理的基本任务是依据国家建设法规和技术规范通过目标规划和计划，动态控制、组织协调、合同管理和信息管理控制设计标准、设计深度、设计质量和设计进度以实现项目投资意图、投资规模、建（构）筑物使用功能，保障其安全、可靠、经济适用，重点在二个方面：

第一方面：从审查技术经济指标和方案比较（竞赛）入手，找到设计中浪费之处，挖掘潜力优化设计方案，选择经济性好、功能佳的设计。

第二方面：方案选定后对建筑设计、结构设计及其他配套专业设计中（例如结构计算、工程概算、图纸质量等）重要问题审核、把关、纠偏，保证建（构）筑物的美观、适用、安全、可靠、合理。

4.2.2 设计阶段监理各阶段工作内容

设计阶段监理可以从设计前介入直到设计完成及施工全过程，大约分为五个阶段，五个阶段中设计监理工作主要内容分述如下：

1. 设计准备阶段

(1) 接受业主委托编写监理大纲，组建监理班子，确定各专业负责人与监理人员分工；

(2) 熟悉原始资料，了解业主建设意图与要求，对项目总目标进行论证；

(3) 协助业主申领规划设计条件通知书；

(4) 根据已批准的可行性研究报告，编制设计纲要；

(5) 协助业主选择勘察单位，签订合同、组织勘察，提供基础资料；

(6) 组织方案设计竞赛或设计招标，协助业主选择和确定设计总包、分包单位并签订合同。按合同签批20%设计费；

（7）为设计单位进场创造条件进行协调准备。

2. 初步设计阶段

（1）提供设计项目所需基础资料，协调、落实外部有关条件如：水、电、气、热、通讯、运输、消防、人防、环保等；

（2）向各设计专业提供有关主要设备、材料的型号、厂家、价格的信息，并参与主要设备、材料选型；

（3）督促设计进度，检查设计质量，协调各设计单位与专业之间的设计配合与衔接；

（4）初审总体设计并报批；

（5）初步设计审查，报批修正后的初步设计；（包括工程概算）

（6）按合同签发支付设计费30%。

3. 技术设计阶段

（1）确认深化设计中重要关键部分与专题、需开展研究或委托试验的内容；

（2）协助业主委托研究或试验；

（3）审核研究、试验成果；

（4）督促进度，检查设计质量和研究、试验成果在设计中的运用；

（5）组织技术设计审查（包括修正概算）和修正后的技术设计及报批。

4. 施工图阶段

（1）提供详细、准确的设计基础资料；

（2）补充设计要求；

（3）审查施工图设计进度、检查、督促、修正、纠偏；

（4）协调各设计单位之间协作，各专业设计的衔接，配合设计进度协调设计与外部有关部门（如消防、人防、环保、地震、防汛、供水、电、气、热、通讯等）间的联系，必要时还需参加与项目所在地区公用设施统一建设的协调工作；

（5）检查设计质量，审核施工图；（包括预算）

（6）向政府有关部门送施工图审核；（有要求的项目）

（7）按合同签批设计费50%。

5. 施工阶段（设计完成后）

（1）组织图纸会审，与设计单位向施工单位技术交底，向施工单位介绍设计意图，结构特点，施工要求，技术措施和有关注意事项；

（2）责成设计单位对技术交底与图纸会审纪要中提出的应修改与补充内容作出修改补充；

（3）协调施工、设计单位的关系，督促设计人员参与必要的现场指导与检查和验收工作；

（4）审核设计变更的合理性、必要性、费用及时间、质量技术方面可行性，严格控制设计变更；

(5) 审核设计变更所需的设计费用；

(6) 监理文件管理与归档。

4.3 设计阶段监理的主要措施和方法

4.3.1 设计阶段监理的准备阶段

1. 接受委托阶段

(1) 了解建设单位投资意图，与建设单位洽谈监理意向、范围、要求，根据监理招标文件编写监理大纲及投标文件，参加设计监理投标。中标后签订监理合同。

(2) 成立项目监理组，确定各专业负责人，根据“可行性研究报告”与“监理合同”编写监理规划，明确分工，确定各专业负责人与监理重点，编写监理工作计划和设计总进度计划。

2. 设计准备阶段

(1) 协助业主申领规划设计通知书

1) 向城市规划管理部门申请规划设计条件通知书（在申请中要简述建设的意图、构想并附建设项目批文、用地许可证、及拟建地址与地形图）；

2) 持城市规划部门提出的规划设计条件咨询意见表，向有关部门咨询能否提供或有无能力承担该项目的配套建设及意见；

3) 领取城市规划部门根据咨询意见表综合整理后发出的规划设计条件通知书（主要有工程项目建设位置、用地面积、各单项工程面积、高度及层数、高度限额及容积率限额绿化面积比例限额、停车场及其他规划设计条件、注意事项等）。

(2) 制定设计准备阶段工序控制流程图

在设计准备阶段，监理工程师对设计工序控制的工作流程如图 4-1 所示。其主要工作内容包括：

1) 接受业主委托，签订“设计监理委托合同”，组建监理班子，明确监理任务、内容和职责；

2) 收集和熟悉资料，包括：已批准的“项目建议书”、“可行性研究报告”、“选址报告”、城市规划部门的批文、土地使用要求、环保要求；工程地质和水文地质勘察报告、区域图、1/5000～1/1000 地形图；动力、资源、设备、气象、人防、消防、地震烈度、交通运输、生产工艺、基础设施等资料；有关设计规范、标准和技术经济指标等；

3) 分析、研究可行性研究报告和有关批文、资料；对项目总目标系统进行论证；编制设计准备阶段的投资、进度计划；

4) 根据建设项目总目标的要求，编制设计大纲或方案竞赛文件；组织设计招标或方案竞赛；评定设计方案；

5) 对勘察设计单位进行资质审查，优选勘察设计单位，拟定设计纲要；签订设计

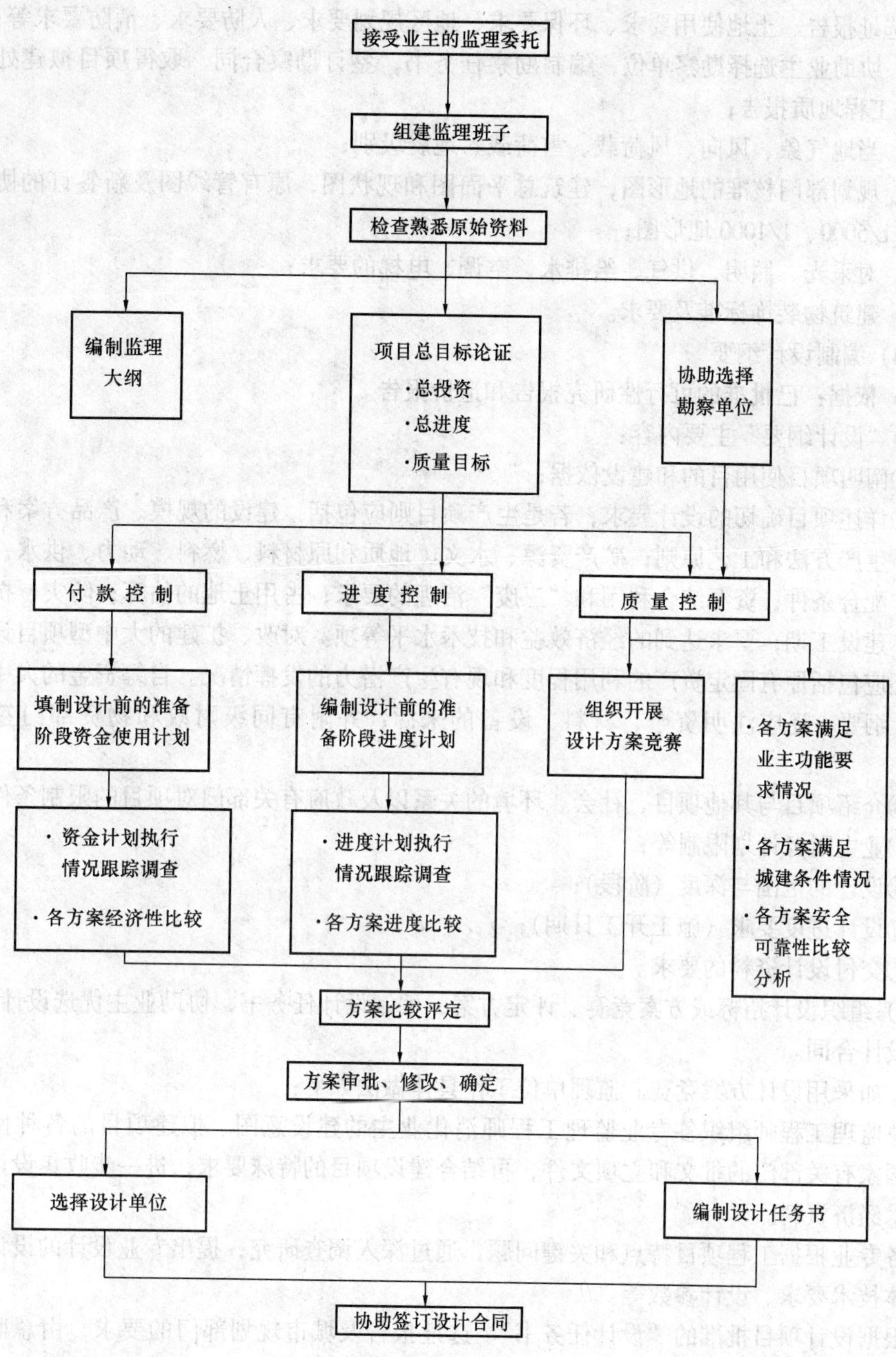

图 4-1　监理工程师对设计工序控制的工作流程

合同。

(3) 准备项目基础资料

基础资料包括：

1）已批准的“项目建议书”、“可行性研究报告”、“设计任务书”、“规划设计通知书”、选址报告、土地使用要求、环保要求、地区规划要求、人防要求、消防要求等；

2）协助业主选择勘察单位，编制勘察任务书，签订勘察合同，取得项目拟建处水文地理与工程地质报告；

3）当地气象、风向、风荷载、雪荷载、地震级别；

4）规划部门核准的地形图，建筑总平面图和现状图，原有管线图及新签订的协议区域图，1/5000、1/1000地形图；

5）对采光、照明、供气、给排水、空调、电梯的要求；

6）建筑物装饰标准及要求。

（4）编制设计纲要

1）依据：已批准的可行性研究报告和造价报告。

2）“设计纲要”主要内容：

①阐明项目使用目的和建设依据；

②详述项目确切的设计要求，若是生产项目则应包括：建设的规模、产品方案和生产纲领；生产方法和工艺原则；矿产资源、水文、地质和原材料、燃料、动力、供水、运输等协作配合条件；资源综合利用和“三废”治理的要求；占用土地的估算；防灾、抗震等要求；建设工期；要求达到的经济效益和技术水平等项。对改、扩建的大中型项目设计纲要，还应包括原有固定资产的利用程度和现有生产潜力的发挥情况。自筹资金的大中型项目设计纲要，还应注明资金、材料、设备的来源，并附有同级财政和物资部门签署的意见；

③介绍项目与其他项目、社会、环境的关系以及政府有关部门对项目的限制条件；

④业主财务计划限制等；

⑤设计的范围与深度（阶段）；

⑥设计进度要求（施工开工日期）；

⑦交付设计资料的要求。

3）组织设计招标或方案竞赛、评定方案，编制设计任务书，协助业主优选设计单位，签订设计合同。

①如采用设计方案竞赛。监理单位工作具体做法如下：

总监理工程师组织各专业监理工程师消化业主的建设意图、拟建项目的各种使用功能，国家有关部门的批文和立项文件，再结合建设项目的特殊要求，进一步收集设计所需的技术经济资料。

各专业根据工程项目特点和关键问题，通过深入调查研究，提出专业设计的设计原则和具体技术要求、设计参数等。

根据设计项目批准的“设计任务书”、选址报告及城市规划部门的要求，由总监理工程师汇总各专业的技术经济要求，编制设计要求文件，经业主批准后提交设计单位。组织设计方案竞赛，引入竞争机制，有利于选择外观美、功能强、经济性好的设计方案。设计监理要协助业主组织设计方案竞赛，具体工作有拟定竞赛规划和编写竞赛文件。

设计方案竞赛文件是方案竞赛参加者参加方案竞赛、编制设计方案的重要依据，也是业主组织评审、确定方案的主要依据。设计方案竞赛文件通常包含以下三部分主要内容：

A. 设计方案竞赛任务书。主要内容包括：

a. 工程概况；

b. 设计方案竞赛的内容；

c. 设计依据（功能描述书）；

d. 设计方案成果；

e. 参赛须知；

f. 方案初审；

g. 评奖；

h. 设计方案竞赛日程安排。

B. 功能描述书。即对项目功能的描述书，它是方案设计的主要依据。其核心内容要体现业主对建（构）筑物的功能要求。以办公楼为例，要详细描述空间划分结构、各种大小办公室的需求数量以及对每个房间的装饰、采光、声音、用电等的要求。习惯作法是把对每个房间的功能需求列成房间手册。内容包括每个房间的功能说明（用途、空间组成、与其他空间的关系、建筑装饰等）；房间面积、层次、高度；对地面、平顶墙面、门窗提出的类型和色调要求等等。

C. 有关附件。如地基初步勘察报告、地基规划图等。

②如公开招标设计单位。监理单位工作如下：

A. 确定招标方式，制定招标细则；

B. 拟就并发出招标通知或招标公告；

C. 编写招标文件；

D. 确定评标组成人员与评标标准；

E. 投标单位资格审查：

a. 验证设计证书、收费资格证书和工商营业执照；

b. 验证单位资质及业务范围是否与项目相适应；

c. 收集有关设计单位的资信、经验、技术力量资料供业主参考。

F. 组织踏勘现场和招标文件答疑；

G. 协助组织评标、决标。

③如果业主直接指定设计单位。监理单位工作是：明确设计要求、洽谈设计条件、参与合同谈判与签订。

④拟定设计合同，参与合同谈判与签订。在选定设计单位后，会同业主与设计单位磋商合同，按建设部规定的合同内容及格式确定责任、合理期限、费用计取及与项目设计有关的特殊条款（包括纠纷处理、违约责任等），双方协商一致，由业主与设计方签订设计合同。此外：

A. 协助确认分包设计单位；

B. 编制勘察任务书。

4）准备设计基础资料

这些资料包括

①经批准的设计任务书、规划设计通知书；

②规划部门核准的地形图；

③建筑总平面图和现状图；

④原有管线及新签订的协议书；
⑤当地气象、风向、风荷、雪荷及地震级别；
⑥水文地质和工程地质勘察报告；
⑦对采光、照明、供气、供热、给排水、空调、电梯的要求；
⑧建筑构配件的适用要求；
⑨各类设备选型、生产厂家和设备构造及设备安装图纸；
⑩建筑物的装饰标准及要求；
⑪对“三废”处理的要求；
⑫其他要求与限制（如地区规划、机场、港口、文物保护等）。

设计准备阶段完成后，设计监理对设计工序控制流程如图 4-2 所示。

4.3.2 设计质量监理措施

1. 协助并审核设计单位编制设计大纲

(1) 在设计阶段监理工作中，为正确掌握建设标准，编制好设计大纲是确保设计质量的重要环节。设计大纲是确定工程设计质量目标、水平，反映业主意图的文件，它是编制设计文件的主要依据，是决定工程设计成败的关键。

(2) 如果决策不当，设计大纲编制失误，就会造成最大的设计失误。为此，审核设计大纲时，应对可行性研究报告进行充分研究、核实，保证设计纲要的内容建立在物资资源和外部建设条件的可靠基础上。

(3) 以民用建筑工程为例，“设计大纲”的主要内容有：

1) 编制的依据：
①批准的可行性研究报告；
②批准的设计任务书；
③批准的选址报告；
④建筑场地的工程地质勘察报告。

2) 技术经济指标：
①建筑物的面积指标（总面积及组成部分的面积分配）；
②总投资控制及投资分配；
③单位面积的造价控制。

3) 城市规划的要求：
①建筑红线范围（四角坐标）及后退红线的要求；
②建筑高度、层数及道路中心的仰角要求；
③建筑体型、景观及环境的要求；
④占地系数、绿化系数、容积率的要求；
⑤防火间距及消防通道；
⑥主要及次要出入口与城市道路的关系；
⑦日照、通风、朝向；

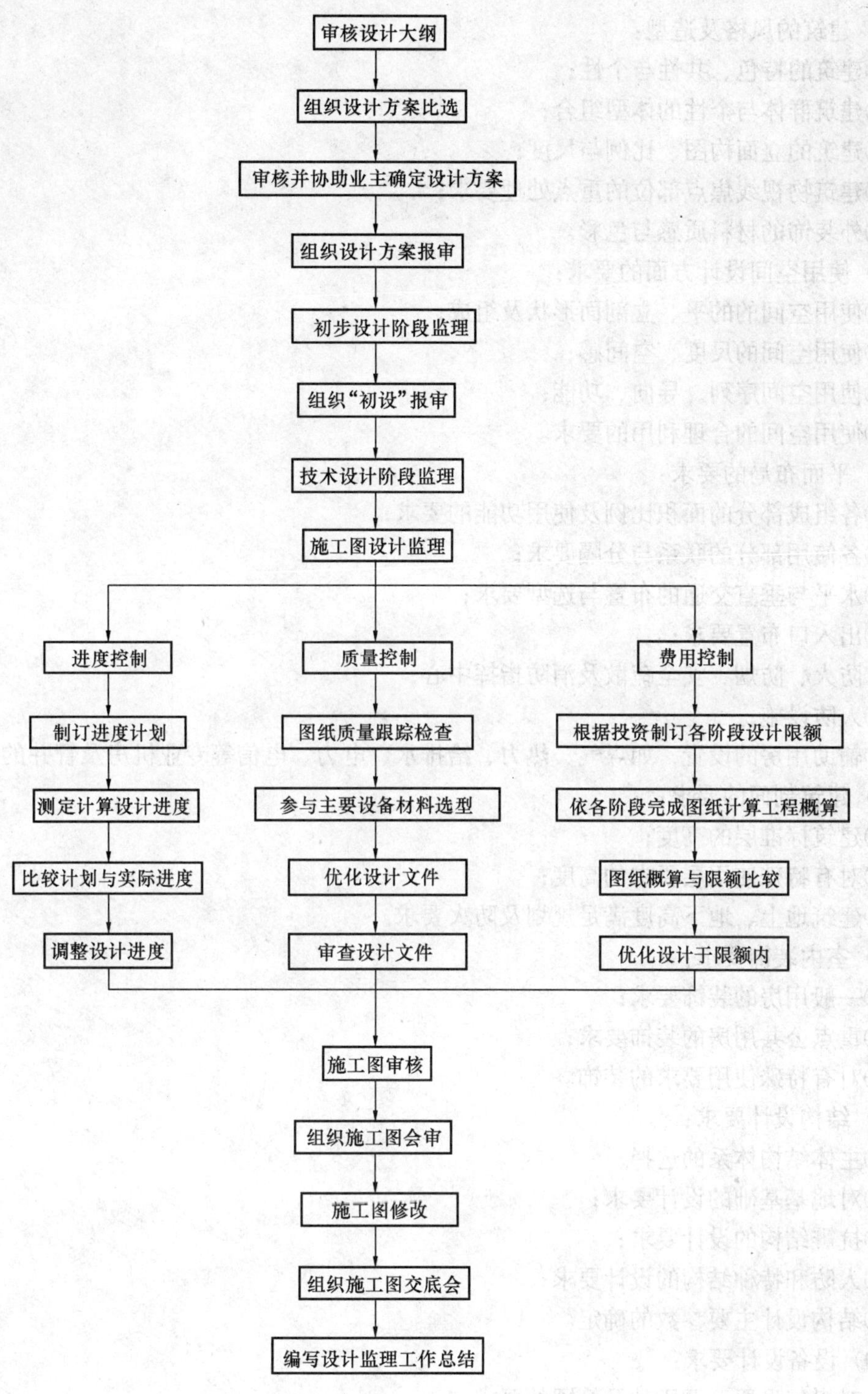

图 4-2　设计准备阶段完成后监理控制程序

⑧对污染、噪声、粉尘等环境保护的要求；

⑨停车场及车库面积；

⑩对市政、煤气、热力、给排水、电力、电信等管线的布置要求。

4）建筑的风格及造型：
①建筑的特色、共性与个性；
②建筑群体与个性的体型组合；
③建筑的立面构图、比例与尺度；
④建筑物视线焦点部位的重点处理要求；
⑤外装饰的材料质感与色彩。
5）使用空间设计方面的要求：
①使用空间的的平、立剖面形状及组成；
②使用空间的尺度、空间感；
③使用空间序列、导向、功能；
④使用空间的合理利用的要求。
6）平面布局的要求：
①各组成部分的面积比例及使用功能的要求；
②各使用部分的联系与分隔要求；
③水平与垂直交通的布置与选型要求；
④出入口布置要求；
⑤防火、防烟、安全疏散及消防指挥中心；
⑥人防设施；
⑦辅助用房的设置，如煤气、热力、给排水、电力、电信等专业机房及管井的要求。
7）建筑剖面的要求：
①建筑标准层的高度；
②对有特殊使用层要求的高度；
③建筑地上、地下高度满足规划及防火要求。
8）室内装饰要求：
①一般用房的装饰要求；
②重点公共用房的装饰要求；
③对有特殊使用要求的装饰。
9）结构设计要求：
①主体结构体系的选择；
②对地基基础的设计要求；
③抗震结构的设计要求；
④人防和特种结构的设计要求；
⑤结构设计主要参数的确定。
10）设备设计要求：
①对煤气设置、调压站及管网的要求；
②给水系统（生活、生产、消防用水）管网、水量及设备；
③排水系统管网、污水处理及化粪池等；
④空调、采暖、通风的要求；
⑤电气系统的电源、负荷、交配电房、高低压设备、防雷等的要求；

⑥电信系统的电话、电传、有线广播、闭路电视、声像系统、对讲系统等。

11）消防设计要求：

①消防等级；

②消防指挥中心；

③自动报警系统；

④防火及防烟分区；

⑤安全疏散口的数量、位置、距离和疏散时间；

⑥防火材料、设备及器材的要求。

2. 参与设计单位设计方案比选

（1）参与设计方案的比选工作，促进优化设计；

（2）积极主动与设计单位进行技术磋商，共同确定控制设计标准和主要技术参数；

（3）参与主要工艺路线的确定，主要设备材料的选型。

3. 对设计进行质量跟踪检查

为了有效地控制设计质量，就必须对设计进行质量跟踪。需要指出的是，质量跟踪不是监督设计人员画图，不是监督设计人员结构计算和结构配筋，而是要定期地对设计文件进行审查，必要时要对计算书进行核查，发现不符合质量标准和要求的，要指示设计予以修改，直至符合标准为止。这里的标准就是设计质量目标。设计质量控制就是在设计过程中定期地审查设计文件并将其与设计质量目标进行对照比较，发现不符合要求的就要请设计予以修改。

质量跟踪控制主要包括以下几个方面：

（1）分析检验各专业之间设计成果配套情况；

（2）从建筑形体、工艺路线、设备选型、施工组织等方面综合评价所采用的设计成果；

（3）检查图纸质量；

（4）审查各阶段设计文件质量：

1）依据资料的可靠性；

2）数据的正确性；

3）与国家规范、标准的相容性；

4）设计深度是否与设计阶段相适应。

4. 配合设计进度，组织设计与外部有关部门间的协调

（1）外部有关部门如消防、人防、环保、地震、防汛，以及供水、供电、供气、供热、通信等部门。根据当地建设环境，必要时还需参与项目所在地区公用设施统一建设协调工作。

（2）协调各设计单位、各专业设计之间的工作，分析检验各专业之间设计成果的配套状况。定期召开协调会，做好例会、专题会议纪要。

（3）参与主要设备、材料的选型。

5. 明确设计质量管理要求

(1) 设计文件质量要求

1) 设计基础资料齐全完备，遵守设计工作原则；

2) 各专业采用的技术条件一致，采用的新技术行之有效，选用的设备性能优良，计算依据齐全可靠，计算结果准确；

3) 正确地执行现行的标准规范，各个阶段设计文件的内容、深度符合国家规定，设计合理，综合经济效益好；

4) 设计文件完整,文字说明清楚,图纸清晰、准确,基本无“错、漏、碰、缺”现象。

(2) 设计中的质量管理

1) 在编制过程中要抓好事前指导、中间检查、成品校审、质量评定等环节；

2) 校审要严格按设计者自检、专人校对、专业负责人检查、工程总负责人审核的程序进行；

3) 严格执行签字负责制度，无制图签字不校对，无校对签字不审核，无审核签字不出图，无各级负责人签字不得交付施工；

4) 推行全面质量管理。

(3) 设计文件的修改

经批准的设计文件不得任意修改，确需修改的，应按下述要求进行：

1) 凡涉及可行性研究报告的主要内容，如建设规划、建设地点、主要协作关系等方面的修改，须经原可行性研究报告审批机关批准；

2) 凡涉及初步设计的主要内容，如平面布置、建筑面积、总概算等方面的修改，须经原设计审批机关批准，修改工作仍由原设计单位负责进行；

3) 施工图设计文件交付施工后，如果发现设计文件有错误、遗漏、交代不请，或与现场实际情况不符，确需修改的，应由原设计单位提出设计变更通知单或技术核定单，并作为设计文件的补充和组成部分。任何单位和个人未经原设计单位同意，不得擅自修改。

6. 审查各阶段设计文件

主要为四个方面：

(1) 依据资料的可靠性；

(2) 数据的正确性；

(3) 与国家规范、标准的相容性；

(4) 设计深度是否与设计阶段相适应。

7. 控制合同履行状况

有以下四个方面：

(1) 检查设计成果的符合性；

(2) 检查设计深度的符合性；

(3) 检查设计质量的符合性；

(4) 检查设计进度的符合性。

8. 组织图纸会审

会审的内容包括：

（1）是否无证设计或越级设计，图纸是否经设计单位正式签署；

（2）地质勘察资料是否齐全；

（3）设计图纸与说明是否齐全，有无分期供图的时间表；

（4）设计地震烈度是否符合当地要求；

（5）几个设计单位共同设计的图纸相互间有无矛盾，标注有无遗漏；

（6）总平面与施工图的几何尺寸、平面位置、标高等是否一致；

（7）防火、消防是否满足要求；

（8）建筑结构及各专业图纸本身是否有差错及矛盾，结构图与建筑图的平面尺寸及标高是否一致，建筑图与结构图的表示方法是否清楚，是否符合制图标准，预埋件是否表示清楚，有无钢筋明细表或钢筋的构造要求在图中是否表示清楚；

（9）施工图中所列各种标准图册施工单位是否具备；

（10）材料来源有无保证，能否代换，图中所要求的条件能否满足，新材料、新技术、新工艺的应用有无问题；

（11）地基处理方法是否合理，建筑与结构构造是否存在不能施工、不便于施工的技术问题，或容易导致质量、安全、工程费用增加等方面的问题；

（12）工艺管道、电气线路、设备装置、运输道路与建筑物之间或相互间有无矛盾，布置是否合理；

（13）施工安全、环境卫生有无保证；

（14）图纸是否符合设计大纲所提出的要求。

9. 控制设计变更

（1）审核合理性、必要性；

（2）工作量审核；

（3）材料、设备变更审核；

（4）审核变更增加的设计费用。

10. 处理质量事故

（1）事故分析、取证；

（2）编制索赔文件；

（3）主持索赔谈判；

（4）拟定赔偿协议并报业主审批执行。

11. 做好监理日常文档工作

（1）设计监理日志。要求由总监理工程师安排认真如实记录设计监理期间设计进展、监理组活动、各专业监理工作情况，作好监理日志，审阅签字；

（2）设计监理月报。每月总监理工程师将设计进度、质量、费用三方面，主要监理工作情况及存在问题按建设厅监理用表中监理月报要求，向公司和业主汇报；

(3) 建立会议制度，作好例会及专题会议纪要；

(4) 做好设计监理总结。

12. 及时签认设计费拨款

4.3.3 设计文件的审查

1. 设计文件审查的依据

(1) 设计招标文件（含设计任务书、地质勘察报告、选址报告等）；

(2) 设计合同；

(3) 城市规划、建筑管理等部门的有关批文；

(4) 各项设计规范和技术规定；

(5) 地区气象、地震等自然条件；

(6) 设计阶段监理合同；

(7) 其他有关资料文件。

2. 方案阶段审查

(1) 总体方案审核

1) 总体方案包括四个方面：

①设计规模；

②建筑面积：包括全部建筑面积和各类面积（使用面积、辅助面积）的大致比例；

③生产工艺与技术水平；

④建筑选型、建筑平面、体型与外部环境的协调，建筑高度、外观艺术效果。

2) 总体方案审核内容：

设计依据、设计规模、产品方案、工艺流程、项目组成及布局、设备配套、占地面积、协作条件、三废治理、环境保护、抗灾、防洪、工程期限、投资概算等的可靠性、合理性、经济性、先进性和协作条件，是否满足决策质量目标和水平。

(2) 专业设计方案的审核

设计方案的设计参数、设计标准、设备和结构选型、功能和使用价值方面，是否满足适用、经济、美观、安全、可靠等要求。

1) 建筑设计方案

①平面布置。主要房间平面尺寸及布置，车间组合，单元及户型组合，生产流水线组织，人流及物流组织等；

②空间布置。主要房间尺寸，室内外标高，建筑层数及层高，生产性项目的生产流水线的立体组织等；

③室内装饰。各类房间的装饰方案、装饰材料的选择等；

④建筑物理功能。主要有：

a. 采光：采光方式，是否达到规定的采光标准及灯具；

b. 隔热、保温：隔热、保温的方式，是否达到规定的标准，设备及材料的选择等；

c. 隔声：隔声方式，是否达到规定的要求，建筑及构造措施等；

d. 通风：通风方式，是否达到规定的要求，建筑及构造措施等。

2）结构设计方案

主要审核结构方案的设计依据及设计参数；结构方案的选择；安全度、可靠度、抗震是否符合要求；主体结构布置；结构材料的选择等。

3）给水工程设计方案

主要审核给水方案的设计依据和设计参数；给水方案的选择；给水管线的布置和所需设备的选择等。

4）通风空调设计方案

主要审核通风、空调方案的设计依据和设计参数；通风、空调方案的选择；通风道布置和所需设备的选择等。

5）动力工程设计方案

主要审核动力方案的设计依据和设计参数；动力方案的选择；动力线路的布置；所需设备、器材的选择等。

6）供热工程设计方案

主要审核供热方案的设计依据和设计参数；供热方案的选择；供热管网的布置；所需设备、器材的选择等。

7）通信工程设计方案

主要审核通信工程设计的依据和设计参数；通信方案的选择；通信线路的布置；所需设备、器材的选择等。

8）厂内运输设计方案

主要审核厂内运输设计的依据和设计参数；厂内运输方案的选择；运输线路及构筑物的布置和设计；所需设备、器材及工程材料的选择等。

9）排水工程设计方案

主要审核排水方案的设计依据和设计参数；排水方案的选择；排水管网的布置；所需设备、器材的选择等。

10）三废治理工程设计方案

主要审核三废治理方案的设计依据和设计参数；三废治理方案的选择；工程构筑物及管网布置与设计；所需设备、器材及工程材料的选择等。

(3) 主要设备、材料清单的审核

审核设备、材料的型号、质量要求、数量、产地的合适性。

(4) 概算审核

审核工程量计算、取费标准、费率计算方法的正确性、合理性，是否超过计划投资。

3. 初设阶段的审查内容

(1) 初步设计阶段

由于初步设计是决定工程采用的技术方案的阶段，所以，这个阶段设计图纸的审核，侧重于工程所采用的技术方案是否符合总体方案的要求，以及是否达到项目决策阶段确定的质量标准。

（2）技术设计阶段

技术设计是在初步设计基础上方案设计的具体化，所以，对技术设计图纸的审核侧重于各专业设计是否符合预定的质量标准和要求。

4. 施工图的审查内容

（1）施工图设计

施工图是对建筑物、设备、管线等工程对象的尺寸、布置、选用材料、构造、相互关系、施工及安装质量要求的详细图纸和说明，是指导施工的直接依据，从而也是设计阶段质量控制的一个重点。对施工图的审核，应注重于反映使用功能及质量要求是否得到满足。

1）建筑施工图。简称“建施”。主要应审核房间、车间尺寸及布置情况，门窗及内外装修，材料使用，要求的建筑功能是否满足等。

2）结构施工图。简称“结施”。主要应审核承重结构布置情况，结构材料的选择，施工质量的要求等。

3）给排水施工图。简称“水施”。主要应审核水处理工艺设备及管道布置和走向，加工安装的质量要求等。

4）电气施工图。简称“电施”。主要应审核供、配电设备；灯具及电器设备的布置，电气线路的走向及安装质量要求等。

5）供热、采暖施工图。简称“暖施”。主要应审核供热、采暖设备的布置，管网的走向及安装质量要求等。

（2）政府机构对设计图纸的审核重点

1）是否符合城市规划方面的要求。如工程项目占地面积及界限；建筑红线；建筑层数及高度；立面造型及与所在地区的环境协调等。

2）工程建设对象本身是否符合法定的技术标准。如对安全、防火、卫生、防震、三废治理等方面是否符合有关标准的规定。

3）有关专业工程设计的审核，如对供水、排水、供电、供热、供煤气、交通道路、通信等专业工程的设计，主要审核是否与工程所在地区的各项公共设施相协调与衔接等。

4）设计预算的审核。审核重点同“概算”，工程预算 < 概算 < 修正概算。

5. 设计文件的通病的检查

（1）计算书无总说明，无分项说明；

（2）计算书中计算原则、公式、参数等未交代清楚；

（3）计算步骤没有条理；

（4）计算书不完整、不清楚、不整洁；

（5）计算书书写用铅笔；

（6）可以列表计算、制图的，未予列表计算、制图，不重视标准化；

（7）套用图纸时未按具体情况作必需的选用核算；

（8）一本计算书中有多项工程计算时不列目录；

(9) 计算书无校核、审查人签名；

(10) 当采用电子计算机计算时，计算中未注明所采用的计算程序和名称；

(11) 图纸与计算书结果不一致；

(12) 子项平面布置图能与总图方向一致的不与总图方向一致，而且无指北针；

(13) 图形符号不符合统一规定；

(14) 图纸中各部分尺寸相互矛盾或者总、分尺寸不符；

(15) 施工图细部尺寸不交代清楚，造成施工困难；

(16) 施工图中节点详图不全和漏注尺寸或高程、坐标；

(17) 一张图纸或一套图纸图例混淆，表示不一；

(18) 图纸图形比例不适当或布置零乱、过密、过稀等；

(19) 平面图与剖面图或断面图矛盾；

(20) 剖面中剖面线与非剖面线没有区别，造成识图困难；

(21) 图纸目录中的图纸名称与图纸本身名称不一致；

(22) 图纸目录未列选用的标准图或重复利用图的目录；

(23) 图纸图幅加宽或加长未按制图标准规定；

(24) 图纸会签栏的规格、位置未按制图标准制定；

(25) 图纸设计深度未严格按各设计阶段要求；

(26) 一张图纸修改时，改了一处忘记改另一处；

(27) 套用图纸时注意事项未叙述；

(28) 报告书中未统一采用国家法定计量单位名称或单位符号；

(29) 必要的说明漏掉或说明含糊不清，标点符号用错；

(30) 各专业预埋件在图中未分别编号，易漏预埋件；

(31) 各专业预留孔洞在图纸上错、漏、碰、缺；

(32) 套用标准图时未结合具体情况作必要的说明；

(33) 套用的标准图陈旧或已作废；

(34) 本工程条件与所套用的工程图条件不符合；

(35) 图标中的图纸名称排位不当或字小又模糊不清；

(36) 图标中未写出图日期；

(37) 图纸未标制图比例；

(38) 大样图或节点详图不在同一张图上时，不说明参见哪张图；

(39) 图纸与图纸说明之间衔接不够；

(40) 概（预）算书未编内容目录；

(41) 概（预）算书定额编号漏写；

(42) 报告书编写不规范；

(43) 报告书层次混乱，漏编、重编；

(44) 同一份报告书里的图（表）编号写法不一致；

(45) 同一份报告书用两个以上高程系统，又不加注明。

4.3.4 设计阶段监理的进度控制

1. 设计阶段进度控制目标与任务

(1) 建设项目设计阶段是项目实施阶段中的一个影响项目投资最大的阶段，也是影响项目工期的关键性阶段。因此，监理工程师必须对项目设计阶段的进度计划，进行审核、确认，以便有效地对设计单位提供的进度计划进行控制，确保进度目标的实现；

(2) 设计进度控制的最终目标就是按质、按量、按时间要求提供施工图设计文件。在这个总目标下，设计进度控制还有阶段性目标和各专业的进度目标；

(3) 设计阶段进度控制的主要任务是出图的控制，也就是要采取有效措施促使设计人员如期完成方案设计、初步设计、技术设计、施工图设计。为此，设计监理要审定设计单位的工作计划和各工种的出图计划，并经常检查计划执行情况，对照实际进度与计划进度，并及时调整进度计划。如发现出图进度拖后，监理工程师要督促设计单位采取有效措施，增加设计力量，加强相互协调与配合，以加快设计进度。

2. 制订设计进度计划

(1) 监理工程师要会同有关设计负责人，依据总的设计时间来安排方案设计、初步设计、技术设计、施工图设计的完成时间，并确定这四个主要关节点的完成时间；

(2) 监理工程师要会同设计单位安排详细的初步设计出图计划并据以进行检查和督促。分析各专业工种设计的图纸工作量和非图纸工作量及专业设计的工作顺序，审查设计单位安排的初步设计各专业设计，包括建筑、结构、水、暖、电、空调、消防、工艺设计等的出图计划的可行性、合理性；

(3) 监理工程师发现设计单位各出图计划存在问题时，应及时提出，并要求增加设计力量或加强相互协作；

(4) 进入技术设计、施工图设计时，同样要考虑各阶段设计的特点和各工种设计的难易程度、复杂程度来安排各专业设计的出图时间，并且在实际设计过程中，根据前面的实际进度情况对各出图计划进行及时的调整；

(5) 监理工程师在审核设计单位提供的各工种设计的出图计划时，一定要详细分析各自的工作量、各自设计的难度，观察各专业设计人员安排是否合理，人员是否满足进度要求；检查各工种设计的进度搭接的紧凑性。尽量把困难估计在前面，避免设计进度前松后紧，前期拖拉，后期时间不够。这样既影响设计的如期完成，也影响设计的质量。因匆忙赶工，难有时间多思考，使设计难免不如人意。

3. 测定设计进度方法

(1) 消耗时数衡量法

凭以往设计经验，估算各阶段设计消耗的总时数（是指设计有关的总时数，不仅是设计出图消耗的时数），然后可以计算各设计阶段完成设计进度的百分比，按下式计算：

$$设计进度（已完成百分比）=\frac{已耗用设计时数}{估算本工程设计总时数}\times 100\%$$

(2) 完成蓝图数衡量法

以蓝图数为衡量依据。按下式计算：

$$实际设计进度（完成百分比）=\frac{已完成蓝图数}{预计总蓝图数}\times 100\%$$

根据类似工程的设计经验，估计各工种设计的蓝图数，完成蓝图数与预计总蓝图数的百分比即为设计完成百分比。

(3) 采购单衡量法

为确保施工时主要设备、材料供应不脱节。设计阶段主要设备、材料选型后，要向有关厂家询价，货比三家，并及时发出采购单。设计进度也可以用已发采购单来衡量。

按下式计算：

$$设计进度（完成百分比）=\frac{已发采购单数}{预计采购单总数}\times 100\%$$

(4) 权数法

1）订出各工种专业蓝图标准完成程度。

蓝图的性质、大小是不同的，因而绘制的难易程度有别，显然所耗用的时数也就各异。监理工程师要与各专业设计负责人，根据经验和对历史数据的分析研究，制订出各种蓝图标准完成程度。

2）测定各专业设计实际完成程度：

先测定该专业设计所有图纸进展状况，并根据各图纸的难易程度分别给以一定的权数。

$$设计实际完成程度=\frac{折合权数}{总权数}$$

3）估计出各专业设计耗时数：

凭经验和历史数据，估计出各专业设计（包括设计及其有关工作）的设计完成计划总耗时数及已耗时数。

4）计算实际设计进度：

按下式计算：

$$工程设计进度=\Sigma\left(\frac{各专业设计计划耗时数}{总耗时数}\right)\times 各专业设计完成百分数$$

4. 控制设计进度

(1) 监理工程师不是代替设计单位去制订各专业具体的设计进度，而是要根据项目总体进度的安排，参与、审查设计单位主要设计进度的计划开始时间、计划结束时间，核查各专业设计进度安排的合理性、可行性，满足设计总进度情况。

(2) 监理工程师要求设计单位，无论是在初步设计、技术设计或是施工图设计阶段，各专业设计的进度安排要具体到每张图纸。图纸完成时，再检查实际进度情况。如果进度滞后，要分析其原因，并在后续工作中，采取有效措施将进度赶上去。监理工程师要按表4-1进行核查、分析，提出自已的见解和弥补方法。

(3) 监理工程师在各阶段设计过程中，可使用以上介绍的四种方法中的一种或几种来检查设计进度完成的情况，以便及时调整计划，确保设计整体进度。

(4) 在各阶段设计完成时，监理工程师要与设计单位共同检查本阶段设计进度实际完成情况，对照原计划分析、比较，商量制订对策，并调整下一阶段设计的进度。

(5) 监理工程师要向业主及时汇报阶段设计进度情况，报表形式参见表 4-1、表 4-2。

设计进度分析表 **表 4-1**

工程项目名称： 项目编号： 设计监理单位：	阶段设计名称： 图纸编号： 版次： 图纸名称： 本图纸设计负责人：
出图控制	本表编制日期：

设计步骤	监理单位批准的计划完成时间	实际完成时间
草　　图		
制　　图		
设计院自身审核		
监理单位、业主审核		
发　　出		
简短原因分析		
措施与对策		

设 计 进 度 报 表 **表 4-2**

工程项目名称： 项目编号： 设计监理单位：	阶段设计名称： 编制人： 审核人：
阶段设计完成进度情况：	第_____页；共_____页

阶段设计名称	本阶段（选①、②或③）	计划开始时间	实际开始时间	计划结束时间	实际结束时间
初步设计①					
技术设计②					
施工图设计③					
简短原因分析					
措施与对策					

4.3.5 设计阶段监理的投资控制

1. 目标

施工图预算 < 修正概算 < 初设概算 < 项目计划投资。

2. 方法

(1) 采用阶段投资控制目标的方法

1）在设计过程中，监理工程师要及时对设计图纸中的工程内容进行估价和设计跟踪；

2）监理工程师要及时审查概算、修正概算和预算，如发现超投资，要向业主提出建议，在业主的指示下通知设计单位修改设计，以控制投资；

3）监理工程师要对设计进行技术经济比较，通过比较，寻求设计挖潜的可能性；

4）监理工程师要督促、协助设计人员采用限额设计、优化设计及价值工程法等先进的利于投资控制和节约项目费用的方法。

（2）采用限额设计

1）限额设计就是计划投资范围内进行设计，实现项目投资控制的目标。

2）限额设计决非限制设计人员的设计思想，而是要让设计人员把设计与经济二者统一结合起来。即监理工程师要求设计人员在设计过程中必须考虑经济性。

3）监理工程师在设计进展过程中及各阶段设计完成时，要主动地对已完成的图纸内容进行估价，并与相应的概算、修正概算、预算进行比较对照，若发现超投资情况，找出其中原因，并向业主提出建议，从而在业主授权后，指示设计人员修改设计，使投资降低到投资额内。必须指出，未经业主同意，监理工程师无权改变设计标准和设计要求。

4）限额设计必须贯穿于设计的各个阶段，实现限额设计的投资纵向控制：

①在初步设计阶段要重视方案选择，控制在设计任务书批准的投资限额内；

②在施工图设计阶段要掌握施工图设计造价变化情况，严格按批准的初步设计确定的原则、内容、项目和投资额进行。但在设计过程中由于条件改变对设计局部修改、变更是正常现象。如果对初步设计有重大的变更时，则需通过原初步设计审批部门重审，以重新批准的投资控制额为准。

5）限额设计中采用动态管理。在设计概预算中引入"原值"、"现值"、"终值"三个不同概念：

①原值是指在编制估算、概算时的工程造价，不包括价差因素；

②现值是指工程批准开工年份，按当时的价格指数对原值进行调整后的工程造价，不包括以后年度的价差；

③终值是指工程开工后分年度投资各自产生的不同价差叠加到现值中去算得的工程造价；

④限额设计指标均以原值为准。

6）限额设计要健全和加强单位内部的经济责任制，实现限额设计的横向控制：

①明确设计单位内部各专业科室对限额设计的责任，建立各专业投资分配考核制；

②设计开始前按估算、概算、预算不同阶段将工程投资按专业分配，分段考核。下一阶段指标不得突破上一阶段指标。哪一专业突破控制投资指标时，应首先分析突破原因，用修改设计的方法解决，在本阶段处理，责任落实到个人，建立限额设计的奖惩机制。

7）限额设计中设计单位应承担的责任范围：

①凡永久建筑、水电、设备等项目的工程量增加、型号规格变动等造成的投资增加；

②设计单位未经原审批单位同意，违反规定，擅自提高标准，增列初步设计范围以外的工程项目等原因造成的投资增加；

③由于初步设计深度不够或设计标准选用不当，未经原审查部门同意而导致下一设计阶段增加投资；

④未经原审批部门同意，其他部门要求设计单位提高工程建设标准，增加建设项目，并经设计单位出图增加的投资。

8）设计单位对以下情况造成的项目投资增加不承担责任：

①国家政策变动而作的设计调整；

②工资、物价调整后价差；

③与工程有关的不合理摊派；

④土地征用费标准、水库淹没处理补偿费标准的改变；

⑤建设单位和地方承包项目超出国家规定及初步设计审批意见需开支的费用；

⑥经原审批部门同意，超出已审批的初步设计范围以外的重大设计变更及工程项目增加；

⑦其他单位强行干预设计，而设计单位提出了不同的初步意见，并报送上级主管部门和投资方，仍然发生的项目投资增加；

⑧经原审批部门批准补充增加的勘察设计工作量相应增加的勘察设计科研费；

⑨审查单位对设计单位报审的初步设计中推荐的主要设计方案修改不当，致使设计方案审定后在技术设计和施工图设计阶段又有较大的修改，致使投资的增加；

⑩其他特殊情况，如施工过程中发生超标准洪水和地震等所增加的投资。

(3) 应用价值工程法对设计进行技术经济比较

1）在设计过程中，监理工程师要应用价值工程法进行项目全寿命费用分析，不仅考虑一次性投资，还要考虑要项目使用后经常维修和管理费用；

2）监理工程师对设计的经济性要全面考虑、权衡分析。与限额设计相对应的是过分设计（即安全系数过大的设计），这种保守设计对设计的经济性考虑得不多；

3）监理工程师有必要对结构形式、重要配筋、材料选用等进行核对分析，并考察设计的经济性，尽量减少过分设计以降低投资；

4）在设计中应用价值工程法既可提高功能，又可降低项目投资。通过设计的多方案技术经济比较和价值工程进行分析，或在保证工程功能不变情况下，降低项目投资；或在项目投资不变的情况下提高工程功能，因而最终降低建设项目投资；或在工程主要功能不变、次要功能略有下降情况下，使项目投资大幅度降低；或在项目投资略有上升情况下，使工程功能大幅度提高。以上种种均是提高工程的“价值”，在建筑工程设计中应用是大有可为的，已有许多成功的实例。

(4) 推广标准设计

1）推广标准设计有益于较大幅度降低工程造价；

2）可节约设计费用，大大加快提供设计图纸的速度（一般可加快设计速度 12 倍），缩短设计周期；

3）构件预制厂生产标准件，能使工艺定型，容易提高工人技术，且易使生产均衡和提高劳动生产率以及统一配料，节约材料，有利于构配件生产成本的大幅度降低。例如，标准构件的木材消耗仅为非标准构件的 25%；

4）可以使施工准备工作和定制预制构件等工作提前，并能使施工速度大大加快，既有利于保证工程质量，又能降低建筑安装工程费用（约可降低 16%左右）；

5）标准设计是按通用性编制的，是按规定程序批准的，可供大量重复使用，既经济又优质。标准设计较好地贯彻执行国家的技术经济政策，密切结合自然条件和技术发展水平，合理利用能源、资源和材料设备，较充分考虑施工、生产、使用和维修的要求，便于工业化生产。因而，标准设计的推广，一般都能使工程造价低于个别设计工程造价。

(5) 严格控制设计变更

1) 监理工程师在审查设计时若发现超投资现象，要通过代换结构型式或设备，或请求业主降低装修等标准来修改设计，从而降低设计所需投资；

2) 在设计进展过程中，经常会因业主要求变更设计。对此，监理工程师要慎重对待，认真分析，要充分研究设计变更对投资和进度带来的影响，并把分析的结果提交给业主，由业主最后审定是否要变更设计；

3) 监理工程师认真做好设计变更记录，并向业主提供月（季）设计变更报告。

(6) 严格控制设计中主要材料、设备的选用

1) 主要设备、材料的投资约占整个工程投资 70%左右，其对投资控制极为重要，必须谨慎从事；

2) 监理工程师要充分研究主要材料、设备的用途和功能，了解业主的需求，以使主要材料、设备的选用及采购经济实惠，既能满足业主的功能要求，又价格较低。

4.3.6 设计阶段监理的信息管理

1. 目的

(1) 为了控制工程项目三大目标，必须将三大目标的执行情况通过信息管理，很好地搜集、分析，与计划目标比较后找出差距进行处理，作为科学、合理的监理决策的依据。

(2) 为了妥善协调项目建设内外，上至政府、业主，下至各设计单位各专业，及横向各有关单位之间的配合、联系，必须管好各种文档与信息流。

2. 工程设计监理文档

(1) 设计文档：

1) 政府公文；

2) 上级主管部门文件及信函；

3) 设计招标（竞赛）文件；

4) 设计要求文件，设计合同及执行情况文档；

5) 设计文件：规划设计、可行性研究、初步设计文件图纸、技术设计文件与图纸、施工图设计文件与图纸、设计修改文件与图纸。

(2) 设计监理文档：

1) 设计监理委托书；

2) 设计监理合同；

3) 设计监理组名单及分工（监理组管理体系图）；

4) 设计监理规划；

5) 设计监理细则；

6）设计监理各项记录与表格（建设厅发放）；

7）监理日记；

8）监理月报；

9）会议记录；

10）监理巡视记录和设计监理审查意见表；

11）方案图纸、概预算审查记录。

3. 文档与信息管理

（1）建立会议制度，定时召开例会，搜集研究日常设计工作中投资、进度、质量控制中问题，及时召开专题会，做好记录；

（2）建立收、发文登记、签收工作；

（3）计算机辅助文档管理，见信息流通程序图4-3；

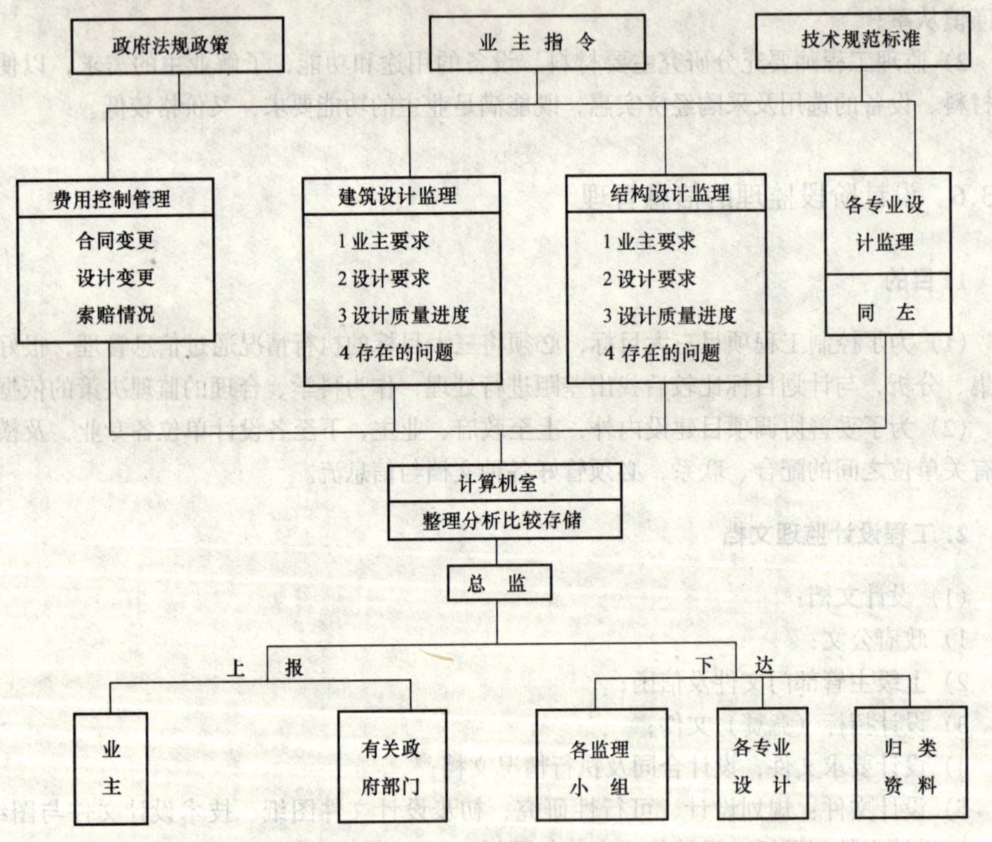

图4-3 信息流通程序图

（4）加工整理和储存信息：

1）依据进度控制信息（对设计进度状况的意见和指示），监理工程师每月、每季度都要对比设计计划与实际进度，进行分析，并作出综合评价，找出滞后原因，存在的主要难点与问题，提出如何解决，赶上计划进度。

2）依据质量控制信息（对设计质量情况的意见和指示），监理工程师应将巡视中发现的质量问题、质量事故在监理月报中归纳和评价，并定期向业主报告质量状况。

3）依据投资控制信息，对设计中费用控制情况作系统地分析与"设计限额"作比较，不断地调整，使设计始终不超限额，按期计算设计费并定期分析、预测资金使用状况。

（5）设计监理文档表格：

公司要求各设计监理组除认真完成设计监理合同中监理的职责以外，还应按设计阶段文档管理规定，做好设计监理各项有关记录，设计监理审查意见及设计监理工作总结。以便考核各监理组工作和交公司存档。

1）监理日志

要求监理组每天认真如实记录设计监理期间、设计进展、监理组活动，各专业监理工作。

2）监理月报

每月初监理组要将设计进度、主要监理工作情况及存在问题向公司和业主汇报。

3）监理会议纪要

凡监理组召集的或业主主持的有关设计监理协调会都需要有会议纪要，整理后发送有关单位。

4）监理通知

设计监理过程中，遇有重大问题需以监理组名义，书面形式通知有关单位，以便更好的行使监理职责。

5）总监巡视记录

总监理工程师组织定期检查设计监理项目进展情况，对各专业审查的主要技术问题提出意见。

6）"设计要求"调研记录

监理工程师在代业主向设计单位提设计要求前，各专业需对审查的主要技术问题提出意见。

7）设计方案讨论记录

凡设计监理审查意见，如对勘察设计单位考察选定，设计方案竞赛评选，工程设计中间审查，工程设计完成后的审查，设计概算的审查以及设计文件验收等均出监理工程师代业主提出审查意见，并填写"设计监理审查意见表"。

（6）设计监理工作总结

1）设计监理项目概况。包括工程项目名称、业主，项目地点、规模、性质及建设投资，及设计单位、承建单位简要介绍。

2）设计项目简介。附缩小比例的建筑平、立、剖面简图，要列出各专业设计的主要特点。

3）设计监理审查的主要意见及其效果；

4）设计监理经验和体会。

（7）档案管理：

建设监理的档案管理主要有以下几个方面的内容：

1）建立文档归类、存档制度与规定。对上述各种文件，在办完或使用完后根据其特征、相互联系和保存价值分类整理，根据文件的作者、内容、文件、时间等特征组卷。案卷标题要准确地反应出卷内文件的作者、内容和文件。主要的案卷均应确定保管期限。

立卷归档的文件要保证齐全、完整。如电报按其内容同文件一起归档，应能正确反映本监理单位的主要工作情况，便于保管、查找和利用。

2）建立文件销毁制度，作好记录。对于某些没有存档价值和存查必要的文件，经过鉴别或有关领导批准，可定期销毁。销毁秘密文件要进行登记，有专人监销，确保不丢失、不漏销。严禁向废品收购部门出售内部文件、刊物和资料。

3）为了做好文件档案管理工作，应采用计算机。

4.3.7 设计阶段监理的组织协调

1. 组织协调的意义

每一个工程项目的实施，每一个工程设计，可能参加设计的单位较多，牵涉到的专业也较多，只有使他们齐心协力完成设计目标，才能保证设计质量与进度；加之设计进行过程中设计单位与政府主管部门、业主、勘察单位等之间诸多的联系与协调，必须通过设计监理从中沟通，控制各设计单位、专业之间的衔接与制约，才能保证设计的系统性、完整性与准确性。

2. 组织协调的基础

为了使组织协调工作的开展有序高效，一方面，设计监理要努力为参建各方创造一个合作的氛围，切忌各干各的；另一方面，要理解以下三项工作，它们是组织协调工作的基础。

(1) 项目组织模式。明确各参建单位之间的关系，明确各参建单位在整个项目组织系统中的地位；

(2) 项目分解结构。明确项目的工作任务，明确各参建单位的任务分工、责任分工；

(3) 项目开展程序。明确项目的开展顺序，明确参建单位的工作搭接关系。

3. 设计准备阶段的组织协调

(1) 按城市规划部门提出的规划设计条件咨询表，向有关部门咨询能否提供或有无能力承担该项目配套建设及意见；

(2) 申请和领取规划设计条件通知书；

(3) 组织设计竞赛或投标，组建竞赛评选委员会或评标委员会，协助评标、决标；

(4) 编制勘察任务书，协助业主确定勘察单位；

(5) 及时沟通设计与政府有关部门的联系，尽可能争取认可和通融，主要有交通、消防、人防、防汛、供电、水、气等部门；

(6) 各分段设计招标或分项设计招标时，要及时做好各阶段设计之间的协调工作；

(7) 协助业主优选设计单位签订设计合同。

4. 设计阶段的组织协调

(1) 与设计单位商定出图计划；

(2) 核查各设计单位设计人员配备与到位情况;

(3) 协调各设计单位、各专业之间衔接、配合，定期召集协调会，对巡查中发现的问题及时提出处理意见并发出通知、联系单;

(4) 定时向业主汇报监理情况与设计进展状况，及时传达业主指意给各设计单位、专业组，沟通业主与设计单位之间的联系。

5. 施工阶段的组织协调

(1) 协调设计与施工的配合;

(2) 当图纸确有问题时，要责成设计单位修改;

(3) 督促设计人员参与必要的现场指导及检查、验收工作;

(4) 审核、控制施工单位提出的设计变更要求。

5 施 工 阶 段 监 理

5.1 施工阶段招标投标的监理

5.1.1 国家招标投标法中的有关规定

1. 必须进行招标的工程建设项目（含勘察、设计、施工、监理与工程有关的重要设备、材料采购）

（1）大型基础设施、公用事业等关系社会公共利益、公共安全项目；

（2）全部或部分使用国有资金投资或者国家融资的项目；

（3）使用国际组织或者外国政府贷款、援助资金的项目。

2. 招标方式

招标分为公开招标和邀请招标：

（1）公开招标：是指招标人以招标公告的方式邀请不特定的法人或者其他组织投标；

（2）邀请招标：是指招标人以投标邀请书的方式邀请特定的法人或者其他组织投标。

3. 招标投标应遵循的原则

招标投标活动应遵循公开、公正和诚实信用的原则

5.1.2 施工阶段招标投标的监理

1. 招标投标程序

（1）招标人通过媒体发布招标公告；

（2）投标人根据招标公告向招标人报名；

（3）招标人对投标人进行资质审查和业绩考察；

（4）招标人通过对投标人的资质审查和业绩考察后进行筛选；

（5）招标人对筛选后入围的投标人发放招标文件和工程施工图；

（6）在规定期限内招标人召集投标人对工程施工图进行质疑，并写出图纸质疑纪要，同时组织投标人考察现场；

（7）在规定的投标时间内，招标人接受投标人送来的投标文件；

（8）在规定开标时间、地点，组织开标、评标、定标；

（9）定标后，签发中标通知书；

(10) 招标人与投标人商量施工合同条款，签订工程施工合同。

2. 招标投标过程中的监理工作

(1) 协助招标人拟定招标文件；
(2) 参与招标人组织对投标人的资质审查和业绩考察及筛选；
(3) 参与招标人组织投标人对施工图纸的质疑和考察工程现场；
(4) 协助招标人拟定评标标准；
(5) 参与开标、评标、定标活动；
(6) 协助招标人商定施工合同协议条款。

5.1.3 施工招标文件的拟定

1. 施工招标文件的主要内容

(1) 项目建设依据。项目审批文号，图纸设计进度，施工执照号，资金状况；
(2) 工程综合说明。工程名称、地址，工程概况，施工现场状况，地质勘察报告；
(3) 工程招标要求及发包范围。对投标人资质等级，项目经理等级的要求，资格预审方法总包、分包范围；
(4) 承包方式。如包工、包料（甲供料除外）、包工期、包质量、包安全生产和文明施工；
(5) 材料供应方式及质量要求。如三材（木材、钢筋、水泥）供应方式，材料质量由承包商和监理负责验收和抽检等；
(6) 投标标书的编制依据。图纸，招标文件，图纸质疑纪要，采用定额、费率，有关文件，预算外补贴，给甲方的优惠条件；
(7) 工期要求。定额工期、计算工期、合同工期（三者间确定一个），开工、竣工时间；
(8) 工程质量要求和质量验收标准。质量要求；质量验收标准；图纸、规范、有关文件；
(9) 工程量清单计价方式。如工料单价法或总价包干法；
(10) 工程款支付方式。分阶段计量支付或按月计量支付，工程预付款支付办法；
(11) 评标原则。明确评标方法和中标的标准；
(12) 对投标书的要求。如正、副本应分开密封，标书盖章，法人委托书等；
(13) 投标须知。含投标文件递交时间，投标预备会时间，开标时间，投标保证金额，投标正、副本数量，履约担保金等；
(14) 附图纸。

2. 选择招标方式

确定采用公开招标或者邀请招标。

5.1.4 施工投标文件的审查

1. 投标文件的主要内容

(1) 投标书。内容:
1) 投标报价;
2) 自报工期;
3) 工程质量目标;
4) 对招标文件的承诺;
5) 投标单位章，法人或法人委托人章，______年______月______日。
(2) 投标书附表。内容:
1) 工期 (d);
2) 延误工期赔偿金额(元/d);
3) 延误工期赔偿金额限额(合同价格的 %或 元);
4) 赶工措施费(合同价格的 %);
5) 提前竣工奖(合同价格的 %);
6) 自报质量等级;
7) 达到自报质量等级以上的质量奖(合格价格的 %或 元);
8) 达不到自报质量等级的赔偿金(合同价格的 %或 元);
9) 优惠条件;
10) 投标单位章，法人或法人委托人章，______年______月______日。
(3) 报价汇总表。内容:
1) 建筑面积(m^2);
2) 定额直接费(万元);
3) 预算总价(万元);
4) 投标报价(万元);
5) 投标单位章，法人或法人委托人章，______年______月______日。
(4) 主要材料汇总表。内容:(如土建)
1) 钢材(钢筋(t)，钢模摊销(t)，铁件(t)，分项小计(t));
2) 木材(模板材(m^3)，成材(m^3)，扶手木材(m^3)，分项小计(m^3));
3) 水泥(t);
4) 二类材(如复合木模板)(m^3);
5) 特种材;
6) 其他;
7) 投标单位章，法人或法人委托人章，______年______月______日。

2. 投标书的评审内容

(1) 技术评审——对施工组织设计，施工进度，技术措施等的评审;

(2) 价格分析——对定额直接费，预算总价，投标报价等与标底比较进行评审；

(3) 管理与技术能力评价——对企业近几年所做的工程，创优状况，项目经理资质，设备状况等的评价；

(4) 商务法律评审——对招标人所作的承诺，对招标人提出条件的回答等涉及法律的评审。

5.1.5 评标方法

1. 专家评议法

由专家根据招标人事先确定的评分标准对各投标人的投标书进行分析、比较，再以协商和投票方式选优。

2. 评标价法

仅以投标人的投标报价作为评审比较的标准，取其中报价最低或次最低者中标（中标的标准应在招标文件中明确）。

3. 综合评分法

称综合因素评分法，是目前政府提倡的常用方法。它是由专家分别对投标人的投标书进行评议，并根据招标人事先确定的评分标准以百分制记分，得分最高者中标。

【例】 某工程评标采用综合评分法，其 100 分的分配如下：

(1) 评标标底价　占 55 分

评标标底价 = 标底价 × 0.7 + 各投标人投标报价的平均值 × 0.3

(注：式中 0.7 和 0.3 由招标人确定)

各投标人评标标底价所占分值为：

百分比 = (投标报价 − 评标标底价)/评标标底价 × 100%

如：+3%及以上　得 30 分；
+2%　得 40 分；
+1%　得 45 分；
+0%　得 48 分；
−1%　得 51 分；
−2%　得 53 分；
−3%　得 55 分；
−4%　得 54 分；
−5%　得 52 分；
−6%　得 45 分；
−8%及以下　得 40 分。

另：1) 投标人所报的定额直接费与标底定额直接费相比，每增减 1% 扣 1 分，最多扣 3 分；

2）投标人所报的三材总价与标底的三材总价相比大于2%或小于2%以外者（不含2%）分别扣1分。（所有三材总价均按定额价）

（2）工期　　　　占10分

符合招标文件规定工期要求者，得4分；每提前25天加1分，最多加4分；主体封顶每提前20天加1分，最多加2分；超过招标文件规定工期要求者，不予评标。

（3）质量　　　　占10分

符合招标文件规定质量要求者，得5分；承诺市优者加1分，承诺省优者加3分，承诺国优者加5分，未承诺者均不加分。

（4）施工组织设计　　占15分

1）设计是否完整、优化，计划目标是否明确，安排是否科学合理。　　0~3分

2）设计是否齐全、合理，项目管理办法是否具体，技术力量是否有保证，分工是否明确，劳动力安排是否合理。　　0~2分

3）施工设备是否先进，配置是否科学合理。　　0~2分

4）施工进度计划是否具体、优化，是否采用网络计划，措施是否落实，现场布置是否合理。　　0~2分

5）安全措施是否完备，安全生产组织是否落实。　　0~2分

6）质量保证体系是否落实，质量保证措施是否完整。　　0~3分

7）文明施工措施目标是否明确。　　0~1分

（5）企业信誉和业绩　　占10分

1）××年底前在某工程施工中两年获十佳工地或两年获规范化施工现场证书者各加1分，没有者不加分。

2）本企业承建工程，曾获鲁班奖者，有一项加1分，最多加2分，没有者不加分。

3）承接本工程的项目经理，为国家一级项目经理者，加2分，没有者不加分。

4）承接本工程企业已通过ISO 900×族质量体系认证者，加2分，没有者不加分。

5）经营作风、服务态度、企业社会整体形象。　　0~2分

定标办法：参加评标的各位评委，对各投标人投标书中的各项，按上述评分标准进行百分制打分，去掉一个最高分和一个最低分后，取各评委打分结果的平均值，作为各投标人的得分，以最高得分中标。

5.1.6　施工合同协议条款的审查

1. 签订施工合同应具备的条件

（1）设计概算已经批准；

（2）建设资金已筹措落实；

（3）中标通知书已下达。

2. 签订施工合同应遵守的原则

（1）遵守国家法律、法规和国家计划的原则；

（2）平等互利，协商一致的原则；

（3）根据国务院2000年1月30日发布的第279令第十条规定“建设工程发包单位，不得迫使承包方以低于成本的价格竞标；不得任意压缩合同工期；不得明文或暗示设计单位或施工单位违反工程建设强制性标准，降低建设工程质量”。

3. 签订施工合同的程序（注：某招投标办的规定）

（1）定标后，招标人于5日内将评标、定标报告及评标、定标有关资料报告招投标办核准，办理“中标通知书”；

（2）办理“中标通知书”后，招标人根据《合同法》，招标文件、投标文件和施工合同示范文本，草拟施工合同；

（3）草拟的施工合同协议，须经招投标办依据与中标条件相一致的原则审查后正式签订，正式签订的施工合同须送招投标办备案。并领取办理好的“中标通知书”，发给中标单位。

4. 施工合同的分类

（1）按合同计价方式进行分类：

1）单价合同。特点是固定单价，用于工程规模大、工期长、结构复杂的大型工程；

2）总价合同。特点是固定总价，用于工程规模小、工期短、结构简单的中小型工程；

3）成本加酬金合同。特点是固定实际成本加固定酬金，用于施工条件不完全具备的应急工程。

（2）按施工的内容进行分类：

1）土建施工合同；

2）安装施工合同；

3）装饰施工合同。

（3）按承接任务的范围进行分类：

1）总包合同；

2）分包合同。

5. 建设工程施工合同示范文本（GF-1999-0201）

示范文本由三部分组成：

（1）协议书。内容包含：工程概况，工程承包范围，合同工期，质量标准，合同价款，组成合同的文件（含：本合同协议书，中标通知书，投标书及其附件，本合同专用条款，本合同通用条款，标准、规范及有关技术文件，图纸，工程量清单，工程报价单或预算书），协议书中有关词语含义，承包人向发包人的承诺，发包人向承包人的承诺，合同生效日期。

（2）通用条款。是施工合同的一般条件，合同双方共同遵守的基本条件。

（3）专用条款。内容包含：词语定义及合同文件解释顺序，双方一般权利和义务，施工组织设计和工期，质量与验收，安全施工，合同价款与支付，材料设备供应，工程变更，竣工验收与结算，违约、索赔和争议，其他。

5.2 项目监理机构及其设施

5.2.1 项目监理机构

《建设工程监理规范》（GB 50319—2000）规定，"监理单位履行施工阶段的委托监理合同时，必须在施工现场建立项目监理机构"。项目监理机构是一种临时性的监理组织，当完成委托监理合同后，机构即宣告结束。

项目监理机构的组织形式和规模，应根据委托监理合同规定的服务内容、服务期限、工程类别、规模、技术复杂程度、工程环境等因素确定。

1. 项目监理机构设置的原则

（1）目的性原则。设置项目监理机构的根本目的是为了产生组织功能，实现管理总目标。这就要求因目标没事，因事设岗，按编制设定岗位人员，以职责定制度和授予权力。

（2）高效精干的原则。机构人员，以能实现管理所要求的工作任务为原则，尽量简化机构。配备人员要严格控制二三线人员，力求一专多能，一人多职。

（3）管理跨度和分层统一的原则。要根据领导者的能力和项目规模大小，复杂程度等因素，确定适当的管理跨度和管理层次。

（4）专业分工与协作统一的原则。分工是为了提高管理专业化程度和工作效率为目的，使各部门、每个人都有明确的目标和任务。当然在机构中有分工，也必须有协作，应明确各部门与各人之间的协调关系和配合办法。

（5）弹性和流动性的原则。建设项目的单一性、流动性、阶段性是其生产活动的特点，这必然会导致生产对象数量、质量和地点上的变化，带来资源配置上品种和数量的变化。这就要求项目监理机构的设置要随之进行相应调整，一成不变的作法是不经济的。

（6）权责一致的原则。在机构管理中明确划分职责、权利范围，同等的岗位职务赋予同等的权力，做到权责一致。权大于责，会出现滥用权力；责大于权，会影响积极性。

（7）才职相称的原则。使每个人的才能与其职务上的要求相适应，做到才职相称，即人尽其才、才得其用、用得其所。

2. 建立项目监理机构的步骤

监理单位按委托监理合同建立项目监理机构时，一般按以下步骤进行：

（1）确定监理目标

监理目标是建立项目监理机构的依据，为了使目标控制具有可操作性，应将委托监理合同中确定的总的目标进行分解，明确划分为各个分目标、次分目标。例如：监理合同中明确对项目的基础、主体、装饰等各个施工阶段的土建、安装、装饰工程进行质量、进度、投资等全方位控制为总目标。根据总目标进行分解为各分目标，即土建、安装、装饰各为分目标。土建又可分为工程测量、隐蔽工程和分项、分部工程验收等次分目标；安装又可分为给水排水、空调、消防、强电、弱电、设备安装等次分目标；装饰又可分为室外装饰、室内装饰、幕墙装饰等次分目标。

(2) 确定工作内容并进行分类归并及组合

总目标、分目标、次分目标均有明确的工作内容，但它是受监理合同所委托的内容制约的。监理合同中未委托的内容，即使按理论要求各目标有明确的工作内容，但也不能全部做。只能按监理合同委托的工作内容实施，然后进行分类与组合。例如：总目标经分类，分为土建、安装、装饰工程等分目标，分目标分类，例如安装，又可分为给水排水、空调、消防、强电、弱电、设备安装等次分目标。分类后再进行组合，其目的是按一专多能、一人多职的原则确定监理人员。例如，结合专业上的共性，发挥一专多能、一人多职，可以将给排水、消防、空调设置一个岗，强、弱电设置一个岗，设备安装设置一个岗，每个岗配备多少人，应就工作量的多少而定。

(3) 机构的结构设计

1) 确定结构形式。

监理机构的结构形式，常见的有直线制、职能制、直线—职能制、矩阵制等。应根据工程项目规模、性质、建设阶段等不同，选择不同的结构形式，以适应监理工作的需要，结构形式的选择应考虑有利于项目合同管理，有利于控制目标，有利于决策指挥，有利于信息沟通。

2) 合理确定管理层次。

监理机构结构中一般应有三个层次；

决策层：由总监理工程师及其助手组成。根据工程项目的监理活动特点与内容，进行科学化、程序化决策；

中间控制层（协调层和执行层）：由专业监理工程师和各项目监理工程师组成。负责监理规划的落实、目标控制及合同管理，属承上启下管理层次；

作业层（操作层）：由监理员、检查员等组成，具体负责监理工作的操作。

3) 制定岗位职责与考核标准。

岗位职务及职责的确定，要有明确的目的性，不可因人设事。

对监理人员的工作要进行定期考核。要有明确的考核内容、考核标准和考核时间。

4) 选派监理人员。

根据设置的岗位，选择相应专业、数量和层次监理人员。在选择时，除应考虑监理人员个人素质外，还应考虑总体的合理性与协调性。

(4) 制定工作流程

为使监理工作科学、有序地进行，应按监理工作的客观规律，编制规范化的工作流程，如工序报验流程、隐蔽工程验收流程、工程竣工验收流程等。

5.2.2 监理人员及其职责

1. 监理人员数量的配置

《建设工程监理规范》（GB 50319—2000）规定，“监理人员应包括总监理工程师、专业监理工程师和监理员，必要时可配备总监理工程师代表”。同时规定“总监理工程师应具有三年以上同类工程监理工作经验的人员担任；总监理工程师代表应具有二年以上同类工程监理工作经验的人员担任；专业监理工程师应具有一年以上同类工程监理工作经验的人员担任”。

监理人员的数量配置，国外咨询专家曾向我国提供了亚太地区监理人员数额配置的经验。东南亚各国的经验认为：投资密度以每年完成100万美元为单位，将工程复杂程度分为简单、一般、较复杂、复杂、极复杂等五个等级，每年完成100万美元的工作量所需监理人员可参考表5-1。

监理人员需要量定额（每100万美元/年） **表5-1**

工程复杂程度	监理工程师	监理员	行政人员
简　单	0.20	0.75	0.10
一　般	0.25	1.00	0.10
较复杂	0.35	1.10	0.25
复　杂	0.50	1.50	0.35
极复杂	0.50	1.50	0.35

【例】 某高层综合楼，地下二层、地上28层，框剪结构，建筑面积29000m^2，委托监理的项目合同工期为42个月，合同总价为1250万美元，工程较复杂。

(1) 确定监理人员的密度系数，根据表5-1查出各类监理人员的密度系数为：监理工程师0.35，监理员1.10，行政人员0.25。

(2) 计算工程投资密度：

$$M=\frac{P}{T}=\frac{1250\text{万美元}/100}{42/12}=\frac{12.5\text{百万美元}}{3.5}=3.57(\text{百万美元}/\text{年})$$

(3) 计算各类监理人员的数量：

监理工程师数量：$0.35\times3.57=1.25$人　取2人

监理人员数量：$1.10\times3.57=3.93$人　取4人

行政人员数量：$0.25\times3.57=0.89$人　取1人

合计配置监理人员7人。

若以复杂工程配置监理人员，其密度系数调整为：监工程师0.50，监理员1.50，行政人员0.35配置，则监理人员数量为：

监理工程师数量：$0.50\times3.57=1.79$人　取2人

监理员数量：$1.50\times3.57=5.4$人　取6人

行政人员数量：$0.35\times2.75=1.25$人　取1人

合计配置监理人员9人。

该工程在实际监理过程中，高峰期监理人员的投入量为9人，工程开始和结束期，监理人员投入量为7人，实践证明上述对监理人员的计算方式具有一定的参考价值。

2. 监理人员的职责

监理人员的职责，在《建设工程监理规范》中，对总监理工程师、总监理工程师代表、专业监理工程师、监理员等的职责，均作出详细规定。

（1）总监理工程师职责

1）确定项目监理机构人员的分工和岗位职责；

2）主持编写项目监理规划，审批项目监理实施细则，并负责管理项目监理机构的日常工作；

3）审查分包单位的资质，并提出审查意见；

4）检查和监督监理人员的工作，根据工程项目的进展情况可进行监理人员调配，对不称职的监理人员应调换其工作；

5）主持监理工作会议，签发项目监理机构的文件和指令；

6）审定承包单位提交的开工报告、施工组织设计、技术方案、进度计划；

7）审核签署承包单位的申请、支付证书和竣工结算；

8）审查和处理工程变更；

9）主持或参与工程质量事故的调查；

10）调解建设单位与承包单位的合同争议、处理索赔、审批工程延期；

11）组织编写并签发监理月报、监理工作阶段报告、专题报告和项目监理工作总结；

12）审核签认分部工程和单位工程的质量检验评定资料，审查承包单位的竣工申请，组织监理人员对待验收的工程项目进行质量检查（即工程竣工预验收），参与工程项目的竣工验收；

13）主持整理工程项目的监理资料。

《建设工程监理规范》（GB 50319—2000）规定：上述总监理工程师职责中第2）、4）、6）、7）、10）、12）项不得委托总监理工程师代表办理。

（2）总监理工程师代表职责

1）负责总监理工程指定或交办的监理工作；

2）按总监理工程师的授权，行使总监理工程师的部分职责的权力。

（3）专业监理工程师职责

1）负责编制本专业的监理实施细则；

2）负责本专业监理工作的具体实施；

3）组织、指导、检查和监督本专业监理员的工作，当人员需要调整时，向总监理工程师提出建议；

4）审查承包单位提交的涉及本专业的计划、方案、申请、变更，并向总监理工程师提出报告；

5）负责本专业分项工程验收及隐蔽工程验收；

6）定期向总监理工程师提交本专业监理工作实施情况报告，对重大问题及时向总监理工程师汇报和请示；

7）根据本专业监理工作实施情况做好监理日记；

8）负责本专业监理资料的收集、汇总及整理，参与编写监理月报；

9）核查进场材料、设备、构配件的原始凭证，检测报告等质量证明文件及其质量情况，根据实际情况认为有必要时对进场材料、设备、构配件进行平行检验，合格时予以签认；

10）负责本专业的工程计量工作，审核工程计量的数据和原始凭证。

（4）监理员职责

1）在专业监理工程师的指示下，开展现场监理工作；

2）检查承包单位投入工程项目的人力、材料、主要设备及其使用、运行状况，并做好检查记录；

3）复核或从施工现场直接获取工程计量的有关数据并签署原始凭证；

4）按设计图纸及有关标准，对承包单位的工艺过程或施工工序进行检查和记录，对加工制作及工序施工质量检查结果进行记录；

5）担任旁站工作，发现问题及时指出并向专业监理工程师报告；

6）做好监理日记和有关监理记录。

《建设工程监理规范》（GB 50319—2000）还规定，监理单位应于委托监理合同签订后十天内将项目监理机构的组织形式、人员构成及对总监理工程师的任命，书面通知建设单位。当总监理工程师需要调整时，监理单位应征得建设单位同意并书面通知建设单位；当专业监理工程师需要调整时，总监理工程师应书面通知建设单位和承包单位。

5.2.3 监理设施

1. 建设单位向项目监理机构提供监理合同约定的办公、交通、通讯、生活设施，监理机构应妥善保管和使用建设单位提供的设施，并在完成监理工作后移交给建设单位。

2. 项目监理机构应根据工程项目类别、规模、技术复杂程度、工程所在地的环境条件，按委托监理合同的约定，配备满足监理工作需要的常规检测设备和工具。

3. 在大中型项目的监理工作中，项目监理机构应实施计算机辅助管理。

5.3 监理规划及监理实施细则

5.3.1 监理规划

监理规划是项目监理机构全面开展监理工作的指导性文件，它是根据委托监理合同规定范围和建设单位具体要求，在充分分析和研究工程项目的目标、技术、管理、环境以及参与工程建设各方等方面的情况后所制定的指导工程项目监理工作的实施方案。监理规划中明确了项目监理机构的工作目标，确定具体的监理工作制度、程序、方法和措施。其目的在于提高项目监理工作效率，保证项目委托监理合同全面得到实施。

1. 监理规划编制的程序与依据

（1）监理规划编制的程序

监理规划应在签订委托监理合同及收到设计文件后开始编制。完成后必须经监理单位技术负责人审核批准，并应在召开第一次工地会议前报送建设单位。监理规划是否要经过建设设单位的认可，由委托监理合同或双方协商确定。监理规划应有总监理工程师主持，专业监理工程师参加编制，共同分析项目特点、提出项目监理措施和方法，确定项目监理工作的程序和制度等。

(2) 监理规划编制的依据

1) 建设工程的相关法律、法规及项目审批文件；

2) 与建设工程项目有关的标准、设计文件、技术资料；

3) 监理大纲、委托监理合同文件以及与建设工程项目相关的合同文件。

2. 监理规划的内容

《建设工程监理规范》(GB 50319—2000) 对规划包括的内容作出了统一的规定，其主要内容如下：

(1) 工程项目概况；

(2) 监理工作范围；

(3) 监理工作内容；

(4) 监理工作目标；

(5) 监理工作依据；

(6) 项目监理机构的组织形式；

(7) 项目监理机构的人员配备计划；

(8) 项目监理机构的人员岗位职责；

(9) 监理工作程序；

(10) 监理工作方法及措施；

(11) 监理工作制度；

(12) 监理设施。

在监理工作实施过程中，如实际情况或条件发生重大变化而需要调整监理规划时，应由总监理工程师组织专业监理工程师研究修改，按原报审程序经过批准后报建设单位。

5.3.2 监理实施细则

监理实施细则是在监理规划指导下，在落实了各监理工程师的职责后，由专业监理工程师针对项目的具体情况制定的更具有实施和可操作性的业务文件。它起着具体指导监理实务作业的作用。

《建设工程监理规范》(GB 50319—2000) 规定，对中型（即二等工程项目）及其以上或专业性较强的工程项目，项目监理机构应编制监理实施细则，以达到规范监理工作行为的目的。同时，对监理实施细则的编制程序与依据和监理实施细则的主要内容作了明确的规定：

1. 监理实施细则的编制程序与依据

(1) 监理实施细则的编制程序

监理实施细则应在相应工程施工开始前编制完成，并必须经总监理工程师批准。监理实施细则应由专业监理工程师编制。

(2) 监理实施细则的编制依据

1）已批准的监理规划；

2）与专业工程相关的标准、设计文件和技术资料；

3）施工组织设计。

2. 监理实施细则的内容

监理实施细则的主要内容：

(1) 专业工程特点；

(2) 监理工作的流程；

(3) 监理工作的控制要点及目标值；

(4) 监理工作方法及措施。

在监理工作实施过程中，监理实施细则应根据实际情况进行补充、修改和完善。

对项目规模较小、技术不复杂且管理有成熟经验和措施，并且监理规划可以起到监理实施细则的作用时，监理实施细则可不必另行编写。

监理实施细则可按工程进展情况编写，尤其是当施工图未出齐就开工的情况。但当某分部工程或单位工程或专业划分构成一个整体的局部工程开工前，该部分的监理实施细则应编制完成，并在开工前经过总监理工程师的审批。

5.4 监理工作程序及内容

建设工程施工阶段监理工作程序及内容在过去的监理工作实践中已积累了丰富的经验；同时在有关文件和书本上均总结了这方面的内容；各监理单位还在不断地创造新的经验。《建设工程监理规范》(GB 50319—2000）对此所作的规定，进一步体现了这些经验的精华，统一地形成标准，有利于项目监理机构的工作规范化、程序化、制度化，有利于建设单位、承包单位及其他相关单位与监理单位之间工作配合协调。

在制定监理工作程序时，要按照监理工作开展的先后次序，明确每一阶段完成的工作内容、行为主体、工作时限和考核（检查）标准。

在实际监理过程中，由于工程项目的具体情况，可能会产生监理工作内容的增减或工作程序颠倒的现象，但无论出现何种变化都必须坚持监理工作“先审核后实施、先验收后施工（下道工序）”的基本原则。

《建设工程监理规范》(GB 50319—2000）中规定的监理程序和内容如下：

5.4.1 制定监理工作程序的一般规定

1. 制定监理工作总程序，应根据专业工程特点，并按工作内容分别制定具体的监理工作程序。

2. 制定监理工作程序应体现事前控制和主动控制要求。

3. 制定监理工作程序应结合工程项目特点，注重监理工作效果。制定监理工作程序应明确工作内容、行为主体、考核标准和工作时限。

4. 当涉及到建设单位和承建单位的工作时，监理工作程序应符合委托监理合同和施工合同的规定。

5. 在监理工作实施过程中，应根据实际情况的变化对监理工作程序进行调整和完善。

5.4.2 施工准备阶段监理工作程序及内容

1. 熟悉工程设计，了解设计意图

（1）在设计交底前，总监理工程师应组织监理人员熟悉设计文件，并对图纸中存在的问题通过建设单位向设计单位提出书面意见和建议。熟悉施工图纸是监理预先控制的一项重要工作，其目的是熟悉图纸，了解工程特点，工程关键部位的施工方法、质量要求，以督促承包单位按图施工。

（2）项目监理人员应参加由建设单位组织的设计技术交底会，总监理工程师应对设计技术交底会议纪要进行签认。监理人员参加设计技术交底会应了解的基本内容是：

1）设计的指导思想、建筑艺术构思和要求、采用的设计规范、确定的抗震等级、防火等级、基础、结构、内外装修及机电设备设计等；

2）对主要建筑材料、构配件和设备的要求，所采用的新技术、新材料、新设备的要求以及施工中应特别注意的事项等；

3）对建设单位、承包单位和监理单位提出的对施工图的意见和建议的答复。

2. 审查施工组织设计的基本要求

工程项目开工前，总监理工程师应组织专业监理工程师审查承包单位报送的施工组织设计（方案）报审表，提出审查意见，并经总监理工程师审核、签认后报建设单位。审查施工组织设计的基本要求：

（1）施工组织设计应有承包单位负责人签字；

（2）施工组织设计应符合施工合同要求；

（3）施工组织设计应由专业监理工程师审核后，经总监理工程师签认；

（4）对规模较大、结构复杂或特种结构工程，项目监理机构应在审查施工组织设计后，报送监理单位技术负责人审查，其审查意见由总监理工程师签发；

（5）必要时，与建设单位协商，组织有关专家会审。发现施工组织设计中存在问题应提出修改意见，由承包单位修改后重新报审。

3. 审核施工管理体系

工程项目开工前，总监理工程师应审核承包单位现场项目管理机构的质量管理体系、技术管理体系和质量保证体系，确能保证工程项目施工质量时予以确认。审核内容：

（1）质量管理体系、技术管理体系和质量保证体系的组织机构；

（2）质量管理、技术管理制度；

（3）专职管理人员和特种作业人员的资格上岗证。

分包工程开工前专业监理工程师审核承包单位报送的分包单位资格审查表和分包单位

有关资质资料，符合有关规定后，由总监理工程师予以签认。审核内容：

(1) 分包单位的营业执照、企业资质等级证书、特殊行业施工许可证、国外企业在国内承包工程许可证；

(2) 分包单位业绩；拟分包工程的内容和范围；

(3) 专职管理人员和特种作业人员的资格上岗证。

4. 审核测量放线成果

专业监理工程师应对承包单位报送的测量放线控制成果及保护措施进行检查，符合要求时，予以签字确认。检查内容：

(1) 复核控制桩的校核成果、控制桩的保护措施以及平面控制网、高程控制网和临时水准点的测量成果；

(2) 检查承包单位专职测量人员的岗位证书及测量设备检定证书。

5. 审核开工报审表

专业监理工程师应审查承包单位报送的工程开工报审表及相关资料，当具备开工条件时，由总监理工程师签发，并报建设单位。审核内容：

(1) 施工许可证已获政府主管部门批准；

(2) 征地拆迁工作能满足工程进度的需要；

(3) 施工组织设计已获总监理工程师批准；

(4) 承包单位现场管理人员已到位，机具、施工人员已进场，主要工程材料已落实；

(5) 进场道路及水、电、通信等已满足开工要求。

6. 参加第一次工地会议

工程项目开工前，监理人员应参加由建设单位主持召开的第一次工地会议。会议内容：

(1) 建设、承包、监理等单位分别介绍各自驻现场的组织机构、人员及其分工；

(2) 建设单位根据委托监理合同宣布对总监理工程师的授权；

(3) 建设单位介绍工程开工准备情况；

(4) 承包单位介绍施工准备情况；

(5) 建设和监理单位对施工准备情况提出意见和要求；

(6) 总监理工程师介绍监理规划的主要内容；

(7) 研究确定各方在施工过程中参加工地例会的主要人员，召开例会的周期、地点及主要议题。会议纪要由项目监理机构起草，并经与会各方代表会签。

5.4.3 工程质量控制程序及内容

1. 审核与签认施工技术资料内容

(1) 在施工过程中，当承包单位对已批准的施工组织设计进行调整、补充或变动时，应经专业监理工程师审核，并由总监理工程师签认。

(2) 承包单位应报送重点部位、关键工序的施工方案和确保工程质量的措施，经监理审核同意后予以签认。

(3) 当承包单位采取新材料、新工艺、新技术、新设备时，专业监理工程师应要求承包单位报送相应的施工工艺措施和证明材料，组织专题论证，经审定后予以签认。

2. 复验施工放线成果

项目监理机构应对承包单位在施工过程中报送的施工测量放线成果进行复验和确认。

(1) 复验和确认前要求承包单位在测量放线完毕，应进行自检，合格后填写施工测量放线报验表，并附上放线的依据材料及放线成果表报送监理机构。

(2) 专业监理工程师应实地查验放线精度是否符合规范及标准要求，施工轴线控制桩的位置、轴线和高程的控制标志是否牢靠、明显等。经审核、查验合格，签认施工测量报验申请表。

3. 审核工程材料检验检测

(1) 专业监理工程师应按监理规范要求的内容对试验室进行考核。

(2) 专业监理工程师应对承包单位报送的原材料、构配件和设备的质量证明资料进行审核，并按有关规定进行抽样检测。1）对新材料、新产品，承包单位应报送经有关部门鉴定的证明文件；2）对进口材料、构配件和设备，承包单位还应报送进口商检证明文件，并按照事先约定，由建设、承包、供货、监理等单位及其他有关单位进行联合检查。

(3) 项目监理机构应定期检查承包单位的计量设备的技术状况。

4. 施工过程检查内容

总监理工程师应安排监理人员对施工过程进行巡视和检查。巡视、检查、检测的主要内容：

(1) 是否按照设计文件、施工规范和批准的施工方案施工；

(2) 是否使用合格的材料、构配件和设备；

(3) 施工现场管理人员，尤其是质检人员是否到岗到位；

(4) 施工操作人员的技术水平、操作条件是否满足工艺操作要求，特种操作人员是否持证上岗；

(5) 施工环境是否对工程质量产生不利影响；

(6) 已施工部位是否存在质量缺陷；

(7) 对隐蔽工程的隐蔽过程、下道工序施工完成后难以检查的重点部位，专业监理工程师应安排监理人员进行旁站监理；

(8) 专业监理工程师应根据承包单位报送的隐蔽工程报验申请表和自检结果进行现场检查，符合要求予以签认。经签认后承包单位可进行下一道工序的施工。

5. 施工质量资料审核与缺陷处理

(1) 专业监理工程师应对承包单位报送的分项工程质量资料进行审核，符合要求予以签认；总监理工程师应组织监理人员对承包单位报送的分部工程和单位工程质量验评资料进行审核和现场检查符合要求后予以签认；

(2) 对施工过程中出现的质量缺陷，专业监理工程师应及时下达监理工程师通知，要求承包单位整改，并检查整改结果；

(3) 当监理人员发现施工存在重大质量隐患，可能造成质量事故或已造成质量事故，应通过总监理工程师及时下达工程停工令，要求承包单位停工整改。整改完毕并经监理人员复查，符合规定要求后，总监理工程师及时签发复工令。停工令和复工令的签发，事先应向建设单位报告；

(4) 对需要返工处理或加固补强的质量事故，总监理工程师应责令承包单位报送质量事故调查报告和经设计单位等相关单位认可的处理方案，项目监理机构应对质量事故的处理过程和处理结果进行跟踪检查和验收。

5.4.4 工程进度控制程序及内容

1. 项目监理机构应按下列程序进行工程进度控制

(1) 总监理工程师审批承包单位报送的施工总进度计划；

(2) 总监理工程师审批承包单位编制的年、季、月度施工进度计划；

(3) 专业监理工程师对进度计划实施情况检查、分析；

(4) 当实际进度符合计划进度时，应要求承包单位编制下一期进度计划；当实际滞后于计划进度时，专业工程师书面通知承包单位采取纠偏措施并监督实施。

总监理工程师应在监理月报中向建设单位报告工程进度和所采取进度控制措施的执行情况，并提出合理预防由建设单位原因导致的工程延期及其相关费用索赔的建议。

2. 施工进度计划审批的主要内容

(1) 进度计划是否符合施工合同中开工、竣工日期的规定；

(2) 进度计划中的主要工程项目是否有遗漏，分期施工是否满足分批使用的需要和配套使用的要求；

(3) 总承包、分包单位分别编制的各单项工程进度计划之间是否相协调；

(4) 施工顺序的安排是否符合施工工艺的要求；

(5) 工期是否进行了优化，进度安排是否合理；

(6) 劳动力、材料、构配件、设备及施工机具、设备、水、电等生产要素供应计划是否能保证进度计划的需要，供应是否均衡；

(7) 对由建设单位提供的施工条件（资金、施工图纸、施工场地、采供的物资等），承包单位在进度计划中提出的供应时间和数量是否明确合理，是否有造成因建设单位违约而导致工程延期和费用索赔的可能。

编制和实施施工进度计划是承包单位的责任。因此，监理工程师对进度计划的审查或批准，并不解除承包单位对施工进度计划的责任和义务。

3. 施工进度计划控制的主要内容

(1) 施工进度控制目标分解图；

（2）实现施工进度控制目标的风险分析；

（3）施工进度控制的主要工作内容和深度；

（4）监理人员对进度控制的职责分工；

（5）进度控制的工作流程；

（6）进度控制的方法（包括进度检查周期、数据采集方式、进度报表格式、统计分析方法等）；

（7）进度控制的具体措施（包括组织措施、技术措施、经济措施、合同措施等）。

4. 在实施进度控制过程中，专业监理工程师的工作

（1）检查和记录实际进度完成情况；

（2）通过下达监理指令、召开工地例会、各种层次的专题协调会议，督促承包单位按期完成进度计划；

（3）当发现实际进度滞后于计划进度时，总监理工程师指令承包单位采取调整措施。

5.4.5 工程造价控制程序及内容

1. 项目监理机构应按下列程序进行工程计量和工程款支付工作

（1）承包单位统计经专业监理工程师质量验收合格的工程量，按施工合同的约定填报工程量清单和工程款支付申请表；

（2）专业监理工程师进行现场计量，按施工合同的约定审核工程量清单和工程款支付申请表，并报总监理工程师审定；

（3）总监理工程师签署工程款支付证书，并报建设单位。

2. 项目监理机构应按下列程序进行竣工结算

（1）承包单位按施工合同规定填报竣工结算表；

（2）专业监理工程师审核承包单位报送的竣工结算报表；

（3）总监理工程师审定竣工结算报表，与建设单位、承包单位协商一致后，签发竣工结算文件和最终的工程款支付证书报建设单位，建设单位在一般情况下，需请社会专门审计机构审计，经审计后作为工程决算，并按施工合同条款的约定支付工程款。

3. 项目监理机构对造价风险分析

项目监理机构应依据施工合同有关条款、施工图，对工程项目造价目标进行风险分析，并制定防范性对策。

风险分析的主要内容是找出工程造价最易突破部分（如施工合同中存在有关条款不明确而造成突破造价的漏洞，施工图中的问题易造成工程变更，材料和设备价格不确定等）以及最易发生费用索赔的原因和部位（如因建设单位资金不到位、施工图纸不到位、建设单位供应的材料、设备不到位等），从而制定防范性对策，书面报告总监理工程师，经其审核后向建设单位提交有关报告。

4. 项目监理机构对工程款申报的审核与批准支付

(1) 总监理工程师应从造价、项目的功能要求、质量和工期等方面审查工程变更方案，并宜在工程变更实施前与建设单位、承包单位协商确定工程变更的价款。

发生的工程变更，均应经过建设、设计、施工、监理等单位的代表签认，并通过项目总监理工程师下达变更指令后，承包单位方可进行施工。同时，承包单位应按照施工合同的有关规定，编制工程变更概算书，报项目总监理工程师审核、确认，经建设、施工单位认可后，方可进入工程计量和工程款支付程序；

(2) 项目监理机构应按施工合同约定的工程量计算规则和支付条款进行工程计量和工程款支付：

1) 工程计量：应会同承包单位对现场实际完成情况进行计量，对验收手续齐全、资料符合验收要求并符合施工合同规定的计量范围内的工程量予以核定；

2) 工程款支付：应包括合同内的工作量、工程变更增减费用、经批准的索赔费用、并扣除预付款、保留金及施工合同中约定的其他支付费用。专业监理工程师应逐项审查后，提出审查意见报总监理工程师审核签认。

(3) 专业监理工程师应及时建立月完成工程量和工作量统计表，对实际完成量与计划完成量进行比较、分析，制定调整措施，并在监理月报中向建设单位报告；

(4) 专业监理工程师应及时收集、整理有关的施工和监理资料，为处理费用索赔提供证据。涉及工程索赔的有关施工和监理资料包括：施工合同、供货合同、工程变更、施工方案、施工进度计划、承包单位工、料、机动态记录（文字、照相等）、建设单位和承包单位的有关文件、会议纪要、监理工程师通知等；

(5) 项目监理机构应及时按施工合同的有关规定进行竣工结算，并应对竣工结算的价款总额与建设单位和承包单位进行协商；

(6) 未经监理人员质量验收合格的工程量，或不符合施工合同规定的工程量，监理人员应拒绝计量和该部分的工程款支付申请。

5.4.6 工程竣工验收阶段监理工作程序及内容

1. 工程竣工预验收时，监理工作程序及内容

(1) 总监理工程师应组织专业监理工程师，依据有关法律、法规、工程建设强制性标准、设计文件及施工合同，对承包单位报送的竣工资料进行审查；

(2) 总监理工程师应组织专业监理工程师、建设单位、承包单位对承包单位申报竣工验收的工程进行竣工预验收。对预验收中发现的问题要求承包商及时整改到位；

(3) 项目监理机构应在上述基础上，由总监理工程师签署工程竣工报验单，并向建设单位提出工程质量评估报告。工程质量评估报告应经总监理工程师和监理单位技术负责人审核签字。

2. 工程正式竣工验收时监理工作程序及内容

(1) 项目监理机构应参加建设单位组织的正式竣工验收，并在验收会上汇报工程监理工作。提供相关监理资料给验收组人员审查；

（2）对验收中提出的整改问题，项目监理机构应要求承包单位进行整改。

工程质量符合要求时，由总监理工程师会同参加验收的各方签署竣工验收报告；

（3）在竣工验收时，对某些剩余工程和缺陷工程，在不影响交付的前提下，经建设、设计、施工和监理等单位协商，承包单位应在竣工验收后的限定时间内完成。

5.5 工程质量保修期的监理工作

1. 工程保修期限约定

（1）工程质量保修期的监理工作的时间、范围和内容根据委托监理合同条款的约定开展；

（2）建设工程质量保修期按《建设工程质量管理条例》的规定确定。在质量保修期内的监理期限，应由监理单位与建设单位根据工程实际情况，在委托监理合同中约定，一般以一年为宜。

2. 保修期的监理工作

（1）承担质量保修期监理工作时，监理单位应安排监理人员对建设单位提出的工程质量缺陷进行检查和记录，对承包单位进行修复的工程质量进行验收，合格后予以签认。

（2）工程质量保修期内的监理工作，监理单位可不设立项目监理机构，宜在参加施工阶段监理工作的人员中明确必要人员。

（3）监理人员应对工程质量缺陷原因进行调查分析并确定责任归属，对非承包单位原因造成的工程质量缺陷，监理人员应核实修复工程的费用和签署工程款支付证书，并由原施工阶段的总监理工程师或其授权人签认后报建设单位。

5.6 施 工 合 同 管 理

国家建设部和工商行政管理局制定的《建设工程施工合同示范文本》中推荐的通用条款共47条，另加合同双方协议书和用作补充通用条款的专用条款等，其内容十分广泛。2001年5月1日开始执行的《建设工程监理规范》（GB50319—2000），规范了监理机构对施工合同管理的内容。

5.6.1 工程暂停及复工

《施工合同文本》第12条规定，工程师认为确有必要暂停施工时，应当以书面形式要求承包人暂停施工。因此，《建设工程监理规范》（GB 50319—2000）规定监理机构和总监理工程师对工程暂停及复工有以下权利：

1. 在发生下列情况之一时，总监理工程师可签发工程暂停令

（1）建设单位要求暂停施工且工程需要暂停施工；

(2) 为了保证工程质量而需要进行停工处理；
(3) 施工出现了安全隐患；
(4) 发生了必须暂时停止施工的紧急事件；
(5) 承包单位未经认可擅自施工，或拒绝建设、监理单位的正常管理。

2. 工程暂停后继续施工处理

(1) 由于建设单位原因，或其他非承包单位原因导致工程暂停时，项目监理机构应如实记录所发生的实际情况。总监理工程师应在施工暂停原因消失具备复工条件时，及时签署工程复工报审表，指令承包单位继续施工；

(2) 由于承包单位原因导致工程暂停，在具备恢复施工条件时，项目监理机构审查承包单位报送的复工申请及有关材料，同意后由总监理工程师签署工程复工报审表，指令承包单位继续施工；

(3) 总监理工程师在签发工程暂停令到签发工程复工报审表之间的时间内，宜会同有关各方按照施工合同的约定，处理因工程暂停引起的与工期、费用等有关问题。

5.6.2 工程变更的管理

《施工合同文本》第29.1条款规定，施工中发包人需对原工程设计进行变更，应提前14天以书面形式向承包人发出变更通知。变更超过原设计标准或批准的建设规模时，发包人应报规划管理部门和其他有关部门重新审查批准，并由原设计单位提供变更的相应图纸和说明。承包人按照工程师发出的变更通知及有关要求进行变更。这里指的“工程师”如果工程委托监理的，应该指总监理工程师。所以，《建设工程监理规范》(GB 50319—2000) 规定将工程变更的管理权交给项目监理机构和项目总监理工程师。

1. 项目监理机构应按下列程序处理工程变更

(1) 设计单位对原设计存在的缺陷提出的工程变更，应编制设计变更文件；建设单位或承包单位提出的工程变更，应提交总监理工程师，由总监理工程师组织专业监理工程师审查。审查同意后，应由建设单位转交原设计单位编制设计变更文件。当工程变更涉及安全、环保等内容时，应按规定经有关部门审定；

(2) 项目监理机构应了解实际情况和收集与工程变更有关的资料；

(3) 总监理工程师必须根据实际情况，设计变更文件和其它有关资料，按照施工合同的有关条款，在指定专业监理工程师完成有关工作后，对工程变更的费用和工期作出评估；

(4) 总监理工程师应就工程变更费用及工期的评估情况与承包单位和建设单位进行协调；

(5) 总监理工程师签发工程变更单；

(6) 项目监理机构应根据工程变更单监督承包单位实施。

2. 项目监理机构处理工程变更应符合下列要求

(1) 项目监理机构在工程变更的质量、费用和工期方面取得建设单位授权后，总监理工程师应按施工合同规定与承包单位进行协商，经协商达成一致后，总监理工程师应将协商结果向建设单位通报，并由建设单位与承包单位在变更文件上签字；

（2）在项目监理机构未能就工程变更的质量、费用和工期方面取得建设单位授权时，总监理工程师应协助建设单位和承包单位进行协商，并达成一致；

（3）在建设单位和承包单位未能就工程变更的费用等方面达成协议时，项目监理机构应提出一个暂定的价格，作为临时支付工程进度款的依据。该项工程款最终结算时，应以建设单位和承包单位达成的协议为依据；

（4）在总监理工程师签发工程变更之前，承包单位不得实施工程变更，未经总监理工程师审查同意而实施的工程变更，项目监机构不得予以计量。

5.6.3 费用索赔的处理

《施工合同文本》第36.2款规定，发包人未能按合同约定履行自己的各项义务或发生错误以及应由发包人承担责任的其他情况，造成工期延误或承包人不能及时得到合同价款及承包人的其他经济损失，承包人可按第36.2款规定的程序以书面形式向发包人索赔。第36.3款规定，承包人未能按合同约定履行自己的各项义务或发生错误，给发包人造成经济损失，发包人可按36.2款确定的时限向承包人提出索赔。

索赔事件给项目监理机构的任务是调研取证，协调处理。如何做好这项工作，《建设工程监理规范》作出如下规定：

1. 项目监理机构处理费用索赔应依据下列内容

（1）国家有关法律、法规和工程项目所在地的地方法规；

（2）本工程的施工合同文件；

（3）国家、部门和地方有关的标准、规范和定额；

（4）施工合同发行过程中与索赔事件有关的凭证。

2. 当承包单位提出费用索赔的理由同时满足以下条件时，项目监理机构应予以受理

（1）索赔事件造成了承包单位直接经济损失；

（2）索赔事件是由于非承包单位的责任发生的；

（3）承包单位已按照施工合同规定的期限和程序提出费用索赔申请表，并附有索赔凭证材料。

3. 承包单位向建设单位提出费用索赔，项目监理机构应按下列程序处理

（1）承包单位在施工合同规定的期限内向项目监机构提交对建设单位的费用索赔意向通知书；

（2）总监理工程师指定专业监理工程师收集与索赔有关的资料；

（3）承包单位在承包合同规定的期限内向项目监理机构提交对建设单位的费用索赔申请表；

（4）总监理工程师初步审查费用索赔申请表；

(5) 总监理工程师进行费用索赔审查，并在初步确定一个额度后，与承包单位和建设单位进行协商；

(6) 总监理工程师应在施工合同规定的期限内签署费用索赔审批表，或在施工合同规定的期限内发出要求承包单位提交有关索赔报告的进一步详细资料的通知，待收到承包单位提交的详细资料后按上述第（4）、（5）、（6）款的程序进行。

当承包单位的费用索赔要求与工程延期要求相关联时，总监理工程师在作出费用索赔的批准决定时，应与工程延期的批准联系起来，综合作出费用索赔和工程延期的决定。

当建设单位向承包单位提出费用索赔时，总监理工程师在审查索赔报告后，应公正地与建设单位和承包单位进行协商，并及时作出答复。

5.6.4 工程延期及工程延误的处理

1. 工期延误处理的受理

《施工合同文本》第 11 条规定工程延期的处理和第 13 条规定工程延误的处理，在这两条处理中均授权工程师处理，当工程委托监理时，这种权力应由项目监理机构和总监理工程师处理，根据《建设工程监理规范》（GB 50319—2000）规定的处理办法如下：

(1) 当承包单位提出工程延期要求符合施工合同文件的条件时，项目监理机构应予以受理；

(2) 当影响工期事件具有持续性时，项目监理机构可在收到承包单位提交的阶段性工程延期申请并经过审查后，先由总监理工程师签署工程临时延期审批表，并报建设单位，当承包单位提交最终的工程延期申请表后，项目监理机构应复查工程延期及临时延期情况，并由总监理工程师签署工程最终延期审批表，在批准前，均应与建设单位和承包单位进行协商；

(3) 项目监理机构在审查工程延期时，应依据下列情况确定批准工程延期的时间：

1) 施工合同中有关工程延期的约定；

2) 工期拖延和影响工期事实和程度；

3) 影响工期事件对工期影响的量化程度。

2. 工期延误索赔费用处理

工程延期造成承包单位提出的费用索赔，按费用索赔的办法处理。

当承包单位未能按照施工合同要求的工期竣工交付造成工期延误时，项目监理机构应按施工合同规定从承包单位应得款项中扣除误期损害赔偿费。

5.6.5 合同争议的调解

1. 争议调解步骤

《施工合同文本》第 37.1 款规定，发包人、承包人在履行合同时发生争议，可以和解或者要求有关主管部门调解。所以调解是解决合同双方争议的一种手段，当监理机构介入这种争议进行调解工作时，应按《建设工程监理规范》（GB 50319—2000）规定的步骤进行工作：

（1）及时了解合同争议的全部情况，包括进行调查和取证；

（2）及时与合同争议的双方进行磋商；

（3）在项目监理机构提出调解方案后，由总监理工程师进行争议调解；

（4）当调解未能达成一致时，总监理工程师应在施工合同规定的期限内提出处理该合同争议的意见；

（5）在争议调解过程中，除已达到了施工合同规定的暂停履行合同的条件外，项目监理机构应要求施工合同的双方继续履行施工合同。

在总监理工程师签发合同争议处理意见后，建设单位或承包单位在施工合同规定的期限内未对合同争议处理决定提出异议，在符合施工合同的前提下，此意见应成为最后决定，双方必须执行。

2. 调解失败后监理机构工作

当调解不成，双方可以在专用条款中约定一种方式：是申请仲裁还是上法院起诉。此时，当项目监理机构接到仲裁机关或法院要求提供有关证据的通知后，应公正地向仲裁机关或法院提供有关证据。

5.6.6 合同的解除

《施工合同文本》第 44 条规定了合同解除的各种原因，当项目监理机构介入合同双方解除施工合同时，必须按照《建设工程监理规范》（GB 50319—2000）规定的要求进行工作。

1. 对建设单位违约的要求

当建设单位违约导致施工合同最终解除时，应按施工合同规定，从下列应得的款项中确定承包单位应得到的全部款项，经与建设单位、承包单位协商后，书面通知建设单位和承包单位：

（1）承包单位已完成的工程量表中所列的各项工作所应得的款项；

（2）按批准的采购计划订购工程材料、设备、构配件的款项；

（3）承包单位撤离施工设备至原基地或其他目的地的合理费用；

（4）承包单位所有人员的合理遣运费用；

（5）合理的利润补偿；

（6）施工合同规定的建设单位应支付的违约金。

2. 对承包单位违约的要求

当承包单位违约导致施工合同终止时，项目监理机构应按下列程序清理承包单位的应得款项，或偿还建设单位的相关款项，并书面通知建设单位和承包单位：

（1）清理承包单位已按施工合同规定实际完成的工作所应得的款项和已经得到支付的

款项；

(2) 施工现场余留的材料、设备及临时工程的价值；

(3) 对已完工程进行检查和验收，移交工程资料，该部分工程的清理，质量缺陷修复等所需的费用；

(4) 施工合同规定的承包单位应支付的违约金；

(5) 总监理工程师按照施工合同的规定，在与建设单位和承包单位协商后，书面提交承包单位应得款项或偿还建设单位款项的证明。

5.7 监 理 资 料 管 理

为保证监理资料的完整、分类有序，工程开工前总监理工程师应与业主、承包商对资料的分类、格式（包括用纸尺寸）、份数达成一致意见。

监理资料的组卷及归档，各地区、各部门有不同要求。因此，项目开工前，项目监理机构应主动与当地档案部门进行联系。明确具体要求，竣工资料要求应有业主取得共识，以便资料管理符合有关规定和要求。

5.7.1 监理资料的内容

《建设工程监理规范》(GB 50319—2000) 第 7.1.1 款中规定的监理资料内容如下：

1. 施工合同文件及委托监理合同；
2. 勘察设计文件；
3. 监理规划；
4. 监理实施细则；
5. 分包单位资格报审表；
6. 设计交底与图纸会审会议纪要；
7. 施工组织设计（方案）报审表；
8. 工程开工/复工报审表及工程暂停令；
9. 测量核验资料；
10. 工程进度计划；
11. 工程材料、构配件、设备的质量证明文件；
12. 检查试验资料；
13. 工程变更资料；
14. 隐蔽工程验收资料；
15. 工程计量单和工程款支付证书；
16. 监理工程师通知单；
17. 监理工程师联系单；
18. 报验申请表；
19. 会议纪要；
20. 来往函件；

21. 监理日记；

22. 监理月报；

23. 质量缺陷与事故的处理文件；

24. 分部工程、单位工程等验收资料；

25. 索赔文件资料；

26. 竣工结算审核意见书；

27. 工程项目施工阶段质量评估报告等专题报告；

28. 监理工作总结。

各地区根据监理工作需要，对监理用表相应作了具体规定，如江苏省建设厅对建设工程施工阶段监理现场用表规定为A、B、C三类，计34种表式，其内容如下：

A类表（施工承包单位使用）；

A_1　工程开工申请表；

A_{2-1}　工程进度计划申报表；

A_{2-2}　延长工期报审单；

A_{3-1}　施工组织设计/方案申报表；

A_{3-2}　材料、设备进场使用报验单；

A_{3-3}　工序质量报验单；

A_{3-4}　专业队伍资信报审单；

A_{3-5}　施工测量报验单；

A_{3-6}　混凝土浇灌申请表；

A_{4-1}　合同工程计量报审单；

A_{4-2}　签证工程计量报审单；

A_{4-3}　工程费用索赔报审单；

A_{4-4}　工程付款申请表；

A_5　监理工程师指令/通知回复单（　类）；

A_6　施工单位通用申报表。

B类表（建设、设计单位用表）；

B_1　建设单位工程指令单；

B_2　建设单位工程联系单；

B_3　设计单位工程联系单。

C类表（项目监理机构用表）；

C_1　监理工程师指令单（　类）；

C_2　监理工程师通知单（　类）；

C_3　监理工程师联系单；

C_4　监理工程师备忘录；

C_5　监理月报；

C_6　________会议纪要；

C_7 监理日志；

$C_{8\text{-}1}$ ________试验记录登记表；

$C_{8\text{-}2}$ 来文登记表（ 类）；

$C_{8\text{-}3}$ 发文登记表（ 类）；

$C_{8\text{-}4}$ 工程项目实施阶段台账；

C_9 工程竣工预验收质量评估报表；

C_{10} 工程监理总结报告；

C_{11} 监理工作总结；

C_{12} 监理规划；

C_{13} 监理细则。

5.7.2 监理资料的管理

监理资料记录着监理全过程的业绩，是监理工作质量优劣的具备体现。其是否真实、完整，反映了监理工作的规范化水平和监理工作效果的好坏。严格监理资料管理对确保工程质量也是一个很好的手段。对项目监理机构的监理服务质量也是一个质与量的衡量。

监理资料的管理应包括监理资料的及时收集、整理、归档和利用。及时收集能确保监理资料的完整性，分类整理有利于资料管理归档。对监理资料的管理，《建设工程监理规范》(GB 50319—2000) 第7.4款作出了具体规定：

(1) 监理资料必须及时整理、真实完整、分类有序；

(2) 监理资料的管理应由总监理工程师负责，并指定专人具体实施；

(3) 监理资料应在各阶段监理结束后及时整理归档；

(4) 监理档案的编制及保存应按有关规定执行。

5.7.3 监理文件的归档

监理文件的归档，应根据国家标准《建设工程文件归档整理规范》(GB/T 50328—2001) 规定的进行。

1. 监理文件的归档范围

对与工程建设有关的重要活动，记载工程建设主要过程和现状，具有保存价值的各种载体的文件，均收集齐全，整理立卷后归档。

工程文件的具体归档范围：见《建设工程文件归档整理规范》(GB/T 50328—2001) 中的附录A，其中有监理文件归档范围。

(1) 长期保管的监理文件（长期是指保存期等于该工程的使用寿命）；

1) 监理委托合同；

2) 工程项目监理机构（项目监理部）及负责人名单；

3) 监理月报中有关质量问题；

4）监理会议纪要中有关质量问题；

5）工程开工/复工审批表；

6）不合格项目通知；

7）质量事故报告及处理意见；

8）有关进度控制的监理通知；

9）有关质量控制的监理通知；

10）有关造价控制的监理通知；

11）工程延期报告及审批；

12）费用索赔报告及审批；

13）合同争议、违约报告及处理意见；

14）合同变更材料；

15）工程竣工总结；

16）质量评价意见报告；

17）检验批质量验收记录（含土建、安装）；

18）分项工程质量验收记录（含土建、安装）；

19）基础、主体工程验收记录；

20）幕墙工程验收记录；

21）分部（子分部）工程质量验收纪录（含土建、安装）。

上述除第8）、9）、10）、12）、17）、18）项外，均由业主送城建档案馆保存。

（2）短期保管的监理文件（短期指档案保存20年以下）；

1）监理规划；

2）监理实施细则；

3）监理部总控制计划等；

4）专题总结；

5）月报总结。

（3）其他文件：

《建设工程文件归档整理规范》（GB/T 50328—2001）中未作出保管期限要求的文件。

2. 归档文件的质量要求

归档文件的质量要求，应根据《建设工程文件归档整理规范》（GB/T 50328—2001）中规定的要求进行：

（1）归档的工程文件应为原件。

（2）工程文件的内容及其深度必须符合国家有关工程勘察、设计、施工、监理等方面的技术规范、标准和规程。

（3）工程文件的内容必须真实、准确，与工程实际相符合。

（4）工程文件应采用耐久性强的书面材料，如碳素墨水、蓝黑墨水。不得使用易褪色的书面材料，如红色墨水、纯蓝墨水、园珠笔、复写纸、铅笔等。

（5）工程文件应字迹清楚，图样清晰，图表整洁，签字盖章手续完备。

（6）工程文件中文字材料幅面尺寸规格宜为 A_4 幅面（297mm×210mm）。图纸宜采用国家标准图幅。

(7) 工程文件的纸张应采用能够长期保存的韧力大，耐久性强的纸张。图纸一般采用蓝晒图，竣工图应是新蓝图。计算机出图必须清晰，不得使用计算机出图的复印件。

(8) 所有竣工图均应加盖竣工图章。(图章内容按规范规定)

(9) 利用施工图改绘竣工图，必须标明变更修改依据。凡施工图结构、工艺、平面布置等有重大改变，或变更部分超过图面 1/3 的，应当重新绘制竣工图。

(10) 不同幅面的工程图纸应按《技术制图复制图的折叠方法》(GB 10609.3—89) 统一折叠成 A_4 幅面 (297mm×210mm) 图标栏露在外面。

3. 归档文件立卷的原则和方法

归档文件立卷的原则和方法，应根据 GB/T 50328—2001 规范规定的进行。

(1) 卷应遵循工程文件的自然形成规律，保持卷内文件的有机联系，便于档案的保管和利用。

(2) 一个建设工程由多个单位工程组成时，工程文件应按单位工程组卷。

(3) 工程文件可按建设程序划分为工程准备阶段文件、监理文件、施工文件、竣工图、竣工验收文件 5 部分。

(4) 工程准备阶段文件可按建设程序、专业、形成单位等组卷。

(5) 监理文件可按单位工程、分部工程、专业、阶段等组卷。

(6) 施工文件可按单位工程、分部工程、专业、阶段等组卷。

(7) 竣工图可按单位工程、专业等组卷。

(8) 竣工验收文件可按单位工程、专业等组卷。

(9) 案卷不宜过厚，一般不超过 40mm。

(10) 案卷内不应有重份文件；不同载体的文件一般应分别组卷。

5.8 设备采购监理与设备监造

5.8.1 设备采购监理

监理单位应根据设备采购委托监理合同成立监理机构，配备专业配套、数量满足需要的监理人员，并明确监理人员的分工及岗位职责。

1. 总监理工程师应组织监理人员熟悉和掌握设计文件和拟采购设备的各项要求、技术说明与有关标准；

2. 项目监理机构应编制设备采购方案，明确设备采购的原则、范围、内容、程序、方式和方法，并报建设单位批准；

3. 项目监理机构应根据批准的设备采购方案编制设备采购计划，并报建设单位批准；

4. 项目监理机构应根据批准的设备采购计划组织或参加市场调查，并应协助建设单位选择设备供货单位；

5. 当采用招标方式进行设备采购时，项目监理机构应协助建设单位按照有关规定组织设备采购招标；

6. 当采用非招标方式进行设备采购时，项目监理机构应协助建设单位进行设备采购的技术及商务谈判；

7. 项目监理机构应在确定设备供应单位后参与设备采购订货合同的谈判，协助建设单位起草及签定设备采购订货合同；

8. 在设备采购监理工作结束后，总监理工程师应组织编写设备采购监理工作总结。

5.8.2 设备监造

监理单位应依据设备监造委托监理合同，成立项目监理机构、配备专业人员，任命总监理工程师，进驻设备制造现场，并明确监理人员的分工和岗位职责。

1. 总监理工程师组织专业监理工程师熟悉设备制造图纸、技术说明和标准，参与建设单位组织的图纸交底会议；

2. 总监理工程师组织专业监理工程师编制设备制造规划，经监理单位技术负责人批准后报建设单位；

3. 总监理工程师审查设备制造单位报送的设备制造生产计划和工艺方案，提出审查意见，符合要求后予以批准，并报建设单位；

4. 总监理工程师应审核设备制造分包单位资质情况，实际生产能力和质量保证体系，符合要求后予以确认；

5. 专业监理工程师应审查设备制造检验计划和检验要求，确认各阶段检验时间、内容、方法、标准及检测手段、检测设备和仪器；

6. 专业监理工程师必须对设备制造过程中拟采用的新技术、新材料、新工艺的鉴定和试验报告进行审核，并签署意见；

7. 专业监理工程师应审查主要及关键零件的生产工艺设备、操作规程和相关生产人员的上岗资格，并对设备制造和装配场所的环境进行检查；

8. 专业监理工程师应审查设备制造的原材料，外购配套件、元器件、标准件以及坯料的质量证明文件及检验报告，检查设备制造单位对外购器件、外协作加工件和材料的质量验收，并由专业监理工程师审查设备制造单位提交的报验资料，符合规定要求时予以签订；

9. 专业监理工程师应对设备制造过程进行监督和检查，对主要及关键零部件的制造工序应进行抽检或检验；

10. 专业监理工程师应要求设备制造单位按批准的检验计划和检验要求进行设备制造过程的检验工件，做好检验记录，并对检验结果进行审核；

11. 专业监理工程师应检查和监督设备的装配过程，符合要求后予以签认；

12. 专业监理工程师应审核设计变更，并审查因变更引起的费用增减和制造工期的变化；

13. 总监理工程师应组织专业监理工程师参加设备制造过程中的调试、整机性能检测和验证，符合要求后予以签认；

14. 在设备运往现场前，专业监理工程师应检查设备制造单位对待运设备采取的防护和包装措施，并应检查是否符合运输装卸、储存、安装的要求，以及相关的随机文件、装箱单和附件是否齐全；

15. 设备运到现场后，总监理工程师应组织专业监理工程师参加由设备制造单位按合同规定与安装单位的交接工作，开箱清点、检查、验收、移交；

16. 专业监理工程师应按设备制造合同的规定审核设备制造单位提交的进度付款单，提出审核意见，由总监理工程师签发支付证书；

17. 专业监理工程师审查建设单位或设备制造单位提出的索赔文件，提出意见后报总监理工程师，由总监理工程师与建设单位、设备制造单位进行协商，并提出审核报告；

18. 专业监理工程师应审核设备制造单位报送的设备制造结算文件，并提出审核意见，报总监理工程师审核，由总监理工程师与建设单位、设备制造单位进行协商，并提出监理审核报告；

19. 在设备监造工作结束后，总监理工程师应组织编写设备监造工作总结。

6 工程建设标准强制性条文

6.1 建筑设计部分

6.1.1 建筑设计基本质量要求

为贯彻《建设工程质量管理条例》(简称《条例》),加强工程建设强制性标准的实施与监督,确保工程质量,建设部编制的《工程建设标准强制性条文》,是《条例》配套性文件,是工程建设强制性标准实施监督的依据。

建筑设计是房屋建筑工程的“龙头”专业。建筑设计不仅要满足各类建筑的使用要求,还必须保障人身安全,保障人体健康的卫生条件,不影响公众的利益,不破坏周围生态环境,同时还要符合节约能源的基本国策。因此,建筑设计要符合下列基本质量要求:

(1) 建筑物布置应符合城市规划要求;

(2) 各项建筑设施应符合安全使用要求;

(3) 建筑室内环境应符合人体健康和节能要求;

(4) 各类建筑使用时不影响公众利益和周围环境。

6.1.2 建筑设计基本规定及主要技术要求

1. 城市规划对建筑的要求应满足下列两点

(1) 建筑设计应符合城市规划确定的控制标高设计。免遭洪水或海潮的侵袭,确保人身安全为原则;

(2) 城市规划中不允许突出道路红线的建筑突出物有下列几项:

1) 建筑物的台阶、平台、采光井;

2) 地下建筑及建筑基础;

3) 除基础内连接城市管线以外的其他地下管线。为确保城市交通和安全,确保城市道路地下管线的埋设和安全问题。

2. 建筑设施安全和卫生的主要技术要求

(1) 楼梯作为建筑垂直交通的主要空间,其安全性应根据建筑物使用特征设计:

1) 楼梯梯段净宽度,一般按每股人流宽为0.55+(0~0.15)m的人流股数确定,并不应少于两股人流;

2) 梯级改变方向时,平台扶手处的最小宽度不应小于梯段净宽;

3) 每一梯段的踏步一般不应超过18级亦不少于3级;

4）楼梯平台上部及下部过道处的净高不应小于2m；

5）梯级净高不应小于2.2m；

6）在儿童经常使用的楼梯的梯井净宽大于0.20m时，必须采取安全措施。

（2）栏杆凡阳台、外廊、室内回廊、内天井、上人屋面及室外楼梯等临空处应设置防护栏杆，并应符合下列规定：

1）栏杆应以坚固、耐久的材料制作，并能承受荷载规范规定的水平荷载；

2）栏杆高不应小于1.05m，高层建筑的栏杆高度应再适当提高，但不宜超过1.20m；

3）栏杆离地面或屋面0.10m高度内不应留空；

4）有儿童活动的场所，栏杆应采用不易攀登的构造。

（3）窗台低于0.80m时，应采取防护措施；

（4）楼地面存放食品、食料或药物等的房间，其存放物有可能接触地表面，严禁采用有毒性的塑料、涂料或水玻璃等作面层材料；

（5）建筑物内的公用厕所、盥洗室、浴室等用房不应布置在餐厅、食品加工、食品贮存、配电及变电等严格卫生要求或防潮要求的用房的直接上层；

（6）管道井在安全、防火和卫生方面互相有影响的管道不应敷设在同一竖井内，排烟和通风不得使用同一管道系统。

3. 保障公众利益的重要技术要求

（1）除城市规划确定的外，紧接基地边界线的建筑不得向邻里方向设洞口、门窗、阳台、挑檐、废气排出口及排泄雨水。这是保护人身基本权利所必须，以免引起邻里纠纷；

（2）基地内应有排除地面及路面雨水至城市排水系统的设施。以免地面积水，妨碍行人行走和车辆行驶，维护公众的利益。

4. 方便残疾人、老年人的专门要求

该要求是现代社会文明及以人为本维护人权、保障残疾人各项权利的体现，方便残疾人、老年人建筑无障碍设计主要技术要求：

（1）坡道及走道：室内外地面有高差时，应采用坡道连接。供残疾人使用的门厅、过厅及走道等地面有高差时应设坡道，坡道的宽度不应小于0.90m，坡道坡度不应大于1/12，受场地限制有困难时，不应大于1/8；

走道两侧的墙面，应在0.90m高度处设扶手；走道一侧或尽端与地坪有高差时，应采用栏杆、栏板等安全措施；

（2）出入口：出入口的内外，应留有不小于1.50m×1.50m平坦的轮椅回转面积；门不得采用旋转门和不宜采用弹簧门；门扇开启的净宽不得小于0.80m。

（3）公共浴厕：在大便器、小便器临近的墙上，应安装能承受身体重量的安全抓杆；在盆及淋浴附近的墙壁上，应安装安全抓杆。

5. 方便老年人使用建筑设施特殊要求

（1）老年人建筑层数为4层及4层以上应设电梯；

（2）老年人居住建筑和老年人公共建筑应设符合老年体能心态特征的缓坡楼梯。楼梯踏步宽度不应小于 0.30m，高度不应大于 0.15m；

(3) 老年人居住建筑起居室、卧室、老年人公共建筑中的疗养室、病房，应有良好空间、天然采光和自然通风；

(4) 老年人使用的建筑设备和设施要提供安全保障。如厨房应设燃气泄漏报警装置；电源开关应选用宽板防漏电式按键开关等。

6. 建筑室内环境设计

为保障人体健康和卫生要求，应改善和提高建筑室内环境，要意识到建筑设计必须“以人为本”，要保证室内的温度、湿度、气流和环境热辐射，在允许范围内，冬季采暖的房屋围护结构内表面温度不应低于室内空气露点温度，夏季自然通风房屋围护结构内表面最高温度不应高于当地夏季室外计算温度最高值。保证基本热环境质量，建筑物的使用质量才能得到保证。

(1) 建筑保温、隔热主要技术要求

1) 外墙、屋面、直接接触室外空气的楼板和不采暖楼梯间的隔墙等围护结构，应进行保温验算，其传热阻应大于或等于建筑物所在地区要求的最小传热阻。围护结构热桥部位的内表面温度不应低于室内的空气露点温度；

2) 控制严寒和寒冷地区居住建筑和公共建筑窗户保温水平的规定；

3) 控制居住建筑和公共建筑窗户气密性的规定；

4) 控制建筑物的屋顶和东西外墙的内表面最高温度。

(2) 节能主要技术要求

1) 不同地区采暖居住建筑各部分围护结构的传热系数不应超过规定的限值；

2) 供热系统量化管理；

3) 供热管道系统的保温性能的提高，是节能的一些具体技术要求；

4) 保证建筑节能的合理性。

(3) 保障人体健康的照明要求

建筑照明应满足人们视觉工作需要，保障人们视力的健康，特别是老年人和儿童比年青人需要更高的照度。设计人员应根据建筑等级、使用要求和条件，选取适当的建筑照明照度标准值（照度标准值是工作或生活场所参考平面上的平均照度值，工作面一般情况下指距地面 0.75m 高的参考平面）。在照明设计时应注意光源的光通衰减、灯具积尘和房间表面污染引起照度值降低程度。

(4) 保障人体健康的隔声和噪声控制要求

民用建筑中的室内声环境要求较高，防噪声其主要有两部分：一是声环境总的要求，防止外部噪声的入侵；二是隔声标准，要求建筑构件必须具备隔绝空气噪声或撞击声的能力。隔声减噪等级是按建筑物声学上使用要求确定的。

1) 住宅隔声减噪设计：

①当住宅沿城市干道布置时，卧室或起居室不应设在临街的一侧。如有困难，要采取减噪隔声处理；

②厨房、卫生间、电梯机房等不应设在卧室与起居室上层。卧室、起居室不宜与电梯井相毗邻。管道不应设于卧室、起居室、书房等一侧墙上；

③锅炉房、水泵房等设备用房设在住宅楼内或其邻近时，必须采取隔噪声措施；

④对于整体性较好的结构体系的居住建筑。在经常撞击、振动的部位，如厨房、阳台门、外门、设备管道等处，采取防止结构声传播的措施。

2）学校隔声设计主要措施：

①位于交通干道旁的学校建筑，宜将运动场沿干道布置，作为噪声隔离带；

②产生噪声的房间（音乐教室、舞蹈教学、琴房、健身房）如与其他教室用房同设一教学楼内，应分区布置，并采取隔声措施；

③教学楼内不得设置发出强烈噪声的机械设备。

3）医院隔声减噪设计主要措施：

①综合医院总平面布置，当将门诊布置在交通干道边时应有防噪距离，病房楼应设在内院，若病房楼设在干道边时，病房不宜于临街一侧；

②挂号大厅、收费取药厅及分科候诊厅的顶棚，应采取吸声措施。吸声系数可为0.30~0.40；

③听力测听室应做建筑设计，手术室不宜有振动机电设备。

4）旅馆隔声减噪设计主要措施：

①客房之间的送风和排气管道，必须采取消声处理措施，设置相当于毗邻客房隔墙声量的消声装置；

②旅馆内设施能产生噪声的房间，不应与客房、会议室、多功能大厅毗邻，更不应设置在这些房间的上部。如必须设置于上部时，应采取可靠隔振降噪措施；

③客房楼内公共卫生间（厕所、盥洗室），应设有前室；

④设有活动隔断的会议室、多功能大厅，其活动隔断的隔声量不应低于35dB。

7. 建筑屋面防水设计

屋面防水设防应按建筑物不同的类型、重要程度、使用功能、结构特点等划分等级。将屋面防水根据建筑物的重要性，渗漏后的影响程度划分为四个等级。使用年限分别定为5、10、15、25年，根据使用年限划分为Ⅰ、Ⅱ、Ⅲ、Ⅳ等级，Ⅰ级适用于特别重要的民用建筑，如国家级博物馆、档案馆、剧场及纪念性建筑等，以及对防水有特殊要求的工业建筑；Ⅱ级适用于重要的工业与民用建筑，如省、市级的博物馆、档案馆、剧场、宾馆等；Ⅲ级适用于一般工业与民用建筑，如住宅、办公楼、学校、一般厂房及仓库等；Ⅳ级适用于非永久性建筑，如简易车库、车间等。根据不同的屋面防水等级和防水层的耐用年限，规定不同构造要求和材料选用，并提高分别选用高、中、低档防水材料复合使用，进行屋面防水一道或多道设防，作为设计屋面防水的依据。《强制性条文》为常用的卷材防水屋面、涂膜防水屋面和刚性防水屋面等主要技术要求。

（1）卷材防水屋面主要技术要求

1）为减少屋面变形、提高屋面刚度，有板缝的屋面要求用C20细石混凝土掺入UEA等微膨胀剂灌缝。板缝大于0.04m时，要设置构造钢筋；

2）为防止室内水蒸气通过屋面板渗漏到保温层，影响保温效果，保温层面应设隔蒸汽层，隔蒸汽层的材料不但要求防水，还要求隔离蒸汽的渗透；

3）高低跨变形缝因变形大，故覆盖卷材防水层时应采用高延伸卷材并使它预留较大的变形余地；

4）上人屋面或绿化屋面为了保护防水层，应采用地面工程有关标准来做面层，面层与防水层之间应作隔离层。

（2）涂膜防水屋面主要技术要求

涂膜防水屋面主要适用于Ⅲ、Ⅳ级的屋面防水，因为一般涂料防水耐久年限在10年。由于涂膜防水具有整体性好，便于不规则屋面及节点构造的防水处理的特点，故涂膜防水可作为Ⅰ、Ⅱ级屋面多道设防中的一道防水层。

（3）刚性防水屋面主要技术要求

1）刚性防水屋面容易由于所用材料受干湿、温度及结构变化而产生裂缝，主要适用于Ⅲ级屋面防水。严禁在刚性防水层内埋设管线。防水层厚度不应小于40mm，并配置双向钢筋网片，直径为$\phi4\sim\phi6$@100~200mm，保护厚度不应小于10mm；

2）刚性防水屋面适用于基层为整体现浇钢筋混凝土屋盖。当基层为装配式混凝土板屋盖时，应用不小于C20细石混凝土灌缝，灌缝的细石混凝土宜掺微膨胀剂，缝内设置构造钢筋。

8. 各类建筑的专门设计

（1）托儿所、幼儿园建筑

1）严禁将幼儿生活用房设在地下室或半地下室；

2）在幼儿安全疏散和经常出入通道上，不应设有台阶；

3）对幼儿园的楼梯、栏杆和踏步有特殊规定：楼梯栏杆垂直杆件间的净距不应大于0.11m；楼梯踏步高度不应大于0.15m；宽度不应小于0.26m；室外楼梯应有防滑措施；

4）为了免于幼儿开、关门时撞碰幼儿的事故发生，规定在距地0.60~1.20m高度内，不应装易碎玻璃。不应设置门坎和弹簧门；

5）阳台、屋顶平台的护栏高度不应小于1.20m，内侧不应设有支撑；

6）幼儿经常接触的1.30m以下室内墙角、窗台、暖气罩、窗口竖边等棱角部位必须做成小圆角。室内墙面不应粗糙。

（2）中小学校建筑

1）校园内不得有架空高压输电线穿过。学校主要教学用房的外墙面与铁路的距离不应小于300m；与每小时超过270辆车通过的道路同侧路边距不应小于80m；

2）实验室内应设置一个事故急救冲洗水嘴；

3）教室、实验室靠外廊、单内廊一侧应设窗，但距地面2.0m范围内，窗开启后不应影响教室使用，走廊宽度和通行安全。二层以上教室向外开启的窗，应考虑擦玻璃方便与安全措施；

4）室内楼梯栏杆（或栏板）的高度不应小于0.9m，室外楼梯水平栏杆的高度不应小于1.10m。

（3）科学实验建筑

1）科学实验建筑由于其中很多精密仪器设备，在选择基地时应避开噪声、振动、电磁干扰和其他污染源。对科学实验建筑也应采取相应环境保护措施。防止对周围环境的影响；

2）使用放射性、爆炸性、毒害性和污染性物质的独立建筑物或构筑物在总平面中的位置应符合有关安全、防护、疏散、环境保护等规定。

(4) 办公建筑

1）六层与六层以上办公建筑应设电梯。建筑高度超过 75m 时，电梯应分区或分层使用；

2）走道最小净宽不应小于表 6-1 规定。

走道最小净宽度 **表 6-1**

走 道 长 度 (m)	走 道 净 宽 (m)	
	单 面 布 房	双 面 布 房
≤40	1.30	1.40
>40	1.50	1.80

(5) 文化馆建筑

文化馆是人民群众文化娱乐活动和吸取科学技术知识的基地。除符合成年人的文化活动需求外，特别要适合老人、儿童活动。应布置在当地最佳朝向和出入安全、方便的地方，并分别设有适于儿童和老年人使用的卫生间。

(6) 剧场建筑

1）剧场是人员密集的场所，快速、顺畅地疏散人群是最大的安全保障。观众厅内走道的布局应与观众席片区容量相适应，与安全出口联系顺畅，宽度符合安全疏散计算要求；

2）剧场观众厅内的走道坡度大于 1:10 时应做防滑处理，大于 1:6 时应设高度不大于 0.20m 的台阶，如铺设地毯等应作阻燃处理，并有可靠的固定方式；

3）座席地坪高于前面横走道 0.50m 时及座席侧面紧临有高差之纵走道或梯步时应设栏杆，栏杆应坚固，不遮挡视线。楼座前排栏杆和包厢也应设栏杆高度不应遮挡视线，实心部分不得低于 0.40m。

(7) 档案馆建筑

1）档案库是档案建筑核心部分，档案库要控制开窗的面积，每开间的窗洞面积与外墙面积比不应大于 1:10，不应采用跨层跨间的通长窗；

2）档案库内不应在楼板上任意开设洞口，设竖井也要有防火要求，避免烟囱效应。

(8) 图书馆建筑

1）各类图书馆宜独立建造，当与其他建筑合建时，必须满足单独设置出入口，自成一区；

2）图书馆要求使用环境安静，除在选址中予以考虑外，对产生噪声的设备用房、电梯井道不宜与阅览室毗邻，还应采取消声、隔声、减振措施；

3）书库工作人员专门楼梯段宽度不小于 0.80m 和坡度不大于 45°；

4）300 人以上规模的报告厅应与阅览区隔离，单独设出入口和专用卫生间。便于对外开放。

(9) 商店建筑

1）商场是人流密集的建筑，有不同层次年龄的顾客，而且要创造一个安全、方便、舒适的环境。其楼梯梯段净宽不应小于 1.4m，踏步宽度不应小于 0.28m，高度不应大于 0.16m。室外台阶的踏步高度不应大于 0.15m，宽度不应大于 0.30m；

2）设系统空调的商店营业厅与空气处理室之间的隔墙应为防火兼隔声构造，不得直接开门相通；

3）食品类商品仓储应防止串味、污染，应分设库房或在库内采取有效隔离措施。各种用房的地面、墙裙等均应为可冲洗的面层，并严禁采用有毒和起化学反应的涂料；

4）联营商场内连续排列店铺的隔墙、吊顶等的饰面材料和构造不得降低商场建筑的耐火等级规定，并不得任意添加设计规定以外的超载物。

（10）饮食建筑

1）饮食建筑严禁建于产生有害、有毒物质的工业企业防护地段内；与有碍公共卫生的污染源保持一定距离。在总图布置上，应防止厨房的油烟、气味、噪声及废弃物等对邻近建筑的影响，不污染环境；

2）厨房与饮食应按制作工艺流程合理地布置，严格成品与原料分开，生食与熟食分隔加工和存放；

3）为避免出现副食粗、细加工混流现象，要求粗加工后的原料送入细加工间不得反流。遗弃废物要妥善处理。冷食制作的卫生比热食要求更高，故应设通过式消毒设施。总之，要保持食品的卫生，不影响消费者的健康。

（11）旅馆建筑

1）锅炉房、冷却塔等不宜设在客房楼内。如必须设在客房楼内时，应自成一体，并应采取防火、隔声、减震等措施；

2）卫生间不应设在餐厅、厨房、食品贮藏、变配电室等有严格卫生要求与防潮要求用房的直接上层。

（12）医院建筑

1）医院出入口不应少于二处，人员出入口不应兼作尸体和废弃物出口，尸体运送路线应与出入院路线避免交叉；

2）医院四层及四层以上应设电梯，且不少于 2 台。三层以下无电梯病房楼以及观察室与抢救室不在同一层又无电梯的急诊部，均应设坡度不大于 1/10 的坡道，以便能运行病床；

3）传染病病房应防止疾病互相传染。20 床以上的一般传染病房，必须单独建造病房，并与周围的建筑保持一定距离。平面应严格按清洁区、半清洁区和污染区布置。应设单独出入口与住院处；

4）放射科防护对诊断室、治疗室的墙身、楼地面、门窗、防护屏障、洞口、嵌入体和缝隙等所采用的材料厚度、构造应按设备要求和防护专门规定有安全可靠的防护措施。

（13）疗养建筑

疗养院疗养室、活动室必须有充足光线，朝向和通风良好，主要建筑物的坡道、出入口、走道应满足使用轮椅者的要求。

（14）港口客运站建筑

1）港口客运站的站前广场、站房和客运码头应配套设置，站前广场、站房和客运码头布置在沿江或沿海城市道路的同一侧；

2）客、车滚装的码头应设置安全、方便的旅客和车辆上、下船设施。在码头附近应配置足够面积的乘船车辆的停车场，停车规模不小于发船车辆数的一倍；

3）客运站要保障旅客上、下船廊道安全与方便，且应设置方便残疾人使用的相应设施。

（15）汽车客运站建筑

1）一二级汽车站进、出站口应分别设置，站口宽度均不应小于4m。为防止客流与车流互相交叉干扰，进、出站口与旅客主要出入口应设不小于5m的安全距离；

2）汽车进、出站口应保证驾驶员行车安全视距，站口距公园、学校、托幼建筑及人员密集场所的主要出入口距离不应小于20m。

（16）铁路旅客车站

1）大型、特大型站应设检查易燃、易爆、危险品的设施；

2）站房靠近线路一侧的非铁路房屋应设置安全防护设施。

（17）汽车库建筑

1）汽车库址内车行道和人行道应严格分离，保障行车安全。并保证消防通道畅通；

2）汽车库库址的车辆出入口，距离城市道路的规划红线不应小于7.5m，并距出入口边线内2m处作视点120°范围内至边线处7.5m以上不应有遮挡视线障碍物；

3）地下汽车库不允许设置修车位和使用及储存易燃易爆物品的房间。

（18）殡仪馆建筑

1）设有火化间的殡仪馆宜建在当地常年主导风向的下风侧，并且考虑有利排水与空气扩散；

2）消毒、防腐、整容和解剖等房间应单独为工作人员设自动消毒装置；

3）火化区内应设置集中处理废弃物的专用设施及骨灰寄存区，祭悼场所应设封闭的废弃物堆放装置。

（19）居住建筑

1）住宅应按套型设计，每套住宅应设卧室、起居室（厅）、厨房和卫生间等基本空间。保证住宅基本使用要求；

2）厨房应有直接采光、自然通风，应设置洗涤池、预留操作台、灶台、排油烟机等设施的预留位置，并留有排油烟管道；

3）卫生间不应直接布置在住户的卧室、起居室和厨房的上层，并设置便于检修管道井；

4）卧室、起居室的室内净高不应低于2.40m，局部净高不应低于2.10m，且其面积不应大于室内使用面积的1/3。利用坡屋顶内空间作卧室、起居室时，其1/2面积的室内净高不应低于2.10m；

5）低层、多层住宅的阳台栏杆高度不应低于1.05m，高层住宅的阳台栏杆净高不应低于1.10m。阳台栏杆设计应防止儿童攀登、栏杆的垂直杆件间净距不应大于0.11m。放置花盆处必须采取防坠落措施；

6）外窗窗台距楼地面的净高低于0.90m时，应有防护措施；

7）楼梯梯段净宽不应小于1.10m。六层及六层以下住宅、一边设有栏杆的梯段净宽不应小于1m。楼梯踏步宽度不应小于0.26m，高度不应大于0.175m，扶手高度不应小于

0.90m。楼梯水平段的栏杆长度大于0.50m时，其扶手高度不应小于1.05m。楼梯井净宽大于0.11m时，必须采取防止儿童攀滑的措施；

8）七层及七层以上住宅或住户入口层楼面距室外设计地面的高度超过16m以上的住宅必须设置电梯。设置电梯的住宅公共入口，当有高差时，应设轮椅坡道和扶手；

9）住宅建筑内严禁布置存放和使用火灾危险性为甲、乙类物品的商店、车间和仓库，并不应布置产生噪声、振动和污染环境卫生的商店、车间和娱乐设施。住宅与附建公共用房的出入口应分开布置；

10）宿舍建筑其居室不应布置在地下室，宿舍最高居住层的楼地面距入口层地面的高度大于20m时，应设电梯。

（20）防空地下室

1）防空地下室距甲、乙类易燃易爆生产厂房、库房距离不应小于50m；距有害液体、重毒气体的贮罐不应小于100m；

2）根据“平战结合”的原则，防空地下室的室外出入口、进排风口、排烟口和通风采光窗的位置及处理方式，不仅要考虑战时及平时使用要求，也要考虑与地面建筑四周环境的协调；

3）为保证防空地下室的整体结构强度及密闭性，限制“无关管道”穿过人防围护结构；

4）相邻抗爆单元之间设置抗爆隔墙。当隔墙需开通口时，应在门洞的一侧设置抗爆挡墙。两者可在临战时砌筑；

5）防空地下室全埋为宜，5级和6级的防空地下室允许其顶板适当高出室外地面，5级防空地下室其顶板底面高出室外地面的高度不得大于0.5m并应在临战时覆土。6级防空地下室顶板底面高出室外地面的高度不得大于1.0m，高出室外地面的外墙必须满足战时各项防护要求；

6）每个防空地下室的防护单元不应少于两个出入口。

6.2 建筑结构部分

《工程建设标准强制性条文》（房屋建筑部分）2002版的建筑结构专业部分有四篇——结构设计、房屋抗震设计、勘察和地基基础、结构鉴定和加固。涉及37本现行规范和规程，总共约有490条款。基本上按三部分——基本规定和设计原则、材料、构造规定。《条文》中有关构造规定部分列入的内容较多，设计计算公式和图表一般不列入，有利于发挥技术人员的创造性。对于直接涉及工程建设的安全、人身健康和环保、及其他公众利益的有关条款，均列入《条文》。

6.2.1 结构设计

1. 基本规定

（1）建筑结构的设计使用年限：在这一规定的时期内，在正常设计、正常施工、正常使用和维护的条件下，完成预定的功能；现行的各设计规范所采用的设计基准期为50年；对于使用年限为100年的特别重要的建筑结构，其安全等级、荷载及设计参数应予以调整。建筑结构设计使用年限见表6-2。

建筑结构设计使用年限　　表6-2

类　别	设计使用年限	示　　例
1	5	临时性结构
2	25	易于替换的结构构件
3	50	普通房屋和构筑物
4	100	纪念性建筑和特别重要的建筑结构

(2) 建筑结构安全等级分为一、二、三级，根据《建筑结构可靠度设计统一标准》(GB 50068—2001) 第1.0.8条，对结构破坏可能产生的后果（危及人的生命、造成经济损失、产生社会影响等）的严重性，采用不同的安全等级；结构可靠度指标 $\beta = 3.2$（延性破坏），其失效概率 $\rho_f = 6.9 \times 10^{-4}$，以此作为二级为基准，$\beta$ 值相应增减0.5来定一级和三级，其基本质量要求为：

1）保证结构构件可靠地承受外加的各种作用；

2）保证结构构件具有的整体稳定性，局部破坏不致引起结构体系的连续破坏，将事故限制在局部范围内。

(3) 结构上作用的荷载，按《建筑结构荷载规范》(GB 50009—2001) 所规定的设计基准期为50年的各种荷载值取用，风、雪荷载均按50年一遇的风、雪压值，对于风、雪荷载敏感的结构，其值应适当提高；高层建筑、高耸结构的基本风压应按100年重现期的风压采用；

(4) 结构承载力极限状态：

$$\gamma_0 S \leqslant R$$

式中　γ_0——结构重要性系数；安全等级为一级或设计使用年限为100年及以上的结构构件，不应小于1.1；安全等级为二级或使用年限为50年的结构构件，不应小于1.0；对于安全等级为三级或使用年限为5年的结构构件，不应小于0.9；

S——荷载效应组合设计值；

R——结构构件抗力设计值。

(5) 结构承载能力极限状态应满足：

1）整个结构或结构的一部分作为刚体不应失去平衡（如倾复）；

2）结构构件或连接不应超过材料强度而破坏，包括疲劳破坏，或因过度变形而不适于继续加载；

3）结构不应转变为机动体系；

4）结构或结构构件不应夹失稳定（如压屈）；

5）不应由于地基丧失承载力而破坏（如失稳）。

(6) 正常使用极限状态：

$$S_d \leqslant C$$

式中　S_d——变形、裂缝等荷载效应的设计值；

C——设计对变形、裂缝等规定的相应限值。

(7) 结构或结构构件的正常使用极限状态应满足：

1）不影响正常使用或外观的变形；

2）不影响正常使用或耐久性能的局部损坏（包括裂缝）；

3）不影响正常使用的振动；

4）不影响正常使用的其他特定状态。

2. 结构材料

（1）热轧带肋钢筋应是钢筋混凝土结构中的主导钢筋，其强度和延性均优于其他钢筋，特别是HRB400级钢，应积极推广使用。

各种冷加工钢筋（包括冷拔、冷拉、冷轧带肋、冷轧扭等）是以牺牲其延性而提高强度的办法不能再推广，更不能作为主要构件的受力钢筋。冷加工钢筋的质量稳定性差，延性大幅度丧失，脆性的可能性增加，疲劳性能降低，焊接性差，施工适应性差，冷加工费用大，所以必须限制使用。

各种冷加工钢筋都有各自的技术规程，只有严格执行这些规程才能保证结构安全；其强度标准值及设计值均列入《强制性条文》，在使用中要严格控制各相应的应用范围，在一般情况下，冷加工钢筋不要作为主要构件的受力钢筋，在承受动力荷载、高温、潮湿等条件下的构件也不应采用，同时要控制焊接等影响材质的施工工序。

1）钢筋强度标准值应具有不小于95%的保证率；

2）预应力钢筋优先采用高强钢绞线和消除应力钢丝。

（2）烧结普通砖、烧结多孔砖（包括黏土、页岩、煤矸石为主要原料经焙烧而成的承重多孔砖），其强度等级均不小于MU10，空斗墙砌体、中型砌块的砌体均不再采用，毛料石砌体及毛石砌体在城市的建筑工程中较少采用，其强度等级不小于MU20；砌块砌体的灌孔混凝土不应低于Cb20，也不应低于1.5倍的砌块强度等级。

（3）《条文》中列入了围护结构，包括玻璃幕墙、玻璃屋顶、金属与石材幕墙，有关密封胶、玻璃、石板材、铝合金及钢型材等材料均根据《玻璃幕墙工程技术规范》（JGJ 102—2003）、《建筑玻璃应用技术规程》（JGJ 113—2003）、《金属与石材幕墙工程技术规范》（JGJ 133—2001）等规范列入了相应的要求。

3. 结构构造

（1）钢筋混凝土结构的各种构造措施是结构受力作用的基础，必须重视；基本构造要求包括钢筋保护层厚度、锚固、搭接、接头及最小配筋率等必须满足规范要求，并列入《条文》；为避免构件开裂后立即破坏的可能性，在受压构件中避免在高应力状态下压碎崩裂，其配筋量不应少于最小配筋率的限值，否则其性能近似于素混凝土结构；在防止裂缝开展、温度收缩引起次应力情况下，配筋应适当增加；我国结构设计安全储备相对不高，由此确定的配筋量较少，在条件许可的情况下适当增加配筋是允许的，在预应力混凝土结构构件中配置一定数量的非预应力的钢筋，可以改善裂缝开展的性能和延性性能也是必要的。

近年来钢筋强度不断提高，品种和外形也有多种，由于锚固不当而使钢筋不能正常受力，甚至失效的事例时有发生，所以《条文》将纵向受拉钢筋的最小锚固长度 L_a 列入，其值和钢筋种类、混凝土强度等级、钢筋的公称直径相关，并考虑在施工过程中易受扰动情况进行修正；这个规定的长度是最低限值，大于此值是允许的。

钢筋搭接可以看作是受力相同的锚固钢筋，但在搭接区混凝土的握裹作用受到削弱，其搭接长度要增加，增加值为20%，所以钢筋的搭接长度在一般情况下为锚固长度的1.2倍，对于重要的结构构件和较大直径的钢筋（$\geqslant \phi 28$）应采用焊接接头或机械连接，当在同一连接区段内搭接接头面积百分率大于25%时，其搭接长度还应增加；焊接接头的质量控制有难度，所以推荐采用锥螺纹、直螺纹墩粗型机械接头，而以"A"型为优先采用的接头（等强度接头），对于电渣压力焊接头，虽然价格低，但不易检查，应慎重采用。

（2）受力钢筋混凝土保护层最小厚度的规定是为了满足结构构件耐久性和受力钢筋有效锚固的要求，其厚度根据环境类别、构件类别和预制构件的情况等确定，对于基础中的受力钢筋保护层厚度不应小于40mm（当无垫层时不应小于70mm）地下防水混凝土结构迎水面钢筋保护层厚度不应小于50mm，对有防火要求的建筑物，其保护层厚度尚应符合有关标准的要求。

（3）砌体结构墙、柱的高厚比必须满足规范要求，钢筋混凝土挑梁应进行抗倾复验算，对于跨度大于6m的混凝土梁，在240mm墙厚的情况下宜加壁柱或采取其他加强措施。

（4）高层建筑钢结构的柱脚应采用埋入式，对于大截面的H型钢柱，埋入深度为3倍柱截面高度。

（5）玻璃幕墙与主体结构连接的预埋件，应在主体结构施工时按设计要求埋设。

（6）木结构必须有防腐、防虫（白蚁）和防火的有效措施；木结构的钢材部分应有防锈处理。

6.2.2 房屋抗震设计

1. 抗震设防依据和分类

（1）我国对抗震设防实行双轨制，一般情况直接采用《中国地震动参数区划图》（GB 18306—2001）（中国地震动峰值加速度区划图、中国地震动反应谱特征周期区划图、地震动反应谱特征周期调整表）。目前情况下，仍可采用地震基本烈度，（该标准附录D_1）；对已编制抗震设防区划的城市，可按批准的抗震设防烈度或设计地震动参数进行抗震设防。

（2）根据《建筑抗震设防分类标准》（GB 50223—2004），按照其使用功能的重要性分为甲、乙、丙、丁四类。甲类建筑的地震作用，应按高于本地区设防烈度计算，其值应按批准的地震安全性评价结果确定（需按规定的权限审批），甲类抗震设防的房屋，应属于地震中使用功能不能中断或需尽快恢复，或者对社会有重大影响，对国民经济有重大损失的建筑，如广播电视、邮电通信、能源、城市抗震防灾、民用建筑中的大型商业零售商场、大型体育馆、影剧院、文物博物馆、重要的科研楼等；乙类建筑的地震作用应符合本地区抗震设防烈度的要求，抗震措施一般情况下，当设防烈度6~8度时，应提高一度设计。这里所规定的抗震措施是指除地震作用计算和抗力计算以外的抗震设计内容，包括总体设计、结构造型、抗液化、概念设计要求对地震作用效应（内力和变形）的调整及各种构造措施；而抗震构造措施是指根据抗震概念设计的原则，一般不需要计算而对结构和非结构各部分采取的细部构造。

2. 基本规定

(1) 不应采用严重不规则的设计方案。对于平面不规则、竖向不规则的结构应进行水平地震作用计算和内力调整，并对薄弱部位采取有效的抗震构造措施。

(2) 房屋高度限值。应根据抗震设防烈度、结构类型、结构的规则性、场地土类别等因素控制房屋的最大适用高度。

1) "B"级高度（超限高层建筑）钢筋混凝土结构房屋应由建设行政主管部门组织审查批准，对于复杂高层建筑结构，在计算分析和抗震措施等均要严格按规范要求；错层结构避免采用；

2) 多层砌体房屋和底部框架、内框架房屋的层数和总高度限值实行"双控"；

3) 多层和高层钢结构房屋、由钢——混凝土组成的混合结构房屋，当房屋高度超过适用的最大高度时，应进行专门研究和论证，采取有效的加强措施。

(3) 高层建筑结构不应采用全部为短肢剪力墙的剪力墙结构；短肢剪力墙较多时，应布置筒体（或一般剪力），形成短肢剪力墙——筒体（或一般剪力墙）共同抵抗水平力的剪力墙结构。

(4) 框架结构按抗震设计时，不应采用部分由砌体墙承重之混合形式。

(5) 底部框架砖房的结构存在先天不足，抗震性能差，是根据我国的国情而产生的过渡性结构形式，在采用这种结构时，必须注意以下几点：

1) 两个方向均布置抗震墙，不可采用底部纯框架，也不宜采用砖砌体抗震墙；

2) 平面对称、刚度均匀，不致产生扭转；落地墙体上下对齐；

3) 加强楼盖的刚度，过渡层楼面整浇；

4) 根据多道设防的抗震概念要求，由底部抗震墙承担该方向地震作用，同时以框架部分作为第二道防线（此时混凝土抗震墙的有效刚度取30%），承担按有效抗侧移刚度分配到的地震作用。计算地震剪力应根据过渡层上下层的抗侧移刚度比确定其增大系数1.2~1.5；并考虑水平地震作用对底部形成的倾覆力矩引起的附加轴力；

5) 要严格的防止砖墙倒坍措施。

(6) 抗震验算：

$$S \leqslant R/\gamma_{RE}$$

式中 S——结构构件内力组合设计值；

R——结构构件承载力设计值；

γ_{RE}——承载力抗震调整系数，$\gamma_{RE}=0.75\sim1.0$。

楼层内最大的弹性层间位移应满足：

$$\Delta U_e \leqslant [\theta_e]h$$

式中 ΔU_e——多遇地震作用标准值产生的楼层内最大的弹性层间位移；

$[\theta_e]$——弹性层间位移角限值；

h——计算楼层层高。

抗震验算时，结构任一楼层的水平地震剪力应符合：

$$V_{EKi} > \lambda \sum_{j=i}^{n} Gj$$

式中　V_{EKi}——第 i 层对应于水平地震作用标准值的楼层剪力；

λ——剪力系数；

G_j——第 j 层的重力荷载代表值。

对于扭转效应明显或基本周期小于 3.5s 的结构，7 度抗震设防 $\lambda \geqslant 0.016$（基本地震加速为 0.30g 的地区，$\lambda \geqslant 0.024$）。

3. 结构材料应满足地震作用下结构延性的要求

（1）对于砌体结构，应严格控制砖、砌块、砌筑砂浆的最低强度等级；

（2）对于钢筋混凝土结构，除规定混凝土的最低强度等级外，尚要求钢材的实际抗拉强度，屈服强度和强度标准值之间的关系满足要求；

（3）一、二级抗震等级的框架结构，纵向受力的普通钢筋屈强比不应小于 1.25；（基于延性要求），屈服强度实测值与强度标准值的比值不应大于 1.3（基于强柱弱梁的要求）；

（4）钢结构的钢材应有明显的屈服台阶，伸长率应大于 20%，并应有良好的可焊性和合格的冲击韧性。

4. 抗震构造

（1）钢筋混凝土多、高层结构的抗震等级，根据设防烈度、设防类别、结构类型、房屋高度及场地类别来确定；分为特一、一、二、三、四等五级，相应规定了抗震构造措施要求；

1）柱箍筋加密区的体积配箍率和柱的轴压比、箍筋形式、箍筋强度和混凝土强度、抗震等级有关，并采用了最小配箍特征值，要严格遵守；框架梁的箍筋配置要求主要是在梁端 1.5～2 倍梁高范围内箍筋加密，梁全长范围的面积配箍率应参照《混凝土结构设计规范》（GB 50010—2002）要求综合考虑。框支柱、框支梁、连梁、短柱、柱的纵向配筋率≥3%、梁的纵向受拉钢筋配筋率≥2%等情况下，按规定提高和加强箍筋的配置要求。

2）框架柱的最小纵向配筋率列入《条文》，对于一、二、三级框架柱的中柱、边柱、角柱、框支柱等分别为 0.7%～1.2%，高层建筑和Ⅳ类场地上的建筑应适当增加；框架梁、柱和抗震墙连梁中的纵向钢筋锚固长度，一、二级抗震等级应相应增加 $5d$。

3）抗震墙体底部加强部位是抗震墙结构的重要概念设计，通过在这些部位的加强，提高墙体的抗震能力，避免产生塑性铰出现，防止脆性剪切破坏。

4）防震缝应根据抗震设防烈度、结构材料种类、结构类型、结构单元的高度和高差情况，留有足够的宽度，应沿房屋全高设置；在一般情况下，尽量不设缝；各结构单元之间、主楼与裙房之间禁止用牛腿托梁的做法设置防震缝。

（2）砌体结构按抗震设防烈度和层数在各部位设置钢筋混凝土构造柱和圈梁，对于横墙较少的多层普通砖、多孔砖住宅楼的总高度和层数接近或达到规定限值时，应采取特别的加强措施，底部框架——抗震墙房屋的过渡层楼扳除规定最小厚度（≥120mm）外，还应控制少开洞，开小洞；对于钢筋混凝土托墙梁，其截面和构造应符合专门的规定；多层多排柱内框架房屋的结构方案不宜采用。

6.2.3 勘察和地基基础

1. 地基勘察

一般分为可行性研究勘察、初步勘察和详细勘察；详细勘察应按单体建筑物或建筑群提出详细的岩土工程资料和设计、施工所需的岩土参数；对建筑地基做岩土工程评价，并对地基类型、基础形式、地基处理、基坑支护、工程降水和不良地质作用的防治等提出建议。特别要注意对滑坡、抗震设防烈度等于或大于6度地区的场地类别、地震液化土层的判定和评价。

2. 地基设计

（1）所有建筑物的地基计算均应满足承载力计算的有关规定。

$$P_K \leqslant f_a$$

式中 P_K——相应于荷载效应标准组合时，基础底面的平均压力值；

f_a——修正后的地基承载力特征值。

地基承载力特征值的确定主要依据载荷试验和地区经验，不再将有关承载力表列入规范；承载力不是土的惟一特性，其值受到勘察人员水平、设备和经验等因素影响，是半理论半经验的数值；随着设计水平的提高和对工程质量要求的严格，变形控制已是地基设计的重要原则；

（2）地基基础设计等级为甲、乙级的建筑物均应按地基变形设计；甲级桩基及摩擦型桩基、桩端下有软弱土层的乙级桩基也应进行沉降验算；建筑物的地基变形值，不应大于地基变形允许值；

（3）地基稳定性计算应满足抗滑动和坡顶建筑边坡稳定的要求；

（4）根据地基复杂程度、建筑物规模和功能特征以及可能造成破坏或影响正常使用的情况将地基基础设计分成三个设计等级，一般建筑物为乙级，30层以上的高层建筑和重要的、复杂的建筑物为甲级，七层以下、地基条件简单的民用建筑及一般工业建筑可为丙级。

3. 基础设计

（1）天然地基上的基础设计通常分为两个内容：

1）同修正后的地基承载力特征值、变形控制等计算确定基础埋深和基础底面积；

2）选择基础材料并确定基础形式和各部分尺寸，计算内力及配筋（包括冲切、抗弯和局部受压），保证基础本身具有足够的强度和稳定性；《条文》中列入了扩展基础、箱筏基础的有关规定。

（2）桩基础：

1）所有桩基础均应进行承载力计算（包括竖向承载力、水平承载力、桩身强度及承台的承载力计算），当有软弱下卧层时尚须进行软弱下卧层验算；地基基础设计等级甲级、摩擦型桩基及体型复杂、荷载不均匀等进行沉降验算。

2）当桩周土层产生的沉降超过基桩的沉降时，应考虑桩侧负摩阻力（包括地面大面积堆载和地下水影响）。

3）单桩竖向承载力特征值应通过单桩竖向静荷载试验确定。在同一条件下的试桩数量不宜少于总桩数的1%，且不应少于3根；将单桩竖向极限承载力除以安全系数2，为单桩竖向承载力特征值 R_a。

4. 地基处理

包括预压法、强夯、振冲、土和灰土挤密、深层搅拌、高压喷射注浆及托换技术等，各种方案都处于半理论、半经验状态。

(1) 复合地基应满足建筑物承载力和变形的要求，并应进行地基稳定性验算。

(2) 复合地基承载力特征值应通过现场复合地基载荷试验确定，或采用增强体的载荷试验结果和周边土的承载力特征值结合经验确定。

(3) 采用深层搅拌法时，由于水泥加固土是水泥和地基土拌合物，它的强度与被加固土的性质、状态、水泥掺入比及龄期等因素有关，因此，在设计前必须进行室内加固试验，针对现场地基土的性质，选择合适的固化剂和外掺剂，为设计提供各种配比的强度参数，以龄期3个月时间的强度作为水泥土的强度标准值。

(4) 强夯置换法在设计前必须通过现场试验确定其适用性和处理效果。

6.2.4 结构鉴定和加固

1. 建筑结构安全性鉴定

(1) 检测的方法和规则，应事先约定；

(2) 混凝土结构构件的安全性鉴定应按承载能力、构造、变形、裂缝四个检查项目，分别评定每一受检构件的等级，并取其中最低一级作为该构件的安全等级，当受压区混凝土有压坏现象及主筋锈蚀导致构件掉角、保护层严重脱落等现象则应评为 d_u 级（不安全，要立即加固）；

(3) 砌体结构构件的受力裂缝不以其大小程度分别，应根据其严重程度评为 c_u 级或 d_u 级（应立即采取加固措施），非受力裂缝（由温度、收缩、变形或地基不均匀沉降引起的裂缝），其宽度大于5mm（砖柱大于1.5mm），或通长的竖向裂缝，也定为 c_u 或 d_u 级（应立即采取措施）。

2. 房屋抗震鉴定

鉴定标准一般比新建工程设防烈度低1度：

(1) 当设防烈度不提高时，已按77“鉴定标准”进行加固或已按78“抗震设计规范”设计的建筑，不必再进行抗震鉴定。

(2) 抗震鉴定分为两级：第一级鉴定以宏观控制和构造鉴定为主进行综合评价；第二级鉴定以抗震验算为主结合构造影响进行综合评价。当符合第一级鉴定的各项要求时，房屋可认为满足抗震鉴定要求；当不符合第一级鉴定时，应由第二级鉴定作出判断。

（3）Ⅰ类场地的乙、丙类建筑，有全地下室、箱基、筏基和桩基的建筑，可降低上部结构的抗震鉴定要求；对于Ⅳ类场地、复杂地形、严重不均匀土层上的建筑及同一单元存在不同类型基础时，可提高抗震鉴定要求。

3. 结构加固

现行的各种加固技术规范，除《建筑抗震加固技术规程》（JGJ 116—98），《古建筑木结构维护与加固技术规范》（GB 50165—92），《既有建筑地基基础加固技术规范》（JGJ 123—2000）外，均为推荐性技术标准，不列入《强制性条文》。

（1）结构加固新增构件断面应避免产生结构刚度或强度的突变；对于钢筋混凝土结构，不得形成短拄和弱柱强梁；

（2）增设的构件与原有构件之间应有可靠连接；

（3）加固后楼层综合抗震能力指数不应小于1.0，增设的混凝土和钢筋的强度均应乘以折减系数0.85，“抗震加固的承载力调整系数”可按“承载力抗震调整系数”的0.85倍采用。加固的角铁、钢缀板的材料强度应予以折减，对于梁为0.8，对于柱为0.7；

（4）古建筑、木结构的加固要遵守“不改变文物原状”的原则；

（5）地基加固要考虑邻近建筑受到的影响，严禁新旧建筑物（基础）相距过小而产生基底应力叠加，使邻近建筑物发生倾斜或裂损；对重要的或对沉降有严格限制的建筑，应在加固后继续进行沉降观测；

（6）基坑工程周边邻近的既有建筑为桩基或新建建筑采用打入桩基础时，为保护邻近既有建筑的安全，基坑支护结构外缘与邻近既有建筑的距离不应小于基坑开挖深度的1.2～1.5倍。当无法满足最小安全距离时，应采用钢筋混凝土地下连续墙或其他有效的基坑支护结构形式。

6.3 建筑设备部分

6.3.1 给水排水设备

1. 管道布置

（1）管道走向

无论图书馆书库内，还是档案馆库区内，其藏书或档案都不允许浸水受潮，而且这两个地方的工作人员很少，又经常处于封闭状态，设了供水点，万一漏水未被发现，必导致泛滥成灾，故对必要的专用厕所和清洗设备也规定不得设于库内，给排水管道不准许穿过书库，不可避免时，必须采取严防漏水措施。例如，使厕所和供水点设于库外，污水主管也避免在与书库或档案库相邻的内墙上安装。

另外，从安全和卫生的角度来考虑的，要求给排水管道不得布置在遇水引起燃烧、爆炸或损坏原料、产品和设备上方。例如，有些特殊的设备用房，如计算机房、电话机房等，就不能安装喷淋管，对于公共建筑，如剧场上空的雨水管也要慎重考虑等等。

（2）人防地下室给排水管道的设置

主要指防空地下室的给水管、透气管，带压力的排出管或输油管等当从出入口引入或穿越外墙或顶板时，要考虑操作方便，保证防护密闭以及经济合理。这里指的防爆波阀门，目前尚无专门产品，一般都用截止阀代替，当这些管道从出入口引入时，截止阀操作方便，管道遭破坏时，冲击波、毒气不易直接危害防空地下室内部。因此，首先考虑从出入口引入，但往往实际上这样设计时，要增加管线的长度，从而增加了造价，为了降低造价。在对工程正常使用不会造成危害的前提下，也允许从围护结构引入，但做法上也一样，在外墙或顶板的内侧必须加防爆波阀门，即截止阀，这些阀门的公称压力要求不小于1MPa，主要是考虑防冲击波外，还考虑了承受城市自来水管网的水压。

2. 水质和防回流污染

(1) 水质和防水质污染

1) 由于大量流行性传染病主要是通过水质污染而蔓延，如果控制不严的话，生活饮用水从室外管网接入室内后，有可能受到重新污染，这样的教训是很多的。如：

①上海某厂因给水管道与有毒贮液槽连接，而没有任何隔断措施，致使有毒液体回流入城市给水管网，造成严重污染事故。

②根据有关资料，1933 年美国芝加哥一次痢疾的流行，就是由于回流污染而引起的。

③我国核工业部某厂的淋浴水被工艺溶液污染，而发生严重工伤事故。

因此对给水管道、配水出口、用水设备以及贮水池等，应进行严格的控制，防止发生污染，为此，规范提出了下述要求，设计时必须考虑到：

a. 配水出口不得被任何液体或杂质所淹没；

b. 配水出口的高度高于用水设备溢流水位的空气间隙应为 2.5 倍的配水出口管径，此处 $2.5d$，是根据美国给水排水法规手册的最小规定间隙应为有效管口直径的二倍而定的。1956 年，美国“供水与废水处理”一书中提出空气间隙为配水管口径的 3 倍时，就不致产生回流污染，$2.5d$ 是介于上述资料所推荐的数据之间；

c. 有些设备因生产要求，直接与给水管道连接，而被污染物所淹没，对此应采取有效的隔断措施，例如，采用增设空气间隔的办法，或对压力容器的进水管采用装设止水阀的方法，或设置防污间断器，三者中，较有效的是后面一种方法。

2) 生活饮用水因回流而被污染的普遍原因在于生活饮用水管道与大便器（槽）的连接不当造成的，原因是：

①卫生器具中以大便器（槽）的污水污物污染程度最为严重；

②大便器（槽）的冲洗管低于大便器（槽）的溢流水位，没有空气间隙；

③由于大便器（槽）的冲洗水箱或由于使用不当，或由于产品质量，或由于维修管理等原因，漏水严重，市场上有些自闭式冲洗阀不带空气隔断，也不符合卫生要求。

根据国内外大量资料报导，大量流行性传染病，主要通过水质污染而蔓延，为保护人民健康、生命安全，因此，有必要在规范条文中强调：严禁用普通阀门代替冲洗水箱或自闭式冲洗阀，或直接以生活饮用水管道与大便器（槽）连接。

用于大便器冲洗的冲洗阀要求有延时，自闭和破坏真空装置，作用有：

①保证冲洗时的额定流量和总的冲洗水量；

②在保证冲洗效果后水量不致无谓浪费；

③保证不因真空而造成回流污染。

3）生活水贮水池与化粪池间距不少于10m，如果满足不了，应采取以下措施：

①生活饮用水贮水池的标高应高于化粪池；

②设置在室内水池与化粪池应采用墙体隔开；

③化粪池池壁应采用钢筋混凝土防渗材料，做好防水处理。

（2）水池、水箱基础

水池、水箱等类贮水构筑物在保证强度和刚度的前提下，还不能有因温度伸缩或沉降而造成的裂缝，以防水量流失和水质污染，因此不能利用建筑物的本体结构作为水池池壁和水箱箱壁，而应采用独立结构形式，目前水池、水箱的设计达到这一要求的还不多。

（3）间接排水

设备和容器不得与污水废水管道系统直接连接，应采取间接排水，所谓间接排水，就是设备或容器的排出管与排水管道不直接连接，这样排出管与排水管管道系统不但有存水弯隔气，而且还有一段空气间隔，如存水弯水封可能被破坏的情况下，也不至于卫生设备或容器与排水管道连通，而使污浊气体进入设备与容器，如图6-1所示。

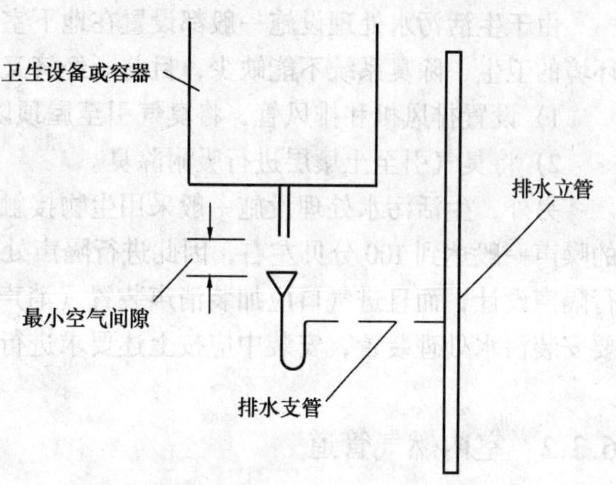

图6-1　设备与排水管间接连接

间接排水口最小空隙是根据间接排水管的管径确定，一般参照表6-3。

间接排水口最小间隙　　表6-3

间接排水管径（mm）	排水口最小空气间隙（mm）	间接排水管径（mm）	排水口最小空气间隙（mm）
≤25	50	>50	150
32~50	100		

这条我们关注的重点还是空调设备的排水，大多数民用建筑中都有空调机，施工过程中，冷凝水的排出，往往比较难以实施，虽然设计图纸上有交待，例如就近排入厕所地漏等，但实施中管线过长，降坡较大，吊顶高度又不允许，于是，施工中图方便，采取就近送入雨水管，其实这样是错误的。若不得不这样做时，就要考虑空气间隙的问题。

3. 卫生设备和水处理

（1）非手动开关

对于医院大部分用房的洗涤池都要采取非手动开关，防止污水外溅，都是为了避免接触传染。

（2）水封

设置水弯或水封的目的是防止两个不同病区或医疗室的空气通过器具排水管的连接互相串通，以致可能产生病菌传染。

另外，存水弯的水封深度不小于 50mm，这个规定是国际上对污水、废水通气的污水管道系统排水时内压波动，不致于把存水弯封破坏的要求。

（3）医院的污水处理站

医院内产生的污水不仅有细菌、病毒、虫卵，还有有毒有害的化学物质，甚至还有放射性元素等，因此必须将其专门收集、专门处理后排入污水处理站或委托专门处理单位来处理。

（4）生活污水处理设施

由于生活污水处理设施一般都设置在地下室或建筑物邻近的绿地之下，为了保护周围环境的卫生，除臭系统不能缺少，目前既经济又解决问题的方法多数采用：

1）设置排风机和排风管，将臭气引至屋顶以上高空排放；

2）将臭气引至土壤层进行吸附除臭。

另外，生活污水处理设施一般采用生物接触氧化，鼓风曝气，鼓风机运行过程中产生的噪声一般达到 100 分贝左右，因此进行隔声处理是必要的，一般处理是安装鼓风机房进行隔声设计，而且进气口应加装消声装置（消声器）。目前高层建筑越来越多，基本上都要安装污水处理装置，安装中应按上述要求进行。

6.3.2 室内燃气管道

1. 燃气管道的压力

煤气管道最高压力，目前我国四川、北京、天津等有中、高压燃气供应，压力可达 0.4MPa，北京、成都、深圳等地开展了中压进户试点，压力为 0.2MPa。

2. 管道的升压装置

由于安装升压装置的用户用气量大，影响了供应管网的稳定，尤其是对低压管网影响较大，造成其他用户燃气压力波动范围加大，降低了灶具燃烧的稳定性，增加了不安全因素，因此条文规定“严禁”在供气管网上“直接”安装加压设备，其措施如图 6-2 所示。

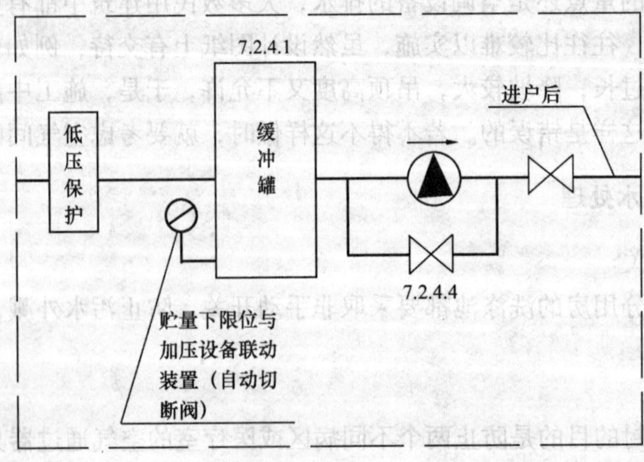

图 6-2 管道升压装置图

3. 燃气引入管的管径以及敷设要求

燃气引入管管径的确定是根据我国多数煤气公司的多年生产经验而规定的，为了保证用气安全和便于维修管理，人工煤气引入管管段内，往往被萘、焦油和管道内腐蚀的铁锈所堵塞，检修时要在引入管阀处进行人工疏通管道的工作，需要带气作业，此外阀门也需要常常维修保养，因此凡不能允许燃气泄漏的地方都不能敷设燃气引入管，实际情况也是将燃气引入管设在厨房、楼梯间或走廊内。

4. 燃气管道的安装

所谓设置在套管中，目的有 2 个，一是防止当房屋沉降时压坏气管，以及在大修时便于抽换管道，二是防止燃气管道漏气时沿管沟扩散而发生事故。

所谓的补偿措施，是指高层建筑沉降量较大的地方以及施工缝处，应考虑采用柔性接管的措施，以防管道被破坏。

5. 管道敷设方式

一般情况下，管道应明装，好处是便于维修，并能保证使用安全，而且明装比较节约，但在考虑美观要求而不允许明装或者明装后可能受特殊的环境影响而遭受破坏时，允许暗装。例如装在有活动盖板的墙槽内，其安装要求必须符合下列要求：

（1）暗设的燃气管道的管槽应设活动门和通风孔，暗设的燃气管道的管沟应设活动盖板，并填充干沙，与其他管沟相交时，管沟之间应密封，燃气管道应敷设在钢套管中；

（2）管道应有防腐绝缘层并不得敷设在可能渗入腐蚀性介质的管沟中；

（3）敷设燃气管道的设备层和管道井应通风良好。每层的管道井应设与楼板耐火极限相同的防火隔断层，并应有进出方便的检修门。

6. 燃气管道穿越室内时的具体要求

由于目前城市居民家中使用的燃气灶具仅限于安装在厨房内，对厨房以外没有用气设备的房间的管道漏气检查往往被忽视，特别是卧室或浴室容易发生事故的地方，所以强调管道穿越隔墙时应设在套管中，并强调了主管不得设在卧室、浴室和厕所中。

7. 燃气管道的安装要求

（1）防止热胀冷缩而引起扭曲、断裂，一般按室内管道的安装条件做自然补偿，当自然条件不能调节时，如管道过长等，则必须采用补偿器补偿，通常是加装波纹管。

（2）目前国内人工煤气一般都含有水份，如环境温度过低（低于 0℃以下），输气管道内就会出现冷凝水或结冻现象，因此室内管道的安装要求横平竖直，水平管要保持1‰～3‰的坡度，由煤气表分别坡向立管和用具，使管道内的冷凝水、焦油、铁屑、萘等污物流向低处，通过排污口排除、排污口的位置在立管下端，并采用丝堵密封，地下室的立管不允许有丝扣连接并要坡向室外干线，室外干线应设凝水罐和抽水设备或者加长立管下端的长度，增大存污量，对不得不敷设在 0℃或低于气相液化气露点温度的室内燃气管，必须采取保温措施，可用石棉绳、玻璃棉、橡胶塑料保温棉等材料保温。

（3）室内燃气管道阀门的设置要求，主要是参考了前苏联的《建筑法规》以及国内一些城市煤气公司的规定而提出的，这里主要对放散管进行详细阐述。放散管就是吹洗管，设置放散管的目的是为工业企业车间、锅炉房以及大中型用气设备首次使用或长时间停用又再次使用时，用来吹扫积存在燃气管道中的空气、杂质。另外就是当停炉时，如果总阀门关闭不严，漏到管道中的燃气可以通过放散管散出去，以免燃气进入炉膛和烟道而发生事故，放散管的具体做法还有要求，包括管径不小于20mm防雷接地，防雨，端部弯成∽形等等。

（4）高层建筑的燃气管道的立管底部要做一个支座支撑，防止立管由于自重和环境温度变化引起管道下沉。

（5）消除燃气附加压力的措施是采用变化管径或在立管上加设稳压器的办法来调节。

8. 燃气设备与管道用软管连接时的要求

（1）长度不超过2m，并不应有接头；

（2）采用耐油橡胶管；

（3）接头处应用压紧螺帽或管卡固定；

（4）不得穿墙、窗和门。

上述四条都是为了防止软管损坏或接头不牢，产生漏气而引发事故。

6.3.3 通风与空调设备

1. 材料的验收

空调工程所使用的主要材料、设备、成品、半成品等产品，应有其产品标准，并具有出厂检验的合格证明文件。对于特殊加工的非标产品，亦应有质量检验证明文件，因此应在施工前加强材料验收工作。

2. 风管的加工

目前，我们接触到的工程，多采用铁皮风管，其连接方式一般都是采用法兰连接，要求风管与法兰连接的翻边，其宽度不小于6mm，翻边应平整、宽度一致，咬口缝的重叠部份应剪掉，特别是翻边处不得出现豁口及孔洞，以免漏风。如果出现上述质量问题，应要求及时打密封胶处理。

对于无法兰连接，规范中推荐了15种连接方法，并且有具体要求，详见施工质量验收规范。

关于风管加固的问题。加固有两个目的，一是为提高风管的强度和平整度，二是减小阻尼风管的振动。加固也有许多做法，施工单位在加工风管前，应向监理说明，施工单位往往容易忽视这个问题。原因是怕麻烦，而且费工，因而造成大口径风管强度不够。

3. 风管的严密性

条文规定了不同压力等级的风管应符合该等级的密封要求，漏风量不得超过标准的规定，但对于具体工程，设计可以根据需要作出特殊规定，包括降低或提高标准。例如，较高级别的净化系统或排毒系统、工作压力不高，但对风管系统的严密性要求却很高，而一般送风系统的明装风管对漏风要求不太严格，条文中的允许漏风量是参照了美国、法国和欧洲的一些承包商协会的标准并结合我国实际情况制定的。漏风量如何检查，一般情况下，第一步检查风管的制作质量，第二步作漏光试验（晚上），第三步调试时检测（施工验收规范上有说明）。

4. 特殊材料的风管

不锈钢板风管，要求采用奥氏体不锈钢，其实应从钢材的成分上要求比较科学些、一般不锈钢的成分是 CiGr18Ni9Ti，Cr 的含量低于 14 就不太好，实际上是不锈铁，仍然会锈的。验收不锈钢板材料时应注意这个问题。铝板风管，从强度上考虑，还是选用防锈铝合金板材为好。

所谓复合材料风管，是指两种或两种以上材质复合而成的新型材料制作的风管，一般由面层与绝热层所组成，具有轻质、施工方便等特点，应用于低压系统较多，绝热层材料必须是不燃或难燃材料，要求绝热层不得外露，否则会造成绝热性能下降和绝热材料飞扬等问题，施工中特别要注意板材的拼接、折角以及接缝处都应采取封闭措施，监理应重点检查，包括与法兰的连接应可靠，不得出现分离和变形等缺陷。

5. 风管系统的阀门等配件

风阀经常出现的质量问题是：调节不灵（过松、过紧等），定位不可靠和启闭方向标准不明确，因此条文中作了规定，也是监理检查验收的重点。另外空气净化系统的阀门及配件要求更高，即清洁、严密和不易锈蚀，因此其铁件均要求采取镀锌处理。

6. 风管的安装

（1）风管及空气处理室内敷设电线、电缆以及有毒、易燃、易爆气体或液体管道，一旦发生意外，就有可能通过风管系统危及整个建筑，但对于接入空气处理室的制冷管道、风机电线以及空调系统的自动控制线路不受这个限制。

（2）这里的接口指是法兰和无法兰连接接口，施工中由于管长计算有误或其他原因往往容易出现接口或调节机等装设在墙内或楼板内，也是监理在现场经常检查的一个内容。

（3）输送含有易燃、易爆气体和安装在易燃、易爆环境的风管系统均应有良好的接地，通风系统的接地装置，国内尚无具体的规定，但一般可参照电气管道的接地方法施工，风管各管段的连接处，可采用卡子或铜导线跨接。

（4）空气净化空调系统的风管安装，关键问题就是风管的清洁和严密，应重点注意以下几个问题：

1）必须要有一个严格的施工程序，并遵照执行，否则将会造成工程质量失控或返工；

2）风管、静压箱、风口及设备与围护结构的交接缝是应特别注意，否则大量的浮尘可通过这些缝隙进入洁净室；

3）法兰垫料的选材以及施工方法，必须按条文要求办。

7. 防火阀的安装

防火阀是通风空调系统中的安全装置，应能在火灾时立即起作用，所以对它的安装质量要求更为严格，防火阀分为重力式和弹簧式两大类，重力式防火阀又有水平安装和垂直安装，左式和右式之分，在安装时不能搞错。弹簧式防火阀有左式与右式之分，阀板开启应呈逆气流方向，为了达到易熔件正常感温，安装时应面向气流方向，现场安装的防火阀由于成品保护不当，放置过久，受潮生锈或在运输中损坏，产品本身质量和安装不当，都会造成阀门启闭困难，因此安装后必须做动作试验，有电信号输出装置的防火阀，还需要做电信号通路试验，失灵的要修复，不合格的要更换。

8. 排烟阀的安装

排烟阀属安全装置，平时处于常闭状态，火灾时人控或自动打开，进行排烟，保护人员不受烟雾伤害，排烟阀可分为两种形式，一种设置于墙体，一种安装于吊顶上。其结构可分为多叶式、翻板式等。阀门的复位及开启一为自动，一为手动，安装后应做动作试验，包括手动和电动，要求操作灵活、可靠以及关闭的严密性，严密性直接影响到系统的安全运行。如发现关闭不严的应进行修复，无法修复及不合格的应更换。

9. 通风机的安装

条文中已规定了风机安装精度，实际施工中，如果安装不好，将会引起风机（包括机架）的振动和噪声，因此，施工验收中应严格按此要求执行。

10. 现场组装空调机组

主要是在安装后应做漏风量的检测，以检验机组和安装质量。

11. 整体空调机组的安装

条文主要是针对热源（风冷）分体或整体空调机组的安装而提出来的要求，其周边环境主要指机组运转时的噪声，以及排出的热风是否影响周边环境，冷凝水的排放应做灌水试验，制冷剂管道的渗漏，对于热泵机组宜作两种情况下的检查（既空载和负载情况下）。

12. 电加热器的安装

电加热器有两种基本结构形式，一种为裸线式，在其定型产品中常做成抽屉式；另一种为管式，电阻丝装在特制套管中。电加热器的外表温度一般在100℃左右，所以要求连接加热器前后的风管法兰垫片及隔热层应为不燃材料。

13. 活塞式制冷机安装

制冷机组，包括活塞式、螺杆式、离心式等，现在一般都有生产厂家来现场安装和调试。

14. 冷却塔的安装

重点强调两点：

(1) 冷却塔大都安装在建筑物顶部，一般需设置承重基础或支座，冷却塔属轻结构设备，运行时既有水的循环，又有风的循环，因此安装时应特别注意平稳，底座固定应牢固，以达到安装运行的要求。

(2) 冷却塔外壳多为玻璃钢以及其填充料为塑料点波片或蜂窝片，均为易燃材料，虽然运行在水的环境中，不易燃烧，但在安装时，必须做好防火规定，这是有经验教训的。

15. 制冷剂管道的安全阀安装

安全阀主要是保证安全运行，防止因故障引起突然的压力升高，当超过警界压力时，安全阀能自行开启排出制冷液和气。本条文主要是对安全阀的放空管和排放口作了规定，以防安装位置不当。

16. 冷冻水系统管道安装

空调制冷的水系统是空调工程中的重要组成部分，与工业管道及采暖、卫生工程管道基本相同，但又有其特殊，因此安装中除了参照现行的国家标准《工业金属管道工程施工及验收规范》（GB 50235—97）、《建筑给水排水及采暖工程施工质量验收规范》（GB 50204—2002）的有关规定外，对于接口加工、焊接、支吊架、管道试压等一些有特殊要求的内容作了具体规定，我们在监理中也应给予相应的重视。例如，重要管段（大口径）和压力较大的管道焊缝进行超声波检测、重要部位的支架要求施工单位提出方案和施工图纸来确保施工质量，另外就是严格要求施工单位调试前对管道进行清洗，防止发生堵塞现象，这是施工中最常出现的质量通病，国家也在这里作了强制性规定。

另外，就是条文中规定的管道试压，试验压力为工作压力的1.25倍且最小不低于0.6MPa，条文没有把无缝钢管的管道部分定为1.5倍，原因是渗漏发生的主要部位是支管的镀锌管及管件接口处，提高无缝钢管的试验压力显得作用不大，另外就是高层建筑的冷凝水系统宜采取分层、分区试压，监理应要求施工单位提交试压方案，经审批后再实施。

17. 制冷系统的试验

这一部分目前由制冷设备的生产厂家进行。

18. 管道的保温

(1) 净化空调系统的保温材料要求较高，主要是对空气中浮尘最为重视，风管保温层如果采用玻璃纤维、短纤维矿棉等易产生尘埃的材料，显然对洁净工程不利，原因是风管负压段绝热层的微尘，极易通过咬口缝、法兰连接处等泄漏，侵入到风管内部，形成污染源，另外洁净室内也会进入尘埃，成为空间污染源，所以条文规定，不得使用易产生微尘的材料。

(2) 管道与套管之间的绝热容易被施工人员疏忽，处理不当也会造成冷凝水的产生和滴落，施工中套管与管道缝隙较狭小，间距不均，充填比较困难，所以本规定用软散绝热材料填充，也是监理重点检查的地方。

(3) 硬质或半硬质的绝热管壳具有施工方便，保温性能好的特点，已大量应用，但施工中硬质与半硬质绝热管壳的固定与缝隙处理是保证质量的关键，因此条文中做了较详细的规定，包括缝隙处理，错缝的位置等等，监理在日常检查中应特别注意，边边角角的处理，确保不留缝隙，达到保温效果。

19. 通风机安装和试运转

每台风机出厂前都要做叶轮的动平衡试验，试机前应盘动叶轮，应无卡阻和碰擦，这是检查叶轮有无偏心现象以及防止安装中有异物落进去的重要手段，这一点非常重要。

6.3.4 电气和防雷设备

1. 供配电系统

(1) 电力负荷的等级

电力负荷分为3个等级，主要是根据对供电可靠性的要求以及中断供电，在政治、经济上所造成损失或影响的程序来划分的，条文中做了明确的规定，设计人员设计时按此规定执行。

(2) 一级负荷的供电系统

指的是两个独立电源，一般指高压侧，设计中通常采用两种方式：

1) 高压段两路电源分别进线，互不干扰，中间不设联络柜。低压柜两路进线中间设联络柜供给全工程电源，如南京文化艺术中心采用这种方式。

2) 高压段两路同时供电、中间设联络柜，平时联络柜开关断开（设计中保证两进线开关合时，联络柜开关合不上），当某一路电源开关发生故障时，进线柜开关断开，此时机械联锁拆除，联络柜开关可合上。如南京人保大厦，这样可保证两路电源不会并接，一路电源发生故障不会损坏另一路电源，监理审查图纸时应着重看是否有此措施。

(3) 应急电源

与上述情况相仿，应急电源一般在低压侧，由柴油发电机供给，为防止并列运行，通常采用双电源自动切换开关，要求两路电源之间不仅有电气联锁，还要有机械联锁，如法国施耐德、西门子生产的开关都具有这种性能，例如南京市文化艺术中心、怡华酒店都采用这种形式。

(4) 导线截面的选择

选择导线不仅要考虑电压、电流、导体的动稳定及热稳定因素，还应考虑机械强度，室外小截面导线虽然电容量够了，但其机械强度不够，因而容易损坏，一般室外比室内截面提高1个档次，如室内选用1mm^{2}的，室外选1.5mm^2，室内选1.5mm^2，室外选2.5mm^{2}的，室内在2.5mm^{2}及以上的，室外就不提高截面档次了。

(5) 接地问题

为了进一步澄清行业内在接地问题上的混乱认识，结合国际电工委员会IEC标准《建筑物电气装置》TC64（634—3）的有关规定，目前我国低压供电系统中，电气设备保护线有如下几种连接方式：

1）TN-S 系统；

2）TN-C 系统；

3）TN-C-S 系统；

4）TT 系统；

5）IT 系统。

字母代号的意义：

①第一个字母 T 或 I 表示电源的对地关系：

T 表示一点与地连接；

I 表示与地绝缘或一点经阻抗与地连接。

②第二字母 N 或 T 表示装置的外露导电部分的对地关系：

N 表示外露导电部分与电源的中性点连接而接地；

T 表示外露导电部分直接接地。

③横线后字母 S、C 或 C-S 表示保护线与中线的组合情况：

S 表示中性线与保护线是分开的；

C 表示中性线与保护线是合用的；

C-S 表示中性线与保护线部分合用，部分分开的。

现将这几种连接方式简介如下：

1）TN-S 系统。在整个系统中，中性线（N 线）与保护线（PE 线）是分开的。该系统在正常工作时，保护线上不呈现电流，因此设备的外露可导电部分也不呈现对地电压，比较安全，并有较强的电磁适应性，适用于数据处理；精密检测装置等供电系统，目前在我国的高级民用建筑和新建医院已普遍采用，如图 6-3 所示。

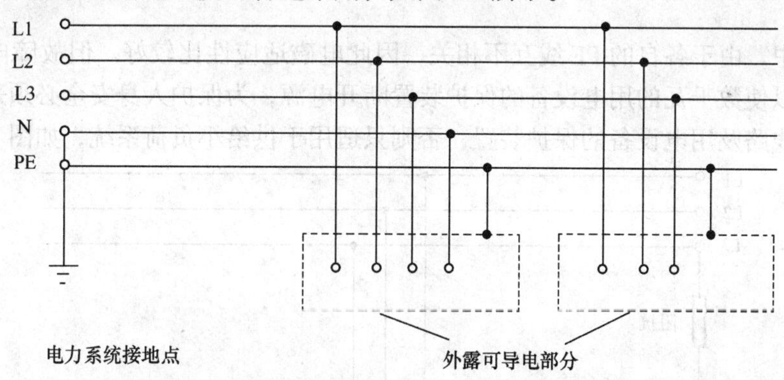

图 6-3　TN-S 系统，整个系统的中性线与保护线是分开的

2）TN-C 系统。在整个系统中，中性线（N 线）与保护线（PE 线）是合用的。当三相负荷不平衡或只有单相负荷时，PEN 线上有电流，如选用适当的开关保护装置和足够的导电截面，也能达到安全要求，且省材料，如图 6-4 所示。

3）TN-C-S 系统。在整个系统中，有部分中性线（N 线）与保护线（PE 线）是分开的。这种系统兼有 TN-C 系统的价格较便宜和 TN-S 系统的比较安全且电磁适应性比较强的特点，常用于线路末端环境较差的场所有数据处理等设备的供电系统，如图 6-5 所示。

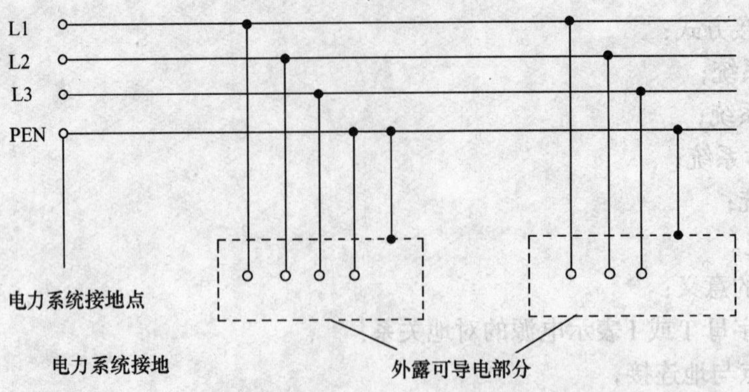

图 6-4　TN-C 系统，整个系统的中性线与保护线是合一的

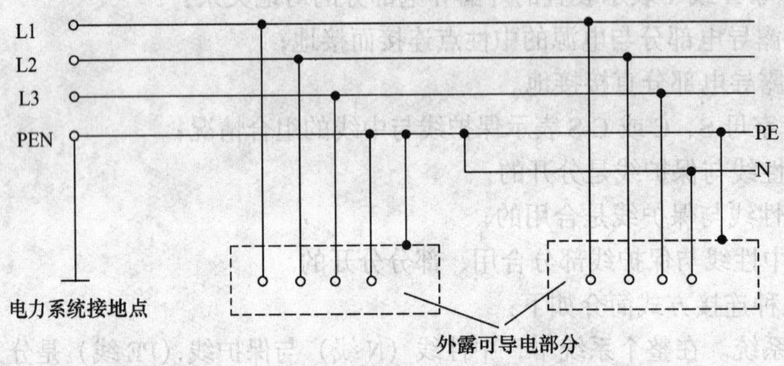

图 6-5　TN-C-S 系统，系统中有一部分中性线与保护线是合一的

4）TT 系统。电气装置的外露可导电部分单独接至电气上与电力系统的接地点无关的接地极。

该系统中，由于各自的 PE 线互不相关，因此电磁适应性比较好。但故障电流值往往很小，不足以使数千瓦的用电设备的保护装置断开电源，为保护人身安全必须采用残余电流开关作为线路及用电设备的保护装置，否则只适用于供给小负荷系统，如图 6-6 所示。

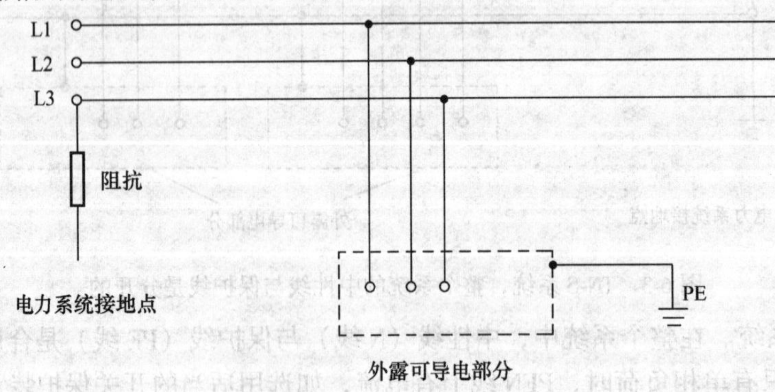

图 6-6　IT 系统

5）IT 系统。电源部分与大地不直接连接，电气装置的外露可导电部分直接接地。该系统多用于煤矿及厂用电等希望尽量少停电的系统，如图 6-7。

《交流电气装置接地设计规范》（GB 50065—97）中有具体规定，“强制性条文”中又

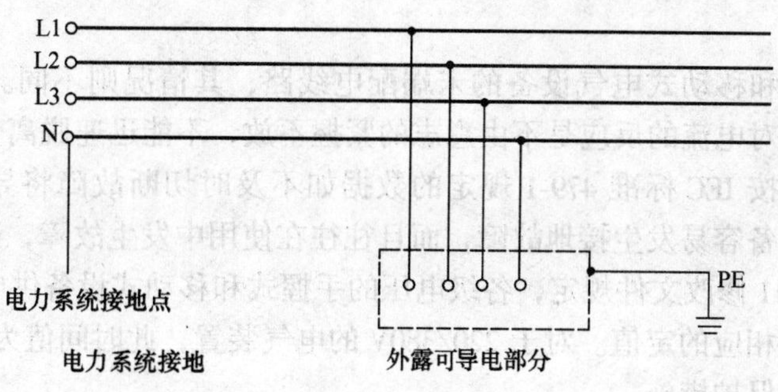

图 6-7 TT 系统

给予了强调，主要有以下内容：

①装置外可导电部分严禁用作 PEN 线；

②在 TN-C 系统中，PEN 线严禁接入开关设备，当需要在 PEN 线装设电器时，只能相应断开相线回路；

③在 TT 或 TN-S 系统中，N 线上不装设电器将 N 线断开，当需要断开 N 线时，应装设相线和 N 线一起切断的保护电器。

（6）防直接电击事故保护办法

1）防直接电击事故有许多保护办法，如采用安全超低压配电；限制放电能量，裸导体包绝缘材料，采用遮护物，将裸导体置于伸臂范围以外的保护等。本条所定的安全保护措施主要是采用遮护物和外罩以及加大人与裸带电体之间的距离等办法，防止人无意识地触及裸带电体。25V 交流电是不需防直接电击保护的安全电压（这是国际电工委员会的标准）。

2）根据国家标准，《外壳防护等级分类》的规定，IP2X 级防护，能防止直径大于 12mm 的固体异物进入防护壳内，能防止手指或长度不大于 80mm 的类似物触及壳内带电部分或运动部件。

（7）总等电位联结问题

单一的切断接地故障保护措施因保护电器产品的质量、电器参数的选择和其使用中的变化以及施工质量、维护管理水平等原因，其动作并非完全可靠，且保护电器尚不能防止由建筑物外进入的故障电压的危害。因此 IEC 标准和一些技术先进的国家，在采取接地故障保护措施时，应采取本规定的总等电位联结措施，目的是降低接触电压，IEC 标准和一些技术先进国家都将此列为接地保护的基本条件。条文中对 PE、PEN 干线；电气装置接地极的接地干线；建筑物内的水管、煤气管、采暖和空调管道等金属管道；条件许可的建筑物金属构件等导电体均要作总等电位联结。目前采暖空调的金属管道作总等电位联结还不普遍，应引起重视。

（8）切断故障回路的时间规定

对供电给固定式设备的末端线路切断故障的时间规定为不大于 5s，这是因为使用它时设备外露导电部分不是被手抓握住，发生接地故障时不论接触电压为多少它易于挣脱，也不易出现在发生接地故障时人手正好与之接触的情况。5s 这一时间值的规定是考虑了防电气火灾以及电气设备和线路绝缘热稳定的要求，同时也考虑了躲开了大电动机启动电流以及当线路长、故障电流小时保护电器动作时间长等因素，因此 5s 值的规定并非十分严格。

供电给手握式和移动式电气设备的末端配电线路，其情况则不同。当发生接地故障时，人的手掌肌肉对电流的反应是不由意志的紧握不放，不能迅速脱离带电体，从而长时间承受接触电压。按 IEC 标准 479-1 规定的数据如不及时切断故障将导致心室纤颤而死亡。另外，这种设备容易发生接地故障，而且往往在使用中发生故障，这就更增加了危险性。IEC 标准 364-41 修改文件规定，各级电压的手握式和移动式设备供电线路切断故障的允许最大时间为一相应的定值。对于 220/380V 的电气装置，此时间值为 0.4s。

（9）接地故障保护措施

为减小因接地故障引起的电气火灾危险，而采取的保护措施：

1）选用漏电电流动作保护器（装在电流总开关的进线处），其额定电流不应超过 500mA（0.5A），宜在 300～500mA 之间，动作时间应在 0.15～0.5s，分路选用 30mA 的触电保护器。

2）选用持续的绝缘监视电器，在出现线路绝缘故障时发出声光报警。

2. 变电设备

（1）变压器设置场所

主要从安全角度出发，要求设计人员在设计时给予考虑并应遵守。

（2）室内、外配电装置的最小电气安全净距

表中列出了不同电压等级下的室内、外配电装置的最小电气安全净距，主要是从安全角度出发，供设计人员设计时参照此表执行。

（3）配电柜（屏）的通道出口

这是为了保障高、低压柜（屏）在突发事故发生时，屏后值班巡视人员能及时离开事故点而提出的要求。

（4）油浸式变压器

这几条所述均为可燃油油浸式变压器。正是由于这些约束条件，可燃油油浸式变压器正在逐步被淘汰，目前民用建筑和工业建筑中已大量采用体积小重量轻的干式变压器了。

3. 防雷

（1）防雷分类

建筑物的防雷要求按设计规范的要求分为三类，如何划分，具体见《建筑物防雷设计规范》（GB 50057—94）设计人员应严格执行。

（2）防雷电波感应

防雷方法有三种，即防直击雷和防雷电波侵入、防雷电感应三种，前两种要求各类建筑均要采取措施，但对制造、使用或贮存爆炸物质的建筑物和爆炸危险环境采取防雷电感应原因是雷电感应可能感应出相当高的电压而发生火花放电引发事故。

（3）等电位连接

为减小在需要防雷的空间内发生火灾、爆炸、生命危险，等电位是一很重要措施。

所谓等电位就是用连接导线或过电压保护器将处在需要防雷的空间内防雷装置，建筑物的金属构架、从属装置、外来的导体物、电气和电信装置等连接起来。

具体做法有许多种，如金属装置的等电位联结，外来导体的等电位联结，电气和通信装置的等电位联结等等。

(4) 引线和接地体

建筑物主体结构混凝土内钢筋作为引下线和接地体，现已普通采用，本条规定，主要是保证导电面积，目前施工时主要问题是搭接焊的长度和钢筋连接的位置要检查，导电面积基本上不成问题

另外，利用基础内钢筋网作为接地体的要求：

1) 埋深 0.5m 以下；

2) 每根引下线连接的钢筋表面积总和应符合：$S \geqslant 4.24K_c^2$；注：K_c 是对不同类别的防雷建筑所定的一个参数（第二类防雷建筑为 0.66，第三类防雷建筑为 1)；

3) 钢筋连接方式——必须连成电气通路（焊接）。

监理工作：①检查施工单位对图纸要求落实情况——按图施工。

②检查钢筋连接的位置、搭接长度和连接方法。

(5) 防侧击雷和等电位保护

利用建筑物本身的钢构架、钢筋体及其他金属物的接地连接，实际施工中往往忽视 45m 高度以上的窗和高层建筑物的栏杆，外侧窗、门以及竖直敷设的金属管道及类似物在顶端和底端的接地连接，因此本规定作了强调，也是监理检查的重点。

（注：二类防雷建筑物的高度定为 45m 以及以上，三类防雷建筑物的高度为 60m 及以上）。

(6) 接闪器的组成与布置

这是根据国际有关标准和我国具体情况和以往习惯做法而定的，实际施工中，主要检查以下问题：

1) 审核接闪器是否符合防雷类别，主筋引下的导电面积；

2) 检查引下线施工是否满足图纸要求，包括位置正确与否焊接可靠及防腐处理等内容；

3) 接地电阻（防雷）是否符合图纸要求（接地电阻测试仪）；

4) 接地装置类型审核。

防雷系统图如图 6-8 所示。

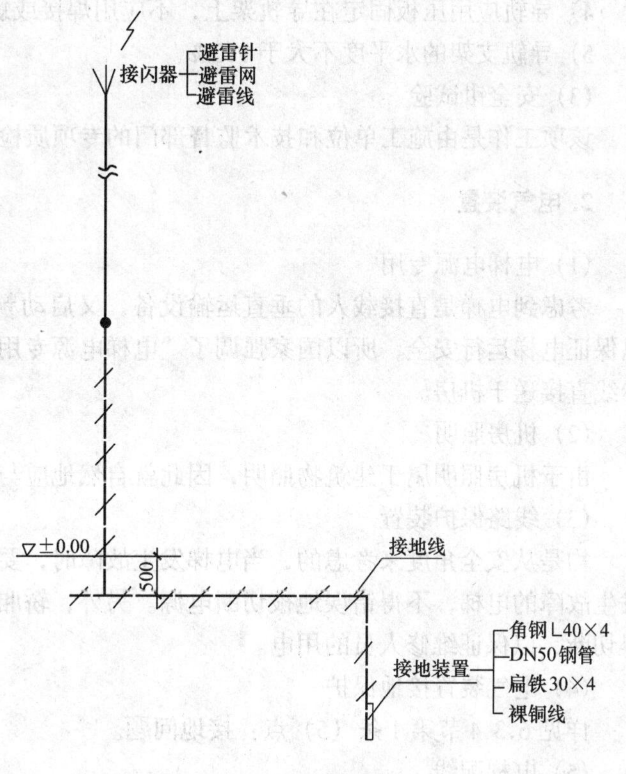

图 6-8 防雷系统图

6.3.5 电梯

1. 安装

(1) 钢丝绳

主要从安全角度考虑，钢丝绳是联接曳引机和轿厢的受力部件，安装时应用汽油擦洗干净，并检查有无打结、扭曲、松股等现象，并消除内应力。

(2) 导轨架的安装

1) 每根导轨至少有2个导轨支架，其间距不大于2.5m。

2) 导轨支架的地脚螺栓或支架直接埋入墙内，埋入深度不应小于120mm。这里强调的一点是：电梯井的围护墙往往用多孔砖砌筑，监理在现场应给予充分重视，导轨支架是不能采用膨胀螺栓固定的，应要求施工单位凡是在导轨支架安装的地方浇筑细石混凝土过梁，以确保导轨支架的安装牢固。

3) 焊接支架其焊缝应是连续的，并应双面焊牢。

4) 导轨应用压板固定在导轨架上，不应用焊接或螺栓直接连接。

5) 导轨支架的水平度不大于1.5%。

(3) 安全钳试验

该项工作是由施工单位和技术监督部门的专项质检单位进行。

2. 电气装置

(1) 电梯电源专用

考虑到电梯是直接载人的垂直运输设备，又启动频繁，为避免其他用电设备的干扰，以保证电梯运行安全，所以国家强调了"电梯电源专用"的问题，即由建筑物配电间设置专线直接送于机房。

(2) 机房照明

由于机房照明属于建筑物照明，因此就自然地应与电梯照明分开。

(3) 线路保护装置

均是从安全角度来考虑的，当电梯发生故障时，要求能迅速、准确地切断其电源，未发生故障的电梯，不得错误地被切断电源。另外，轿厢和井道的照明，通风、报警电源不得切断，以保证维修人员的用电。

(4) 电气装置接地保护

详见6.3.4节第1条(5)点：接地问题。

(5) 电梯配线

1) 电梯配线本身一定要有可靠的保护。目前，在电梯机房配线施工中，越来越多的施工人员将电梯厂配套供应的电线槽直接敷设在机房地面，这样做虽然便于施工和维修，但是，由于我国多数厂家提供的电线槽只适用于井道，其强度不够。因此，用于机房地面对导线不利，这应引起监理人员注意。

2) 保护线和220V及以上的端子应有明显标记，这一点有时做不到，往往有的电梯使用不久甚至交工时，线号就模糊不清，给维修检查造成困难。

（6）电气设备安装

1）近年来，随着电梯技术的进步和发展，井道和轿厢传感器已由原来单一的“干簧管——磁钢感应器”发展为“磁双稳开关”、“光电传感器”、“霍尔开关”等多种类型。他们在安装形式，配合尺寸及调整方法上都不尽相同，不便于在规范中一一提出具体要求，因此，只能对施工中应共同遵守的原则作出规定。

2）消防电梯的开关设置，这是消防部门提出的硬性要求。

3）目前，在电梯的运行使用中，层门闭锁装置是发生故障较多的部位，除产品制造质量外，现场安装调整也是至关重要的，一些个别施工人员，在安装调整层门锁时不按要求施工，甚至改变锁紧元件啮合部位的几何开关，使可靠性降低，严重的在层门关闭后，可以被扒开，这是非常危险的，因此规范中作了明确的要求。

（7）安全保护装置

1）由于安全保护开关中的许多开关的位置在试运行时尚需调整，同时也考虑到检修时的更换，因此条文中规定不得采用焊接的方法固定，另外有部分开关是靠机械部件的碰压面动作（为限位开关），还有的易受钢绳、钢带、皮带等摆动的影响，为保证电梯正常运行和故障时的检修方便，因此要求这些开关：一定要固定牢固，不能因正常碰撞而产生位移。另外，在正常碰压动作期间，开关还要有适量的压缩余量，以免不应有的损坏；

2）要求依机械动作而动作的开关（如限位开关等）必须动作可靠，确保电梯立即停止运行或不能启动；

3）极限和限位开关是电梯运行终端的重要保护开关，其位置要确保在缓冲器起作用前断开安全电路，使电梯停止运行，因此必须做到位置正确，动作灵活，动作可靠，验收时，必须进行检查，使其符合该条规定。

6.4 施工质量和安全部分

6.4.1 地基基础

1. 基本规定

本节引用《建筑地基基础工程施工质量验收规范》（GB 50202—2002）第4.1.5、4.1.6条款。

（1）对灰土地基、砂和砂石地基、土工合成材料地基、粉煤灰地基、强夯地基、注浆地基、预压地基，其竣工后的结果（地基强度或承载力）必须达到设计要求的标准。检验数量，每单位工程不应少于3点，1000m^2以上工程，每100m^2应至少有1点，3000m^2以上工程，每300m^2至少有1点。每一独立基础下至少应有1点，基槽每20延米应有1点。

（2）对水泥搅拌桩复合地基、高压喷射注浆桩复合地基、砂桩地基、振冲桩复合地基、土和灰土挤密桩复合地基、水泥粉煤灰碎石桩复合地基及夯实水泥土桩复合地基，其承载力检验，数量为总数的0.5%～1%，但不应少于3处。有单桩强度检验要求时，数量为总桩数的0.5%～1%，但不应少于3根。

2. 特殊性土

本节引用《湿陷性黄土地区建筑规范》(GB 50025—2004) 第 8.1.1、8.4.5 等条款。

(1) 在湿陷性黄土场地，对建筑物及其附属工程进行施工，应根据湿陷性黄土的特性和设计要求采取措施防止施工用水和场地雨水流入建筑物地基（或基坑内）引起湿陷。

(2) 当发现地基浸水湿陷和建筑物产生裂缝时，应暂时停止施工，切断有关水源，查明浸水的原因和范围，对建筑物的沉降和裂缝加强观测，并绘图记录，经处理后可继续施工。

(3) 管道和水池等施工完毕，必须进行水压试验。不合格的应返修或加固，重做试验，直至合格为止。清洗管道用水、水池用水和试验用水，应将其引至排水系统，不得任意排放。

(4) 在使用期间，对建筑物和管道应经常进行维护和检修，并应确保所有防水措施发挥有效作用，防止建筑物和管道的地基浸水湿陷。

3. 桩基础

本节引用《建筑地基基础工程施工质量验收规范》(GB 50202—2002) 第 5.1.3、5.1.4、5.1.5 条款。

(1) 打（压）入桩（预制混凝土方桩、先张法预应力管桩、钢桩）的桩位偏差，必须符合表 6-4 的规定。斜桩倾斜度的偏差不得大于倾斜角正切值的 15%（倾斜角系桩的纵向中心线与铅垂直线间夹角）。

预制桩（钢桩）桩位的允许偏差（mm） **表 6-4**

项	项　目	允许偏差（mm）
1	盖有基础梁的桩 (1) 垂直基础梁的中心线 (2) 沿基础梁的中心线	 $100+0.01H$ $150+0.01H$
2	桩数为 1～3 根桩基中的桩	100
3	桩数为 4～6 根桩基中的桩	1/2 桩径或边长
4	桩数大于 16 根桩基中的桩 (1) 最外边的桩 (2) 中间的桩	 1/3 桩径或边长 1/2 桩径或边长

注：H 为施工现场地面标高与桩顶标高的距离。

(2) 灌注桩的桩位偏差必须符合表 6-5 的规定，桩顶标高至少要比设计标高高出 0.5m，桩底清孔质量按不同的成桩工艺有不同的要求，应按本章的各节要求执行。每浇筑 50m^3 必须有 1 组试件，小于 50m^3 的桩，每根必须有 1 组试件。

灌注桩的平面位置和垂直度的允许偏差 **表 6-5**

序号	成孔方法		桩径允许偏差（mm）	垂直度允许偏差（%）	桩位允许偏差（mm）	
					1～3 根、单排桩基垂直于中心线方向和群桩基础的边桩	条形桩基沿中心线方向和群桩基础的中间桩
1	泥浆护壁钻孔桩	$D\leqslant1000$mm	±50	<1	$D/6$，且不大于 100	$D/4$，且不大于 150
		$D>1000$m	±50		$100+0.01H$	$150+0.01H$

续表

序号	成孔方法		桩径允许偏差（mm）	垂直度允许偏差（%）	桩位允许偏差（mm）	
					1～3根、单排桩基垂直于中心线方向和群桩基础的边桩	条形桩基沿中心线方向和群桩基础的中间桩
2	套管成孔灌柱桩	$D \leqslant 500$mm	－20	＜1	70	150
		$D > 500$mm			100	150
3	干成孔灌注桩		－20	＜1	70	150
4	人工挖孔桩	混凝土护壁	＋50	＜0.5	50	150
		钢套管护壁	＋50	＜1	100	200

注：1. 桩径允许偏差的负值是指个别断面；

2. 采用复打、反插法施工的桩，其桩径允许偏差不受上表限制；

3. H 为施工现场地面标高与桩顶设计标高的距离，D 为设计桩径。

（3）工程桩应进行承载力检验。对于地基基础设计等级为甲级或地质条件复杂，成桩质量可靠性低的灌注桩，应采用静荷载试验的方法进行检验，检验桩数不应少于总桩数的1%，且不应少于3根，当总数少于50根时，应不少于2根。

4. 边坡、基坑支护

本节引用《建筑地基基础工程施工质量验收规范》（GB 50202—2002）第7.1.3、7.1.7条款，引用《建筑基坑支护技术规程》（JGJ 120—99）第3.7.2、3.7.3、3.7.5等条款。

（1）土方开挖的顺序、方法必须与设计工况相一致，并遵循“开槽支撑，先撑后挖，分层开挖，严禁超挖”的原则。

（2）基坑（槽）、管沟土方工程验收必须确保支护结构安全和周围环境安全为前提。当设计有指标时，以设计要求为依据，如无设计指标时应按表6-6的规定执行。

基坑变形的监护值（cm）　　表6-6

基坑类别	围护结构墙顶位移	围护结构墙体最大位移	地面最大沉降
	监控值	监控值	监控值
一级基坑	3	5	3
二级基坑	6	8	6
三级基坑	8	10	10

注：1. 符合下列情况之一，为一级基坑；

（1）重要工程或支护结构做主体结构的一部分；

（2）开挖深度大于10m；

（3）与临近建筑物、重要设施的距离在开挖深度以内的基坑。

（4）基坑范围内有历史文物、近代优秀建筑、重要管线等需严加保护的基坑。

2. 三级基坑为开挖深度小于7m，且周围环境无特别要求时的基坑；

3. 除一级和三级外的基坑属二级基坑；

4. 当周围已有的设施有特殊要求时，尚应符合这些要求。

（3）基坑边界周围地面应设排水沟，且应避免漏水、渗水进入坑内；放坡开挖时，应对坡顶、坡面、坡脚采取降排水措施。

（4）坑基周边严禁超堆荷载。

(5) 坑基开挖过程中，应采取措施防止碰撞支护结构、工程桩或扰动基底原状土。

(6) 对土石方开挖后不稳定或欠稳定的边坡，应根据边坡的地质特征和可能发生的破坏等情况，采取自上而下、分段跳槽、及时支护的逆作法或部分逆作法施工。严禁无序大开挖、大爆破作业。

(7) 一级边坡工程施工应采用信息施工法。

(8) 岩石边坡开挖采用爆破施工法时，应采取有效措施避免爆破对边坡和坡顶建（构）筑物的震害。

5. 地基处理

本节引用《建筑地基处理技术规范》(JGJ 79—2002) 第 4.4.2、5.4.2、6.3.5、6.4.3、7.4.4、8.4.4、9.4.2、10.4.2、11.3.15、11.4.3、12.4.5、13.4.3、14.4.3、15.4.3、16.4.2 条款。

(1) 垫层的施工质量检验必须分层进行。应在每层的压实系数符合设计要求后铺填上层土。

(2) 预压法施工验收检验应符合下列规定：

1) 排水竖井处理深度范围内和竖井底面以下受压土层，经预压所完成的竖向变形和平均固结度应满足设计要求；

2) 应对预压的地基上进行原位十字板剪切试验和室内土工试验。

(3) 当强夯施工所产生的振动对邻近建筑物或设备会产生有害的影响时，应设置监测点，并采取挖隔振沟等隔振或防振措施。

(4) 强夯处理后的地基竣工验收时，承载力检验应采用原位测试和室内土工试验。强夯置换后的地基竣工验收时，承载力检验除应采用单墩载荷试验检验外，尚应采用动力触探等有效手段查明置换墩着底情况及承载力与密度随深度的变化，对饱和粉土地基允许采用单墩复合地基载荷试验代替单墩载荷试验。

(5) 振冲处理后的地基竣工验收时，承载力检验应采用复合地基载荷试验。

(6) 砂石桩地基竣工验收时，承载力检验应采用复合地基载荷试验。

(7) 水泥粉煤灰碎石桩地基竣工验收时，承载力检验应采用复合地基载荷试验。

(8) 夯实水泥土桩地基竣工验收时，承载力检验应采用单桩复合地基载荷试验。对重要或大型工程，尚应进行多桩复合地基载荷试验。

(9) 水泥土搅拌法（干法）喷粉施工机械必须配置经国家计量部门确认的具有能瞬时检测并记录出粉量的粉体计量装置及搅拌深度自动记录仪。

(10) 竖向承载水泥土搅拌桩地基竣工验收时，承载力检验应采用复合地基载荷试验和单桩载荷试验。

(11) 竖向承载旋喷桩地基竣工验收时，承载力检验应采用复合地基载荷试验和单桩载荷实验。

(12) 石灰桩地基竣工验收时，承载力检验应采用复合地基载荷试验。

(13) 灰土挤密桩和土挤密桩地基竣工验收时，承载力检验应采用复合地基载荷试验。

(14) 柱锤冲扩桩地基竣工验收时，承载力检验应采用复合地基载荷试验。

(15) 单液硅化法处理后的地基竣工验收时，承载力及其均匀性应采用动力触探或其他原位测试检验。

6.4.2 混凝土工程

1. 基本规定

本节引用《混凝土结构工程施工质量验收规范》(GB 50204—2002) 第 5.1.1、7.2.2 等条款。

(1) 当钢筋的品种、级别或规格需作变更时，应办理设计变更文件。

(2) 混凝土中掺用外加剂的质量及应用技术应符合现行国家标准《混凝土外加剂》(GB 8076)、《混凝土外加剂应用技术规范》(GB 50119) 等和有关环境保护的规定。

(3) 预应力混凝土结构中严禁使用含氯化物的外加剂。钢筋混凝土结构中，当使用含氯化物的外加剂时，混凝土中氯化物的总含量应符合现行国家标准《混凝土质量控制标准》(GB 50164) 的规定。

2. 模板工程

本节引用《混凝土结构工程施工质量验收规范》(GB 50204—2002) 第 4.1.1、4.1.3 条款。

(1) 模板及其支架应根据工程结构形式、荷载大小、地基土类别、施工设备和材料供应等条件进行设计。模板及其支架应具有足够的承载能力、刚度和稳定性，能可靠地承受浇筑混凝土的重量、侧压力以及施工荷载。

(2) 模板及其支架拆除的顺序及安全措施应按施工技术方案执行。

3. 钢筋工程

本节引用《混凝土结构工程施工质量验收规范》(GB 50204—2002) 第 5.2.1、5.2.2、5.5.1 条款。

(1) 钢筋进场时，应按现行国家标准《钢筋混凝土用热轧带肋钢筋》(GB 1499) 等的规定抽取试件作力学性能检验，其质量必须符合有关标准的规定。

(2) 对有抗震设防要求的框架结构，其纵向受力钢筋的强度应满足设计要求；当设计无具体要求时，对一、二级抗震等级，检验所得的强度实测值应符合下列规定：

1) 钢筋的抗拉强度实测值与屈服强度实测值的比值不应小于 1.25；

2) 钢筋的屈服强度实测值与强度标准值的比值不应大于 1.3。

(3) 钢筋安装时，受力钢筋的品种、级别、规格和数量必须符合设计要求。

4. 预应力工程

本节引用《混凝土结构工程施工质量验收规范》(GB 50204—2002) 第 6.2.1、6.3.1、6.4.4、9.1.1 等条款。

(1) 预应力筋进场时，应按现行国家标准《预应力混凝土用钢绞线》(GB/T 5224) 等的规定抽取试件作力学性能检验，其质量必须符合有关标准的规定。

(2) 预应力筋安装时，其品种、级别、规格、数量必须符合设计要求。

(3) 张拉过程中应避免预应力筋断裂或滑脱；当发生断裂或滑脱时，必须符合下列规定：

1) 对后张法预应力结构构件，断裂或滑脱的数量严禁超过同一截面预应力筋总根数的3%，且每束钢丝不得超过一根；对多跨双向连续板，其同一截面应按每跨计算；

2) 对先张法预应力构件，在浇筑混凝土前发生断裂或滑脱的预应力筋必须予以更换。

(4) 预制构件应进行结构性能检验。结构性能检验不合格的预制件不得用于混凝土结构。

(5) 预应力筋张力锚固定完毕后，应尽快灌浆。切割外露于锚具的预应力筋必须用砂轮锯或氧—乙炔焰，严禁使用电弧。当用氧—乙炔焰切割时，火焰不得接触锚具，切割过程中还应用水冷却锚具。切割后预应力筋的外露长度不应小于30mm。

(6) 预应力筋张拉锚固定及灌浆完毕后，对于暴露于外部的锚具或连接器必须尽快实施永久性防护措施，防止水分和其他有害介质侵入。防护措施还应具有符合设计要求的防火隔热功能。

5. 混凝土工程

本节引用《混凝土结构工程施工质量验收规范》(GB 50204—2002) 第7.2.1、7.4.1、8.2.1、8.3.1等条款。

(1) 水泥进场时应对其品种、级别、包装或散装仓号、出厂日期等进行检查，并应对其强度、安定性及其他必要的性能指标进行复验，其质量必须符合现行国家标准《硅酸盐水泥、普通硅酸盐水泥》(GB 175) 等的规定。

(2) 当在使用中对水泥质量有怀疑或水泥出厂超过三个月（快硬硅酸盐水泥超过一个月）时，应进行复验，并按复验的结果使用。

(3) 钢筋混凝土结构、预应力混凝土结构中，严禁使用含氯化物的水泥。

(4) 混凝土的强度等级必须符合设计要求。用于检查结构件混凝土强度的试件，应在混凝土的浇筑地点随机抽取。取样与试件留置应符合下列规定：

1) 每拌制100盘且不超过100m^{3}的同配合比的混凝土，取样不得少于一次；

2) 每工作班拌制的同一配合比的混凝土不足100盘时，取样不得少于一次；

3) 当一次连续浇筑超过1000m^{3}时，同一配合比的混凝土每200m^{3}取样不得少于一次；

4) 每一层楼、同一配合比的混凝土，取样不得少于一次；

5) 每次取样应至少留置一组标准养护试件，同条件养护试件的留置组数应根据实际需要确定。

(5) 现浇结构的外观质量不应有严重缺陷。

(6) 现浇筑结构不应有影响结构性能和使用功能的尺寸偏差。混凝土设备基础不应有影响结构性能和设备安装的尺寸偏差。

(7) 进行抗渗混凝土配合比设计时，尚应增加抗渗性能试验。

(8) 进行抗冻混凝土配合比设计时，尚应增加抗冻融性能试验。对重要工程混凝土使用的砂，应采取化学法和砂浆长度法进行集料的碱活性检验。

(9) 采用海砂配置混凝土时，其氯离子含量应符合下列规定：

1) 对钢筋混凝土，海砂中氯离子含量不应大于0.06%（以干砂重的百分率计，下同）；

2）对预应力混凝土若必须使用海砂时，则应经淡水冲洗，其氯离子含量不得大于0.02%。

（10）对重要工程的混凝土所使用的碎石或卵石应进行碱活性检验。

（11）抗冻融性要求高的混凝土，必须用引气剂或引气减水剂，其掺量应根据混凝土的含气量要求，通过试验确定。

（12）含有六价铬盐、亚硝酸盐等有毒防冻剂，严禁用于饮水工程及与食品接触的部位。

6.4.3 钢结构工程

本节引用《钢结构工程施工质量验收规范》（GB 50205—2001）第4.2.1、4.3.1、4.4.1、5.2.2、5.2.4、6.3.1、8.3.1、10.3.4、11.3.5、12.3.4、14.2.2、14.3.3条款，引用《建筑钢结构焊接技术规程》（JGJ 81—2002）第3.0.1、4.4.2、5.1.1、7.1.5、7.3.3条款。

（1）钢材、钢铸件的品种、规格、性能等应符合现行国家产品标准和设计要求。进口钢材产品的质量应符合设计和合同规定标准的要求。

（2）焊接材料的品种、规格、性能等应符合现行国家产品标准和设计要求。

（3）钢结构连接用高强度大六角头螺栓连接副、扭剪型高强度螺栓连接副、钢网架用高强度螺栓、普通螺栓、铆钉、自攻钉、拉铆钉、射钉、锚栓（机械型和化学试剂型）、地脚螺栓等紧固标准件及螺母、垫圈等标准配件，其品种、规格、性能等应符合现行国家产品标准和设计要求。高强度大六角头螺栓连接副和扭剪型高强度螺栓连接副出厂时应分别带有扭矩系数和紧固轴力（预拉力）的检验报告。

（4）焊工必须考试合格并取得合格证书。持证焊工必须在其考试合格项目及其认可范围内施焊。

（5）设计要求全焊透的一、二级焊缝应采用超声波探伤进行内部缺陷的检验，超声波探伤不能对缺陷作出判断时，应采用射线探伤，其内部缺陷分级及探伤方法应符合现行国家标准《钢焊缝手工超声波探伤方法和探伤结果分级》（GB 11345）和《钢熔化焊对接接头射线照相和质量分级》（GB 3323）的规定。

（6）焊接球节点网架焊缝、螺栓球节点网架焊缝及圆管T、K、Y形节点相关线焊缝，其内部缺陷分级及探伤方法应分别符合国家现行标准的规定。

（7）一、二级焊缝的质量等级及缺陷分级应符合表6-7的规定。

一、二级焊缝的质量等级及缺陷分级 **表6-7**

焊缝质量等级		一 级	二 级
内部缺陷超声波探伤	评定等级	Ⅱ	Ⅲ
	检验等级	B级	B级
	探伤比例	100%	20%
内部缺陷射线探伤	评定等级	Ⅱ	Ⅲ
	检验等级	AB级	AB级
	探伤比例	100%	20%

注：探伤比例的计数方法应按以下原则确定：（1）对工厂制作焊缝，应按每条焊缝计算百分比，且探伤长度应不小于200mm，当焊缝小于200mm时，应对整条焊缝进行探伤；（2）对现场安装焊缝，应按同一类型、同一施焊条件的焊缝条数计算百分比，探伤长度不应小于200mm，并应不少于一条焊缝。

(8) 钢结构制作和安装单位应分别进行高强度螺栓连接摩擦面的抗滑移系数试验和复验，现场处理的构件摩擦面应单独进行摩擦面抗滑移系数试验，其结果应符合设计要求。

(9) 吊车梁和吊车桁架不应下挠。

(10) 单层结构主体结构的整体垂直度和整体平面弯曲的允许偏差应符合表6-8的规定。

整体垂直度和整体平面弯曲的允许偏差 **表6-8**

项　目	允许偏差（mm）	图　例
主体结构的整体垂直度	$H/1000$，且不应大于25.0	Δ H
主体结构的整体平面弯曲	$L/1500$，且不应大于25.0	Δ L

(11) 多层及高层钢结构主体结构的整体垂直度和整体平面弯曲的允许偏差应符合表6-9的规定。

整体垂直度和整体平面弯曲的允许偏差 **表6-9**

项　目	允许偏差（mm）	图　例
主体结构的整体垂直度	($H/2500+10.0$)，且不应大于50.0	Δ H
主体结构的整体平面弯曲	$L/1500$，且不应大于25.0	Δ L

(12) 钢网架结构总拼完成后及屋面工程完成后应分别测量其挠度值，且所测的挠度值不应超过相应设计的1.15倍。

(13) 涂料、涂装遍数、涂层厚度均应符合设计要求。当设计对涂层厚度无要求时，涂层干漆膜总厚度：室外应力 150μm，室内应为 125μm，其允许偏差为 - 25μm。每遍涂层干漆膜厚度的允许偏差为 - 5μm。

（14）薄涂型防火涂料的涂层厚度应符合有关耐火极限的设计要求。厚涂型防火涂料涂层的厚度，80%及以上面积应符合有关耐火极限的设计要求，且最薄处厚度不应低于设计要求的 85%。

（15）建筑钢结构用钢材及焊接填充材料的选用应符合设计图的要求，并应具有钢厂和焊接材料厂出具的质量证明书或检验报告；其化学成分、力学性能和其他质量要求必须符合国家现行标准规定。当采用其他钢材或焊接材料替代设计选用的材料时，必须经原设计单位同意。

（16）严禁在调质钢上采用塞焊和槽焊焊缝。

（17）凡符合以下情况之一者，应在钢结构构件制作及安装施工之前进行焊接工艺评定：

1）国内首次应用于钢结构工程的钢材（包括钢材牌号与标准相符但微合金强化元素的类别不同，和供货状态不同，或国外钢号国内生产）；

2）国内首次应用于钢结构工程的焊接材料；

3）设计规定的钢材类别、焊接材料、焊接方法、接头形式、焊接位置、焊后热处理制度以及施工单位所采用的焊接工艺参数、预后热措施等各种参数的组合条件为施工企业首次采用。

抽样检查的焊缝数如不合格率小于 2%时，该批验收应定为合格；不合格率大于 5%时，该批验收应定为不合格；不合格率为 2% ~ 5%时，应加倍抽验，且必须在原不合格部位两侧的焊缝延长线各增加一处，如在所有抽检焊缝中不合格率不大于 3%时，该批验收应定为合格，大于 3%时，该批验收应定为不合格。当批量验收不合格时，应对该批余下焊缝的全数进行检查。当查出一处裂纹缺陷时，应加倍抽查，如在加倍抽检焊缝中未查出其他裂纹缺陷时，该批验收应定为合格，当检查出多处裂纹缺陷或加倍抽查又发现裂纹缺陷时，应对该批余下焊缝的全数进行检查。

（18）设计要求全焊透的焊缝，其内部缺陷的检验应符合下列标准：

1）一级焊缝应进行 100%的检验，其合格等级应为现行国家标准《钢焊缝手工超声波探伤方法及质量分级法》（GB 11345）B 级检验的Ⅱ级或Ⅱ级以上；

2）二级焊缝应进行抽检，抽检比例应不小于 20%，其合格等级应为现行国家标准《钢焊缝手工超声波探伤方法及质量分级法》（GB11345）B 级检验的Ⅲ级或Ⅲ级以上。

6.4.4 砌体工程

1. 砌筑砂浆

本书引用《砌体工程施工质量验收规范》（GB 50203—2002）第 4.0.1、4.0.8 等条款。

（1）水泥进场使用前，应分批对其强度、安定性进行复验。检验批应以同一生产厂家、同一编号为一批。

（2）当在使用中对水泥质量有怀疑或水泥出厂超过三个月（快硬硅酸盐水泥超过一个

月）时应复查试验，并按其结果使用。

(3) 不同品种的水泥，不得混合使用。

(4) 凡在砂浆中掺入有机塑化剂、早强剂、缓凝剂、防冻剂等，应经检验和试配符合要求后，方可使用。有机塑化剂应有砌体强度的型式检验报告。

(5) 掺加料应符合下列规定：

严禁使用脱水硬化的石灰膏。

(6) 砌筑砂浆稠度、分层度、试配抗压强度必须同时符合要求。

(7) 砌筑砂浆的分层度不得大于 30mm。

2. 砖砌体工程

本节引用《砌体工程施工质量验收规范》(GB 50203—2002) 第 5.2.1、5.2.3 条款。

(1) 砖和砂浆的强度等级必须符合设计要求。

(2) 砖砌体的转角处和交接处应同时砌筑，严禁无可靠措施的内外墙分砌施工。对不能同时砌筑而又必须留置的临时间断处应砌成斜槎，斜槎水平投影长度不应小于高度的 2/3。

3. 混凝土小型空心砌块砌体工程

本节引用《砌体工程施工质量验收标准》(GB 50203—2002) 第 6.1.2、6.1.7、6.1.9、6.2.1、6.2.3 条款。

(1) 施工时，所用的小砌块的产品龄期不应小于 28d。

(2) 承重墙严禁使用断裂小砌块。

(3) 小砌块应底面朝上反砌于墙上。

(4) 小砌块和砂浆的强度等级必须符合设计标准。

(5) 墙体转角处和纵横墙交接处应同时砌筑。临时间断处应砌成斜槎，斜槎水平投影长度不应小于高度的 2/3。

4. 石砌体工程

本节引用《砌体工程施工质量验收标准》(GB 50203—2002) 第 7.1.9、7.2.1 条款。

(1) 挡土墙的泄水孔当设计无规定时，施工应符合下列规定：

1) 泄水孔应均匀设置，在每米高度上间隔 2m 左右设置一个泄水孔；

2) 泄水孔与土体间铺设长宽各为 300mm、厚 200mm 的卵石或碎石作疏水层。

(2) 石材及砂浆强度等级必须符合设计要求。

5. 配筋砌体工程

本节引用《砌体工程施工质量验收规范》(GB 50203—2002) 第 8.2.1、8.2.2 条款。

(1) 钢筋的品种、规格和数量应符合设计要求。

(2) 结构柱、芯柱、组合砌体构件、配筋砌体剪力墙构件的混凝土或砂浆的强度等级应符合设计标准。

6. 冬季施工

本节引用《砌体工程施工质量验收规范》（GB 50203—2002）第 10.0.4 条款。

冬期施工所用材料应符合下列规定：

（1）石灰膏等应防止受冻，如遭冻结，应在融化后使用；

（2）拌制砂浆用砂，不得含有冰块和大于 10mm 的冻结块；

（3）砌体用砖或其他块材不得遭水浸冻。

6.4.5 木结构工程

本书引用《木结构工程施工质量验收规范》（GB 50206—2002）第 5.2.2、6.2.1、7.2.1、7.2.2、7.2.3 条款。

（1）胶缝应检验完整性，并应按照表 6-10 规定胶缝脱胶试验方法进行。

（2）对于每个树种、胶种、工艺过程至少应检验 5 个全截面试件。脱胶面积与试验方法及循环次数有关，每个试件的脱胶面积所占的百分率应小于表 6-11 所列限值。

胶缝脱胶的检验方法 **表 6-10**

使用条件类别[1]	1		2		3
胶的型号[2]	Ⅰ	Ⅱ	Ⅰ	Ⅱ	Ⅰ
试验方法	A	C	A	C	A

注：1. 层板胶合木的使用条件根据气候环境分为 3 类：

1 类——空气温度达到 20℃，相对湿度每年有 2～3 周超过 65%，大部分软质树种木材平均平衡含水率不超过 12%；

2 类——空气温度达到 20℃，相对湿度每年有 2～3 周超过 85%，大部分软质树种木材平均平衡含水率不超过 20%；

3 类——导致木材平均平衡含水率超过 20%的气候环境，或木材处于室外无遮盖的环境中。

2. 胶的型号有Ⅰ型和Ⅱ型两种：

Ⅰ型——可用于各类使用条件下的结构构件（当选用间苯二酚树脂胶或酚醛间苯二酚树脂时，结构构件温度应低于 85℃）；

Ⅱ型——只能用于 1 类或 2 类使用条件，结构构件温度应经常低于 50℃（可选用三聚氰胺脲醛树脂胶）。

胶 缝 脱 胶 率（%） **表 6-11**

试 验 方 法	胶 的 类 型	循 环 次 数		
		1	2	3
A	Ⅰ	—	5	10
C	Ⅱ	10	—	—

（3）规格材的应力等级检验应满足下列要求：

1）对于每个树种、应力等级、规格尺寸至少应随机抽取 15 个足尺试件进行侧立受弯试验，测定抗弯强度；

2）根据全部试验数据统计分析后求得的抗弯强度设计值应符合规定。

（4）木结构防腐的构造措施应符合设计要求。

检查数量：以一幢木结构房屋或木屋盖为检查批全面检查。

检查方法：根据规定和施工图逐项检查。

(5) 木构件防护剂的保持量和透入度应符合下列规定：

1) 根据设计文件的要求，需要防护剂加压处理的木构件，包括锯材、层板胶合木、结构复合木材及结构胶合板制作的构件。

2) 木麻黄、马尾松、云南松、桦木、湿地松、杨木等易腐或易虫蛀木材制作的构件。

3) 在设计文件中规定与地面接触或埋入混凝土、砌体中及处于通风不良，经常潮湿的木构件。

检查数量：以一幢木结构房屋或一个木屋盖为检验批，属于本条第1款和第2款列出的木构件，每检验批油类防护剂处理的20个木心，其他防护剂处理的48个木心；属于本条第3款列出的木构件，检验批全数检查。

检查方法：测定木材防护剂的保持量和透入度。

(6) 木结构防火的构造措施，应符合设计要求。

检查数量：以一幢木结构房屋或一个木屋盖为检验批全面检查。

检查方法：根据规定和施工图逐项检查。

6.4.6 防水工程

1. 屋面工程

本节引用《屋面工程质量验收规范》（GB 50207—2002）第3.0.6、4.1.8、4.2.9、4.3.16、5.3.10、6.1.8、6.2.7、7.1.5、7.3.6、8.1.4、9.0.11条款。

(1) 屋面工程所采用的防水、保温隔热材料应有产品合格证书和性能、功能检测报告，材料的品种、规格、性能等应符合现行国家产品标准和设计要求。

(2) 屋面（含天沟、檐沟）找平层的排水坡度，必须符合设计要求。

(3) 保温层的含水率必须符合设计要求。

(4) 卷材防水层不得有渗漏或积水现象。

(5) 涂膜防水层不得有渗漏或积水现象。

(6) 细石混凝土防水层不得有渗漏或积水现象。

(7) 密封材料嵌填必须密实、连续、饱满，粘结牢靠，无气泡、开裂、脱落等缺陷。

(8) 平瓦必须铺置牢固。地震设防地区或坡度大于50%的屋面，应采用固定加强措施。

(9) 架空隔热制品的质量必须符合设计要求，严禁有断裂和露筋等缺陷。

(10) 天沟、檐沟、檐口、水落口、泛水、变形缝和伸出屋面管道的防水构造，必须符合设计要求。

2. 地下工程

本节引用《地下防水工程质量验收规范》（GB 50208—2002）第3.0.6、4.1.8、4.1.9、4.2.8、4.5.5、5.1.10、6.1.8条款。

(1) 地下防水工程所使用的防水材料，应有产品合格证书和性能检测报告，材料的品种、规格、性能等应符合现行国家产品标准和设计要求。不合格的材料不得在工程中使用。

(2) 防水混凝土的抗压强度和抗渗强度必须符合设计要求。

(3) 防水混凝土的变形缝、施工缝、后浇带、穿墙管道、埋设件等设置和构造，均须符合设计要求，严禁有渗漏。

(4) 水泥砂浆防水层各层之间必须牢固，无空鼓现象。

(5) 塑料板的搭接缝必须采用热风焊接，不得有渗漏。

(6) 喷射混凝土抗压强度、抗渗压力及锚杆抗压力必须符合设计要求。

(7) 反滤层的砂、石粒径和含泥量必须符合设计要求。

6.4.7　建筑装饰装修工程

本节引用《建筑装饰装修工程质量验收规范》（GB 50210—2002）第3.1.1、3.1.5、3.2.3、3.2.9、3.3.4、3.3.5、4.1.12、5.1.11、6.1.12、8.2.4、8.3.4、9.1.8、9.1.13、9.1.14、12.5.6条款，引用《金属与石材幕墙工程技术规范》（JGJ 133—2001）第6.5.1、7.2.4、7.3.4、7.3.10条款，引用《建筑地面工程施工质量验收规范》（GB 50209—2002）第3.0.3、3.0.6、3.0.15、4.9.3、4.10.8、4.10.10、5.7.4条款。

(1) 建筑装饰装修工程必须进行设计，并出具完整的施工图设计文件。

(2) 建筑装饰装修工程设计必须保证建筑物的结构安全和主要使用功能。当涉及主体和承重结构改动或增加荷载时，必须由原结构设计单位或具有相应设计资质的单位核查有关原始资料，对既有建筑结构的安全性进行核验、确认。

(3) 建筑装饰装修工程所用材料应符合国家有关建筑装饰装修材料有害物质限量标准的规定。

(4) 建筑装饰装修工程所用的材料应按设计要求进行防火、防腐和防虫处理。

(5) 建筑装饰装修工程施工中，严禁违反设计文件擅自改动建筑主体、承重结构或主要使用功能；严禁未经设计确认和有关部门批准擅自改动水、电、燃气、通讯等配套设施。

(6) 施工单位应遵守有关环境保护的法律法规，并应采取有效措施控制施工现场的各种粉尘、废气、废弃物、噪声、振动等对周围环境造成的污染和危害。

(7) 外墙和顶棚的抹灰层与基层之间及各抹灰层之间必须粘结牢靠。

(8) 建筑外门窗的安装必须牢固。在砌体上安装门窗严禁用射钉固定。

(9) 重型灯具、电扇及其他重型设备严禁安装在吊顶工程的龙骨上。

(10) 饰面安装工程的预埋件（或后置埋件）、连接件的数量、规格、位置、连接方法和防腐处理必须符合设计要求。后置埋件的现场拉拔强度必须符合设计要求。饰面板安装必须牢固。

(11) 饰面砖粘贴必须牢固。

(12) 隐框、半隐框幕墙所采用的结构粘结材料必须是中性硅酮结构密封胶，其性能必须符合《建筑用硅酮结构密封胶》（GB 16776）的规定；硅酮结构密封胶必须在有效期内使用。

(13) 主体结构与幕墙连接的各种预埋件，其数量、规格、位置和防腐处理必须符合设计要求。

(14) 幕墙的金属框架与主体结构预埋件的连接、立柱与横梁的连接及幕墙面板的安装必须符合设计要求，安装必须牢固。

(15) 护栏高度、栏杆间距、安装位置必须符合设计要求。护栏安装必须牢固。

(16) 金属与石材幕墙应按同一类构件的5%进行抽样检查，且每种构件不得少于5件。当有一个构件抽检不符合上述规定时，应加倍抽样复验，全部合格后方可出厂。

(17) 金属、石材幕墙与主体结构连接的预埋件，应在主体结构施工时按设计要求埋设。预埋件应牢固，位置准确，预埋件的位置误差应按设计要求进行复查。当设计无明确要求时，预埋件的标高偏差不应大于10mm，预埋件位置偏差不应大于20mm。

(18) 金属板与石板安装应符合下列规定：

1) 应对横竖连接件进行检查、测量、调整；

2) 金属板、石板安装时，左右、上下的偏差不应大于1.5mm；

3) 金属板、石板空缝安装时，必须有防水措施，并应有符合设计要求的排水出口；

4) 充填硅酮耐候密封胶时，金属板、石板缝的宽度、厚度应根据硅酮耐候密封胶的技术参数，经计算后确定。

(19) 幕墙安装施工应对下列项目进行验收：

1) 主体结构与立柱、立柱与横梁连接点安装及防腐处理；

2) 幕墙的防火、保温安装；

3) 幕墙的伸缩缝、沉降缝、防震缝及阴阳角的安装；

4) 幕墙的防雷接点的安装；

5) 幕墙的封口的安装。

(20) 建筑地面工程采用的材料应按设计要求和本规范的规定选用，并符合国家标准的规定；进场材料应有中文质量合格证明文件、规格、型号及性能检测报告，对重要材料应有复验报告。

(21) 厕浴间和有防滑要求的建筑地面的板块材料应符合设计要求。

1) 厕浴间、厨房和有排水（或其他液体）要求的建筑地面面层与相连接各类面层的标高应符合设计要求；

2) 有防水要求的建筑地面工程，铺设前必须对立管、套管和地漏与楼板节点之间进行密封处理；排水坡度应符合设计要求；

3) 厕浴间和有防水要求的建筑地面必须设置防水隔离层。楼层结构必须采用现浇混凝土或整块预制混凝土板，混凝土强度等级不得小于C20；楼板四周除门洞外，应做混凝土翻边，其高度不应小于120mm。施工时结构层标高和预留孔洞位置应准确，严禁乱凿洞；

4) 防水隔离层严禁渗漏，坡向应正确、排水通畅。

(22) 不发火（防爆的）面层采用的碎石应选用大理石、白云石或其他石料加工而成，并以金属或石料撞击时不发生火花为合格；砂应质地坚硬、表面粗糙，其颗粒径宜为0.15~5mm，含泥量不应大于3%，有机含量不应大于0.5%；水泥应采用普通硅酸盐水泥，其强度等级不应小于32.5级；层面分格的嵌条应采用不发生火花的材料配制。配制时应随时检查，不得混入金属或其他易发生火花的杂质。

6.4.8 施工安全要求

1. 临时用电

本节引用《施工现场临时用电安全技术规范》（JGJ 46—2005）第1.0.3、3.1.4、3.1.5、3.3.4、5.1.1、5.1.2、5.1.10、5.3.2、5.4.7、6.1.6、6.1.8、6.2.3、6.2.7、7.2.1、7.2.3、8.1.11、8.2.10、8.2.11、8.2.15、8.3.4、9.7.3、10.2.2、10.2.5、10.3.11条款。

（1）建筑施工现场临时用电工程专用的电源中性点直接接地的220/380V三相四线制低压电力系统，必须符合下列规定：

1）采用三级配电系统；

2）采用TN-S接零保护系统；

3）采用二级漏电保护系统。

（2）临时用电组织设计及变更时，必须履行“编制、审核、批准”程序，由电气工程技术人员组织编制，经相关部门审核及具有法人资格企业的技术负责人批准后实施。变更用电组织设计时应补充有关图纸资料。

（3）临时用电工程必须经编制、审核、批准部门和使用单位共同验收，合格后方可投入使用。

（4）临时用电工程定期检查应按分部、分项工程进行，对安全隐患必须及时处理，并应履行复查验收手续。

（5）在施工现场专用变压器的供电的TN-S接零保护系统中，电气设备的金属外壳必须与保护零线连接。保护零线应由工作接地线、配电室（总配电箱）电源侧零线或总漏电保护器电源侧零线处引出（图6-9）。

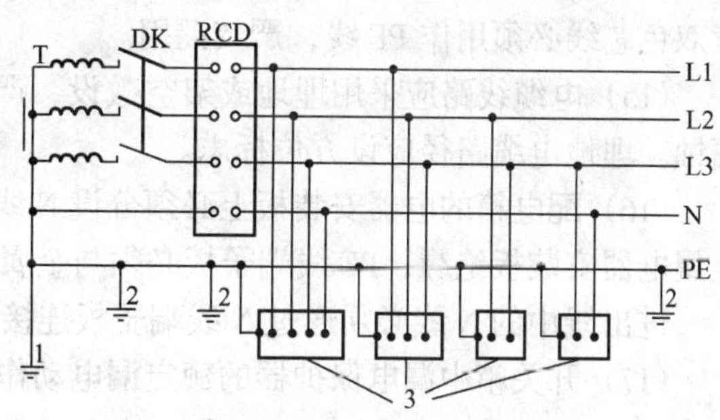

图6-9 专用变压器供电时TN-S接零保护系统示意

1—工作接地；2—PE线重复接地；3—电气设备金属外壳（正常不带电的外露可导电部分）；L1、L2、L3—相线；N—工作零线；PE—保护零线；DK—总电源隔离开关；RCD—总漏电保护器（兼有短路、过载、漏电保护功能的漏电断路器）；T—变压器

（6）当施工现场与外电线路共用同一供电系统时，电气设备的接地、接零保护应与原系统保持一致。不得一部分设备做保护接零，另一部分设备做保护接地。

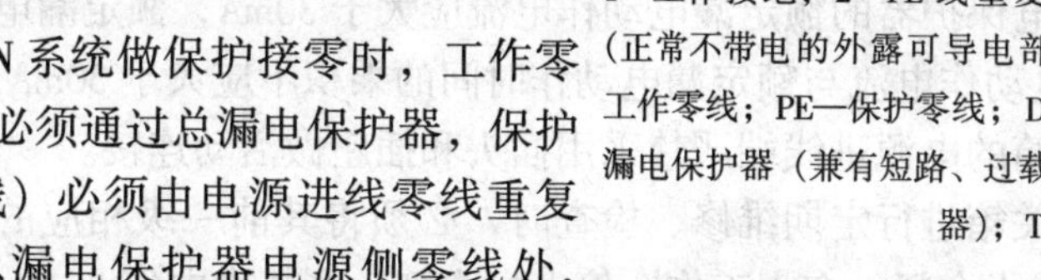

采用TN系统做保护接零时，工作零线（N线）必须通过总漏电保护器，保护零线（PE线）必须由电源进线零线重复接地处或总漏电保护器电源侧零线处，引出形成局部TN-S接零保护系统（图6-10）。

（7）PE线上严禁装设开关或熔断器，严禁通过工作电流，且严禁断线。

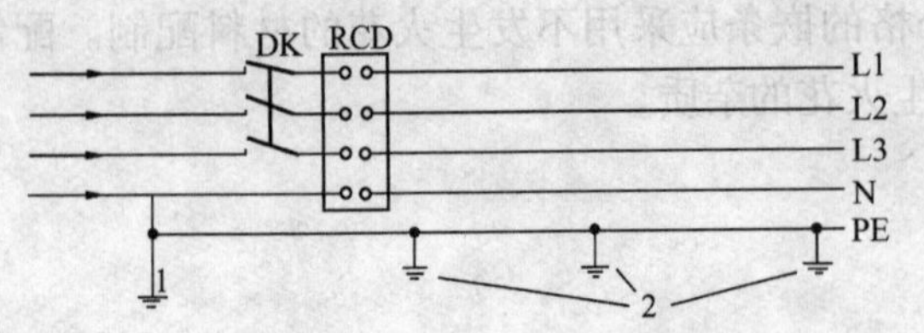

图 6-10 三相四线供电时局部
TN-S 接零保护系统保护零线引出示意
1—NPE 线重复接地；2—PE 线重复接地；L1、L2、L3—相线；N—工作零线；PE—保护零线；DK—总电源隔离开关；RCD—总漏电保护器（兼有短路、过载、漏电保护功能的漏电断路器）

（8）TN 系统中的保护零线除必须在配电室或总配电箱处做重复接地外，还必须在配电系统的中间处和末端处做重复接地。

在 TN 系统中，保护零线每一处重复接地装置的接地电阻值不应大于 10Ω。在工作接地电阻值允许达到 10Ω 的电力系统中，所有重复接地的等效电阻值不应大于 10Ω。

（9）做防雷接地机械上的电气设备，所连接的 PE 线必须同时做重复接地，同一台机械电气设备的重复接地和机械的防雷接地可共用同一接地体，但接地电阻应符合重复接地电阻值的要求。

（10）配电柜应装设电源隔离开关及短路、过载、漏电保护电器。电源隔离开关分断时应有明显可见分断点。

（11）配电柜或配电线路停电维修时，应挂接地线，并应悬挂“禁止合闸、有人工作”停电标志牌。停送电必须由专人负责。

（12）发电机组电源必须与外电线路电源连锁，严禁并列运行。

（13）发电机组并列运行时，必须装设同期装置，并在机组同步运行后再向负载供电。

（14）电缆中必须包含全部工作芯线和用作保护零线或保护线的芯线。需要三相四线制配电的电缆线路必须采用五芯电缆。

五芯电缆必须包含淡蓝、绿/黄二种颜色绝缘芯线。淡蓝色芯线必须用作 N 线；绿/黄双色芯线必须用作 PE 线，严禁混用。

（15）电缆线路应采用埋地或架空敷设，严禁沿地面明设，并应避免机械损伤和介质腐蚀。埋地电缆路径应设方位标志。

（16）配电箱的电器安装板上必须分设 N 线端子板和 PE 线端子板。N 线端子板必须与金属电器安装板绝缘；PE 线端子板必须与金属电器安装板做电气连接。

进出线中的 N 线必须通过 N 线端子板连接；PE 线必须通过 PE 线端子板连接。

（17）开关箱中漏电保护器的额定漏电动作电流不应大于 30mA，额定漏电动作时间不应大于 0.1s。

使用于潮湿或有腐蚀介质场所的漏电保护器应采用防溅型产品，其额定漏电动作电流不应大于 15mA，额定漏电动作时间不应大于 0.1s。

（18）总配电箱中漏电保护器的额定漏电动作电流应大于 30mA，额定漏电动作时间应大于 0.1s，但其额定漏电动作电流与额定漏电动作时间的乘积不应大于 30mA·s。

（19）配电箱、开关箱的电源进线端严禁采用插头和插座做活动连接。

（20）对配电箱、开关箱进行定期维修、检查时，必须将其前一级相应的电源隔离开关分闸断电，并悬挂“禁止合闸、有人工作”停电标志牌，严禁带电作业。

（21）对混凝土搅拌机、钢筋加工机械、木工机械、盾构机械等设备进行清理、检查、维修时，必须首先将其开关箱分闸断电、呈现可见电源分断点，并关门上锁。

（22）下列特殊场所应使用安全特低电压照明器：

1）隧道、人防工程、高温、有导电灰尘、比较潮湿或灯具离地面高度低于2.5m等场所的照明，电源电压不应大于36V；

2）潮湿和易触及带电体场所的照明，电源电压不得大于24V；

3）特别潮湿场所、导电良好的地面、锅炉或金属容器内的照明，电源电压不得大于12V。

（23）照明变压器必须使用双绕组型安全隔离变压器，严禁使用自耦变压器。

（24）对夜间影响飞机或车辆通行的在建工程及机械设备，必须设置醒目的红色信号灯，其电源应设在施工现场总电源开关的前侧，并应设置外电线路停止供电时的应急自备电源。

2. 高处作业

本节引用《建筑施工高处作业安全技术规范》（JGJ 80—91）第2.0.1、2.0.2、2.0.4、3.2.1、4.2.4、5.2.1、5.2.3、5.2.5、6.0.5条款。

（1）高处作业的安全技术措施以及所需料具，必须列入工程的施工组织设计。施工前，应逐级进行安全技术教育及交底，落实所有安全技术措施和人身防护用品，未经落实时不得进行施工。

（2）攀登和悬空作业人员以及搭设高处作业安全设施的人员，必须经过专业技术培训和专业考试合格，持证上岗，并定期进行体格检查。

（3）施工现场通道附近的洞与坑槽等处，除设置防护设施与安全标志外，夜间还应设置红灯警示。

（4）支模应按规定的作业程序进行，模板未固定前不得进行下一道工序。

（5）严禁在连接件和支撑件上攀登上下，并严禁在上下同一垂直面上装、拆模板。结构复杂的模板，装、拆应严格按照施工组织设计的措施进行。

（6）支设悬挑形式的模板时，应有稳固的立足点。支设临空构筑物模板时，应搭设支架或脚手架。

（7）支模、粉刷、砌墙等工种进行上下立体作业时，不得在同一垂直方向上操作。下层作业的位置，必须处于依上层高度确定的可能坠落范围半径之外。不符合以上条件时，应设置安全防护网。

（8）钢模板部件拆除后，临时堆放处离楼层边沿不应小于1m，堆放高度不得超过1m。楼层边口、通道口、脚手架边缘等处，严禁堆放任何拆下物件。

（9）由于上方施工可能坠落物件或处于起重机把杆回转范围之内的通道，在其受影响的范围内，必须搭设顶部有防止穿透的双层防护廊。安全防护措施的验收应按类别逐项检验，并作出验收记录。凡不符合规定者，必须修整合格后再进行查验。施工工期内还应定期进行抽查。

3. 机械使用

本节引用《建筑机械使用安全技术规程》（JGJ 33—2001）第3.1.7、3.1.8、3.1.11、3.1.14、3.6.17、3.6.19、3.7.14、4.1.5、4.1.8、4.1.10、4.1.12、4.1.16、4.2.6、

4.2.10、4.2.12、4.3.21、4.4.6、4.4.42、4.4.47、4.7.8、5.1.3、5.1.5、5.1.9、5.1.10、5.3.12、5.4.8、5.5.6、5.5.17、5.11.4、5.13.7、5.14.3、6.1.15、6.2.2、6.2.4、6.3.3、6.3.6、6.5.4、6.5.6、6.5.7、6.7.9、6.7.10、6.9.9、6.12.1、6.12.9、7.1.4、7.1.8、7.3.11、7.11.2、8.2.13、8.8.3、9.5.2、10.6.2、12.1.9、12.1.11、12.1.13、12.14.6、12.14.16条款。

(1) 严禁利用大地作工作零线，不得借用机械本身金属结构作工作零线。

(2) 电气设备的每个保护接地或保护接零点必须用单独的接地（零）线与接地干线（或保护零线）相连接。严禁在一个接地（零）线中串接几个接地（零）点。

(3) 严禁带电作业或采用预约停送电时间的方式进行电气检修。检修前必须先切断电源并在电源开关上挂“禁止合闸，有人工作”的警告牌。警告牌的挂、取应有专人负责。

(4) 发生人身触电时，应立即切断电源，然后方可对触电者作紧急救护。严禁在未切断电源之前与触电者直接接触。

(5) 各种电源导线严禁直接绑扎在金属架上。

(6) 配电箱电力容量在15kW以上的电源开关严禁采用瓷底胶木刀型开关。4.5kW以上电动机不得用刀型开关直接启动。各种刀型开关应采用静触头接电源，动触头接载荷，严禁倒接线。

(7) 使用射钉枪时应符合下列要求：

1) 严禁用手掌推压钉管和将枪口对准人；

2) 击发时，应将射钉枪垂直压紧在工作面上，当两次扣动扳机，子弹均不击发时，应保持原射击位置数秒钟后，再退出射钉弹；

3) 在更换零件或断开射钉枪之前，射枪内均不得装有射钉弹。

(8) 起重吊装的指挥人员必须持证上岗，作业时应与操作人员密切配合，执行规定的指挥信号。操作人员应按照指挥人员的信号进行作业，当信号不清或错误时，操作人员可拒绝执行。

(9) 起重机的变幅指示器、力矩限制器、起重量限制器以及各种行程限位开关等安全保护装置，应完好齐全、灵敏可靠，不得随意调整或拆除。严禁利用限制器和限位装置代替操纵机构。

(10) 起重机作业时，起重臂和重物下方严禁有人停留、工作或通过。重物吊运时，严禁从人上方通过。严禁用起重机载运人员。

(11) 严禁使用起重机进行斜拉、斜吊和起吊地下埋设或凝固在地面上的重物以及其他不明重量的物体。现场浇注的混凝土构件或模板，必须全部松动后方可起吊。

(12) 严禁起吊重物长时间悬挂在空中，作业中遇突发故障，应采取措施将重物降落到安全地方，并关闭发动机或切断电源后进行检修。在突然停电时，应立即把所有控制器拨到零位，断开电源总开关，并采取措施使重物降到地面。

(13) 起重机变幅应缓慢平稳，严禁在起重臂未停稳前变换挡位：起重机载荷达到额定起重量的90%及以上时，严禁下降起重臂。

(14) 当起重机如需带载行走时，载荷不得超过允许起重量的70%，行走道路应坚实平整，重物应在起重机正前方向，重物离地面不得大于500mm，并应栓好拉绳，缓慢行驶。严禁长距离带载行驶。

(15) 起重机上下坡道时应无载行走，上坡时应将起重臂仰角适当放小，下坡时应将起重臂仰角适当放大。严禁下坡空挡滑行。

(16) 行驶时，严禁人员在底盘走台上站立或蹲坐，并不得堆放物件。

(17) 起重机的拆装必须由取得建设行政主管部门颁发的拆装资质证书的专业队进行，并应有技术和安全人员在场监护。

(18) 起重机载人专用电梯严禁超员，其断绳保护装置必须可靠。当起重机作业时，严禁开动电梯。电梯停用时，应降至塔身底部位置，不得长时间悬在空中。

(19) 动臂式和尚未附着的自升式塔式起重机，塔身上不得悬挂标语牌。

(20) 卷筒上的钢丝绳应排列整齐，当重叠或斜绕时，应停机重新排列，严禁在转动中用手拉脚踩钢丝绳。

(21) 作业前，应查明施工场地明、暗设置物（电线、地下电缆、管道、坑道等）的地点及走向，并采用明显记号表示。严禁在离电缆1m距离以内作业。

(22) 机械运行中，严禁接触转动部位和进行检修。在修理（焊、铆等）工作装置时，应使其降到最低位置，并应在悬空部位垫上垫木。

(23) 在施工中遇下列情况之一时应立即停工，待符合作业安全条件时，方可继续施工：

(24) 配合机械作业的清底、平地、修坡等人员，应在机械回转半径以外工作。当必须在回转半径以内工作时，应停止机械回转并制动好后，方可作业。

(25) 在行驶或作业中，除驾驶室外，挖掘装载机任何地方均严禁乘坐或站立人员。

(26) 推土机行驶前，严禁有人站在履带或刀片的支架上，机械四周应无障碍物，确认安全后，方可开动。

(27) 作业中，严禁任何人上下机械，传递物件，以及在铲斗内、拖把或机架上坐立。

(28) 非作业行驶时，铲斗必须用锁紧链条挂牢在运输行驶位置上，机上任何部位均不得载入或装载易燃、易爆物品。

(29) 夯实机作业时，应一人扶夯，一人传递电缆线，且必须戴绝缘手套和穿绝缘鞋。递线人员应跟随夯机后或两侧调顺电缆线，电缆线不得扭结或缠绕，且不得张拉过紧，应保持有3~4m的余量。

(30) 严禁在废炮眼上钻孔和骑马式操作，钻孔时，钻杆与钻孔中心线应保持一致。

(31) 电缆线不得敷设在水中或在金属管道上通过。施工现场应设标志，严禁机械、车辆等在电缆上通过。

(32) 在坡道上停放时，下坡停放应挂上倒档，上坡停放应挂上一档，并应使用三角木楔等塞紧轮胎。

(33) 不得人货混装。因工作需要搭人时，人不得在货物之间或货物与前车厢板间隙内。严禁攀爬或坐卧在货物上面。

(34) 运载易燃、有毒、强腐蚀等危险品时，其装载、包装、遮盖必须符合有关的安全规定，并应备有性能良好、有效期内的灭火器。途中停放应避开火源、火种、居民区、建筑群等，炎热季节应选择阴凉处停放。装卸时严禁火种。除必要的行车人员外，不得搭乘其他人员。严禁混装备用燃油。

(35) 配合挖装机械装料时，自卸汽车就位后应拉紧手制动器，在铲斗需越过驾驶室时，驾驶室内严禁有人。

(36) 卸料后，应及时使车厢复位，方可起步，不得在倾斜情况下行驶。严禁在车厢内载人。

(37) 油罐车工作人员不得穿有铁钉的鞋。严禁在油罐附近吸烟，并严禁火种。

(38) 在检修过程中，操作人员如需要进入油罐时，严禁携带火种，并必须有可靠的安全防护措施，罐外必须有专人监护。

(39) 车上所有电气装置，必须绝缘良好，严禁有火花产生。车用工作照明应为36V以下的安全灯。

(40) 严禁料斗内载人。料斗不得在卸料工况下行驶或进行平地作业。

(41) 内燃机运转或料斗内载荷时，严禁在车底下进行任何作业。

(42) 以内燃机为动力的叉车，进入仓库作业时，应有良好的通风设施。严禁在易燃、易爆的仓库内作业。

(43) 施工升降机应为人货两用电梯，其安装和拆卸工作必须由取得建设行政主管部门颁发的拆装资质证书的专业队负责，并必须由经过专业培训，取得操作证的专业人员进行操作和维修。

(44) 升降机安装后，应经企业技术负责人会同有关部门对基础和附壁支架以及升降机架设安装的质量、精度等进行全面检查，并应按规定程序进行技术试验（包括坠落试验)，经试验合格签证后，方可投入运行。

(45) 打桩机作业区内应无高压线路。作业区应有明显标志或围栏，非工作人员不得进入。桩锤在施打过程中，操作人员必须在距离桩锤中心5m以外监视。

(46) 严禁吊桩、吊锤、回转或行走等动作同时进行。打桩机在吊有桩和锤的情况下，操作人员不得离开岗位。

(47) 悬挂振动桩锤的起重机，其吊钩上必须有防松脱的保护装置。振动桩锤悬挂钢架的耳环上应加装保险钢丝绳。

(48) 潜水泵放入水中或提出水面时，应先切断电源，严禁拉拽电缆或出水管。

(49) 搅拌机作业中，当料斗升起时，严禁任何人在料斗下停留或通过：当需要在料斗下检修或清理料坑时，应将料斗提升后用铁链或插入销锁住。

(50) 电缆线应满足操作所需的长度。电缆线上不得堆压物品或让车辆挤压，严禁用电缆线拖拉或吊挂振动器。

(51) 冷拉场地应在两端地锚外侧设置警戒区，并应安装防护栏及警告标志。无关人员不得在此停留。操作人员在作业时必须离开钢筋2m以外。

(52) 喷涂燃点在21℃以下的易燃涂料时，必须接好地线，地线的一端接电动机零线位置，另一端应接涂料桶或被喷的金属物体。喷涂机不得和被喷物放在同一房间里，周围严禁有明火。

(53) 对承压状态的压力容器及管道、带电设备、承载结构的受力部位和装有易燃、易爆物品的容器严禁进行焊接和切割。

(54) 当需施焊受压容器、密封容器、油桶、管道、沾有可燃气体和溶液的工件时，应先消除容器及管道内压力，消除可燃气体和溶液，然后冲洗有毒、有害、易燃物质：对存有残余油脂的容器，应先用蒸汽、碱水冲洗，并打开盖口，确认容器清洗干净后，再灌满清水方可进行焊接。在容器内焊接应采取防止触电、中毒和窒息的措施。焊、割密封容器应留出气孔，必要时在进、出气口处装设通风设备；容器内照明电压不得超过12V，焊工与焊件间应绝缘；容器外应设专人监护。严禁在已喷涂过油漆和塑料的容器内焊接。

（55）高空焊接或切割时，必须系好安全带，焊接周围和下方应采取防火措施，并应有专人监护。

（56）电石起火时必须用干砂或二氧化碳灭火器，严禁用泡沫、四氯化碳灭火器或水灭火。电石粒末应在露天销毁。

（57）未安装减压器的氧气瓶严禁使用。

7 计算机在监理工作中的应用

从世界上第一台微型计算机诞生起，在短短的几十年中，计算机以其强大的功能改变了整个世界，它强劲的发展势头带给世界一波又一波的变革。如今，计算机技术已经渗入各行各业。人们不论在家或外出，都无时无刻不感受到计算机给我们带来的方便快捷。所以，在工程监理这个高智能、高技术含量的行业中，利用计算机的强大功能对工程项目各方面的相关信息进行集成化管理，提高监理工作的准确性及高效性，是发展的必然趋势。

7.1 监理工作中所涉及的工作软件

7.1.1 办公系统

1.Word

Microsoft Word 2000 是微软公司新版 Office 2000 中的一部分，是现今最流行的一种文字处理器，以强大文字输入、排版及制表等功能以及简单易学的特点深受大众喜爱。

Word 2000 结合了流程化的文档创建和强大的 Web 功能，可以更高效地工作，以及更有效地与别人沟通思想。与 Office2000 的其余部分的高级集成，使您能够轻松使用包括来自其他 Office 应用的文本、数据和图形，去创建效果明显的文档。

主要特点：

(1) 流程化工作的方式

Microsoft Word 2000 帮助使用者最高效率利用时间。用智能的新格式化特征，创建高效打印和基于 Web 的文档更快更容易。

1) 以您希望的方式快速格式化文档

第一次用新的下拉式 WYSIWYG（所见即所得）字体菜单，选择理想的字体，它使您可以在选择字体之前预览它们。

单击您页面上的任何地方，并开始输入。新的单击和输入使中间对齐文本，缩进段落，及其他易如反掌——不再需要按 TAB 和 ENTER 键来到您想开始输入的地方。

2) 轻松从多个文档剪切和粘贴

不必在不同文档之间前后跳转来剪切和粘贴。Office2000 收集和粘贴允许您把多达 12 段来自不同文档的信息粘贴在剪贴板上，然后插入它们——每次一个或者全部一次——到您的 Word 文档。

3) 快速绘图和格式化

利用改进的表格灵活性来自动地把您表格周围的文本换行和创建包含浮动表格的文档。

完全按照您希望的方式创建表格。升级的表格工具使绘图和编辑表格比以前更容易。当您画表格时，可以一次画一个单元格，一次擦掉几条线，甚至把单元格对角分开。

4）只需单击您的鼠标，就可以创建高效的文档

从几百张新的剪贴画图像中选择，还可以在 Office Web 节点找到更多。插入或者简单地拖动图像到您的文档中。从新的专业模板例如传真表单封面、简历和网页中选择，来创建赏心悦目的文档。

（2）管理和共享信息

通过流程化通信和新的合作方法，提高您的生产效率。作为 Office 2000 的一部分，Microsoft Word 允许您使用已经熟悉的工具，通过 e-mail、打印和 Web，轻松地共享和管理信息。

1）使用 Office E-mail 来快速发送文档

用 E-mail 发送您的文档而不必离开 Word。只需单击打开 Word 中新的 Office E-mail 域名，把您的文档作为一条 e-mail 消息发送，并保留原始格式。

2）轻松共享高重现度的在线文档

作为 Office 2000 的伴随文件模式，HTML 使同任何人共享信息变得容易。使用保存为网页（HTML）特征来创建一个文档，任何有浏览器的人都可以查看，而重现度与它在 Word 中一样。

编辑用 Office Web 编辑器在 Word 中创建的网页——简单地“来回旅程”，即把您的文档放回 Word，在那儿您可以用全部的程序功能更新它。

3）创建专业质量的网页

作为 Office 2000 的一部分，Word 与 Microsoft 2000 Web 节点的创建和管理工具共享网页标题。使用一个标题模板来创建新的网页或者把标题应用到一个已有的网页中。从超过 30 种预设计的标题中选择。这些主题包括改变图形素材，例如背景、项目符号、文本格式和颜色选择。

4）轻松改进合作和信息管理用

Web 讨论把 Web 转换成一个合作工具。在一个文档中插入讨论注解，或者为常规讨论在页面底部打开一个窗口。使用讨论工具栏添加注解，通过已有注解定位，查看或者隐藏讨论窗口，或者在一个文档签名。

Web 预订允许您轻松地跟踪合作成果。预订以便通知在您的 Web 服务器上对任何 Office 2000 或者 HTML 文档的改变。您决定条件和更新频率，就可以自动把消息通过 e-mail 发给您。

5）用改进的超级链接更有效地共享信息

使用改进的超级链接界面，更容易地在您的文档插入超级链接。快速创建到其他文档、网页、图形和图片的链接——甚至定制文本显示在您的链接上的方式。Word 自动地检查所有链接，改正那些已经移动或者不工作的链接。

2. WPS

WPS 是一个完全国产的文字处理器，是中国人自己量身定做的办公软件。自从 1989 年金山公司全力推出 WPS 文字处理系统以来，版本已多次升级，功能不断增强。她以操

作简便、功能齐全、使用方便等优点在中文字处理领域市场上独领风骚，备受用户青睐，成为中文字处理软件的典范之作。

新版 WPS 2000 在设计上采用了最新的 Windows 95/98 界面风格，用过 Windows 95/98 或其他 Windows 软件的用户很快就可以上手。WPS 2000 继承了过去 WPS 易学易用的传统，很容易赢得用户的好感。

适合中文处理的需要。众所周知，中文的行文格式，写作习惯和西文差异很大，金山公司特别强调 WPS 2000 处理中文文档的特点，毕竟中国人自己设计开发的字处理软件更有把握一些，WPS 2000 不仅兼容更多的文件格式和图象格式，在文字修饰和对象的处理上，在艺术汉字和特大字打印方面，增添了更多的种类变化，用户可以充分地利用 WPS 2000 的先进功能美化文档和打印输出。

紧随时代潮流。WPS 2000 新增加的网络功能和多媒体演示功能大大增加了它的实用性。多媒体播放功能让用户方便地编辑和演示文档而不需要专门学习。在 INTERNET 方面，WPS 2000 的邮件发送功能和网上升级功能都让用户感到 WPS 2000 与网络紧密结合。

对硬件要求低。Office 97 固然是一套优秀的软件，但它实在太庞大，低档机无法流畅运行。WPS 2000 功能虽然丰富但对硬件要求不高。仅仅普通 486 机型，30 多兆的硬盘空间就能顺利运行 WPS 97，由于体积小，安装容易，运行速度也较快。

(1) 文件操作

文件操作是 WPS 2000 最重要的部分，为了用户使用方便。WPS 2000 的大多数命令都可以用菜单、工具条、语音、工具箱实现。新建文件可以根据已有的模板建立，也可以另外自创模板或将编辑的文件存为模板文件。WPS 2000 支持长文件名，兼容多种文件包括文本文件（＊.txt)、rtf 文件、超文本文件（＊.htm，＊·html）文件。WPS 2000 还可以直接读入写字板（＊.wri)、中文 Word（＊.doc)、Rich Text Format（＊.rtf)、超文本 HTML（＊.htm）等格式的文档。

WPS 2000 为编辑的文件提供了文章摘要信息，自动记录创建和修改日期，自动统计字数、段数、行数、页数，允许作者加入文件的标题、作者和备注。可以显示辅助信息以控制版芯，在存盘时可以选择加密方式，文件可保存为模板文件或换名存盘。如果打开了多个文件还可以一次保存所有文件。系统有定时存盘功能，修改旧文件能够自动备份。

(2) 文字和段落

为了方便用户对文件编辑排版，WPS 2000 提供了文字和段落的样式管理。样式是用一个指定的名字标识和保存的一组有关字符、段落、对象框特征的选项集合，它可以让用户一次就能定义一组格式。例如字体、大小、对齐及间距。定义好的样式既可以单独用于某一个文件也可以存为样式文件供其他 WPS 文件套用。在 WPS 2000 中，用户可以使用的样式有文字、段落样式。WPS 2000 的样式管理可以很方便地将整个文档编辑过程中的格式进行统一管理。使用样式可以同时设置文字、段落的多种属性，减小了文件占用的空间。通过定制和使用合适的样式，可以最大限度地减小文档编辑的工作量。保证文档格式的前后一致性。

对文字和段落的处理有专门的文字工具条供选用。并且在菜单命令中有专门的菜单命令负责字体、字形和字号的选择，文字修饰有空心、加框、立体、阴影、渐变、勾边等多种效果，并集中在一个对话框中统一处理，空心、阴影、渐变程度和色彩可以精细调整。

还可设置上下划线、上下标、并可选择划线种类和颜色。对段落的处理通过缩进来完成，可在标尺上调整左缩进，右缩进和首行缩进。也可以用鼠标右键菜单的“段落”命令精细调整缩进值。段落对齐方式有居左、居中、居右、匀齐、全匀齐多个选择。在段落中可插入制表符、前导字符、空格等。此外，WPS 2000 还提供了国标码和大五码相互转换的功能。

WPS 2000 自带十余种 TIF 字库，可以保证在打印大字时平滑缩放，外挂的 TTF 字库还能供金山艺术汉字调用。

在 WPS 2000 中建立新文档时，WPS 2000 对纸张大小、方向、页号及其他选项可以灵活设置，这些选项包括：纸张大小、页面方向（纵向或横向）、页边距、页眉和页脚、页号、文字横排或竖排、分栏和稿纸方式等。WPS 2000 在系统操作方面也有一些具体的参数可以调整，如自动存盘时间、操作和显示界面等，若用户不指定这些选项则系统使用缺省的设置。

（3）编辑与打印

文件编辑是文字处理软件的最大特点，当然也是 WPS 2000 的核心部分。WPS 2000 的文件编辑强调了在工具箱指导下编辑和修改文件，并为不同级别的用户提供了不同级别的菜单。同时有多种工具条供选用。编辑状态可在正常模式和全屏模式之间转换。用户在新建文件时可从现有的模板中选择一种模板建立新文件，也可以直接用默认的模板建立新文件或自建新模板。支持对象拖放，可在文档中插入多种对象，包括多媒体、图形、图像、表格、符号、页眉页脚、目录、条形码、公式和单元，可以用嵌入和链接的方式插入新对象，如 WORD 文件、金山艺术汉字、写字板文件等。鼠标有多种操作方式，如双击可选定段、三击选定全文等。选定的对象可以复制剪切粘贴，垂直滚动条滚动时可以显示页码、标题，可以在已编辑的文档中灌入文件。或将选定的文字输出成文本文件。查找替换方式有多种，可使用通配符，可使用书签和目录快速定位。

WPS 2000 在页面设置中允许自定义纸张，允许改变页眉页脚的位置，纸张边距会自动随页眉页脚的位置改变而相应调整。稿纸方式允许选择不同颜色，不同规格的稿纸。文字方向可以选择横排竖排，竖排可以选择从左到右或从右到左。打印预览可以选择双页、上一页、下一页，满意了可以当场打印。打印可以选择奇数页、偶数页或指定页号、当前页。打印方式可以选择反片输出，打印到文件，并可以指定打印份数。其最大的缺点是 WPS 2000 在打印时调用的是 Windows 的打印驱动程序，本身不提供打印驱动程序。

WPS 2000 的文字框可以置于页面文字的前面或后面，上面或下面。框中的文字和页面上的文字一样，可以进行格式编排、竖排和分栏。文字框内只能输入文字。

（4）表格

表格是中国人所习惯使用的资料填写方式。各类文档中经常采用各种表格来说明和对比有规律的数据和资料。WPS 2000 对表格的支持达到了前所未有的程度，它能在文档中创建报表、定制表格、绘制表格。WPS 2000 中的表格是以框的形式插入在文档中，表格可以有表题、表头和表体。表体可以用来输入、存储和管理数据或文字。可以在表元中输入文字、图像或对象，手工修改表格时可以自由划线和擦线，自由划斜线，表格可整体自由缩放，表元可合并和分解，表格行高和列宽可灵活调整。表格可以行列转置、自动排序、表体内可灌入多种数据库文件，表元的数据可根据已有数据自动填充，WPS 2000 兼容过去 DOS 版的 WPS、CCED 表格。

(5) 对象框

在 WPS 2000 的对象框中可以插入文本、图形、图像、表格和 OLE 等对象，插入上述对象之后的对象框，分别叫做文字框、图形框、图像框、表格框和 OLE 框。WPS 2000 对象的选定、复制、粘贴、删除、移动、缩放的方法都是相同的。排版、对象属性的设置方法也是相同的。WPS 2000 的升级版还要增加对象框的样式管理。以下是对象框的分类叙述：

1) 图形、图像

WPS 2000 的图形工具条提供了直线、矩形、菱形、圆角矩形、椭圆、正圆、曲线、多边形、单行文字、标注文字、连接线、立体图形等图形工具。你可以建立一个图形框，将图形画在框中，也可以直接将图形对象画在页面上。

WPS 2000 支持图文混排，可以在文档中直接插入多种格式的图像文件，并能对插入的图像进行裁剪、改变亮度和对比度、透明化处理等操作。

WPS 2000 可以直接读入的图像的格式有：*.bmp、*.dib、*.pcx、*.tga、*.png、*.gif、*.jpg、*.tif、*.wmf、*.eps 等。对图像的处理可以使用图像工具。图像框内只能插入图像。

2) 对象的嵌入与链接

WPS 2000 全面支持 OLE（对象的链接和嵌入），使用户可以在 WPS 2000 文档中链接或嵌入其他应用程序中所建立的对象，构成复合文档。OLE 功能的实现可以使得用户在编辑时能够以文档为中心而不再是过去的以应用程序为中心。图像、图形、表格、声音注解、文件等都可以被描述成对象。

3) 公式与符号

公式编辑提供了在文档中编辑和插入公式与单元的工具。在 WPS 2000 中，可以灵活地使用公式和公式单元在文档中插入各种复杂的数学、化学表达式和公式单元，为专业人员提供便利。WPS 2000 可以通过使用各种公式单元组合成美观实用的数学或化学公式、计算机、交通等各专业的特殊符号及各种符号的有机组合。WPS 2000 提供的数学化学公式和公式单元严格遵循行业标准，所有符号和公式格式符合专业人员的阅读和书写习惯。用户如果有特殊要求，WPS 2000 也可以通过定制格式改变缺省的格式标准。

(6) Internet 功能

Internet 目前在国内已经开始普及，为了适应这种变化，WPS 2000 增加了对 Internet 的支持。WPS 2000 内部集成了 Internet 功能。支持 HTML 文件的输入输出，可以所见即所得的方式调入 HTML 文件进行编辑，并可以把一般文档存为 HTML 格式。你甚至可以用 WPS 2000 做一个简单的主页。编辑完文件以后想要发给接收人直接在 WPS 2000 中选“发送邮件”，填写 E-mail 地址和主题，系统就会启动你默认的邮件发送软件。将来 WPS 2000 出了升级版，比如增加了语音文字录入功能，增加了文件管理功能，升级可以在网上进行。有什么疑难问题可以不离开 WPS 2000 的操作界面访问金山公司的主页得到解答，通过 Internet 发送意见回馈表。

(7) 多媒体演示

多媒体指文字以外，能调动人的多种感官参与和接受的媒介形式。随着多媒体电脑的迅速普及，WPS 2000 增加了对多媒体文件的支持功能。WPS 2000 可以插入图片、声音和视频文件。还可以将当前正在编辑或已存在的一般文档进行演示播放，为大型会议和讲座的演示提供了制作和播放工具。

在 WPS 2000 文档中，可以插入以下几种多媒体对象：AVI 文件、CD 音轨、MIDI、WAV 声音文件。演示过程中还可加入一些音像设置并能将设置存入文件中供多次播放。如页面切换方式、背景音乐等。WPS 2000 为用户提供全面的多媒体演示解决方案。

(8) 语音控制

语音控制是 WPS 2000 的特色功能。它初步实现了 WPS 2000 编辑命令的语音控制。在键盘、鼠标器之外，WPS 2000 又为用户提供了第三种命令的输入手段。语音作为最自然、最基本的交际手段用于文字处理是一种新的尝试。

(9) 中文校对

WPS 2000 的中文校对的功能采用了现代汉语语法规则制导下的模糊分词技术，可以校对文档中的中、英文字词和语法错误。

(10) 条形码

目前各种商品的注册广泛使用条形码来作为识别。例如，出版书籍时的书号、各类证件、商场中的商品标识等等。在商场中通常要打印条形码标签，来配合自动售货机使用。WPS 2000 提供了六种常见的条形码的编辑制作。此外，WPS 2000 还附带了实用程序有金山词霸、金山艺术汉字、特大字打印，但这些都不在 WPS 2000 内部，使用时可参看用户手册的相应章节，这里就不详叙了。

(11) 目录提取和目录插入功能

使用 WPS 2000 的目录提取功能可以在一篇文章中通过属性和样式提取出目录，以便于迅速定位。目录插入功能可提取的目录插入文档中去，省去了人工输入，不仅杜绝了输入的差错，更新也很方便。

提取目录时，用户可以根据样式或属性进行提取。如果用户使用的标题都采用了样式来定义标题，那么用样式提取目录非常方便。否则就根据属性提取目录，不同字号的文字被当成不同级别的标题。

提取目录并不能把目录永久保留在文档中，如果需要在文档中插入目录，可以使用插入目录功能此时系统自动将提取的目录插入到文档当中，作为文档的一部分保留下来。

3. Excel

Excel 是专业电子表格处理软件，是微软新技术和用户需求的完美结合。Excel 可以广泛应用于报表处理、数学计算、工程计算、财务处理、统计分析、图表制作和日常事务处理等各个面，同时它还具有数据库和网络数据交换等功能。

Excel 2000 是 Office 2000 的一个组成部分，具有更加强大的功能。

(1) 流程化工作方法

Microsoft Excel 2000 的智能化特征不仅能使工作变得更快，还能帮助您建立、编辑和和格式化强大的电子数据表格和报表。

1) 加新数据而不用重新格式化单元

不必手工应用格式和公式，就能添加新的行和列。新的列表自动填充的功能智能化地将已存在的行或列的公式以及格式应用到到新的区域。

2）比以前更快地格式化单元

不必取消选择改变的单元便可以查看您所作的更改。新的 See – Through 视图在所选定的单元上加上轻度阴影，而不是进行反色处理，这样一来您便能够对改动部分进行格式化操作并且立即便可以看到是否得到您所想的结果。

3）用定制单元来建立高度压缩的报表

不需要复杂的格式化操作，便可以在一个单元里旋转和缩进文字，甚至合并单元。通过定制单元，便可以使创建动态电子表格变得轻而易举。

(2) 管理和共享信息

作为 Office 2000 的一部分，Microsoft Excel 2000 采用 HTML 作为伴有文件格式，所以您可以在 Web 浏览器里轻松地共享含有大量数据的电子表格——甚至让没有 Excel 的人也能浏览数据。进一步的无缝集成引入了 e – mail 和功能强大的协作工具，使您的工作组能更高效地共同工作。

1）不用离开 Excel 便可以通过 E – mail 发送您的数据

与其他的 Office 2000 产品的集成使得共享工作更容易。只需在工具栏上点击“新建 Office E – mail”按钮便可以打开 Microsoft Outlook Mail header，然后就可以像直接在 Excel 中那样发送文档。文档以 HTML 格式发送，这就任何接收者都能看到它。拥有 Excel 的接收者便可以打开您的电子表格以进行深入的分析。

2）在线共享数据

使用 Office 2000 的“另存为 Web 页面”特征来以 HTML 格式保存您的工作。这就使得任何使用 Web 浏览器的人都能看到您的 Office 文档，并且和文档的原始显示具有相同的质量。

在 Excel 里，您也可以使用 Office Web 编辑器来编辑 web 页面——只需将文档“重新转换回”（round – trip）到 Excel，您便可以使用程序的全部功能来对它进行更新。

3）与其他人进行协作

通过 Web 论坛可以得到工作组对您的数据的反馈。多个用户可以在 Office 文档和 HTML 文件里，插入意见，可在 Web 浏览器中看到这些意见。现在，当意见被贴出后，您便可以尽快地查看它们了。

通过预定 Web 服务器上的任意 Office 文档、文件夹或 HTML 页面，便可以轻松地跟踪组的工作。确定好更换文件通知的频率，Web 就将自动地用 e – mail 通知您所发生的变化。

(3) 容易访问和分析的数据

Microsoft Excel 2000 能使对机构 Intranet 上重要商业信息的访问变得容易，然后分析这些信息来作出正确和及时的商业决策。

1）与 Web 组件共同工作

Excel 和 Office 2000 提供强大的 Office Web 组件，提供 Web 浏览器操作电子表格、图表和 Pivot Table（数据透视表）数据的能力，以此来进行现场数据分析。在需要另存为 Web 页面时，只需点击“Add Interactivity”按钮即可。

2）使用增加了灵活性后的 Pivot Tables

通过在工作表上直接添加和删除数据字段便可以用您所想的方式来查看数据——用改

进后的 Pivot Table 界面将使其变得更容易。并且可以使用 Pivot - Table 的 Auto Format 特征来方便建立专业质量的报表。新的 Pivot Chart 视图提供对数据有力的可视化表达，这样便可以对数据进行深入的分析。由于 Pivot Chart 和 Pivot Chart views 是被链接的，当改变或移动区域时，它们将关联地进行更新。

3）将 Web 的动态数据载入公式或图表

建立 Web 查询来从 Web 把实时数据——诸如股票报价和货币兑换率——导入电子数据表和数据库。Excel 2000 将帮助您一步步地建立新的 Web 查询，并允许自动更新。

7.1.2 预（决）算软件

1."神机妙算"可视智能工程预决算软件

"神机妙算"可视智能工程预决算软件是由四川惠源科技实业有限公司出品的一套用于工程预决算软件系统。

包括有土建工程量自动计算软件、钢筋自动计算软件、套价软件（包括土建、装饰、安装、市政、园林、公路）。

（1）土建工程量自动计算软件

该系统首创"图形矩阵法"土建工程量自动计算数学模型，突破以往预算软件开发中长期未能有效解决的技术难题，使原本扣减关系复杂、重算错算漏算多、计算繁杂的土建工程量计算，转化成快速有趣的电脑鼠标器图形输入，再由电脑自动进行精确的扣减计算和汇总，经测算，计算误差控制在千分之一以内，而所需时间只有手工计算的十分之一，极大提高了预算结果的准确度和工作效率。

WIN98/2000/NT 版土建工程量自动计算软件，针对原 DOS 版操作烦琐、功能难以实现等缺陷，利用 Windows 多任务、多窗口、大容量的特点，使工程量计算工作的效率更高，操作更简便，功能更完备。

1）用户自定义工程量计算规则，一套软件做全国预算。

2）主体工程，柱、梁（多层）、板、墙、门窗（多层）、楼梯、洞口、屋面等为独立层分别输入，计算时自动进行叠加处理，并根据用户当地的工程量计算规则，采用高精度真三维实体工程量扣减算法，实现工程量的自动扣减计算，使计算误差控制在千分之一内。

3）开放式的定额文件管理，方便用户随意增减定额或图集，自定义工程量计算规则，可以适合全国各地的定额管理要求和特殊情况。工程量计算的结果，可以生成 DBF 文件或文本文件，方便用户做二次开发使用，从而实现定额自动套价计算。

4）画图效率大幅度提高：系统提供 13 套正交、弧形、圆形主轴线，用户可以任意旋转拼接组合，使用绘图工具箱，自动捕捉工具箱，自动偏移工具箱，图形复制移动翻转工具箱，可以快速任意画复杂的图形。属性可以先定义后画，也可以先画后定义，做到事半功倍。

5）装饰工程采用快速扫描或单独定义的方法，可以快速准确的自动计算出各种装饰工程量，如梁柱面、墙面、墙裙、踢脚线、楼地面、天棚等工程量。

6）基础工程量可以进行各种形状类型的自动计算，如板式、满堂、条形、独立、桩基等基础工程，同时，自动计算垫层、地梁和防潮层，根据放坡系数自动计算总土方、外运土方、回填土方等工程量。

7）提供快捷丰富的图形输入、编辑、修改、查询、图形复制、镜向复制、翻转复制、移动拼接、自动捕捉定位和属性替换等功能，为图形快速方便输入电脑提供了保证。图形输入准确，查对一目了然。画完的工程图形可以打印、存盘和拷贝保存。

8）全鼠标图形操作，采用智能感知技术，程序能自动感知用户想做什么，并及时提供相应的提示和帮助，因此图形输入灵活方便，使枯燥、繁杂、令人头疼的工程量计算变得轻松快捷、简单易学，提高工效5~10倍。

9）图形工程量自动计算，所见即所得。计算后结果、明细、公式、汇总和工程图形均可显示打印输出，便于审核和校对，并满足不同用户的不同需求。

（2）神机妙算钢筋构件自动计算软件

神机妙算 Windows 2000 版钢筋自动计算系统，首创钢筋计算宏语言 CQ，用钢筋宏语言 CQ 编写出具有智能感知功能的钢筋构件，采用按构件抽钢筋的方法，从根本上解决了钢筋计算的繁琐，以及重算、漏算多等问题，实现了钢筋计算的自动化与标准化。

1）首创仿真模拟施工图的录入方式，符合手工计算的习惯，在构件图形上直接录入原始数据，录入数据形象直观，不容易出错，每个构件对应一个智能化的宏程序，能解决诸多复杂因素的判断与合理组合，实现了简便快捷智能化的功能。

2）首创钢筋计算宏语言 CQ，用户可以用钢筋宏语言 CQ 快速编写符合各种规范的，具有智能感知功能的钢筋构件，从而实现钢筋计算的自动化与标准化。

3）提供几百个具有智能感知功能的可视化钢筋构件，以及600种单根钢筋图形，用户只需在钢筋构件图形上直接录入原始数据，程序自动将该构件的所有钢筋数据计算出来。单根钢筋图形，以满足钢筋构件中特殊配筋的需要，及使用上的特殊需求。

4）可进行复杂多边形自动布筋计算，任意形状多边形布筋时，遇到洞口会自动断开。实现自动缩尺配筋。

5）神机妙算钢筋自动计算软件在计算钢筋预算重量的同时，自动计算钢筋下料长度，自动完成汇总统计制表。可按施工需要打印钢筋下料表，列出钢筋号，成型图样，各部分的几何尺寸，施工现场可用来直接加工。实现了录入最少，计算最多。避免了重复计算，可以大幅度提高工作效率，实现了钢筋自动翻样。

（3）神机妙算工程套价软件

Windows 版《神机妙算工程套价软件》体现了神机人一贯奉行的宗旨，全面实现了定额数据的宏变量化，率先推出与"传统定额管理、新的量价分离、接轨国际惯例"相结合的、适应不同需求的全新的套价软件。

1）供全国各地、各专业、各系统的定额库，一套神机妙算软件可做全国预算。

2）读取《神机妙算工程量自动计算软件》数据，实现工程量自动套定额。

3）首创预算计算宏变量，用户可以利用宏变量进行各种项目的自定义计算。

4）在继续坚持软件开放性、通用性的基础上，通过设置套价模板，彻底解决了本地化、专业化问题。

5）独具套价模板设置功能。可将某一专业或系统的定额库、价格库、取费库、材料库、机械台班库、预算表格等融于套价模板中。

6）在神机妙算软件中，可以同时打开多种模板，同时处理多个工程项目，窗口间可随意调用数据，各窗口独立运行，互不影响，稳定可靠，支持用户完成不同专业，不同工种的概预决算，克服了专业单一的缺憾。

7）与目前流行软件界面类似，在神机妙算中也提供了全程浮动提示功能，若对某项功能不清楚，只需将鼠标对准它，稍等片刻，系统将会给出其功能提示。

8）提供简化操作的工具条，可将其拖动到屏幕的任意位置。

9）软件采用先进的智能感知技术、模糊相关技术，多叉树形数据库技术对数据库进行管理，使数据库具有智能性，可以万能悬挂。数据库项目以层次分明的树状列表形式展现，可随意折叠或展开，方便用户的查找与选择。

10）在神机妙算软件中，除了必需键入的部分数值外，其他操作全部简化为鼠标操作。大量采用鼠标拖放操作，已无须手工键入定额号，也无须记忆任何难懂的代号，“定额子目”窗口可展现全部定额，只需用鼠标将其中所需的定额从一个窗口拖放到另一个窗口。对换算过的定额子目可以任意调用，充分发挥计算机数据共享的优势，比预算员手工翻阅定额书本更为迅速、直观。

11）定额换算智能化。系统自动向用户提示常用定额换算内容，如项目换算、含量换算、砂浆混凝土换算、综合换算、附注处理、附项等，只需点击鼠标几下即可完成以上定额调整，不必用户记忆任何不直观的命令。

12）报表设计开放、完整、规范。提供传统的单项表格打印功能，和系统独有的表格成批打印功能，一次可将工程所需的各种表格打印出来。打印前，用户可根据需要进行预算表的页面设置，如：打印范围、表格字体、表体纵横格线、填充阴影、项目排序、合计方式及打印项目选项等，利用这些选项，可根据个人爱好和实际需要，随心所欲地控制表格打印输出。

13）可将工程数据转入电子表格软件或数据库软件，对其进行更进一步的数据分析处理和特殊格式的排版打印。

2. 广联达工程造价系列软件

广联达工程造价系列软件是北京广联达慧中软件技术有限公司研制开发的一套工程概预算软件。

包括工程概算软件、图形自动计算工程量软件、钢筋统计软件、项目成本管理系统、工程投标报价系统、安装工程概预算软件等。

（1）工程概预算软件 GBG99

功能如下：

项目管理：建设项目、单项工程、单位工程，实现工程项目信息分级管理。对类似的工程项目允许进行复制操作，以减少数据输入的工作量。同时每个单位工程可以选择不同定额库。

预算编制：主要进行子目、工程量输入及换算等的处理。

材料调价：对经过系统工料分析后的材料进行调差，并指定是否输出及输出类别。

费用文件：针对当前单位工程或工程划分选取相应费用文件，调整费率。

汇总输出：设置汇总选项，系统自动汇总。

数据维护：对补充定额、费用文件、定额及补充工料机、市场价信息等数据进行维护。

(2) 图形自动计算工程量软件 GCL99

功能如下：

项目管理：项目的信息保存丰富、完整，项目代号和名称同时显示。对类似的工程允许进行复制操作，以减少画图输入的工作量。同时可以选择各种计算规则，按需要的计算规则，按需要的计算规则进行计算。

总信息：描述出项目的总体概况（层数、层高、室外标高等）。

轴线管理：根据设计图纸，输入轴线坐标系（正交坐标系、斜坐标系、圆弧坐标系）。为了方便图纸输入，可以任意添加辅助轴线。

楼层管理：根据楼层切换、数据复制，以及多人多机同步工作方式。

建筑图：根据建筑图纸，画出墙体及相应的门窗、墙垛、屋面、挑檐等。装修做法灵活，各种内外墙的单独装修，不同房间的单独装修以及全部房间和外墙的统一装修。

结构图：根据结构设计图纸，画出梁、板、柱及楼梯。包括矩形、圆形、常用的标准异型以及任意形状的多边形。

基础图：根据基础设计图纸，画出要求的条形基础、独立基础、满堂基础以及基础梁、肋梁。可以画出多层、任意形状、不同放坡的大开挖土方。

其他项目：允许根据定额要求利用单独某一层的数据或者多层的数据，套用相应的定额子目，或者就单独的某项套用相应的定额子目。

汇总计算：根据定额计算规则要求，对所作的图形进行汇总计算，按照定额的计算规则自动实现相应的扣减算法，汇总出各种对象的工程量及子目。

系统功能：全局做法维护，在画图时能方便调用。能够进行用户管理及口令设置，保证数据安全。能够进行计算规则管理，可以选用不同地区的计算规则进行计算。

(3) 钢筋统计软件 GJ99

功能如下：

项目管理：项目的信息保存丰富、完整，项目代号和名称同时显示。对类似的工程项目允许进行复制操作，以减少输入的工作量。项目文件可以备份存档。

楼层管理：①搭接锚固的调整：自动符合规范规定，容许自定义调整。②楼层信息的管理：楼层信息分类清楚，便于分类汇总。相同构件以数量表示。

构件管理：构件属性的管理：构件分类清晰，便于分类汇总。相同构件以数量表示。

汇总报表：完成对构件各种数据的分析、整理、按规定分类方案分类汇总。

报表输出：将需的各种报表输出。

构件包：便捷输入的方案，同类构件可以重复利用。

系统功能：提供用户口令管理和数据目录管理。损耗的计取，按各省的定额损耗率编制为模板供选择，同时容许自定义模板。向下兼容性。DOS 版数据的转换功能。

(4) 建筑工程项目成本管理系统

功能如下：

系统的初始化：其主要功能有打印输出的设置、预算软件数据库结构对应的设置、财务软件数据库对应的设置、材料数据库的维护、成本核算公式的确定、计算工程造价的取费公式的设置、操作人员的权限设定、成本台账格式的设置等。

工程成本管理：其主要功能有工程造价数据读入、分包工程划分、分包信息管理、分包费用管理、施工成本预测、工程管理费计划编制、企业管理费计划编制与工程成本节超分析；月度工程成本收入、月度工程成本支出、月度工程成本节超分析；工程决算造价数据、工程决算成本支出、工程决算成本节超分析。

施工成本管理：其主要功能有项目施工成本计划；月度计划完成工作量、月度施工成本计划收入、月度施工成本计划支出、月度施工成本计划节超分析；月度实际完成工作量、月度直接费实际收入；分包管理、签证管理；施工成本决算分析等。

物质管理：其主要功能由材料信息管理、材料收发管理、周转材料管理和机械设备管理四个部分组成。

成本核算管理：其主要功能由财务数据、费用确认单与成本台账三个部分组成。

(5) 在工程投标报价系统 – 国际通用版 E921（CBTS）V2.0

功能如下：

经验报标：利用积累的工程资料进行经验报标，在套用编码时可选取某个相似的以往工程作为参考工程，在调用编码时会按“本工程资料”“参考工程资料”优先级寻找，节省时间，大大加快报标速度，又可以准确报标。

自由组价：E921 系统以其开放式的特点为用户提供了广阔的应用空间，留有更多的余地让用户自己定义。用户可以根据建材市场的材料时价，人材机消耗量自由组价。而且自由费率，不受地区限制。这样既可适应不同的情况也可规范资料。

分析功能强大：为下一步施工管理工作提供方便。用户可根据自己的需要定义及扩充定义资源（泛指人、材、机）的属性和特征。也可以从不同的角度对工程进行划分和界定，如可同时将工程按进度、施工性质、不同的分包来划分，这样用户可以同时具有多方面的分析和比较数据，不但为投标报价提供了决策依据，同时为日后的施工管理提供了理论依据。

科学辅助决策分包：在海外和国内，有些大工程往往采用分包的方式，如何处理分包商的报价并辅助决策选取分包商，是 E921 的特色功能之一。它可以根据分包商的承包范围，形成各分包商的标书，根据各分包商的报价可以粗略分析，检查分包商的重复报价及漏报价格的项目，对于漏报项目可以通过选取多种方式的虚拟值补足，使各分包商具有可比性，从而更为直观，更为准确的为企业合理选择分包商提供决策支持。

此外，E921 系统还考虑了多个用户使用同一台计算机分别报价的情况，资源库数据全局关联性非常灵活，一般不会发生错误删除操作。

(6) 安装工程概预算软件 GAZ99

功能如下：

项目管理：建设项目、单项工程、单位工程，实现工程项目信息分级管理。对类似的工程项目允许进行复制操作，以减少数据输入的工作量。同时每个单位工程可以选择不同定额库。项目文件在任一级均可备份存档。

预算编制：主要进行子目、工程量输入及换算等的处理。

材料调价：对经过系统工料分析后的材料进行调差，并指定是否输出及输出类别。

费用文件：针对当前单位工程或工程划分选取相应费用文件，调整费率。

汇总输出：设置汇总选项，系统自动汇总，输出各种报表。

数据维护：对补充定额、费用文件、定额及补充工料机、市场价信息等数据进行维护。

3.Soft Leader 系列工程概预决算软件

Soft Leader 是南京速利达软件公司开发的南京地区用工程概预决算软件。包括土建、安装、装饰三类。

(1) SL—TJB 土建工程概预算软件：

1) 独立费项目既可在概预算书中体现，也可以将独立费项目单独列表；

2) 独增商品混凝土分析内容，用户可根据不同情况调整商品混凝土费用，并可在工程造价中直接运用计算后的商品混凝土差价；

3) 系统可对三大材料、地材等进行单独分析，表格也可单独打印；

4) 对同一工程中的相同材料、配合比或机械的换算，可以一次完成；

5) 在同一界面可看到当前定额的单项定额组成，亦可看到此定额总材料及总机械组成；

6) 可直接获取工程量自动计算软件、钢筋用量软件中的工程量。

(2) SL—AZB 安装工程概预算软件：

1) 主材费可采取多种方法输入，既可在界面上直接输入、进行定额换算，亦可在库中获取；

2) 主材名称可在材料库中获取，也可以直接输入；

3) 各册概预算书之间可以相互调用并根据需要进行汇总运算；

4) 主材费可单独分析并打印主材汇总表，亦可以在概预算书中反映；

5) 超高费、脚手架费等可按册或按定额分别计算，并汇总计算计入定额直接费。用户也可对所需计算的其他费用进行定义并可根据需要在概预算书中反映；

6) 在工程量计算书中，对相同规格的钢材的定额或其他材料定额只要定义一个变量即可自动累计。

(3) SL—ZHB 装饰工程概预算软件（含轻工装饰 SL—QZHB）：

1) 根据用户要求按概预算书上的分部项目或自己定义的分部项目对定额进行汇总运算；

2) 系统已将部分常用的工程项目中的定额、工程量定义，用户可直接选用，也能自行定义；

3) 可以满足不同用户对材料限价调整的要求，并能生成限价材料表；

4) 轻工装饰软件中还可套用主材。

软件的主要特点及功能：

(1) 采用国际最流行编程语言：Soft Leader 系列软件 WINDOW95&98 版均采用 VB、VC 语言编制，构思新颖、操作灵活、方便、界面一目了然，与国际编程方法接轨，并在中国软件登记中心注册。

(2) 强大的工程量计算功能：工程量可以直接输入，也可以利用标准式、计算式、变量定义法等方法输入，系统可自动汇总和换算单位。

（3）灵活的定额选择功能：定额可以直接输入，也可以选择输入；不同部分的定额可在一个界面上一次选定，不需反复选择。无论是从工程量计算部分还是从工程量直接输入部分输入同一定额均能根据要求分部或同部汇总。

（4）简便的定额换算与补充功能：提供方便的材料换算、人工换算、机械换算、定额添加、含量调整等功能，且可按定额书上的格式对定额内容进行打印。

（5）方便的材料、机械抽取及调差功能：可对指定工程中的材料、机械进行单独抽取和调整市场价，并可选择部分或全部进行分析，用户还可根据需要修改后的市场价进行保存，下次调用。

（6）简单的取费表修改功能：取费表、费率表的内容不仅可以添加、删除、修改，还可以保存、调用，满足不同地区、不同单位的需求。特有的关键数据库，可以让用户随时调用工程中的有用数据。

（7）完整且可选择的与国际接轨各种分析表：系统自动生成费用分析表、工程概、预、决算书、标底书、分项工料机、综合工料机、机械汇总表、关键数据库等多种表格。各种表格内容均可选择打印，标题可任意调整。

（8）完善的打印功能：系统生成的所有表格均可进行直接打印或打印预览，对于标题、正文的字体、字号可以进行选择，对版面的下偏移、右偏移值可以调整，并且可以将所要打印表格输出至文件进行打印。如用户对所设置的表不满意，表格还可以获取到电子表格 Excel 中自行定义编辑。

（9）可一个工程几人同时进行的功能：系统可提供多人同时做一个工程的功能。

7.1.3 综合性项目管理软件

1. Project

Project 2000 是微软公司出品的一个被广泛应用的项目管理软件。适用于众多领域的管理工作，如 IT 项目、钢铁冶金、石油、煤炭、铁路、公路、航空航天、水利、市政、民用建筑、科学研究等。

Project 2000 用于项目管理：

（1）Project 2000 管理工作分配

1）根据任务实际需要选择适当的资源工时分布模型

在一个任务的生命期中，不一定总是需要同等数量的资源。有些任务可能需要先安排少量人做准备工作，待工作面铺开后，再安排较多的人。而另一些则可能相反。这种按实际需要在不同时间灵活地安排不同数量的资源工作的模型称之为“工时分布”。选择适当的工时分布模型可以充分利用资源，提高工作效率。

Project 2000 为您设置了 8 种工时分布模型，即常规分布、前轻后重、前重后轻、双峰分布、先峰分布、后峰分布、钟型分布、中央加重钟型分布。它把任务的整个周期划分为 10 个区间，根据每种分布的模型为每个时间区间安排相应的投入资源比例，既保证任务正常进展，又不造成浪费。

2）按时间分段数据使您看到的信息更直观、更详细

关于资源工作安排的信息您可能需要知道得尽量地详细。Project 2000 已经为您安排得相当细致。它按时间分段为您安排，默认的时间分段区间是 1 天为一个时间段。也就是说，无论是任务还是资源的安排信息，它都分解到每一天。

它为您提供的信息内容是相当全面的。对于每个任务，它为您按天提供出如下的信息：原计划中安排的工时和成本，当前计划中安排的正常班工时、加班工时、固定成本、总成本，实际执行的工时、加班工时、成本，完成百分比，累计工时、成本，累计完成的百分比。

对于资源，它为您按天提供出：当天安排的资源的峰值数量、安排工作的资源占总资源的百分比，资源超量分配的量，以及原计划中安排的工时和成本，当前计划中安排的正常班工时、加班工时、总成本，实际执行的工时、加班工时、成本，完成百分比，累计工时、成本，累计完成的百分比。您可以根据需要选择一部分数据项显示在屏幕上。

3）"任务分配状态"视图可以按任务查看资源使用状况

当您想了解在每个任务上有哪些资源在工作，它们的安排、工作量、费用等是如何分配的时侯，Project 2000 已经为您准备好了"任务分配状态"视图。这个视图按任务列出在其中工作的每种资源的各种信息，并按任务进行汇总。对于摘要任务也将其下的所有任务的资源使用情况进行汇总。根据您的需要，您可以选择一部分信息进行显示。如果您只需要某个级别上的信息，或者那一类任务的信息，您只要通过筛选器功能把相应的任务筛选出来，相关的报表就自动地生成出来，不需要您自己进行统计。

4）"资源使用状态"视图可以按资源查看承担任务状况

当您想了解每个资源都承担了哪些任务，它们在任务上的安排、工作量、费用等是如何分配的时侯，Project 2000 已经为您准备好了"资源使用状态"视图。这个视图按资源列出它们承担的任务上工作的各种信息，并按资源进行汇总。根据您的需要，您可以选择一部分信息进行显示。如果您只需要某几个资源的信息，您只要通过筛选器功能把相应的资源筛选出来，相关的报表就自动地生成出来，不需要您自己进行统计。

Project 2000 为您准备好了关于资源分配的报告。"谁在做什么报告"按资源把他们承担的任务的投入资源量、工时、起止时间逐一列出。"谁什么时间做什么报告"则把每个资源按天在各个任务上的工时分配都列出来，并可以按行和列进行求和统计。

（2）Project 2000 管理资源

1）提供全方位资源信息

为了有成效地利用资源，加快项目进展，您需要随时了解每个资源的诸多方面的信息，例如，承担的任务、时间、工时、成本等等。如果按传统办法，由办公室工作人员搜集、汇总、计算，很难做到准确和及时。Project 2000 则能自动地、随时地、全面地为您提供这方面的信息。如：资源基本信息、资源工作量和成本信息、资源状况信息等。如果您自己或请办公室的工作人员到现场去搜集整理，要花不少时间，但从 Project 2000 中获取，只是手指点鼠标之劳。和任务信息一样，Project 2000 提供的这些信息并不要求您事先一一输入给系统，它要求您提供给它的只是非常基本的数据，绝大部分信息都是系统自动计算和生成的，而且总是最新的。

2）为您编制管好资源库

为了在项目中更有效地使用资源，减少重复输入操作，Project 2000为您提供视图用来建立项目上使用的资源库。资源库的基本信息主要有名称、数量、所在部门、正常班费率、加班费率、设备进出场费额、工作日历、结算支付方式等信息，以及它们的电子邮件地址等。您只要把资源的基本信息输入到库中，在项目中到处都可以直接使用这些数据。

3）多类别分段计费机制使资源成本计算更符合项目实际

就以往的软件而言，资源的费用率在整个项目进行过程中只有一个档次，也就是说从头到尾按一个标准计费，显然与现实情况不符，因此无法适应当前激烈市场竞争的大环境。Project 2000对于费率计费机制进行了大幅度更新，采用多类别、分段计费机制，从而成功地解决了这一难题。

4）把资源分配到任务上并检查是否超出了现有的强度

在Project 2000上分配资源是一件非常容易的事情。当您想分配资源时，按一下“分配资源”工具栏按钮，列有全部资源的“资源分配”对话框就出现在屏幕上。您把鼠标光标放在您要分配的资源的名称前，按住鼠标左键，然后把它拖动到想要分配到的任务上，松开鼠标键，这个资源在该任务上的分配就算完成。您只需按鼠标就能在全部任务上分配好需要的资源。

5）为您做资源平衡调配

当资源超量分配存在时，项目就不能按计划进行，必须调整解决这个矛盾。这个调整过程，我们就称之为“资源平衡”。平衡工作可以由您自己按它提供的信息逐个调整，Project 2000也能为您自动平衡。

6）生成需求、成本、工作量图便于宏观控制

Project 2000综合资源在项目生命期内的全部信息，自动为您生成资源图形。通过这些图形您可以对于资源的使用效率、成本、工作量等进行综合分析、优化，使项目进行得更好。既可以单独为一种资源生成这些图形，也可以生成全部资源图形，也可以把二者汇集于同一个图上。这些图包括：资源需求曲线图、资源工时量图、资源累计工时量图、超分配工作量图、资源已经分配的百分数图、资源剩余可用工作量、成本图、累计成本图。您还可以生成资源在每个时间段内的总可以使用的数量和工时量图。您可以调整这些图的时标宽度，按天、周、月、季、年分析资源运作情况。

7）给您准备丰富多彩的资源报告

在您使用Project 2000做项目管理的过程中，它每时每刻都在为您准备各种资源报告。系统会按您的意图选择合适的周期（天、周、月、季、年）进行汇总输出。您可以选择安排不同信息列的表格，按您的需要输出信息。

（3）Project 2000管理项目

Project 2000是一个功能强、管理细腻、操作方便的优秀项目管理网络计划软件。它为您提供了一套完整的项目描述和计算的方法及模型，通过这个软件生成的图、表或文件，使所有参加项目工作的人员对于项目的理解达到共识，从而能够协调一致地工作，出色地完成项目。

1）帮您快速地建立项目计划

Project 2000只需要您提供基本的数据，如：项目任务的名称、持续时间、在任务上工作的人员和设备的工作量，以及项目任务之间的关系就足够了，其他的工作它都会自动地

为您完成。如果您要修改、增删、优化，您只需把修改的地方输入给 Project 2000，它会按您新的意图自动重新计算，在几秒内就给您出结果。以前，您需要自己计算出关键路径，计算每个任务的时差，在 Project 2000 中您就不必操这个心，他会自动计算出关键路径，自动计算出每个任务和整个项目的开工、完工日期，告诉您项目是否能如期竣工，告诉您资源分配是否合理。

2）按任务生命期分阶段帮您管好项目中的工作任务

项目是由一个一个的活动、工作、任务组成的。当这些活动、工作、任务一一最终完成后，项目也就完成。Project 2000 把为完成项目所安排的这些活动抽象为“任务”，根据具体项目内容，也称为“工序”，“事件”等等。一个项目就是由众多具有特定依赖关系的任务组织起来的。管好任务是 Project 2000 的重要内容之一。

一个项目建设者经常关心的是项目任务已经完成了多少？原计划是怎样的？还有多少工作量需要完成？按当前的进度能否完成预定目标？这些思路，Project 2000 都编在软件之中。Project 2000 把一个任务划分为以下四个阶段进行管理，即：比较基准计划（原始计划）、当前计划、实际计划和待执行计划（剩余计划或未完成计划）。它为每个阶段的计划都设置了数据域，用户随时都可以查看。

由于 Project 2000 按人们的思路设置了相应的计划数据，使得项目动态跟踪就变得非常容易，也显示了这个软件的巨大生命力。用户把采集到的项目任务完成和变动情况输入到 Project 2000 后，系统就按项目实际发生的数据进行整个项目计划的计算，确定新的关键路径，预测整个项目前景。您能在同一张表上或横道图上查看到一个任务“比较基准计划”、“已经完成的计划”和“待执行的计划”的各种数据，依据这些充分的数据进行精心安排调配，定会按期完成项目。

3）重视分配，管好人员设备和资金资源

人员、台班设备和资金是项目建设者关心的另一个重要议题。您每时每刻都在考虑着在项目的每个阶段需要多少技工、小工？需要多少运输设备？需要多少资金？Project 2000 也为您考虑到这些问题。它把在完成项目任务活动中投入的人员、机械台班、设备和材料、资金等抽象化为“资源”。“资源管理”是 Project 2000 的第二项重要内容。

4）帮您建立起来资源库，让您使用起来非常顺手

自动检查资源在分配过程中是否有“冲突”发生。由于您在为任务分配资源时是按照实际需要分配的，并没有把注意力放在是否在某段时间内会超出资源实际拥有量，因此，冲突经常发生，Project 2000 根据每个任务的资源使用情况计算整个项目的资源需求曲线，自动指出“超负荷分配”发生在那些任务上，帮助您分析调整。Project 2000 能够帮助您自动进行资源平衡。

Project 2000 自动为您排出每个资源承担的任务上的日程、工作量和成本表。对于时刻处在变化之中的项目计划来说，由人工来统计资源在整个项目中的安排日程是一件非常烦琐的事情，但 Project 2000 却能提供完善的清单。Project 2000 提供的“资源使用状态”视图，逐个资源列出他们承担的任务、在每个任务上工作的日期、人数、工作量、费用、累计工作量和累计费用等等。

5）从多角度描述项目-丰富的图表

为了管理好项目，您需要反映项目情况的各种图形，需要得到各种数据，需要各种报

告，以便向领导或董事会汇报。这些事已经不再需要您亲自动手去画、去写，Project 2000 不仅为您制定了计划，也为您提供了能反映项目全部状态的丰富的图形和文字报告。您需要什么数据它就能为您提供出来。

①网络图：网络图是以描述任务关系为重点的信息，Project 2000 本身提供了单代号网络图，这是与国际上接轨的。如果您习惯使用双代号网络图，中国科学院计算所、北京中科项目管理研究所为您开发了双代号网络图处理系统 Aon－APlot。在 Project 2000 的网络图上您可以选择任意 5 种任务信息进行显示。通过选择不同类别的信息，您可以建立基本信息网络图、基线网络图、跟踪网络图、费用网络图等等。

②横道图：横道图是以表述任务-时间关系为重点的信息。Project 2000 把横条图和表结合在一起，使得您既能以图形方式形象地查看任务信息，又能看到具体的数据，便于理解项目。横道图上可以显示出工序的关系线。由于此特性的存在，在查看横道图时，不仅能看出每个任务的开工、完工时间，而且能够知道任务的紧前和紧后工序，就像在网络图上工作一样。可以把工序信息直接显示在横道条的四周。减少了需要经常把横道条和任务名称一一对应的麻烦，使您把注意力集中在分析重要信息上。横道条上可以把每个任务的基线计划、当前计划、实际计划、完成百分比、时差同时显示出来，便于进行综合分析。

③资源图：资源图是以反映资源使用状况为重点的信息。Proieot 2000 为资源分析和跟踪提供了 8 种图形（资源需求曲线图、资源工作量图、资源累计工作量图、超分配工作量图、资源已经分配的百分数图、资源当前可用工作量、成本图、累计费用图），包括了资源方方面面的信息，它既可以显示单个资源的信息图，也可以显示全部资源的信息图。

6）筛选技术使您迅速得到需要的信息

为您管理好项目，Project 2000 准备了浩瀚的信息。这看起来是一件大好事。但是怎样从众多的信息海中把当前实际需要的信息抽取出来，确是一个现实的问题。Project 2000 为您设置了“筛选器”，使用它，您可以随心所欲地把需要的信息过滤出来。Project 2000 为您内置了多种筛选器，它帮助您建立各种文字报告，报告内容覆盖面广，您可以直接使用。它也为您提供了手段，您可以自己根据需要建立新的任务和资源的各种报告。系统内置的报告有：项目摘要报告、项目汇总报告、任务报告、资源报告等，当您需要其中的任一报告时，只要您做一个选择，它就把报告给您打印出来。

2. 梦龙项目管理系统

北京梦龙公司出品的一套项目管理软件。包括有梦龙安全管理系统、建设项目投资控制系统、合同管理制作与控制系统、工程图纸管理与控制系统、机具设备管理系统、材料管理系统。

（1）梦龙安全管理系统

系统提供了强大的档案管理与表单管理，并包含了有关安全的各个方面，是一个符合建设部新颁布的安全标准的安全管理软件。

（2）建设项目投资控制系统

针对建筑业的特点，将项目投资的管理从静态档案管理转变为动态控制管理，从工程的立项到工程的完工验收进行全方位的投资控制与管理。

按照建设项目基本情况登记表、工程清单表、工程量表、工程变更表的规范格式进行录入、修改和查询，完全符合手工填表的习惯；打印的报表、图形美观、大方、实用，并真正做到表格的所见即所得。

灵活的适应能力，系统留给用户为适应实际情况进行灵活设置的能力，定制各种附表的能力。

(3) 合同管理制作与控制系统

合同管理是建筑企业在经济活动中保证企业利益的重要环节。该系统能使您有条不紊、动态控制、掌握全局。软件功能如下：

1) 合同的文档管理可输入合同信息，扫描录入合同原件，并可记录与其相对应的文本文件。对合同的变更及附件可管理有条，对所有以上信息，可增、删、改、查，能随时按查询条件输出合同信息及拷贝合同副本。

2) 合同的动态控制极具实用价值的警报功能：如果您曾经因为忘记合同的生效日期、未采取必要措施而遭受了不必要的损失的话，该系统提供的警报功能将使这种不愉快的经历不再重演。您可以随时查看即将生效和即将结束的合同，并可以检查是否有因项目施工进度问题而无法完成的合同，既而采取必要的解决办法，最大限度的减少您的损失。

3) 合同的法规查询系统提供灵活的查询条件编辑器，可以保存自定义查询条件重复使用，强大的查询功能可以检索包含任意指定词汇的记录。

4) 合同的制作功能丰富的合同模板：系统附带有丰富的合同模板，使您无须进行大量录入就可以生成标准的合同文件，并且用户可对合同样本库进行维护。

基本功能：

①合同管理：合同信息的录入和查询；

②系统维护：用户设置，密码设置，使用记录查看和系统运行参数设置；

③合同控制：合同提醒、冲突检查及与梦龙智能项目管理系统间的数据交互；

④合同文档：合同文档的快速制作和合同文档模板文件管理；

⑤合同法规：合同法规的录入和查询；

⑥数据维护：各类常用数据的添加、修改和删除；

⑦报表打印：各种报表的打印输出。

(4) 工程图纸管理与控制系统

科学化的工程管理离不开有效的图纸管理。图纸是施工过程的手册和指南，也是保证工程质量和进度的基础，管理好图纸也就成为建筑业的重要任务。

图纸管理包含的是图纸的详细资料，借阅、归还、注销等与图纸的库房管理，这样针对图纸在施工结束后要作为资料进行保存的过程中，还可以对已入库的图纸进行科学管理，让图纸的技术与参考价值在提供给用户借阅参考等过程中加以进一步的体现。

图纸计划管理针对图纸的制作过程进行管理，让项目的管理者可以及时的、动态的了解图纸的制作进程，通过与项目管理的数据进行交互，完成冲突检查工作，实现动态实时控制。

系统在设计中，充分考虑用户的需要，还注意了以下几个方面的问题：

1) 查询：系统提供灵活的查询条件编辑器，可以保存自定义查询条件重复使用，强大的查询功能可以检索包含任意指定词汇的记录。

2) 提醒与警报功能：在图纸制作与项目计划制定的过程中，有必要在了解了图纸制作的计划与项目工程计划的前提下，及时的向决策者提供两者时间上的关系，如果可能出现两方时间冲突，或者图纸即将制作完毕，系统将对您进行及时的提醒或警告，这样决策者就可以尽快采取措施，避免因为不了解图纸制作时间而延误了工程施工。

基本功能：

①系统维护：操作员维护，登录信息查看和系统运行参数设置；

②图纸管理：图纸信息的录入和查询，图纸借阅、归还、注销的登记，图纸相关文件的引入；

③计划管理：图纸计划的录入和变更，图纸与项目进程的查看；

④报表打印：各种报表的打印输出。

(5) 机具设备管理系统

1）全面的设备管理功能

该系统既是针对建筑及安装行业的工程项目而开发，又含盖一般企事业单位的设备管理功能。包含设备管理的方方面面。系统由装备管理、使用管理、资产管理和维修管理这四大部分。

2）灵活的编码及分类功能

可以按国家标准对各种设备进行分类管理，也可以按部颁标准对设备进行分类管理，还可以根据实际需要由用户自定义分类编码管理设备。这三种编码可以进行方便的转换。

3）丰富的信息处理能力

系统为用户提供了丰富的信息记录场所，从新设备购入时的性能指标和技术资料到设备使用过程中的修理改装调拨直至该设备的报废，全部有详细的历史记录。这为企业的管理者提供了极大的方便，根据实际需要，本系统可以查询、浏览及打印各种图文并茂的统计分析报表。

4）数据共享能力

可与梦龙项目管理系统共享数据，协同工作。

(6) 材料管理系统

1）完善的工程材料管理。在工程施工过程中，材料的计划采购、使用调拨、库存盘点、出入库记录等诸多烦琐的日常事务，在该系统中都能得到方便的处理和解决。

2）动态管理。根据梦龙动态网络计划提供的资源需求，可对材料实施动态管理。

3）灵活的编码及分类功能。既可以以国家标准对各种建材进行分类管理，又可以根据实际需要由用户自定义分类进行统计查询，得到各种所需报表。

4）方便的查询能力。内含建筑材料的国标定额库，根据录入及查询内容可以方便地查询定额，得到材料的计划价格并指导暂估价。对库存材料可以方便地进行查询，具有模糊查询能力。

5）图文并茂的分析统计报表。根据实际需要，可以查询、浏览及打印各种图文并茂的统计分析报表。

6）数据共享能力。可与梦龙其他管理系统共享数据，协同工作。

3.P3

P3 是一个集进度计划安排、资源分配与均衡、成本控制与展示图等功能于一体的项目管理软件，由 Primavera 公司研制。它的强大功能已经使它在国际上得到盛誉，并已在我国的大型工程得到运用。除 P3 主要用于项目进度计划、动态控制、资源管理和成本控制外，它还与合同控制软件 Expedition、性能监测软件 Prade 以及所有 Sure - Trak Project Scheduler 全面集成。

（1）P3（Primavera Project Planner）的特点

1）更有效地控制大型复杂工程项目

P3 能处理大时间跨度、繁杂和多日历的工程。能处理多达 10 万道作业的项目，支持无限资源，提供多个目标基准计划作为对比依据。

2）能同时管理多个工程

多个工程是指企业同时有多个在建工程，或者一个大型复杂的工程划分为若干个标段工程。P3 考虑了各种可能的情况，使用户轻松控制和协调多个工程。主工程和子工程的层次管理、工程间关系处理、多用户共享同一工程数据、协同管理、远程工程的计划进度通过电子邮件下达和上报等等，都是 P3 的独到之处。

3）可连接企业 MIS 管理信息系统

支持 ODBC、OLE 连接，并且有数据输入/输出功能，方便快捷地和预算、财务、物资管理部门的数据进行交换。

（2）Expedition 6.3 合同事务管理软件的特点

Expedition 提供了一个多用户、多工程、多施工工地及多单位共同协作的合同事务管理的全面解决方案

以合同为主线，把合同执行过程中发生的诸多事务进行分类、处理和登记，并且和相应的合同有机地关联，便于控制合同的签订、预付款、进度款和工程变更；便于分摊、反检索分析各项工程费用；便于有效地处理合同各方的事务；便于跟踪有多个审阅回合和多人审阅的文件审批过程，加快事务的处理进程；便于快速检索合同事务文档。

1）独特的费用工作表

通过 Expedition 的费用工作表，可对工程项目预算费用、合同费用和实际发生费用的过程进行监控，并可反检索费用工作表中任何一笔费用的来源及相关的原始文档。

2）有效的工程变更管理模式

软件自身带有国际标准的工程变更管理模式，用户也可自定义变更管理流程；对于建设项目建设过程中的设计修改审定、修改图分发、工程变更、工程概算/预算、合同进度款/结算几者之间的相互影响关系，通过软件很好地实现了。

3）便捷的提交件、设计图纸审批管理流程

①跟踪有多个审阅回合、多个审阅人的文件审批过程；

②方便地建立、组织和分发最近修订的图纸；

③利用送件信函和催办函，可以加快提交件和设计图纸的审批进程；

④利用提交件的横道图可分析提交件审批的进展状况；

⑤可查阅图纸设计各个阶段的版本，并且可以了解由谁修改、修改原因。

4）有助于您建立起现代化工程合同管理模式

①利用 Expedition 的 Web 发布向导以迅速发布工程状态报告；

②借助企业的计算机网络，实现工程数据共享，让更多人及时了解工程信息，同时更

加有利于企业各职能部门协同工作；

③可以基于电子邮件方式，远程更新、传递合同事务信息；

④client/sever模式，用户请求响应更加快捷。

7.1.4 其他国际知名项目管理软件

1. TimePHaser Global Work Scheduler

TimePHaser Global Work Scheduler包括四个密切相关的应用工具，这些工具可以为管理者提供易用、实时状态与进度安排以及成本控制等能力。

EnterpriseTo-Do-List是一个企业范围内的工作安排工具。它的设计目的是用来安排一个公司内的所有工作进度，而不仅针对大的工作。它允许用户随时更新他们自己按个人优先级排定的工作列表；估计当前的这些活动所有一般性需求；它还可以安排与多决策与/或建议相关的活动，这些活动只能预先利用流程图来计划。

Management Data View是一个企业范围的管理信息系统，该系统可以提供丰富的统计和在不同详细程度上向所有授权管理员提供关于所有工作情况的详细报告。

Application Integrator是一个无缝链接工具。该工具在一个组织内部支持在TimePHaser Global Work Scheduler与其他应用软件间的数据集成。

Platform Navigator是一个“平台无关性导航”工具。该工具可以使TimePHaser Global Work Scheduler在主要计算机平台上，如IBM主框架机、AS/400，PC/LAN（DOS，OS/2，Windows与Windows NT），RS/600，UNIX，DEC/VAX，DG/MB BULL，Wang/VS，S/36与Macintosh，操作起来具有相同的观感。

2. firstcase

firstcase是AGS管理系统公司的产品。Firstcase是一个基于个人计算机平台支持客户/服务器管理应用开发的程序。

fc methods一套方法论包括：

①客户/服务器系统开发，它提供一个框架并指导开发客户/服务器应用；

②企业体系结构规划（EAP），它给出信息系统战略计划的开发指南；

③信息工程，一个关注于商业需求和企业战略的方法；

④结构开发，它强调开发过程的传统方法应用，这一方法在特定应用开发项目中被考虑到项目管理之中。

fc process是一个过程管理单元，它提供一套自动的方法论，具有客户化所提供的方法的能力。或者自动采用自己的标准方法或者采用任何其他商业方法。

fc manager提供估计（包括功能点分析）和项目管理。它等价于使用计划、组织、监测与指导一个数目不限的不同规模的任何复杂程序的项目管理工具。它包括项目模板并提供用于“what if’方案的项目仿真，并可以在多项目之间进行资源约束进度计划。

fc developer是一个时间与进展情况报表模块。它提供一个机制来启动、指导和监测项目小组的工作活动。它自动向开发者提供“to do”任务列表并指导他们为了完成这一活动开发者应该必须做的工作，同时指导开发者使用合适的技术。它提供开发都报告进展情况和实时报表。

使用 firstcase 可以通过工作站与位于局域网文件服务器上的中心数据库来工作。对于小型项目，firstcase 可以在独立工作环境中使用。

7.2 江苏省工程项目监理现场项目监理部办公软件系统

江苏省工程项目监理现场项目监理部办公软件系统是在江苏省建设厅的领导下，由江苏省建设监理协会和江苏建科建设监理有限公司研制的，专门适用于江苏地区项目监理部的软件系统。结合了江苏监理单位多年以来的工程建设监理实践经验，充分考虑了监理行业的实际需求，是监理工作“三控两管一协调”的得力助手。

7.2.1 辅助文档管理

1. 调用 Word 文字处理器，用户使用灵活，应用广泛。

2. 内嵌建设部颁布的《建设工程监理规范》（GB 50319—2000）中的监理用表，以及江苏省建设厅推广使用的江苏省《建设工程施工阶段监理现场用表示范表式》（第二版）的表格模板，用户创建文件更快捷。

3. 文件创建自动编号，避免文件编号重复；文件模板可选可自定义，用户使用灵活。

4. 文件管理功能，使文件分类清晰，属性明确，一目了然。

5. 文件查询功能，使用模糊名称或模糊编号或日期来查找对应文件，用户挑选文件更快捷。

6. 用户自己定义文件新类型，可满足某些高级用户的需要。

7.2.2 辅助进度管理

1. 调用 Project 制作工程横道图，用户易学易用。

2. 进度文件分类管理。

3. 形象进度生成功能，由数据生成直方图或线形图，表达直观清晰。

7.2.3 辅助造价管理

1. 内嵌江苏省土建定额、装饰定额以及全国安装工程定额，使用、查询更方便。

2. 用户可自己定义定额条目，适用性更大。

3. 定额条中单价可修改，适合不同需要。

4. 系统自动计算月工程款以及累计工程款。

5. 输入及计算结果以工作表形式输出，排版及打印方便。

7.2.4 资料库

1. 包含与建设工程相关的法律、法规、条例，分类放置，方便用户查询浏览。
2. 包含一系列工程建设规范与标准，并定期扩充。
3. 用户可自建个性化文件，扩充资料库。

7.3 网络技术在监理中的应用及展望

INTERNET 是世界上最大的计算机网络，它连接了全球不计其数的网络与电脑，也是世界上最为开放的系统，INTERNET 仍在迅猛发展着，并在发展中不断得到更新并被重新定义。

INTERNET 在中国起步虽然时间不长，但却保持着惊人的发展速度，而本地化、中文化成为业界追求的目标。目前中文站点不断涌出，特别是中国公众多媒体骨干的建成，促使各地网络服务商家提供越来越便利、快速、廉价的 INTERNET 接入服务，为中文读者提供更多的网上信息资源，INTERNET 已成为又一项给我们生活方式带来巨大变化的科技力量。越来越多的人通过 INTERNET 工作、学习，了解世界，INTERNET 成为生活中日益重要的信息来源。

Internet，这个人类历史上伟大的工程始于 1969 年，最初称之为 ARPANET，是美国为推行空间计划而建立的。随着计算机网络的不断发展，各种网络应运而生，渐渐地，这些网络相互连结，最终形成了世界各种网络的大集合，也就是我们今天所说的 Internet。

随着 Internet 商业化的成功，验证了它在商业领域的巨大用途，使它在通信、资料检索、客户服务等方面发挥了巨大的潜力。

监理行业中运用 Internet 技术，无疑将有利于监理工作的开展，促进监理行业的发展。利用 Internet，可以制作公司网页，在网络上宣传公司，使更多的人知道公司、熟悉公司，提高公司的知名度，方便公司的业务承接；利用 Internet，我们可以用 E－mail，或者信息包互传，工地间以及工地与公司之间可以实现信息资料传输，资源共享，使公司有效地对远距离的工地进行管理，也给监理公司在大范围内拓展业务扫清了障碍。

8 监理企业质量体系

8.1 ISO 9000 系列标准概述

8.1.1 ISO 9000 族标准

1. ISO 9000 族标准的定义

ISO 9000 族标准，是指由 ISO/TC176 技术委员会——质量管理和质量保证技术委员会制订的所有国际标准的总称，通常简称“ISO 9000 族”。该标准于 1987 年 3 月 15 日正式颁布。

国际标准化组织（International Organization For Standard，ISO）是由各国标准化团体（ISO 成员团体）组成的世界性和联合会。该组织是非政府性的国际组织，是联合国的甲级咨询机构。它的会址设在日内瓦，使用语言为英语、法语和俄语。制订国际标准的工作通常由 ISO 的技术委员会来完成，各成员团体若对技术委员会已确立的标准项目感兴趣，均有权参加该委员会的工作。与 ISO 保持联系的各国际组织（官方的或非官方的）也可参加有关工作。由技术委员会通过的国际标准草案提交各成员团体表决，国际标准需要取得至少 75%参加表决的成员团体的同意才能正式通过。

ISO 于 1979 年成立了 ISO/TC176 技术委员会——质量管理和质量保证技术委员会。经过近十年的努力，于 1987 年 3 月 15 日颁发了质量管理和质量保证标准——ISO 9000 标准。该标准可帮助组织实施有效运行质量管理体系，是质量管理体系通用的要求或指南。它不受具体的行业或经济部门的限制，可广泛适用于各种类型和规模的组织，在国内和国际贸易中促进相互理解和信任。这套标准发布后，因此受到了世界各国的重视和广泛采纳。质量管理和质量保证标准每隔五年修改一次。第一个版本是 1987 年 3 月 15 日颁布的，第二个版本为 1994 年 7 月 1 日修订颁布，2000 年颁布了第三个版本。

ISO 把质量管理和质量保证标准推荐给各国，各国在采用这套标准时都应转化为本国的标准。如德国转化为 DIN 标准，日本转化为 IIS 标准。我国于 1989 年 8 月实施等效采用 GB/T 10300 系列标准。为了与国际接轨，国家技术监督局 1992 年 10 月决定等同采用质量管理和质量保证标准，颁布了 GB/T 19000 ~ ISO 9000 系列标准。所谓等效采用，是指我国的标准与国际标准在技术内容上基本一致，只有小的差异，在形式编排上有所差异。所谓等同采用，就是将质量管理和质量保证标准的中文译本直接作为国家标准，在技术内容和结构上不作或稍作编辑性修改。

ISO 9000 族标准问世以来，已对国际贸易和标准体系产生了巨大的影响。它已被全世界 80 多个国家和地区等同采用为国家标准，并广泛应用于工业、经济和政府的管理领域。

2. ISO 9000 族标准的构成和特点

（1）2000 版 ISO 9000 族标准及支持性文件

1999 年 9 月召开的 ISO/TC176 第 17 届年会，提出了 2000 版 ISO 9000 族标准的文件结构，见表 8-1。2000 版 ISO 9000 族标准由核心标准和其他支持性的标准和文件组成。

2000 版 ISO 9000 族标准的文件结构　　表 8-1

核　心　标　准	
ISO9000	质量管理体系　基础和术语
ISO9001	质量管理体系　要求
ISO9004	质量管理体系　业绩改进指南
ISO19011	质量和（或）环境管理体系审核指南
支持性标准和文件	
ISO10012	测量控制系统
ISO/TR 10006	质量管理——项目管理质量指南
ISO/TR 10007	质量管理——技术状态管理指南
ISO/TR 10013	质量管理体系文件指南
ISO/TR 10014	质量经济性管理指南
ISO/TR 10015	质量管理——培训指南
ISO/TR 10017	统计技术指南
	质量管理原则
	选择和使用指南
	小型企业的应用

2000 版 ISO 9000 族标准中，包括 4 项核心标准：ISO 9000、ISO 9001、ISO 9004、ISO 19011。

（2）ISO 9000 族核心标准简要介绍

1）ISO 9000：2000《质量管理体系　基础和术语》

此标准表述了 ISO 9000 族标准中质量管理体系的基础知识，并确定了相关的术语。

标准首先明确了质量管理的八项原则是组织（对监理企业而言，组织就是监理企业）改进其业绩的框架，能帮助组织获得持续成功，也是 ISO 9000 族质量管理体系标准的基础。标准还表述了建立和运行质量管理体系应遵循的 12 个方面的质量管理体系基础知识。

标准给出了有关质量的术语共 80 个词条，分成 10 个部分，并用较通俗的语言阐明了质量管理领域所用术语的概念。

2）ISO 9001：2000《质量管理体系要求》

此标准规定了对质量管理体系的要求，其中包括：

①质量管理体系总要求及文件的要求；

②管理职责方面的要求；

③资源管理方面的要求；

④产品实现过程的要求；

⑤测量、分析和改进过程的要求。

此标准主要用途在于证实组织有能力提供满足顾客和适用法律、法规要求的产品，同时通过体系有效应用，增加顾客的满意。

3）ISO 9004：2000《质量管理体系 业绩改进指南》

此标准以八项质量管理原则为基础，提供了起初 ISO 9001 要求并追求业绩持续改进方面的指南。

此标准与 ISO 9001 有相似的结构，但有不同的范围。该标准可以单独使用，也可以与 ISO 9001 一起使用，此标准不用于认证。

此标准主要用于提高质量管理体系有效性和效率，追求组织业绩改进，顾客满意和相关方满意的组织提供指南和建议。

4）ISO 19011：2000《质量和（或）环境管理体系审核指南》

此标准遵循"不同管理体系可以有共同管理和审核要求"的原则，对于质量管理体系和环境管理体系审核的基本原则，审核方案的管理、环境和质量管理体系审核的实施以及对环境和质量管理体系审核员的资格要求提供了指南。它适用于所有运行质量和/或环境管理体系的组织，指导其内审和外审的管理工作。

该标准在术语和内容方面，兼容了质量管理体系和环境管理体系的特点。在对审核员的基本能力及审核方案的管理中，均增加了了解及确定法律和法规的要求。

（3）2000 版 ISO 9000 族标准的主要特点

1）能适用于各种组织的管理和运作

标准使用了过程导向的模式，以一个大的过程描述所有的产品，将过程方法用于质量管理，将顾客和其他相关方的需要作为组织的输入，再对顾客和其他相关方的满意程度进行监控，以评价顾客或其他相关方的要求是否得到满足。这种过程方法模式可以适用于各种组织的管理和运作。

2）能够满足各个行业对标准的需求

为了防止将 ISO 9000 族标准发展成为质量管理的百科全书，标准简化了其本身的文件结构，取消了应用指南标准，强化了标准的通用性和原则性。

3）易于使用、语言明确、易于翻译和容易理解

ISO 9001 和 ISO 9004 两个标准结构相似，都从管理职责、资源管理、产品实现、测量分析和改进四大过程来展开，方便了组织的选择和使用。在术语标准中，将分散术语和定义，用概念图的形式，将与 10 个主题相关概念之间的关系，用分析与构造的方法，按逻辑关系，将其前后连贯，以帮助使用者比较形象地理解各术语及其定义之间的相互作用和关系，并全面掌握它们的内涵。

4）减少了强制性的"形成文件的程序"要求

标准在体系管理方面，只明确要求建立 6 个形成文件的程序，在确保控制的原则下，组织可以根据自身的需要决定制定多少文件。虽然标准减少了文件化的强制性要求，但是强调了质量体系运行的证实和效果，从而体现了标准注重组织的实际控制的能力、能够证实的能力和实际效果，而不只是用文件化来约束组织。

5）将质量管理与组织的管理过程联系起来

标准强调了过程的方法，即系统识别和管理组织内所使用的过程，特别是这些过程之

间的相互作用，将质量管理体系的方法作为一种管理过程的方法。

6）强调了对质量业绩的持续改进

标准将持续改进作为质量管理体系的基础之一。持续改进的最终目的是提高组织的有效性和效率。它包括改善产品的特征和特性、提高过程有效性和效率所开展的所有活动，从测量分析现状，建立目标、寻找解决办法、评价解决办法、实施解决办法、测量实施结果，直到纳入文件等一系列不断的 PDCA（计划、实施、测量监控、改进）循环。

7）强调了持续的顾客满意是推进质量管理体系的动力

顾客满意是指顾客对某一事项已满足其需求和期望的程序的意见。这个定义的关键词是顾客的需求和期望。由于顾客的需求和期望在不断的变化，是永无止境的，因此顾客满意是相对的、动态的。这就促使组织持续改进其产品和过程，以达到持续的顾客满意。

8）与 ISO 14000 具有更好的兼容性

两类标准的兼容性主要体现在定义和术语统一、基本思想和方法一致、建立管理体系的原则一致、管理体系运行模式一致以及审核标准的一致性等方面。

9）强调了 ISO 9001 作为要求标准和 ISO 9004 作为指南标准的协调一致性，有利于组织的持续改进

ISO 9001 标准旨在满足产品规定的要求，规定使顾客满意所需的质量管理体系的最低要求。组织可通过符合 ISO 9001 标准的要求来证实满足顾客要求的能力，旨在确保组织的有效性。提高组织效率的最好方法是在使用 ISO 9001 标准的同时，使用 ISO 9004 标准，使组织通过不断的改进，提高整体效率，增强竞争力。

10）考虑了所有相关方利益的需求

相关方指的是“与某个组织的业绩或成就有利益关系的个人和团体，例如顾客、所有者、员工、供方、银行、工会、合作者和社会”。针对所有相关方的需求实施并保持持续改进其业绩的质量管理体系，可使组织获得成功。

8.1.2 ISO 9000：2000 标准

1. 八项质量管理原则

（1）八项质量管理原则的产生及其作用

八项质量管理原则是 ISO/TC176 在总结质量管理实践经验的基础上，用高度概括、易于理解的语言所表述的质量管理的最基本、最通用的一般性规律。它是组织的领导者有效实施质量管理工作必须遵循的原则，是制定 2000 版 ISO 9000 族标准的理论基础。

为了建立这套理论，ISO/TC176 于 1995 年成立了一个工作组，用了大约两年的时间，吸纳了国际上一批质量管理专家的意见，整理并编撰了八项质量管理原则，并在国际上广泛征求意见，得到了众多国家的一致赞同。

八项质量管理原则有以下三个方面的作用：

1）指导组织的管理者完善本组织的质量管理；

2）指导 ISO/TC176 编制了 ISO 9000 族新标准；

3）指导质量工作者学习、理解和掌握 2000 版的 ISO 9000 族标准。

(2) 八项质量管理原则及实施要点

1) 以顾客为中心：

组织依存于其顾客，因此，组织应当理解顾客当前的和未来的需求，满足顾客要求并争取超越顾客期望。

为贯彻“以顾客为中心”的质量管理原则，组织可以采取下述活动：

①了解并掌握顾客需求和期望；

②确保组织的目标与顾客的需求和期望相结合；

③确保将顾客的需求和期望在整个组织内进行沟通；

④测量顾客的满意程度并根据结果采取相应的活动措施；

⑤管理好与顾客的关系；

⑥兼顾顾客与其他相关方之间的利益。

2) 领导作用：

领导者将本组织的宗旨、方向和内部环境统一起来，并创造使员工能够充分参与与实现组织目标的环境。

为贯彻“领导作用”的质量管理原则，组织的最高管理者应采取下列措施：

①考虑所有相关方的需求和期望；

②通过制定质量方针来清晰地描述组织未来的远景；

③制定可测量的、经过努力可以实现的，并能使组织获益的质量目标；

④在组织的所在层次上建立价值共享和职业道德伦理观念；

⑤建立信任，消除忧虑。在组织内部提倡人人平等，创造宽松的工作环境，相互信赖，双向沟通；

⑥为员工提供所需的资源、培训，并赋予其职责范围内的自主权；

⑦鼓励并激励员工并承认员工的贡献。

3) 全员参与：

各级人员是组织之本，只是他们的充分参与，才能使他们的才干为组织带来最大的收益。

组织应用“全员参与”原则，员工应进行下列主要活动：

①了解自身贡献的重要性及其在组织中的作用，即使每个人清楚自己的职责、权限，知晓其工作的内容、要求、程序，理解其活动的结果对下一步工作的贡献和影响；

②识别对其活动的结束。在每项工作中，了解每个人的活动将会遇到什么样的阻力和影响，如何突破这种阻力和影响，取得理想的结果；

③接受所赋予的权利和职责并解决各种问题；

④每个人根据分解到本岗位的质量目标评价其业绩；

⑤主动寻找机会增强员工的能力、知识和经验；

⑥自由地分享知识和经验。

4) 过程方法：

将相关的资源和活动作为过程进行管理，可以更高效地得到期望的结果。

输入转化为输出的活动都可以视为过程，组织为了能有效地运作，必须识别并管理许多相互关联的过程。通常，一个过程的输出会直接成为下一个过程的输入，组织系统地识别并管理所采用的过程以及过程之间的相互作用，称之为“过程方法”。

应用“过程方法”的原则，组织应依次实施下列主要活动：

①为了取得预期的结果，使用已建立的方法并确定关键的活动；

②为了管理这些关键的活动需明确职责和权限；

③了解并测定关键活动的能力。即组织是否有能力得到所需的充分的数据、信息，评审人员是否具备相关的评估能力；

④识别组织职能内部和职能之间关键活动的接口；

⑤重点管理能改进组织关键活动的各种因素，如资源、方法和材料等；

⑥评估风险以及对顾客、供方和其他相关方产生的后果和影响。内部审核、管理评审活动可以用于评估过程的风险及其对所在相关方产生的后果和影响。

5）管理的系统方法：

针对设定的目标，识别、理解并管理一个由相互关联的过程所组成的体系，有助于提高组织的有效性和效率。系统方法的特点在于它围绕某一设定的方针和目标，确定实现这一方针政和目标的关键活动，识别由这些活动构成的过程，分析这些过程间的相互作用和相互影响的关系，按某种方式或规律将这些过程有机地组合成一个系统，管理由这些过程构成的系统，使之能协调地运行。

应用“管理的系统方法”原则，组织应采取的主要措施：

①建立一个系统，并以最有效的方法实现组织的目标。ISO 9001：2000标准对构成质量管理体系的每个过程的活动提出了相应的控制要求，通过该体系的运行，组织将会以最有效的方法实现组织的质量方针和质量目标；

②了解系统的过程之间的相互依存关系。如产品要求的评审为生产和服务的运作过程提供了顾客要求的信息，而生产和服务的运作过程为产品要求的评审过程提供了满足顾客要求能力的依据；

③确定体系内特定活动的目标以及这些特定活动应如何运作。每个具体过程中的活动都有相应的控制目标，通常是具体的特性参数，活动应形成程序，程序当然应考虑对人员、设备、技术工艺、记录等方面的控制；

④通过测量和评估并持续改进体系。

6）持续改进：

持续改进是组织的一个永恒的目标。事物是不断发展的，都会经历一个由不完善到完善、直到更新的过程，人们对过程的结果的质量要求也在不断提高。因此，管理的重点应关注变化或更新产品所产生结果的有效性和效率，这就是一种持续改进的活动。

应用“持续改进”的原则，组织将应采取的主要措施：

①在整个组织内使用某一种的方法推行持续改进。如利用制定纠正措施、预防措施、进行过程改进的方法等；

②为员工提供有关持续改进的方法和手段的培训，这是持续改进得以实施的重要保证；

③组织的每个员工都应将产品、过程和体系的改进作为自己的努力工作目标；

④确定目标以指导、测量、追踪持续改进。这些目标可以指导持续改进的实施，并可作为测量的依据，也为追踪改进措施指出了方向；

⑤识别并通报持续改进的情况。管理评审活动的实施也应包含这一活动。

7）基于事实的决策方法：

对数据和信息的逻辑分析或直觉判断是有效决策的基础。成功的结果取决于活动实施之前的精心策划和正确的决策，而正确的决策信赖于好的决策方法。利用数据和信息进行逻辑判断分析时可借助其他的辅助手段，如统计技术等。

应用“基于事实的决策方法”原则，组织应采取的主要措施：

①确保作为分析依据的数据和信息足够、精确、可靠。

②让数据和信息的需要者能及时得到数据和信息。

③基于事实分析、权衡经验与直觉，作出决策并采取措施。在分析不合格原则的活动中以及作出决策时往往会这样做。

8）互利的供方关系：

通过互利的供方关系，增强组织和供方创造价值的能力。通常，某一个产品不可能由一个组织从最初的原材料开始加工直到形成最终顾客使用的产品，而是往往是通过多个组织分工协作来完成的。因此，绝大多数组织都有其供方。供方所提供的高质量产品是组织为顾客提供高质量产品的保证之一。

应用“互利的供方关系”原则，组织应采取以下主要措施：

①识别和选择关键供方；

②权衡短期利益与长期效益，确立与供方的关系；

③与关键的供方共享专门技术和资源；

④建立清晰和开放通畅的沟通渠道；

⑤确定联合改进行动；

⑥鼓励、激发改进和承认成果。

2. 基本术语

ISO 9000：2000《质量管理体系、基础和术语》第三章“术语和定义”中，列出了80条术语，共分为八部分，这里阐述几个通用的基本术语。

（1）质量

一组固有特性，满足要求的能力。

1）质量不仅是产品的质量，而且也包括了体系的质量和过程的质量；

2）质量可以是明示的、习惯上隐含的或必须履行的需求和期望；

3）质量具有相对性（不同的顾客或相关方具有不同的要求）和时间性，是动态的；

4）对于质量管理体系而言，实现质量方针、质量目标的能力、管理的协调性等反映其质量水平；

5）对于过程而言，过程的能力、过程的稳定性、可靠性、先进性和工艺水平等反映其质量水平。

（2）过程

一组将输入转化为输出的相互关联或相互作用的活动。

1）过程含有三要素，输入、输出和活动。输入是实施该过程的基础、依据和要求。输出是该过程完成后的结果。活动是由输入到输出转化的动因，资源是转化的条件，即实施过程是将输入转化为输出而开展的各项活动，必须使用与所开展的活动相适应资源，包括人员、设施、工作环境、信息、资金等；

2）过程是一个活动的系统。即由输入、输出、资源和活动构成的一组相互关联和相互作用的要素。因此，一个过程可能包括多个子过程，而且，一个过程的输入可能是几个过程的输出，过程的输出也可能是下一个或多个过程的输入，过程会形成过程网络；

3）产品的实现过程会增值，支持过程（如管理过程）不会直接增值，但对于体系管理来说是不可少的；

4）过程的输出应可测量，因此，质量目标的实现情况可以通过对每个过程的输出结果进行测量来确定。

（3）程序

为进行某项活动所规定的途径。

1）程序的内容一般包括该项活动的职责分配情况、活动进行的步骤、应配备的相应资源、控制方法以及应留下的记录等；

2）制定程序时应考虑过去的经验，并不断探索新方法，使程序不断优化。

（4）产品

即过程的结果。

1）如果把过程的定义引入到产品的定义中去，可知只要是过程的输出就可视为产品；

2）对于产品的分类是基于质量管理的特点而进行的；

3）实际中的产品被成为硬件、软件、流程性材料或服务主要取决于其主导成分；

4）通常，硬件和流程性材料是有形产品，而软件和服务是无形产品；

5）因为产品是过程的结果，所以产品的质量取决于“过程”和“体系”的质量。

（5）合格

即满足要求。

1）“要求”是理解这一概念的关键词。

2）“要求”是明示的、习惯上隐含的或必须履行的需求和期望。明示的要求通常是规定的要求，一般情况下由文件予以表述。习惯上隐含的需求往往是指公认的并且是可接受的、通常不用文件明示的需求。必须履行的需求通常由法律法规加以规定。

3）“要求”可以来自产品方面、质量体系方面及过程方面，称之为特定要求。因此，“合格”的定义不仅适用于四类产品，也适用于过程、体系的运行活动。

4）满足了“要求”的全部内容，则称为合格，如未满足“要求”中的任何一个方面的内容，则称之为不合格。

（6）质量管理体系

建立质量方针和质量目标并实现这些目标的体系。

质量管理体系把影响质量的技术、管理、人员和资源等因素都综合在一起，使之为一个共同的目的——在质量方针的引导下，为达到质量目标而相互配合、相互促进、协调运转。质量管理体系包括硬件和软件两大部分。组织在进行质量管理时，首先要根据实现质量目标的需要，准备必要的条件（如人力资源、基础设施、工作环境、资金等），然后通过设置组织机构，分析确定需开发的各项质量活动，分配、协调各项活动的职责和接口，通过制定程序给出从事各项质量活动的工作方法，使各项质量活动能经济、有效、协调地进行，这样组成的有机整体就是组织的质量管理体系。

(7) 有效性

完成策划的活动并达到策划结果的程度的度量。

有效性可以针对体系或过程而言。对于质量管理体系来说，是否实现了所规定的质量目标，是衡量质量管理体系有效性的依据。有效性与质量策划、质量控制、质量保证和质量改进具有关联关系。对于过程来部，可体现为过程的准确性、及时性、可信性、过程和人员对特定内部和外部要求的反应时间。

(8) 效率

得到的结果与所使用的资源之间的关系。

效率可以针对体系或过程而言。对于质量管理体系来说，实现所规定的质量目标花费了多少资源和时间，是衡量质量管理体系效率的依据。效率与质量策划、质量控制、质量保证和质量改进具有关联关系。对于过程来说，可体现为过程的循环时间或产出量、处理量、员工的效率、技术的应用、费用的降低等。

(9) 质量改进

质量管理的一部分，致力于提高有效性和效率。

改进是指组织为满足顾客不断变化的需要和期望，而改善产品的特征及特性和（或）提高用于生产和交付产品的过程的有效性和效率的活动。它包括：

1) 确定、测量和分析现状；

2) 建立改进目标；

3) 寻找可能的解决办法；

4) 评价这些解决办法；

5) 实施选定的解决办法；

6) 测量、验证和分析实施的结果；

7) 将更改纳入文件。

必要时，对结果进行评审，以确定进一步的改进机会。可以通过内审、外审、管理评审及顾客反馈来识别改进的机会。改进是一种持续的活动。

8.1.3 ISO 9001:2000 标准理解及实施要点

目前许多监理单位已经实施 ISO 9001:2000 标准，因此在这里就 ISO 9001:2000 标准的理解及实施要点作一介绍。

1. "1.1 总则" 理解要点

(1) 明确应用该标准由组织自己决定，是组织自身的行为。通过对该标准的应用，可达到两个目的：

1) 能够证实本组织有能力稳定地提供顾客要求和满足相关法规要求的产品；

2) 通过质量管理体系有效运转，包括进行持续改进和预防不合格，使顾客满意。

(2) 明确使顾客满意是应用该标准的主要目的。组织的主要手段是按标准要求使质量管理体系得到有效运转，当然也包括了持续改进过程和预防不合格过程。

(3) 对顾客满意程度进行评价，需要与顾客沟通，以了解顾客的要求和感受，并应让顾客感受到组织在不断地积极寻求改进机会，致力于提高体系的有效性。

(4) 顾客可以是组织内部的或外部的，内部顾客同样需要沟通和了解其意见。

2. “1.2 允许的删减”理解要点

ISO 9001:2000 标准的所有要求并不一定适用于每一个组织，因此 ISO 9001:2000 标准允许对其所规定的要求进行删减，以建立符合组织需要的质量管理体系，但组织进行的质量体系要求删减应保证：

1) 不影响其提供满足顾客要求和法律、法规要求的产品的能力；

2) 不免除其提供满足顾客要求和法律、法规要求的产品的能力；

3) 删减范围严格限制在第 7 条款“产品的实现”中；

4) 删减范围明示在质量手册和质量体系认证证书中；

5) 建议组织就删减范围问题与所选择的认证机构共同商讨。

3. “4.1 总要求”理解要点

(1) 本条款给出了建立（形成文件）、实施、保持和持续改进质量管理体系的总体思路。要求组织系统识别组织运作所需要的过程，并对这些过程加以管理。

(2) 采用各种方法将组织建立质量体系所需的全部过程加以识别，识别这些过程所需的输入、输出、开展的活动和应投入的资源。通常一个过程的输出将直接形成下一过程的输入，因此应确定过程之间的相互关系，并合理安排过程的顺序。

(3) 为使过程达到预期的目标或要求，必须对过程的输入、输出及开展的活动和投入资源做出明确的规定，给出过程控制的准则和方法。

(4) 为了判断这些过程是否在有效地运作，并对其加以监控，组织必须得到足够的信息并通过对信息的判定而实现对过程的监控。

(5) 通过对过程信息的测量（包括对输入、活动和输出结果的测量）和对测量结果的分析，以及针对分析结果而对过程实施必要的措施以最终实现过程的策划结果和对过程的持续改进。

4. “4.2.1 文件的总要求”理解要点

(1) 一般来说，一个组织的质量体系文件应包括：

1) 向组织的内部和外部提供关于组织质量管理体系整体信息的文件，称为质量手册；

2) 表述质量管理体系如何应用于某一具体产品、项目或合同的文件，称为质量计划；

3) 提供如何完成活动的一致信息的文件称为程序（包括程序文件、作业指导书、操作规程等）；

4) 对所完成的活动或达到的结果提供客观证据的文件，称为记录。

(2) 本标准对于质量体系的管理方面规定了 6 个基本程序文件（文件控制、质量记录的控制、内部审核、不合格控制、纠正措施、预防措施），对于组织其他方面的工作，标准也要求制定相应的文件，以确保对过程的控制并使其有效运行。质量管理体系文件的详略程度由下列因素确定：

1) 组织的规模（通常由人数决定）和类型（如工程建设监理属服务业）；

2）过程的复杂程序和相互作用；

3）员工的能力（如员工的培训情况、教育程度、技能的熟练程度和经验的丰富程度等）；

4）适用的法规要求。

（3）保证过程有效运行的文件和记录来自以下方面：

1）顾客或其他相关方在合同中所规定的要求；

2）所采用的产品技术标准的要求；

3）相关的法律、法规要求；

4）组织内部的决定。

5．"4.2.2 质量手册"理解及实施要点

（1）质量手册是规定组织的质量管理体系的文件，其详略程度和编排格式可以根据组织的规模和产品的复杂程序而有所不同。

（2）质量手册的内容包括：

1）质量管理体系的范围。该范围应包含组织提供满足顾客和适用法律法规要求的产品的能力所要求的内容，当出现剪裁时，应说明剪裁的细节和合理性；

2）程序文件的内容或对其的引用；

3）过程顺序和相互关系的描述。包括所建立的支持过程的管理和控制方法。

（3）质量手册应按文件控制的要求规定对其批准、修改、发放的控制方法。应特别注意对承载媒体是电子媒体的质量手册的控制。

6．"4.2.3 文件控制"理解及实施要点

（1）文件指信息及其承载媒体，媒体可以是纸张、计算机光盘或其他电子媒体、样件或它们的组合。质量记录、规范、图样、报告或标准均属于文件。

（2）质量管理体系所要求的典型文件包括：

1）质量手册；

2）过程控制文件，包括标准规定的 6 个程序文件及组织对过程策划所形成的文件，如质量计划等；

3）完成规定任务的文件，如作业指导书、操作规程等；

4）收集和报告数据和信息的标准表格；

5）质量记录。

（3）组织应编制程序文件对除质量记录之外的 4 类文件实施控制，控制结果要满足条款中的规定。

（4）文件的批准、修改、发放、回收、编写格式等控制方式由组织根据情况自行决定。

7．"4.2.4 质量记录"理解及实施要点

（1）质量记录指阐明所取得的结果或提供所完成活动的证据的文件。其作用是提供验证的证据，对其进行分析可作为采取纠正措施和预防措施的依据。

(2) 组织应对质量记录的标识、储存、检索、防护、保存期限和处理进行控制，并制定相应的程序文件。

(3) 本标准所要求的质量记录包括管理评审记录、培训记录、产品要求的评审记录、设计和/(或)开发的评审记录、设计和/(或)开发验证记录、设计和/(或)开发确认记录，设计和/(或)开发更改记录、供方评价记录、产品标识、测量和监控装置的校准结果记录、产品的测量和监控记录等。

8."5.1 管理承诺"理解及实施要点

(1) 最高管理者向组织传达满足顾客要求的重要性。

1) 质量的好坏最终要接受顾客的认可，只有满足顾客的要求才能最后说产品质量合格(满足要求)；因此，应制定能提高顾客满意度的产品技术标准；

2) 要求员工送出最完美的产品，强调预防为主和持续改进；

3) 组织领导对待员工要如同对待顾客一样，才能使员工有凝聚力、向心力、持久力。

(2) 最高管理者向组织传达满足法律、法规要求的重要性。

1) 提供适合本组织提供产品的法律、法规及强制性标准清单和相应文本，保持文本的有效性；

2) 将文本内容传达至相关人员，使相关人员明了法律、法规的重要性，明了违反法律、法规所带来的后果；

3) 留下满足法律、法规及强制性标准要求的证据(质量记录)。

(3) 最高管理者应考虑的问题：

1) 改进质量方针和目标，以增进满足顾客要求和法律、法规要求的意识，推动全员参与；

2) 识别组织中能够增值的过程；

3) 建立以提高顾客满意度为目的的导向机制；

4) 设计过程的顺序及相互关系，以获得希望的结果；

5) 清楚规定并有效控制过程的输入、输出和活动；监测过程的输入、输出，确保过程之间的有效联结，提高运作的有效性和效率；

6) 评估过程的风险，寻求改进机会；

7) 建立寻求过程持续改进机会的数据分析方法。

9."5.2 以顾客为关注焦点"理解及实施要点

(1) 确定顾客的需求和期望。了解和确定顾客的需求和期望是获得顾客满意的先决条件，组织可以通过市场调研和预测，或通过与顾客的直接接触来实现。

(2) 将顾客的需求和期望转化为要求。要求包括产品要求、过程要求和质量管理体系要求等。

(3) 使转化成的要求得到满足。组织通过建立并实施质量管理体系使要求得到满足。但还应注意顾客的期望和需求、法律法规及强制性标准的要求也会随时间不断变化，而进行修订，所以组织转化成的要求及已建立起来的质量管理体系也应随之不断改进。

10. “5.3 质量方针”理解及实施要点

(1) 制定质量方针应与组织的总体经营方针相适应、协调，质量方针应是组织经营方针的一部分。

(2) 质量方针可以以八项质量管理原则为基础，并从产品质量要求及使顾客满意角度出发作出承诺。

(3) 质量方针应对持续改进作出承诺。改进涉及到改善产品的特征及特性、过程的有效性和效率的活动，而且这种改进应是一种持续的活动。

(4) 质量方针应提供制定和评审质量目标的框架，即制定质量目标的总体原则，以及如何评审。

(5) 组织应大力宣传质量方针，并不断对其进行评审，以保持适宜性。

11. “5.4.1 质量目标”理解及实施要点

(1) 组织应根据质量方针规定的框架制定质量目标。

(2) 质量目标的内容应包括产品要求以及满足产品要求所需的其他内容，如资源、过程、文件和活动等。

(3) 质量目标应是可测量的，即通过检验、计算或其他测量方法确定量值，并与设定值进行比较，以确定实现的程度。

(4) 质量目标应分解到组织的相关职能部门及层次，并注意各部门之间的配合及协调关系。

12. “5.4.2 质量管理体系策划”理解及实施要点

(1) 质量策划是一个过程，其输入为：

1) 顾客的需要；

2) 产品的性能指标；

3) 质量管理体系过程的业绩；

4) 从以前情况获得的经验教训；

5) 改进的机会；

6) 风险评定及风险减缓。

(2) 质量策划的输出应确定：

1) 执行改进计划的职责和权限；

2) 所需的技能和知识；

3) 改进方法和工具；

4) 所需的资源；

5) 是否需要替代的质量策划；

6) 获得业绩的评价方法；

7) 所需要的文件和记录。

13. “5.5.1 职责和权限”理解及实施要点

组织应明确规定各职能部门及各岗位的职责和权限，并进行相互沟通，以判定规定的职责、权限及沟通方式是否合适，是否能促进质量活动的有效开展。

14. “5.5.2 管理者代表”理解及实施要点

最高管理者应从管理层中指定一名（或多名）成员作为管理者代表。管理者代表除了其他职责之外，还必须做到条款中规定的 4 个方面的职责和权限。管理者代表对于建立、实施改进质量管理体系具有直接责任。

15. “5.5.3 内部沟通”理解及实施要点

（1）组织内部要确保沟通顺畅，沟通的内容是质量管理体系的过程及有效性，包括质量要求、质量目标的完成情况以及实施的有效性。

（2）在不同的职能部门之间、不同层次的人员之间，应建立纵向和横向的联系沟通与质量体系有关的各种信息，相互了解、相互理解、相互信任，达到全员参与的效果。

（3）沟通的工具可以采用简报、各种会议、布告栏、内部刊物、声像、内部网络及其他媒体。

16. “5.6 管理评审”理解及实施要点

（1）管理评审应由最高管理者实施，并按计划的时间间隔进行。

（2）管理评审的目的是确保质量管理体系持续的适宜性、充分性和有效性。

（3）为使管理评审会议取得成功，会前的准备工作是非常重要的，因此，标准规定了评审输入。

（4）管理评审的输出是指管理评审会议所做出的决定，也包括对现有质量管理体系的评价结论及对现有产品符合要求的评价。因此，管理评审的输出应予以记录，以便对各方面的进展情况进行监控，并将其作为下次管理评审的输入。

17. “6.1 资源提供”理解及实施要点

（1）资源一般包括人员、供方、信息、基础设施、工作环境和财务资源等。

（2）从两方面考虑资源配备；连续性的组织管理和项目式的组织管理。

（3）制定资源配备计划并进行控制。

（4）识别资源短缺和过剩的根本原因，并将其用于持续改进。

（5）对未来资源的策划应是管理评审的一部分。

（6）考虑资源运用的时机和结束条件，同时也应考虑有限的自然资源的利用和资源对环境的影响。

18. “6.2 人力资源”理解及实施要点

（1）对从事影响质量活动的人员进行分类，并对各类人员所需的教育、培训、经历及技能提出要求。

(2) 对从事各类工作的人员进行评价，若其能力不能满足要求，应提供培训以满足要求。

(3) 制定培训计划，采取不同的培训方式提供各方面的培训。

(4) 通过理论考核、操作考核、业绩评定和观察等方法，评价经过培训的人员是否具备了所需的能力。

(5) 培训内容包括：

1) 技术知识和技能；

2) 管理技能；

3) 社交技能；

4) 如何了解市场、顾客的需求和期望的知识；

5) 相关法律、法规；

6) 内部标准和采用的外部标准；

7) 工作用文件。

(6) 培训计划包括：

1) 培训目标；

2) 培训所需的资源；

3) 培训大纲和方法；

4) 所需的支持；

5) 从提高人员能力方面，评价培训效果及对组织的影响。

19. "7.1 产品实现的策划" 理解及实施要点

(1) 产品实现过程可以使组织获得产品产生增值。在这些过程中，一个过程的输出可能直接形成下一个过程的输入，过程和子过程的相互影响可能是复杂的，形成一个过程网络。

(2) 产品实现过程的策划内容包括：

1) 根据具体的产品、项目或合同设定质量目标；

2) 根据具体的质量目标建立所需的过程和子过程，尤其应识别出关键过程，规定其实现方法；

3) 识别并提供所需的资源；

4) 识别过程中涉及的验证和确认活动，并制定验收准则，即规定每个过程的输入，根据输入制定验收准则，按验收准则评价过程的输出，证实满足输入的要求；

5) 留下足够的质量记录以提供产品和过程符合要求的证据。

(3) 当组织依据本标准已形成了质量管理文件，而某一具体的产品、合同或项目的质量特性、质量要求与现有产品不同时，应该对其按本条款的要求制定质量计划。

20. "7.2.1 顾客对产品要求的确定" 理解及实施要点

(1) 顾客要求包括明示的、隐含的及必须履行的法律法规要求。

(2) 顾客明确规定的产品要求除了涉及产品的质量要求外，也会涉及可用性、交付、支持服务、价格等方面的要求。

(3) 顾客没有明确要求，但预期或规定的用途所必要的产品要求是指习惯上隐含的潜在要求，也是组织必须作出的承诺。

(4) 顾客没有规定，但国家强制性标准及法律法规有规定的要求也应予满足。

(5) 可以从以下方面识别顾客要求：

1) 顾客规定的过程和活动；

2) 市场调研；

3) 合同要求；

4) 对竞争对手的分析；

5) 法律法规要求的过程。

21. "7.2.2 与产品要求的评审" 理解及实施要点

(1) 组织应根据已识别的顾客要求和本组织确定的附加要求提出产品要求。

(2) 组织应对产品要求提出评审，以确保组织能按顾客要求提供产品，具体地说，通过评审以达到下列目的：

1) 确保准确理解顾客的要求，并解决供需双方对合同理解不一致之处；

2) 明确规定产品要求，一般应形成文件，如合同、开发计划任务书等；

3) 组织内部通过初步的策划，包括采取必要的措施，确保有能力满足产品要求；

4) 评审结果和在评审中提出的跟踪措施应予以记录；

5) 产品要求发生变更时，组织必须将变更的信息及时传达到有关职能部门，以确保相关文件得到更改、相关人员得到相关的信息。

22. "7.2.3 顾客沟通" 理解及实施要点

(1) 与顾客进行有效沟通以充分、准确地掌握顾客对组织提供产品满意程序的有关信息，并作为测量与监控顾客满意以及实施持续改进的输入。

(2) 组织应在产品提供前、提供中及提供之后，安排与顾客的沟通。

(3) 沟通的内容包括顾客关于产品要求的信息；问询、合同的实施，包括对其修改；在产品提供过程中以及向顾客提供产品后顾客反馈的信息，包括顾客的投诉意见。

23. "7.4 采购" 理解及实施要点

(1) 采购过程的输入是采购要求，输出是采购产品，活动包括：

1) 识别采购产品对实现过程和交付产品的影响程度；

2) 制定采购文件；

3) 评价供方并进行选择；

4) 订购；

5) 对供方进行定期评价；

6) 验证采购产品；

7) 对不合格的采购产品进行处置。

(2) 对供方进行评价可以采用以下方法：

1) 评价供方的相关经验；

2）评审供方的产品质量、价格、交货情况及对问题的处理情况；

3）审核供方的质量管理体系，对其提供产品的能力进行评价；

4）调查供方的顾客满意度情况；

5）调查供方的财务状况、服务能力等。

24.“7.4.3 采购产品的验证”理解及实施要点

(1) 采购产品的验证活动包括；检验、测量、观察、提供合格证明文件等方式。

(2) 采购产品的验证方式包括：

1）由组织在本组织现场进行验证；

2）由顾客在组织的现场进行验证；

3）由组织在供方的现场进行验证；

4）由顾客在供方的现场进行验证。

对于后两种情况，组织应在采购文件中规定如何进行验证及产品放行方法。

25.“7.5.1 生产和服务提供的控制”理解及实施要点

(1) 生产和服务的动作对有形产品来说，是指其加工直到交付后服务的过程，对计算机软件来说，是指软件实现、交付、安装、配套和维护过程；对服务来说，是指服务提供过程。

(2) 本过程控制的内容主要体现在：

1）取得相应的信息和文件，如产品特性、作业指导书。信息来源是设计输出、产品实现过程的策划输出和产品要求的评审输出等；

2）对使用的设备应进行维护和保养，以保持其运行能力；

3）备齐测量与监控装置，按规定的要求使用这些装置；

4）对动作中涉及的过程（尤其是关键或特殊过程）和产品实施监控活动；

5）规定并实施组织外供产品的放行、交付活动和交付后的服务。

26.“7.5.2 生产和服务过程确认”理解及实施要点

(1) 当生产和服务提供过程的输出不能由后续的监测加以验证时，组织应对这样的过程实施确认。这包括仅在产品使用或服务已交付之后问题才显现的过程。

(2) 为确保这些过程的输出能够持续满足要求，必须采用适当的确认手段，证实这些过程能够达到预期的结果。

(3) 过程鉴定：确定最佳的工艺参数或最佳的服务方式，制定相应的方法和程序，并按规定实施。

(4) 确认过程中所用的设备、设施的能力（包括精确度、安全性、可用性等要求）及维护保养要求。

(5) 规定操作该过程的人员具备的能力与资格。

(6) 规定有关设备、人员或过程鉴定记录的要求。

(7) 过程的再确认：按规定的时间间隔或发生问题时组织应对特殊过程进行再确认，过程发生更改后，也应进行再确认。

27.“7.5.3 标识和可追溯性”理解及实施要点

(1) 对于硬件产品来说,可追溯性可以涉及到原材料和零部件的来源、加工过程的历史产品交付后的分布和场所。可追溯性也可用于服务过程,如为了追溯性服务提供的程度等。

(2) 组织可使用适宜的方法识别产品。在组织内部的运作过程中，如果不标识不会引起产品混淆或无可追溯要求时，也可以不对产品进行标识。

(3) 组织在动作过程中应对产品的测量状态（待检、检后合格、检后不合格、检后待定）进行标识。

(4) 当合同、法律法规和组织自身（考虑危害程度和减轻风险）对可追溯性有要求时，组织应规定并记录唯一性的标识。

28.“7.5.4 顾客财产”理解及实施要点

(1) 顾客财产指顾客所拥有的财产，如顾客提供的构成产品的部件和组件、代表顾客提供的服务、顾客提供的图样、规范等。

(2) 组织应对这类产品进行标识、验证、保护和维护，当出现问题时，应及时记录并向顾客报告。

29.“7.6 监视和测量装置的控制”理解及实施要点

(1) 组织应明确产品实现过程中所需的测量，并确定测量活动中所涉及的测量和监控设备，将其纳入受控范围。

(2) 组织的测量和监控装置必须具有测量要求相一致的测量能力，并在使用中控制和保持这种能力。

(3) 对照能溯源到国际或国家基准的装置，定期或在使用前进行校准和调整，当不存在上述基准时，应规定校准的依据并形成文件。合理规定测量监控装置的校准周期，并保证在有效期内使用。

(4) 采取措施，防止发生可能使校准失效的调整，如采取封缄等防错措施，由有资格的操作人员进行调整，提供明确的调整作业指导书等。

(5) 采取适当措施，防止在搬运、储存时损坏。

(6) 记录校准结果，表明测量能力符合何种规定要求，并注意记录溯源性的情况，也可以由有资格的单位出具检定证书。

(7) 在校准的有效期内使用时，如果发现偏离校准状态，应对该测量监控装置此前的测量结果的有效性进行评价，并采取必要的纠正措施，包括追回其测量过的产品和重新测量等措施。

30.“8.1 测量、分析和改进总则”理解及实施要点

(1) 组织对测量和监控活动的策划应包括对产品、过程能力、顾客满意度和体系运行有效性的确认、审核、监控和评价活动。应规定活动的内容、频次、方式和必须的记录，包括利用恰当的统计技术，而不应单纯用于积累信息。

(2) 这种测量和监控活动应能够及时发现产品、过程和体系运行中存在的问题，并实

施有效的措施加以解决。

31. “8.2.1 顾客满意”理解及实施要点

(1) 组织应建立监控体系，收集、分析顾客满意和不满意的信息，并将此作为评价质量管理体系业绩的方法之一。

(2) 有关顾客满意和不满意的信息可能涉及：

1) 有关产品质量、交付和服务等方面的顾客反映；

2) 顾客需求的变化；

3) 竞争方面的信息。

(3) 顾客满意和不满意的信息的收集方式可以是口头的或书面的，收集渠道包括：

1) 顾客投诉；

2) 与顾客的直接沟通；

3) 问卷与调查；

4) 组成专项调查组；

5) 来自消费者组织的报告；

6) 各种媒体的报导；

7) 行业研究活动。

(4) 组织应对收集到的信息进行分析，得出定性或定量的结果，找出差距，作为改进的依据。

32. “8.2.2 内部审核”理解及实施要点

(1) 内部审核的目的是为了查明质量管理体系的实施效果，是否达到了规定要求，以便及时发现存在的问题并采取纠正措施，保持质量管理体系有效运行。

(2) 内部审核的程序包括：

1) 审核方案的策划，包括审核的频次、目的、范围等；

2) 审核的职责，包括审核人员的职责和资格，审核人员应是非受审部门的人员等；

3) 审核的实施，包括审核计划、审核的方法、现场审核等；

4) 应记录的审核结果，包括审核通知单、审查检查表、不合格报告、审核报告等；

5) 向管理者报告审核结果；

6) 对审核中发现的不合格项制定纠正措施：

7) 实施纠正措施并记录验证结果。

(3) 在内部质量体系审核过程中应考虑的问题：

1) 现有文件的充分性；

2) 过程的有效实施；

3) 不合格的识别情况；

4) 过程结果的记录情况；

5) 改进机会；

6) 过程能力；

7) 统计技术的使用；

8）信息技术的使用；

9）质量成本数据的分析；

10）职责和权限的分配；

11）体系运行业绩的结果和期望；

12）业绩测量的充分性和准确性；

13）改进活动；

14）与顾客（包括内部顾客）的关系。

33．“8.2.3 过程的监视和测量”理解及实施要点

（1）本条款所指的过程，包括产品实现的各过程和子过程，即生产和服务运作的全过程。

（2）当策划运作过程中，对每个过程都规定了输入、输出、相关的活动和资源，而且要求过程的输出能满足预定的目标。

（3）任何一个过程的输出总是存在波动的，因为输入会有波动，过程所处的环境（如人员、设施、材料）也对过程产生各种各样的干扰。从而会影响过程达到目标的程度。因此，能够有效地控制波动就可以使过程输出的稳定性得到改善，得到一致性好的输出。

（4）过程的测量可包括：

1）准确性；

2）及时性；

3）可信性；

4）过程和人员对特定内部和外部要求的反应时间；

5）过程的循环时间或产出量、处理量；

6）员工的有效性和效率；

7）技术的应用；

8）费用的降低。

34．“8.2.4 产品的监视和测量”理解及实施要点

（1）为了验证组织提供的产品满足要求，应对产品特性进行测量和监控。

（2）测量和监控的对象包括采购产品、中间产品和最终产品。

（3）组织应对测量和监控进行策划，规定测量和监控点、测量和监控的特性、所用的文件、所要求的设备和工具、人员资格、验收准则等。

（4）符合验收准则的测量结果要形成文件（质量记录），如检验和试验报告、材料放行通知、电子数据和证书等。

（5）质量记录应有授权者的签名。

（6）当测量和监控结果表明产品满足了实现阶段的各项要求时，方可交付顾客。如果交付时发生不满足要求，需要让步接收，必须由顾客批准。

35．“8.3 不合格控制”理解及实施要点

（1）不合格是指不满足要求的产品，涉及采购产品、过程中的产品和外供产品。

（2）不合格产品的控制必须形成程序文件。

(3) 程序中一般需规定不合格产品识别和控制活动的职责和权限以及相应措施，如鉴别、识别、记录、评审和处置等。

(4) 对不合格的识别是为了防止非预期使用和交付，不合格品必须得到纠正。

(5) 在对不合格进行处置之后，应再次验证其是否分别符合原来规定。

36. "8.4 数据分析" 理解及实施要点

(1) 数据分析的目的是为了评价质量管理体系的适宜性和有效性及识别改进机会。

(2) 收集数据的范围一般包括：

1) 与产品质量有关的数据，如质量记录、产品不合格信息、顾客投诉、内外部故障成本等；

2) 与运行能力有关的数据，如过程运行的测量监控信息、产品实现过程的能力、内外部审核的结论、管理评审输出等。

(3) 数据的来源可以包括：测量和监控活动的输出、竞争对手、相关过程的记录、供方和政府部门等。

(4) 数据收集可以直接采用已有的质量记录，也可以采用交谈、调查等方式。

(5) 数据有其规律性，但也有其波动性。通常采用统计方法从有波动性的数据中找出其规律性，帮助确定最需要解决的问题。

37. "8.5.1 持续改进" 理解及实施要点

(1) 持续改进指注重不断提高组织质量管理的有效性和效率，实现其质量方针和目标的活动。

(2) 改进可以是日常的改进活动也可以是较重大的改进项目。对日常改进活动的策划和管理可以使用"纠正措施"和"预防措施"，较重大的长远的改进项目会涉及对现有产品的更改以及资源的需求，应考虑改进项目的目标和总体要求，分析现有的过程的状况，确定改进方案，实施改进并评价改进的结果。

(3) 组织可以通过质量方针、目标、审核结果、数据分析、纠正措施与预防措施、管理评审实现日常的持续改进，并提出改进的项目，促进质量管理体系的持续改进。

(4) 持续改进的方法：

1) 现状调查；

2) 原因分析；

3) 原因确认；影响质量问题的原因很多，但其影响程度各不相同。在众多原因中总有少数原因对质量问题起决定性作用，被称为关键的少数。抓住关键的少数原因采取措施，质量问题就会得到很大程度的解决。最终达到最少的投入取得最佳的改进效果；

4) 制定对策；

5) 执行、控制与调整；

7) 检查结果，采取巩固措施，解决遗留问题。

38. "8.5.2 纠正措施" 理解及实施要点

(1) 当出现了不合格后，组织应注重分析原因，采取纠正措施，防止不合格再次发生。

（2）组织应制定纠正措施的控制程序，内容包括：

1）识别不合格。组织可以通过收集有关顾客投诉、不合格报告、管理评审报告、内审报告、数据分析的输出、顾客不满意情况、过程和产品测量的结果等来识别不合格品和不合格项；

2）采用统计技术或试验等方法确定主要原因；

3）从成本、业绩、可信性、安全性和顾客满意等方面来评价出现的不合格对质量影响的重要程度；

4）记录结果，包括原因、内容以及采取措施的完成情况等；

5）评审纠正措施的有效性，即评审其是否能防止类似的不合格继续发生。

39.“8.5.3 预防措施”理解及实施要点

（1）组织应针对潜在的不合格原因采取适当的预防措施，以防止不合格的产生。

（2）组织应制定并实施预防措施程序，内容包括：

1）识别潜在不合格及原因。可以通过顾客的需求和期望、市场分析、自我评价结果、操作条件失控的早期报警等方面来识别潜在的不合格，并用适当方法分析原因；

2）确定并实施所需的预防措施。由相关职能部门的代表参加策划预防措施，应根据潜在问题的影响程度考虑优先顺序，在实施过程中，对预防措施进行监控，以确保有效；

3）记录结果。包括原因、内容及采取措施的结果；

4）评价预防措施的完成情况及结果达到预定要求的程度。

8.1.4 监理企业实施 ISO 9000 的意义和作用

我国自 1994 年第一批建筑企业试点贯彻 ISO 9000 系列标准以来，贯标形势发展很快。一些大、中城市的一二级施工企业几乎全部通过认证，很多大型设计单位紧跟其后，监理、房地产开发、物业管理等行业也纷纷开始行动，形势发展也非常快。事实证明，贯标对企业提高管理水平，提高市场竞争能力，提高工程质量方面都有很好的促进作用。在建筑企业推行 ISO 9000 标准已经成为我国振兴建筑业工作中的一件大事。

监理企业是受项目法人委托对工程建设实施监督管理的单位。它在工程建设项目的投资、工期和质量控制，合同管理，协调有关单位之间工作关系等方面有着重要的作用。目前工程设计、施工及安装企业中已有通过认证的单位大量出现，监理单位应要求这些单位按照 ISO 9000 标准来管理所承包的工程，并对它们进行相应的监督。这就要求监理单位尽快熟悉和运用标准。更重要的是，监理企业同样也需要贯彻 ISO 9000 标准，以提高监理服务水平，更好地符合“守法、诚信、公正、科学”的服务准则要求，在工程建设中发挥更大的作用。

监理企业组织实施 ISO 9000 的意义和作用，概括起来主要有以下几个方面：

1. 有利于监理企业向现代化质量管理体制转变，提高质量管理水平

ISO 9000 系列标准要求企业必须全面保证产品质量的产生、形成、实现各阶段的管理质量。其次，标准中体现的系统化管理、制度化及文件化管理、全员参与管理、对外保证体系等管理原则及方法，都有助于企业向现代化质量管理体制转变。

监理企业是建设市场发展的产物，大多成立时间不长，通过贯标工作，可以完善和发展自身建设，从组织机构、岗位职责、合同评审、过程控制、检验试验、设备管理、预防措施、质量记录、培训服务、统计技术等多方面使监理工作更趋规范化、程序化、制度化和科学化，从而建立良好的企业机制，提高工作质量和服务质量，提高企业综合素质，树立全新的企业形象，更好地拓展市场，增强竞争力。

2. 为监理企业提供继续生存发展的途径

监理企业与其他建筑企业一样，在国内的竞争日益激烈。随着我国的科技、生产的高速发展，开发商或业主面对科技含量不断增大的产品或服务，对于监理企业的质量保证的期望和要求也日益增高。企业管理水平或质量保证能力的自我宣传，已经不能完全满足激烈竞争中的实施需要。这种质量保证能力最好取得社会乃至国际的认可，从而获得业主或开发商的信任。监理企业如果通过 ISO 9000 认证，获取外部质量认证证书，这就是具备质量保证能力的凭证。外部质量认证证书和质量手册等文件使招标的业主、承包商更容易了解和信任该监理企业，对比未取得认证的企业，则具有争取监理权的优越地位，因而有利于该企业的发展。

3. 实现与国际管理接轨，增强监理企业的国际竞争能力

随着时代的不断进步，我国已加入 WTO，作为国际间贸易产业之一的建筑业将面临新的机遇。这种机遇不仅仅体现可以引进一些国外的先进技术、管理经验和管理模式，也体现在可以开拓国际市场。目前我国监理企业打入国际市场还不多，有几家也大都是在东南亚的一些国家，我国加入 WTO 后，外商也将占去我国一定的国内市场，市场竞争更加激烈。面对这一形势，监理企业应未雨绸缪，提出对策，迎接挑战。在其对策中，包括：(1) 转变思想观念，着眼国内国际两大市场、两种资源、两种资金，为我所用；(2) 加快企业改革，建立现代企业制度；(3) 加强人才培训，培养出一大批复合型人才。

监理企业采取以上所指出的对策外，监理企业贯彻国际标准也是十分重要的措施。通过实施 ISO 9000 系列标准，将世界现代化企业管理的共同精华有机地吸取到自己的企业中，为企业注入新的活力，适应国际惯例，逐步开拓国际市场，成为具有公信力的监理企业。因此，实施 ISO 9000 标准是监理企业适应国内外两大市场接轨的战略措施，其意义是极其深远的。

8.2 监理企业推行 ISO 9000 方法与步骤

在监理企业推行 ISO 9000 并无必须要遵循的步骤，但根据已通过 ISO 9000 贯标的企业较为成功的操作来看，以下步骤具有可实施性，如图 8-1 所示。

上述步骤可归纳为：(1) 聘请咨询机构；(2) 质量体系建立和运行；(3) 企业质量认证。

图 8-1 实施 ISO 9000 步骤示意图

8.2.1 聘请咨询机构

建立质量体系，可以由企业自己去做，也可请咨询机构帮助。但由于企业自身对 ISO 9000 不够熟悉，对推行 ISO 9000 缺乏经验，为了避免企业质量认证走弯路，企业聘请有资质的咨询机构帮助企业建立质量体系并通过质量认证是必要的。聘请咨询并不意味着将建立质量体系的责任转移到咨询机构，企业各级管理者仍然需要身体力行地领导并参与建立质量体系的各阶段的工作。

1. 咨询机构和咨询人员的选择

在选择咨询机构和咨询人员时应注意：

(1) 在与咨询机构签订合同前，应要求对方提供参与咨询人员的名单，并要求其出示资格证书的复印件；

(2) 要了解咨询人员的经历和参与咨询或认证工作的业绩，企业有权拒绝不合适人员(如因保密或专业原因) 参加咨询；

（3）选择的咨询人员，不能参与以后的认证审核工作。

2. 咨询工作过程

咨询工作的起点是培训与沟通，终点是确保体系能有效运行及具备认证注册要求。咨询人员应在建立质量体系的各个阶段与企业有关人员共同工作。作为咨询的全过程，至少应完成以下工作：

（1）结合工作特点讲解 ISO 9000 族标准；

（2）指导编制质量体系文件；

（3）帮助开展内部质量审核；

（4）协助企业做好认证前的准备工作。

3. 咨询过程中双方应注意的问题

（1）咨询双方的双向沟通是做好咨询工作的前提，企业应确保咨询人员了解本企业的工作范围和活动目标。

（2）咨询人员应力求使企业的质量体系文件恰当地与 ISO 9000 标准相结合，企业应警惕以任何“预置”方式将标准体系引入到本组织的质量管理中。

（3）咨询人员应能提供足够的信息和指南，与企业有关人员一起，使于操作，切忌将时间和精力放在“创造”那些不必要的文件上。

（4）开发或编制质量体系文件没有捷径，它需要企业与咨询人员付出时间和精力。企业不能过分地依赖于咨询，任何情况下，都应将建立质量体系看作是份内的事，以咨询人员单独开发的质量体系是难以见效的。

8.2.2 质量体系的建立和运行

质量体系的建立和运行是指企业中请求认证前的所有各项工作。主要工作有：

1. ISO 9000 基础知识培训

在监理企业推行 ISO 9000 的起步是对 ISO 9000 知识的教育和培训，这是最基本、也是最重要的工作之一。

（1）培训对象

监理企业的总经理、部门经理、主管、各监理项目部的总监理工程师、监理工程师及监理员。

（2）培训内容

主要是 ISO 9000 族标准。

（3）培训方式

1）由公司聘请贯标专门咨询机构的咨询人员向企业的总经理、部门经理、主管、各监理部总监理工程师进行讲解，这是第一批培训；

2）由公司内部接受过 ISO 9000 族标准培训的人员向监理工程师及监理员进行讲解，这是第二批培训。

（4）培训目的

1）通过介绍质量管理和质量保证的发展和贯标单位的经验教训，说明建立、完善质量体系的迫切性和重要性；

2）通过 ISO 9000 族标准的总体介绍，提高按国际标准建立质量体系的知识；

3）通过质量体系要素讲解，明确决策层领导在质量体系建设中的关键地位和主导作用；

4）接受培训的部门经理、主管及工程总监是建设、完善质量体系的骨干力量，要使他们全面接受 ISO 9000 族标准有关内容的培训，在方法上可以采取讲解与研讨结合，理论与实际结合，使这部分培训人员对 ISO 9000 族标准的内容、要求较深刻的理解；

5）监理工程师、监理员是与监理服务形成全过程有关的基层人员。对这一层次人员主要培训与本岗位质量活动有关的内容，使他们了解在质量活动中应承担的任务，完成任务应赋予的权限，以及造成质量过失应承担的责任等。

（5）培训时间

一般在贯标工作组织落实后，分两批培训，每批培训时间 1～2 个工作日。

2. 确定要认证的范围及选择质量保证模式

监理企业应首先选用 ISO 9001:2000《质量管理体系要求》作为建立企业质量体系和申请认证的标准依据。

3. 任命质量管理者代表

ISO 9001 标准要求，“最高管理者，应在自己的管理层中指定一名成员（或多名）为管理者代表，不论其在其他方面职责如何，应明确以下权限；

（1）确保质量管理体系所需的过程得到建立、实施和保持；

（2）向最高管理者报告质量管理体系的业绩和任何改进的需求；

（3）确保在整个组织内提高满足顾客要求的意识。

此外管理者代表的职责还可包括就供方质量体系有关事宜与外部各方的联络工作。

管理者代表由企业法人代表直接任命，根据以往监理企业贯标经验，由监理企业总工程师担任管理者代表较为合适，因为总工程师在监理企业的主要工作也是负责监理质量，与管理者代表的工作目标是一致的，且总工程师的工作与管理者代表的工作是相连的，如果由总工程师任管理者代表可以避免没有必要的交叉与矛盾。

4. 成立质量工作组织

（1）成立领导小组

为了使贯标工作能顺利地进行，须成立领导小组领导贯标工作。小组组长应由决策层最高管理者担任，副组长可由管理者代表担任，企业主要领导都应参加领导小组。领导小组的主要任务：

1）体系建设的总体规划；

2）制订质量方针和目标；

3）按职能部门进行质量职能的分解。

(2) 成立专门工作组

专业工作组由管理者代表担任组长，各有关部门派人参加。工作组要有一定的专职人员和骨干力量。工作组的任务：

1) 负责实施 ISO 9000 的组织协调，负责文件编写的工作和组织工作；

2) 作为实施 ISO 9000 的一个办事核心，负责具体推动的实质工作；

3) 作为体系建设领导小组的执行机构。

5. 确定质量方针、制定质量目标

企业应在领导小组组长的主持下，由领导层亲自制定质量方针和质量目标，它的作用和要求应为：

(1) 指出本企业质量管理的方向，它们应反映业主和社会对监理工作质量的要求，以及相应作出的质量保证承诺。

(2) 反映领导层对各下层部门质量责任的要求和目标，作为建立质量体系和企业质量管理的准则和方向。

具体制定时，企业可考虑以下几点：

(1) 质量方针和目标应具有监理行业和本企业的特色。

(2) 质量方针要用易于理解的语言表达，有概括性、生动性、不易只采用简单的口号，如“用户至上、质量第一”。

(3) 质量方针一般是中长期的，在质量手册有效期内使用。质量方针作重大修改后可能需将质量手册改版，这将引出认证是否继续有效问题，因此不应马虎从事。

(4) 质量目标应该既有追求的高水平、又能经过努力后保证完成，并为用户和社会所认同，否则将影响企业信誉。

(5) 质量目标应能进行考核和评价，即内容比较形象，适当的数量化。

(6) 质量方针和目标制定方式，一般采用工作组在发动全体员工征集方案的基础上，然后通过领导层加以分析、修改后确定成文。

(7) 质量方针和目标可在质量手册中专页发布。

6. 进行质量体系诊断

对现行质量体系诊断，就是通过对本企业现行质量体系的分析与评价，合理地选择体系要素。内容包括：

(1) 体系情况分析。即分析本企业现有质量体系运行的有效程度，以便根据现有质量体系情况选择质量体系要素的要求。

(2) 产品特点分析。监理企业的产品就是监理服务，其特点就是高智能的规范服务。根据此特点确定要素的采用程度。

(3) 组织机构分析。现有组织机构的设置是否适应质量体系的需要，应建立与质量体系相适应的组织结构并确立各机构间的隶属关系、联系方法。

(4) 现有的为监理服务的设施和检验设备能否满足质量体系的有关要求。

(5) 管理人员、监理人员的组成、结构及水平状况的分析。

(6) 管理基础工作情况分析。即监理规范化、标准化、计量、质量责任制、质量教育和质量信息等工作的分析。

对以上内容可采用与标准中规定的质量体系要素要求进行对比性分析。

7. 质量体系设计

通过分析、识别监理服务的全过程并根据所选择的质量保证模式、所确定的质量方针目标及现有质量体系诊断情况，完成以下工作：

(1) 调整组织机构，并按质量体系要求配备各部门及监理部的资源和人员。

(2) 划清各职能部门、各岗位职责和权限。

(3) 按系统性、科学性、协调性、法规性、经济性、适用性的要求确定质量体系文件结构。

(4) 列出需要新编写的文件清单（目录)。

8. 制定质量体系的实施计划

根据设计的质量体系制订实施计划，以控制进程、确保重点。

实施计划应包括：实施阶段的划分；各实施阶段的工作内容、时间安排，各实施阶段的配备人员及职能部门。

9. 质量体系文件编写知识培训

培训参加人员应包括领导小组、专门工作组和文件编写的人员。培训内容应包括质量手册、程序文件、作业指导书、质量记录表格的编写要求和技巧。培训由咨询人员负责讲授。

10. 编制、颁发体系文件

质量体系文件是描述质量体系的完整配套文件，是一个企业实施 ISO 9000 贯标、建立并保持企业开展质量管理和质量保证的重要基础，是质量体系审核和质量体系认证的主要依据。建立并完善质量体系文件可以明确各部门职责与权限，协调各部门之间关系，使各项质量活动能够顺利、有效地实施，使质量体系实现经济、高效地运行，以满足顾客和消费者的重要。也可使企业取得明显的效益。

质量体系文件的编写难度大、要求高、时间长，应由熟悉业务的人员按分工要求负责编写。

(1) 质量体系文件编写的原则

1) 系统性——应按系统标准的要求，结合企业的实施情况，从而确定适用的质量体系要素和适用程度，来编写质量体系文件；

2) 协调性——各质量体系文件之间，体系文件与企业的其他管理性文件之间应相互协调一致，特别要与国家颁布的监理规范及省里公布的监理示范用表一致，构成一个有机整体；

3) 科学性——文件内容既要与系列标准的要求相衔接，又要充分结合实际考虑体系的有效性；

4) 可操作性——体系文件既要有一定先进性，又要能反映企业的管理水平，确保各项文件规定的内容切实可行；

5）经济性——文件的编写内容应充分考虑顾客和企业双方的利益、成本和风险，以最佳成本实现适宜的质量。

(2) 质量体系文件的结构与特性

1）典型的质量体系文件结构。

质量体系文件适常由三部分组成，即：质量手册、质量程序、质量文件，根据文件内容的不同，质量体系文件又分为 A、B、C 三个层次，如图 8-2 所示。

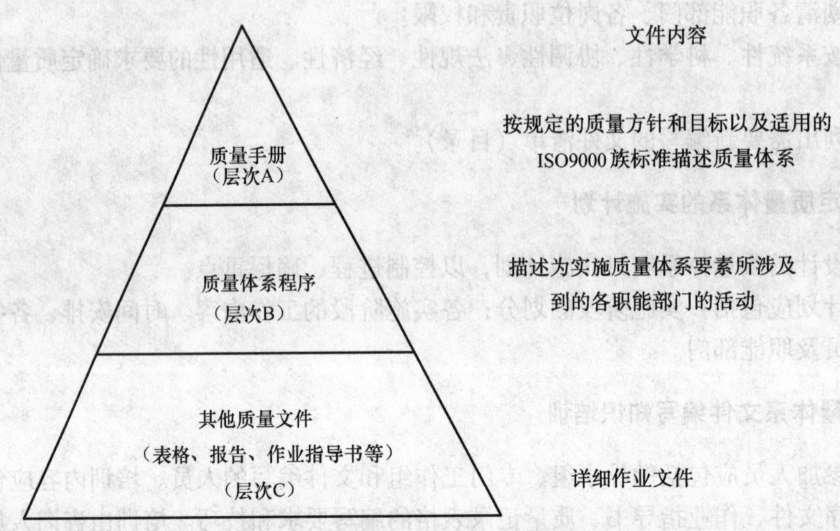

图 8-2 典型的质量体系文件层次

2）质量体系文件的特性：

①法规性。

质量体系文件是企业内部运行的规范，一旦被批准实施，企业就必须认真执行。当文件需要修改时，只能按照规定的程序进行。

②惟一性。

一个企业只能有一个质量体系文件系统；一项活动只能规定一个程序；一项规定只能有唯一的解释。任何情况都不得使用文件的无效版本。

③适用性。

文件没有规定统一格式；没有标准文本；文件所追求的是适用性。

(3) 质量体系文件编写的方法

以编写的顺序来划分，编写质量体系文件的方法有三种：

1）自上而下（即 A→B→C）依次展开的方法编写；

2）自下而上（即 C→B→A）的编写方法；

3）从中间向两边（即 A←B→C）扩展的编写方法。

目前使用较多的是按从中间向两边扩展的方法编写。按此方法编写的优点：

①文件的编写是从对活动的分析入手，确定活动程序开始，思路比较清晰；

②该方法有利于 ISO 9000 族国际标准的要求与企业的实施相结合；

③文件编写的时间较短。

(4) 质量手册的编写

质量手册是证实或描述文件化质量体系的主要文件。质量手册规定了质量体系的基本结构，是实施和保持质量体系应长期遵循的文件。

1) 质量手册的作用：

①作为对质量体系进行管理的依据；

②作为质量体系审核或评价的依据；

③作为质量体系存在的主要证据。

2) 质量手册常见的结构。

质量手册的结构，通常是按使用者的需要而确定的。质量手册的常见结构为：封面、批准页、手册说明、手册目录、修订页、发放控制页、企业概况、企业的质量方针和目标、组织机构、责任和权限、质量体系要素的描述、支持性资料附录。

3) 质量手册的内容：

①标题、范围、应用领域；

②目录；

③前言；

④质量方针和目标；

⑤组织结构、职责权限的说明；

⑥质量体系要素及文件化的质量体系程序的描述；

⑦定义；

⑧质量手册使用指南；

⑨支持性文件附录。

(5) 质量体系程序文件的编写

质量体系程序文件是指为完成质量管理和质量保证活动，而对影响质量活动所作的规定。质量体系程序文件是质量手册的支持性文件，质量体系程序文件应包括质量体系中所采用的全部要素的要求和规定，每一质量体系程序文件应对应于质量体系的一个逻辑上独立的活动。

1) 质量体系程序文件的作用：

①对影响质量的各项活动作出规定，并规定各项活动的方法、评定的准则，使各项活动处于受控之中；

②作为执行、验证、评审质量活动的依据。

2) 质量体系程序文件的结构：

质量体系程序文件的结构，封面，刊头，刊尾，修改控制页，正文说明。

3) 质量体系程序文件的内容：

①封面：组织的标志、名称；文件编写、文件名；拟制人、审核人、批准人及日期；颁布、生效日期；修改状态/版号；受控状态/保密登记；发文登记号等。

②刊头：组织标志、名称；文件编号、文件名；生效日期；修改状态，发文登记号等。

③修改控制页：修改单编号；修改人/日期；审批人/日期；修改内容简述。

④程序的目的：说明所涉及到有关部门的活动及控制目的。

⑤适用范围：程序所涉及到的有关部门的活动；程序所涉及到的相关人员和产品。

⑥职责：规定负责实施该项程序的部门、人员及其责任和权限；规定与实施该项程序相关的部门、人员及其责任和权限。

⑦工作程序：按活动的逻辑顺序定出开展该项活动的各个细节；规定应做什么；明确每一项活动的实施者、时间、地点、办法；阐述如何进行质量控制；保留记录字样等。

⑧引用相关文件的记录。

4）质量体系程序的具体文件：

工程建设监理企业涉及的质量要素较多，因此所需的程序文件种类具体有：

①文件控制程序；

②记录控制程序；

③质量方针；

④质量管理策划控制程序；

⑤职责权限和沟通；

⑥管理评审控制程序；

⑦人力资源控制程序；

⑧基础设施与工作环境控制程序；

⑨监理服务实现的策划控制程序；

⑩与顾客有关过程控制程序；

⑪采购控制程序；

⑫监理服务提供控制程序；

⑬产品标识和可追溯性控制程序；

⑭顾客提供财产的控制程序；

⑮监视和测量装置控制程序；

⑯顾客满意度的测量控制程序；

⑰内部质量体系审核控制程序；

⑱监理服务的监视和测量控制程序；

⑲不合格品控制程序；

⑳数据分析控制程序；

㉑改进控制程序。

(6) 其他质量文件编写

其他质量文件，就监理企业而言，主要是质量体系程序的补充文件，通常是一些监理工作的表格、作业指导书等。例如：

1）监理规划、监理细则编写要求；

2）“三控制、两管理、一协调”编写要点；

3）有关文件（如：监理日志、监理月报、监理总结、监理工作总结）编写要求；

4）与质量相关的规章制度等。

这部分质量文件可以随着监理工作的需要不断补充。

(7) 体系文件的颁发

文件颁发不必等到所有文件编写完毕才一起颁发，可以有先有后。文件颁发前应组织相关部分人员进行评审，这样可减少以后文件修改的工作量，增强可操作性。文件颁发后，相关部分人员应立即组织学习，并自生效日期起执行。

11. 质量体系的试运行

质量体系文件编制完成后，质量体系将进入试运行阶段。其目的，是通过试运行，考验质量体系文件的有效性和协调性，并对暴露出的问题，采取改进措施的纠正措施，以达到进一步完善质量体系文件的目的。

在质量体系试运行过程中，要重点抓好以下工作：

(1) 有针对性地宣传贯彻质量体系文件，使全体员工认识到新建立或完善的质量体系是对过去质量体系的变革，要适应这种变革就必须认真学习，贯彻质量体系文件。

(2) 体系文件通过试运行必然会出现一些问题，各部门应将实践中出现的如体系设计不周，项目不全等问题和改进意见如实反映给有关部门，以便采取改进措施。

(3) 加强信息管理，不仅是体系试运行本身的需要，也是保证试运行成功的关键。所有与质量活动有关的人员都应按体系文件的要求，做好质量信息的收集、分析、传递、反馈、处理和归档等工作。

12. 质量体系的评价和完善

正确评价质量体系，是完善、改进质量体系的重要环节，这对质量体系建立的初始阶段尤其重要。

监理企业通过内部质量审核管理形式集中对试运行的质量体系进行评价和完善。

在内部质量审核中主要是验证和确认质量体系文件的适用性和有效性，其重点包括：

(1) 规定的质量方针和质量目标是否可行？

(2) 体系文件是否覆盖了所有主要质量活动？

(3) 组织结构能否满足质量体系运行的需要？各部门、各岗位的质量职责是否明确？

(4) 质量体系要素的选择是否合理？

(5) 规定的质量记录是否能起到见证作用？

(6) 所有员工是否养成了按体系文件操作或工作的习惯？执行情况如何？

在试运行的每一个阶段结束后，应安排一次内部审核。在内部审核的基础上，在体系正式的认证审核前，企业最高管理者应对质量体系的状况和适宜性进行至少一次的管理评审。

为了减少认证的风险（可能存在一次认证不能通过的问题），在第三方认证机构正式审核之前，可以根据需要，由内审组或咨询机构对质量体系进行一次模拟审核。

8.2.3　质量体系认证

质量体系认证的目的：依据 ISO 9000 系列标准，通过评定与后来的监督，提供适当水平的置信度，以确保企业的质量体系符合标准的要求。质量体系认证的一般程序如下：

1. 认证机构的选择

选择合适的认证机构是企业取得一次认证成功的重要条件之一。按照 ISO 9000 系列标准实施惯例，认证机构不是由政府机构担任，而由从事质量管理和质量保证的社会团体完成。他们与申请认证企业的关系是服务与客户的关系，客户可以自由选择认证机构。选择认证机构的目标是：力求以最短的时间，最低的费用为企业提供有信誉的认证和注册。在这前提之下，选择时应考虑信誉较高、熟悉建筑业特点、认证费用较低的认证机构。

2. 提出申请

监理企业的质量认证为自愿认证，企业自行提出书面申请。在实际操作中，企业在提出正式申请之前，向认证机构口头提出申请认证的意向，取得必要的咨询，然后再正式填写认证申请书，附上质量手册，送交认证机构。

3. 认证机构受理申请

认证机构在接到企业请求认证的申请书后，将着手审查，并向符合条件的申请者发出接受申请的通知书，企业按通知书的要求缴纳相关费用。

4. 初始检查

认证机构委托认可检查机构对申请认证企业的质量体系进行初始检查，检查的依据是 ISO 9001 标准以及企业的质量手册。

检查的顺序是：

(1) 检查企业所提供的质量手册是否符合 ISO 9001 标准的要求；

(2) 现场检查质量体系的实际运转情况、质量手册的贯彻执行情况。

检查结束后检查组写出检查报告，作出结论性意见，送交认证机构，并通知企业。如果检查结论为“推迟推荐”，企业应在限期内改进质量体系，并由检查组进行复查，达到要求时即可向认证机构推荐。

5. 审查、发证

认证机构对质量体系检查报告进行审查，若认为符合认证条件，即可向申请企业颁发合格证书和合格标志。若不符合条件，企业将被告知“不推荐”及不推荐的原因。

6. 监督

认证后的监督是确保认证标志信誉的不可缺少的环节。实施认证后的监督管理，首先要求认证企业在其质量体系发生重大变化时，要及时向认证机构报告。所谓质量体系发生重大变化包括：

(1) 改变质量管理程序；

(2) 质量管理办法、工作程序、措施有重大修改；

(3) 发生了重大的质量事故等。

认证后监督主要环节是监督检查和监督检验。其中检查周期一般为半年，也可以不定期进行，但不能提前预告。

7. 处罚

在认证后的监督中若发现下列情况之一者，认证机构将终止或撤销对该企业的认证，并收回合格证书和合格标志，有时还要处以罚款。对非认证企业盗用认证标志的，将追究其法律责任：

(1) 已认证服务项目的质量下降；

(2) 已认证企业的质量保证体系已不再符合 ISO 9001 标准的要求；

(3) 认证标志在非服务项目上使用；

(4) 将认证标志转让他人使用。

8.3　企业通过认证后的日常工作

企业通过 ISO 9000 质量体系认证后，企业即进入质量体系运行的正常阶段。企业进入正常阶段的质量活动就必须严格按照企业所制订的质量体系文件进行。由于企业的质量体系文件是结合企业自身特点制定的，各企业所制订的质量体系文件内容不完全相同，在实施质量体系文件的正常活动也就不完全一样。为了介绍实施质量体系的日常工作，现就某监理企业贯标的正常工作作一简要介绍。

该企业编制的质量体系文件注意到与江苏省建设厅所制订的施工阶段监理现场用表相协调。因此在实施质量体系中，与以往的监理工作并无很大差异，仅就按贯彻 ISO 9001 标准要求修正补充了部分工作内容。现就在实施质量体系的组织机构及特别需要强调的工作内容简要介绍如下：

1. 组织机构：

根据标准要求，结合企业监理业务状况，企业调整了原组织机构，落实了质量职能分配，并对与质量有关人员规定了职责和权限及相互关系。

质量管理组织机构图如图 8-3 所示。

质量职责分配表，见表 8-2。

2. 管理评审

管理评审目的：通过对企业质量体系的有效性、适宜性的定期评审，确保质量方针和目标的实现。

企业一般在每年年底进行管理评审，并要求两次评审时间间距不超过 12 个月。但有下列情况之一时，由企业总经理决定不定期管理评审：

(1) 社会要求（法律、法规、环境、安全等）发生重大变化；

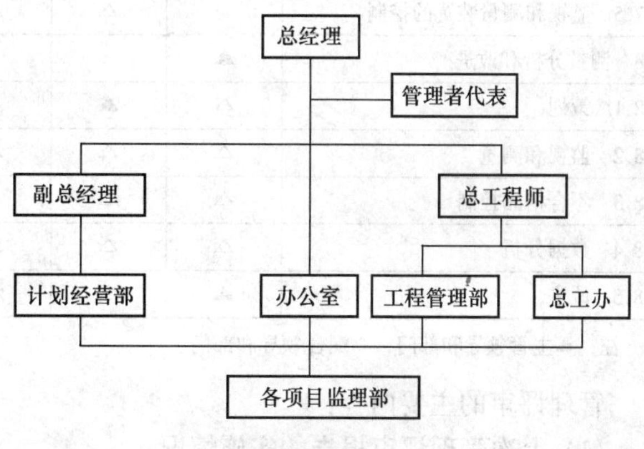

图 8-3　质量管理组织机构图

（2）企业组织结构有重大变化；

（3）出现重大质量事故；

（4）顾客质量投诉连续发生；

（5）发生其他有必要进行管理评审的情况。

质量要素职能分配表 **表 8-2**

职能部门 标准条款	总经理	管理者代表	总工办	工程管理部	办公室	经营部	项目监理部
4 质量管理体系	▲	△	△	△	△	△	△
4.1 总要求							
4.2 文件总要求			▲	△	△	△	△
5 管理职责	▲						
5.1 管理承诺	▲	△	△	△	△	△	△
5.2 以顾客为关注焦点	▲	△	△	△	△	△	△
5.3 质量方针	▲	△	△	△	△	△	△
5.4 策划	▲	▲	▲	△	△	△	△
5.5 职责权限和沟通	▲	▲	▲	△	△	△	△
5.6 管理评审	▲	▲	▲	△	△	△	△
6 资源管理	▲						
6.1 资源提供	▲						
6.2 人力资源	▲	▲	△	△	▲	△	△
6.3 基础设施			△	△	▲	△	△
6.4 工作环境							
7 监理服务实现	△	△	△	△	△	△	▲
7.1 产品实现的策划	△	▲	▲	△	△	△	▲
7.2 与顾客有关过程			△	△	△	▲	△
7.3 采购			▲	△	△	△	▲
7.4 生产服务的提供		△	▲	△	△	△	▲
7.5 监视和测量装置的控制		△	▲	△	△	△	▲
8 测量分析和改进	▲						
8.1 策划	△	▲	△	▲	△	△	▲
8.2 监视和测量	△	△	△	▲	△	△	▲
8.3 不合格品控制	△	△	▲	▲	△	△	▲
8.4 数据分析	△	△	▲	△	△	△	▲
8.5 改进	▲	△	△	△	△	△	△

注：▲主管领导和部门；△配合领导和部门。

管理评审的主要内容：

（1）上次管理评审报告的实施情况；

（2）内部质量体系审核结果；

(3) 企业组织机构设置、资源对质量方针、目标的适用性、有效性；

(4) 受益者与企业员工的期望和内、外部重要的质量信息；

(5) 质量体系文件的重大改变；

(6) 质量体系改进的建议；

(7) 采取预防措施的有关信息。

管理评审的实施步骤：

(1) 管理者代表根据总经理的意见编制管理评审计划；

(2) 总工办提前一周将管理评审计划发至参会人员和有关部门代表，参会人员和有关部门代表按计划规定的时间准备好相关文件和资料；

(3) 总经理主持管理评审会议，参会人员按管理评审计划发言；

(4) 与会者围绕主题进行讨论，针对质量体系薄弱环节或不合格项提出改进意见；

(5) 总经理作会议总结，评价质量体系的有效性和适宜性，并做出质量体系改进决议；

(6) 总工办写出管理评审报告，经管理者代表审核，总经理批准后发放实施；

(7) 各相关部门根据管理评审报告的要求，对决议的内容在规定时间内组织实施；

(8) 总工办协助管理者代表对实施情况进行跟踪检查、验证。

3. 合同评审

企业的合同评审的范围包括工程建设监理投标文件、活动及每一份工程建设监理合同的评审。企业的合同评审关系到企业的监理服务质量、企业持续健康发展及企业的遵纪守法，因此合同评审应是质量管理中的重要活动，企业往往有一位副总经理负责此项工作。

合同评审的一般程序：

(1) 对招、投标文件的评审

企业收到业主招标文件后，计划经营部负责召集企业办公室、工程管理部、总工办采用会议形式对招标文件进行评审。评审由副总经理主持，评审时应准确理解招标文件，判明企业满足业主要求的能力，对招标文件或图纸有疑问处，由计划经营部负责与业主联系。当评审会确认企业有能力满足业主要求，并同意投标后，由计划经营部组织相关部门编写投标文件及各项投标工作。投标文件完成后，由副总经理召集有关人员对投标文件进行评审，评审通过的投标文件才能参加投标。

(2) 工程中标后，对监理委托合同的评审

工程中标后，由计划经营部起草监理委托合同草案，由副总经理对委托合同进行评审，评审的内容包括：

1) 对合同草案或协议的条款准确地识别和理解；

2) 合同规定双方的义务、权利、责任是否合理；

3) 与合同标准文本不同的业主特殊要求、监理方能否做到；

4) 合同条款有无重大遗漏等。

计划经营部负责将合同草案交业主并保持与业主联系，负责对委托合同草案的修改。合同修订后仍须按合同评审程序评审，合同修订的评审可能不止一次，直至合同双方签证为止。

(3) 合同实施过程中的变更评审

合同实施中的重大变更或补充由项目总监理工程师与业主联系，并报计划经营部按合同评审程序进行评审。

4. 内部质量体系审核

内部质量体系审核的目的，是通过内部质量体系审核，以确定质量体系的运行是否持续有效，确保质量体系始终满足质量保证模式标准和质量方针目标的要求。内部质量体系审核由管理者代表负责组织策划。

内部质量体系审核的一般程序：

(1) 总工办每年初根据管理者代表的意见，编制年度内部质量体系审核计划，确定内审的目的、范围、方法、时间、频次和依据，报管理者代表批准，各部门和各项目部每年至少内审一次。

(2) 组成内审组及确定内审组长，所有内审组组成人员必须经过有关部门专业培训，获得资格证书，内审组的内审人员不得内审本部门。

(3) 内审组长根据批准的年度内部质量体系审核计划，编制年度内部质量体系审核实施计划，计划内容有：被审核的部门、审核方法、内容、时间安排、审核重点、内审组组长及其成员等，报管理者代表批准后实施。

(4) 内审组长在实施审核一周前，召开内审组会议，熟悉本次审核实施计划，进行组员分工，明确各自职责。

(5) 内审员根据分工编制内部质量体系审核检查表，内容包括被审核部门、审核项目内容。

(6) 现场审核实施

现场审核前由内审组长主持召开首次会议，明确审核的目的、审核范围、审核依据、审核方法、要求等。

首次会议后审核人员进入现场进行现场审核。内审员依据检查逐项审核、现场调查、通过与相关人员面谈、提问、查阅文件和活动记录等抽样验证方式，审核质量活动与文件规定的符合性、有效性，从中发现不合格。审核组长协调、进度、解决组员和被审核方提出的问题。

现场审核结束时，内审组长或授权内审员与受审核方领导沟通，说明受审核方执行有关文件的有效方面，对发现的不合格提交的“内部质量体系审核不合格报告”中不合格项，请受审核方确认签字，提出纠正要求。

内审组长在与受审核方交通后，将本次审核情况向管理者代表汇报，提出本次审核初步结论，准备召开末次会议。

内审组长主持召开末次会议，内审组长向会议参加人员汇报本次审核情况，包括：重申本次审核的目的、依据、范围、审核方法；综合汇报本次审核情况；宣布本次审核发现的不合格项目、数量、严重程度、不合格项分布的部门和要素；对不合格采取纠正措施的建议。

在末次会议上，管理者代表作出对内审组工作质量的评价，并提出不合格纠正和预防措施要求。

（7）在现场审核结束后的一周内，由内审组长向管理者代表提交一份内部质量体系审核报告，经管理者代表批准后发放到被审核部门。内审报告的内容一般为：审核目的、对象、依据、范围和内审组长及其成员；审核情况综述、不合格项总数、各部门不合适项目数量、不合格类别、代表性、纠正要求等；体系评价结论等。

（8）不合格的纠正与监督、验证

质量体系内审中发现的不合格，由责任部门按“纠正和预防措施控制程序”要求实施纠正措施。总工办或内审员监督纠正措施的实施和效果验证。

5. 文件和资料控制

文件和资料是企业指导监理活动的依据和证实材料。文件和资料的管理是实施 ISO 9002 标准的重要内容。为保证文件的适用性、协调性和完整性，企业应对质量体系要求的所有文件和资料，制定和执行控制文件化程序。

文件和资料控制程序应阐明以下内容：

（1）总工办负责企业所有质量体系文件和资料的管理和控制；工程管理部负责与监理工作相关的文件和资料的管理和控制；各项目监理部负责本项目有关的文件和资料的管理和控制。

（2）企业的文件和控制的编制、审核、批准按表 8-3 规定执行；

文件编制及审核批准　　表 8-3

序号	文件类别	编　制	审　核	批　准
1	质量手册	指定部门/人员	管理者代表	总经理
2	程序文件	相关部门/人员	部门经理	管理者代表
3	监理大纲	工程管理部	总工程师	总工程师
4	监理规划	总监理工程师	工程管理部	总工程师
5	监理细则	监理工程师	总监理工程师	总监理工程师
6	管理规程及制度	相关部门负责人	公司分管领导	管理者代表
7	质量记录表格	相关部门负责人	总工办	管理者代表

（3）文件和资料分为“受控文件”和“非受控文件”两种。“受控文件”仅限于在企业内部使用，“非受控文件”一般是为某种需要提供给公司以外的人员使用。

（4）文件和资料的发布：

文件和资料在发布前应由授权人审批其适用性，要通过相应控制程序或制定发布的现行的有效文件清单，达到有效防止使用失效或作废的文件，从而保证做到：

1）对质量体系有效运行起重要作用的场所，都使用相应文件的有效版本。

2）对所有发布或使用场所及时收回无效的或作废的文件，防止造成错用或误用。

3）对出于正当理由而保留的任何作废文件都应进行适当标识，和正在使用的文件能明显的区别，对这类文件要有特定的管理办法。

（5）文件和资料的更改。

文件和资料更改的审批一般应由该文件和资料原审批部门进行。如有特殊规定，要由被指定的部门审批时，必须获得原审批所依据的背景材料。必要时，应在文件和资料或其附件更改栏中标明更改的原因。更改方法、步骤都要按程序规定进行。

9 部分专项工程的监理

9.1 桩基工程的监理与桩基检测的监理控制

9.1.1 对桩基工程和桩基检测进行监理的重要性

20世纪80年代以来，我国的桩基工程步入迅猛发展的时期。据不完全统计，我国每年的用桩量达100万~200万根。目前，在建筑工程中常用的各种桩型，包括各种类型的混凝土预制桩、灌注桩，由于施工技术、施工工艺、施工管理水平和人员素质的差异等因素，常常产生质量问题，甚至发生质量事故。例如，20世纪90年代初某市锤击沉管灌注桩发生多起重大事故，有的工程断桩率高达70%~100%，以致必须采取大面积补桩或将桩全部报废。目前，该市代之而起的是振动沉管灌注桩及锤击沉管加振动拔管桩，断桩率减少，但仍有一些工程发生断桩、缩颈事故。又如，前几年某新区及其附近地区预制桩施工中，主要由于接桩焊接质量差而发生的事故达数十起之多。事故桩比例占总桩数20%以上，个别工程达60%以上。如某32层高楼有47.3%的桩是断桩、废桩，桩承载力损失90%以上。某重大工程要求桩基总沉降量不大于10mm，检测发现有26.4%的桩上下节脱开，采取措施复位后，局部沉降竟达805mm！上述例子已能说明桩基工程存在相当大的质量隐患。虽然大部分工程的质量隐患由检测中发现并进行了加固处理，但这无疑给建设单位带来了极大的资金损失和工期损失。还有一些工程，因为桩基设计不合理，造成施工困难、承载力分布不合理，无法达到使用要求而造成返工。相反，还有一种情况是，有的设计单位宁可保守一点，他们的设计不顾实际需要任意加大桩径、桩长和数量，造成浪费。如果对桩基工程的各个阶段实施认真地监理，就可以大大减少甚至避免上述弊端，保证上部工程的正常施工。因此，对桩基工程的监理已成为整个工程建设中的重要环节之一。

另一方面，由于桩基工程是隐蔽工程，一旦产生工程质量事故，往往具有性质严重、损失大和处理难度大、耗时耗钱多的特点。为了确保桩基工程质量，对桩基进行试验、检测是非常重要和必要的。桩基检测一则可以为工程设计的合理性提供依据，二则可以对桩基施工的合格性提供数据，进行评定，是桩基工程施工前期和工程验收的重要控制手段。作为监理工作者，不仅要熟悉桩基的施工过程，而且要了解、熟悉桩基的检测过程；不仅要对桩基施工进行监理，而且要对桩基检测进行监理。只有这样，才能对整个桩基工程进行有效、全面地控制，才能充分发挥建设市场中监理作为独立公正第三方进行科学管理的主动作用。因此，我们说对桩基工程和桩基检测进行监理控制，不但是重要的，也是必要的。

9.1.2 桩基工程监理

1. 桩基工程监理的主要内容和控制点

一般说来，桩基工程的监理可以分为三个阶段，即：设计阶段监理（事前控制）；施工阶段监理（事中控制）；验收阶段监理（事后控制）。各阶段主要工作和控制点如下：

（1）设计阶段监理

1）首先看设计选用的桩型和成桩工艺是否安全、合理、先进，是否符合当地、现场实情。地质情况、场地条件、施工单位的经验等都要充分考虑，为设计单位当好参谋。例如，曾经流行一时的活瓣桩尖的沉管灌注桩，已被证明质量问题较多，不宜再设计这种桩型。又如江苏张家港、江阴的一些地方，地表以下有一层较硬的粉细沙土层，打入式预制方桩难以通过，极易造成断桩。因此，这些地方应避免采用打入桩而改用现浇混凝土灌注桩。再如，淤泥层较厚的地方不宜用压入式小方桩（200mm×200mm）；有流砂层的地方不宜采用人工挖孔桩，等等。

2）检查设计方案能否满足上部结构的功能要求，是否经济合理。有些情况下，如调整桩的分布、采用复合地基，或改变基础形式，对建筑更为有利，费用也更节省。对这些，监理工程师可以根据自己的经验提供负责任的意见。对于施工可能产生的泥浆污染、噪声污染，监理工程师也要提醒设计单位在设计阶段就进行考虑。

3）以国家现有规范规程为依据，结合现场试验数据，对勘察资料、设计计算书等进行审核。桩径、桩长、桩的数量、钢筋笼尺寸、桩端持力层的选择、扩大头尺寸等桩技术参数，要审查其选用是否合理。还有，基坑支护桩、止水桩设计是否可靠、经济、便利施工，也是监理工程师要重视的问题。

4）经验证明，三个阶段中设计阶段的监理最为重要。经过有经验的监理工程师反复核算、论证、参谋意见后确定的设计方案，往往更经济、更合理、有的甚至比原方案节约几十万至几百万元。因此，应加大力度推广设计监理，对提出合理化建议和采纳合理化建议的人，都应给予一定的奖励。

（2）施工阶段监理

施工阶段通常又可分为施工准备阶段和施工实施阶段。

1）在施工准备阶段，监理的重点是抓施工单位的资质和施工组织设计。监理单位应积极参与施工单位的招投标工作。着重审查施工单位的资质等级、业绩、信誉、人员配备、设备配备等情况。对一些大型、复杂的工程，要特别重视其有无类似工程施工经验。要防止盗用资质和施工主要负责人、主要技术人员空挂、虚挂等情况的发生。施工方案中，工期进度、劳力和设备的调度、安全措施、应急措施、环保措施等应切实可行。桩位轴线、基准点等应测量准确，并经监理工程师复核。

2）在施工实施阶段，关键要抓三条：一是材料质量；二是成孔质量；三是成桩质量。

①主要的原材料，如水泥、钢筋等，出厂证、合格证、试验报告要齐全，必要时抽样复验；

②成孔质量要求孔位、孔深、孔径偏差都在规范允许的范围之内；泥浆稠度符合要

求，防止孔局部坍塌；清孔要彻底，孔底沉渣不得大于规定的标准；

③成桩质量重点抓混凝土搅拌质量和混凝土浇捣质量。沉管灌注桩要严格控制好拔管速度和充盈系数；钻孔灌注桩、人工挖孔桩要严格控制导管埋入深度、导管上拔量、混凝土振捣质量；预制打入桩要严格控制锤重、落距、贯入度等；预制静压桩要严格控制配载重量、压桩顺序；

④对混凝土配比的计量、坍落度试验、钢筋笼长度、充盈量、设备油压值、配重等，要求施工单位认真做好记录并随时备查；

⑤混凝土样品要按规定留好试块，并模仿施工条件进行养护；

⑥在施工过程中，还要注意施工安全。其中，施工安全用电和人工挖孔桩防坠落、防坍塌是重点，这方面有许多血的教训。监理应将对施工安全的控制纳入正常的工作内容。

(3) 验收阶段监理

1）在验收阶段，监理工程师除了要抓桩位、桩顶标高等验收工作外，对事关桩基工程质量评价的质检试验，也要积极介入。如检查试验方法、抽样比率是否符合规范要求；检测单位检测人员的资质、上岗证是否齐全；具体试验方法是否得当等。

2）桩基的质量检测方法，要根据情况加以选择。确定桩身完整性质量的主要检测手段有：反射波法、声波透射法（超声波法）、钻芯取样法等；确定桩身竖向承载力的主要检测手段有：传统的静荷载试验法、高应变试验法、自平衡法（Osterberg 法）、动静法等。

3）对重要的检测，监理一定要旁站，以便了解情况。如对静载试验的配重、加荷方式；低应变试验时的桩头状况；高应变试验时的锤重、落距等情况都要进行监督。对测试时的设备状态、现场试验数据（曲线）等，都应做到心中有数。

2. 桩基工程监理的主要程序和方法

(1) 桩基工程监理主要程序

现以钻孔灌注桩的监理为例，列出桩基工程监理的流程框图（图 9-1），供参考。

(2) 桩基监理的主要方法

桩基施工阶段监理的主要方法介绍如下：

1）把好开工审查关

开工前，各项准备工作一定要全部就绪。施工组织设计应全面、完整、切实可行。场地、交通、水电、临时工棚等是否具备条件，各项证照是否齐全，生产必须的设备、材料、人员等是否到位，都要过细检查。条件不具备，不能仓促开工。

2）建立有效的施工质保体系

施工质量管理，首先要依靠施工单位自身的力量，要求有计划、有组织、有措施、有资料。班组一级要有质检员，随班自检；工程队一级要有质检组，按时进行统检；公司一级要有质检部，定期巡检抽查。监理工程师对施工质保体系要进行经常督促检查，看各项检查项目是否齐全，质量标准控制是否得当，施工记录是否完整，发现问题汇报是否及时。

3）建立严格的材料管理和门卫制度

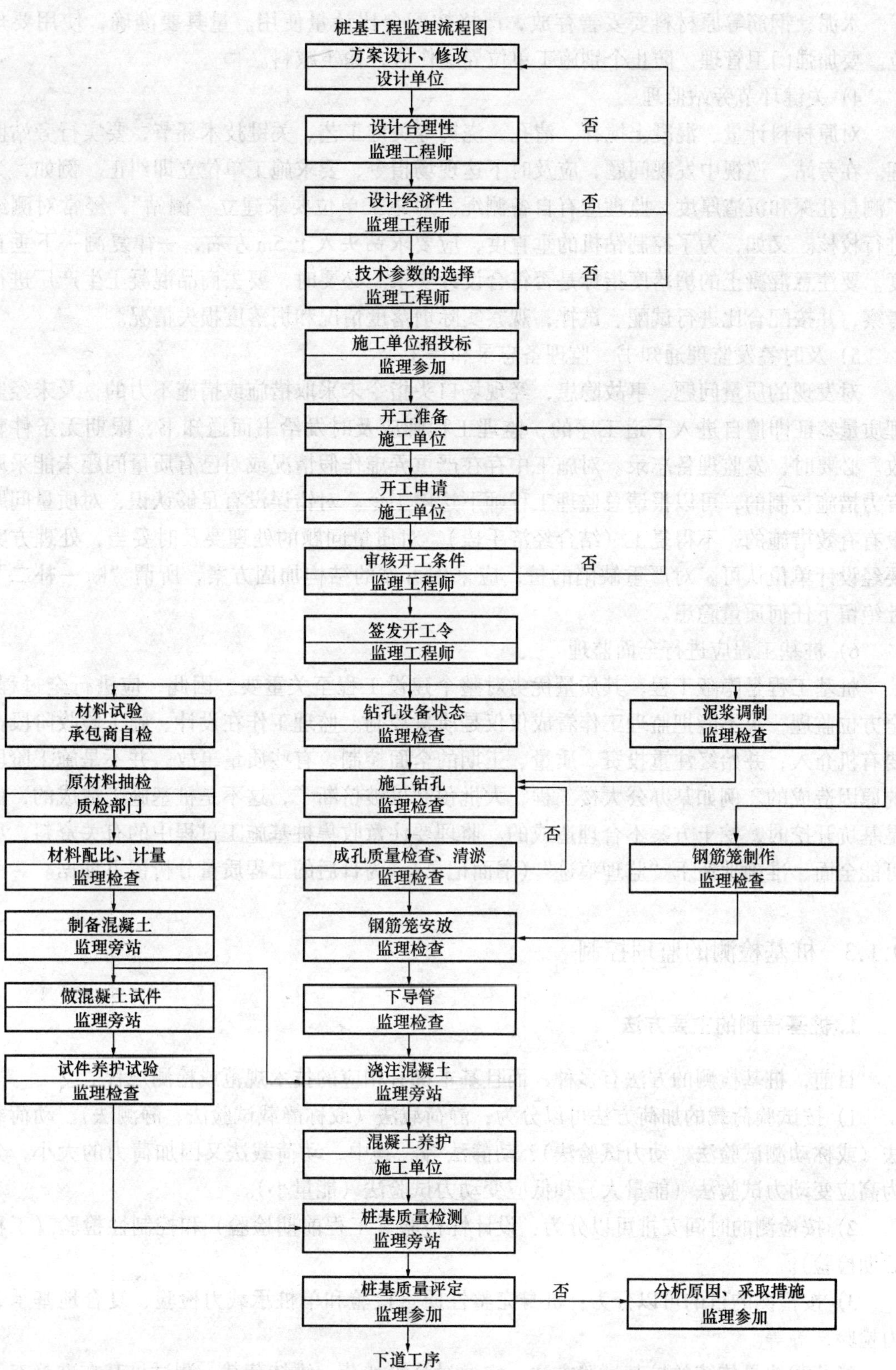

图 9-1 桩基工程监理的流程框图

水泥、钢筋等原材料要妥善存放，严格按配合比计量使用。量具要准确，使用要规范。要加强门卫管理，防止个别施工单位弄虚作假，偷工减料。

4）关键环节旁站监理

对原材料计量、混凝土搅拌、清孔、浇捣等关键工艺、关键技术环节，要实行旁站监理。在旁站、巡视中发现问题，应及时下达现场指令，要求施工单位立即纠正。例如，为了测量孔深和沉渣厚度，监理应有自备测绳。对施工单位要求建立“测站”，经常对测绳进行校核。又如，为了控制钻机的垂直度，应要求钻头入土5m左右，一律复测一下垂直度。要注意混凝土的坍落度指标是否符合设计要求。必要时，要去商品混凝土生产厂进行考察，并按配合比进行试配、试拌，观察实际坍落度情况和坍落度损失情况。

5）及时签发监理通知书、监理备忘录和停工令

对发现的质量问题、事故隐患，经现场口头指令未采取措施或措施不力的，及未经监理质量签证即擅自进入下道工序的，监理工程师应及时发给书面通知书，限期无条件整改。必要时，发监理备忘录。对施工中存在严重弄虚作假情况或对已有质量问题未能采取有力措施控制的，可以报请总监理工程师下达停工令。对错误没有足够认识，对质量问题没有有效措施的，不得复工（结合经济手段）。对质量问题的处理要及时妥当，处理方案要经设计单位认可。对严重缺陷的桩，应采用可靠的结构加固方案，所谓“断一补二”，杜绝留下任何质量隐患。

6）桩基工程应进行全面监理

桩基工程是隐蔽工程，其质量优劣对整个建设工程至关重要。因此，应进行全过程、全方位监理，决不能把监理工作看成仅仅是质量控制。监理工作在设计、施工验收阶段都要有机介入，并始终注重投资、质量、工期的全面控制。有些质量事故，并不是施工阶段的原因造成的。例如某办公大楼工程，大批预制桩被挤断了，这不是桩基施工造成的，而是基坑开挖时，挖土方案不合理造成的。监理要注意收集桩基施工过程中的有关资料，尽可能全面、准确地留下“监理痕迹”（书面记录），为日后的工程质量分析留下证据。

9.1.3 桩基检测的监理控制

1. 桩基检测的主要方法

目前，桩基检测的方法有多种，而且基本都有相应的技术规范或检测规程。

1）按试验荷载的加荷方法可以分为：静荷载法（或称静载试验法、静测法）、动荷载法（或称动测试验法、动力试验法）、动静法等。其中，动荷载法又因加荷力的大小，分为高应变动力试验法（能量大）和低应变动力试验法（能量小）。

2）按检测的时间安排可以分为：设计性检验（工程前期检验）和控制性检验（工程后期检验）。

3）按检测的目的可以分为：桩身完整性质量检验和单桩承载力检验、复合地基承载力检验，等等。

静荷载法是传统的桩基试验方法，它通过分级加荷、维持荷载，测试桩基在准静态力作用下的抗变形能力，用于确定单桩或地基的承载能力。单桩竖向承载力检测按《建筑桩

基技术规范》(JGJ 94—94) 附录C和《建筑地基基础设计规范》(GB 50007—2002) 附录Q执行。复合地基载荷试验按《建筑地基基础设计规范》(GB 50007—2002) 附录C和《建筑地基处理技术规范》(JGJ 79—2002) 附录一执行。天然地基载荷试验包括地基土载荷试验和岩石地基载荷试验,也属于静荷载法的范畴,具体试验可按《建筑地基基础设计规范》(GB 50007—2002) 附录C和附录H执行。对深部地基土层及大直径桩桩端土层的承载力试验可按规范附录执行。

低应变动测法有反射波法、声波透射波、机械阻抗法、动力参数法、水电效应法、浅层地震仪法等多种。目前使用最普遍的是反射波法和声波透射法。反射波法试验是以一小锤敲击桩顶,产生的应力波在桩身传播至桩端反射回桩顶,被传感器采集。通过分析采集的信号,可知桩身缺陷情况。声波透射法试验是以两只传感器分别放入桩身不同的预埋管中,一发一收,随着传感器高度变化,测得桩身不同部位的混凝土波速,可判断桩身质量情况。低应变动测法一般只应用于确定桩身完整性质量。这一点江苏省建设厅已有明确规定。低应变动测试验可按《基桩低应变动力检测规程》(JGJ/T 93—95) 的规定执行。

除了低应变动测法外,检测桩身完整性质量还可以用钻芯取样法进行检验。钻芯取样法具有准确、直观的特点,对重要工程或对桩身完整性质量有争议时经常采用,缺点是所需时间、费用较多。具体试验可参照《钻芯法检测混凝土强度技术规程》(CECS 03: 88) 执行。

高应变动测法有动力打桩公式法、锤击贯入法、凯斯法 (Case 法)、实测曲线拟合法 (Capwapc 法) 等。目前使用最普遍的是实测曲线拟合法。高应变动测试验时用一大锤(一般几吨到十几吨)敲击桩顶,使桩土之间产生一定的位移,并在桩内产生应力波。采集桩顶应力信号和速度信号并加以分析计算,便可判断桩对荷载的抵抗能力。实测曲线拟合法,以实测曲线为已知条件,以设定参数进行拟合计算,可以得到一组桩土参数的计算值。实测曲线拟合法一般用于确定单桩的竖向承载力;它也可以用来判断桩身质量情况,但灵敏度、准确性都不如低应变动测法。实测曲线拟合法试验按《高应变动力试桩法规程》(JGJ 106—97) 的规定执行。锤击贯入法是我国科技工作者的独特创造,在江苏也有一些地区在应用。锤贯法试验按《锤击贯入试桩法规程》(CECS 35: 91) 的规定执行。

其他还有动静法、自平衡法等。动静法采用的较少,它是在静载荷下设置一冲击荷载装置(一般用炸药引爆),使桩顶得到一准静态加荷。此法设备较复杂,试验条件受约束,在国内推广不多。自平衡法就是利用桩身自重和桩周土的摩擦力为反力,在桩身的适当位置放置加荷千斤顶,同时对桩上部和下部加荷。自平衡法本质上属于静荷载法,在国外称 Osterberg 法;目前省内已有地方规程,即《桩承载力自平衡测试技术规程》(DB32/T 291—1999);对荷载值很大,试验难度大的工程可以试用。

2. 桩基检测的基本原理

(1) 静载试验

静载试验是公认的确定桩基极限承载力的可靠方法。它通过分级给桩顶施加垂直荷载,测读桩顶在维持荷载作用下的荷载、沉降关系,可获得桩顶荷载与桩顶沉降关系曲线，即 Q-s 曲线。典型的 Q-s 曲线如图 9-2 所示。曲线可大致分为三段：第一段 OA 段，这一段斜率$\left(\frac{\mathrm{d}Q}{\mathrm{d}s}\right)$较大且接近直线段，说明荷载与沉降有较好的线性关系，反映桩周土基本处于弹性变形范围。第二段是 AB 段，这一段斜率变小，是曲线段，说明荷载与沉降的线性关系已不存在，桩周土已有塑性变形，反映沉降由桩周土的弹性变形和刚性位移两部分组成。第三段是 BC 段，这一段是斜率很小的近似直线段，说明桩周以塑性变形为主，桩已超出了它的极限承载能力。B 点（即第二拐点）通常认为是桩发生破坏的起点。

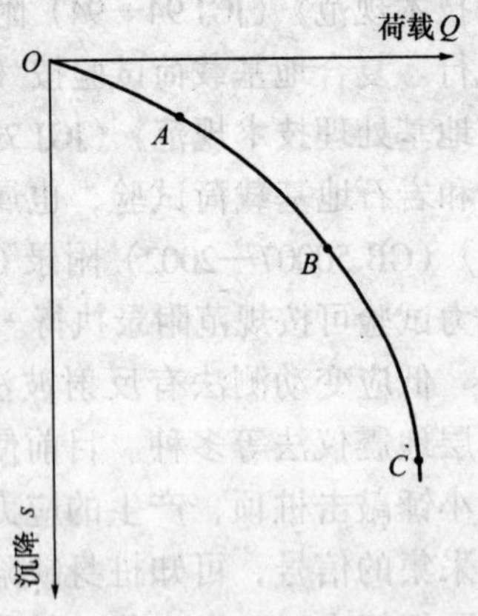

图 9-2 典型的 Q-s 曲线

有了 Q-s 曲线，就可用拐点法、$\log Q$ 法、s-$\log t$ 法等方法来确定桩的极限承载力，继而得到极限承载力的标准值。桩的极限承载力可以根据 Q-s 曲线发生明显陡降的起始点对应的荷载确定（陡降型 Q-s 曲线）；或者取沉降值较大（一般 40～80mm）的某一点对应的荷载确定（缓变型 Q-s 曲线）。

（2）桩的动测试验

桩的低应变试验和高应变试验，都属于动力试验，它的基本理论是振动理论和波动理论。把桩看成一维弹性杆，则桩在轴向外力作用下，将产生一轴向应力波。通过力学和数学推导，桩的一维波动方程可用二阶偏微分方程来描述。

$$\frac{\partial^2 u}{\partial x^2} = \frac{1}{C^2} \times \frac{\partial u}{\partial t^2} \tag{1}$$

式中 u——位移；

x——纵坐标（沿桩身长度）；

t——时间；

$C=\sqrt{E/\rho}$——应力波在桩中的传播速度。

在应力波的作用下，桩身产生运动，其质点的运行速度 v 取决于应力大小和材料性质，其表达式为：

$$v = \frac{\sigma}{\rho \times C} \tag{2}$$

等式两边乘以桩身截面积 A 并稍加变换为：

$$\left|\frac{P}{v}\right| = \rho \times C \times A = \frac{E \times A}{C} = Z \tag{3}$$

式中 σ——桩身质点应力；

A——桩截面积；

E——材料的弹性模量；

ρ——材料的质量密度；

P——桩身某一截面所受的力；

Z——桩身截面处阻抗。

式（1）的通解，可以用上行波 g 和下行波 f 的形式表示：

$$u(X,t) = f(x - ct) + g(x + ct) \tag{4}$$

对于匀质、等截面的桩，桩身力学阻抗可看作一个常量。在下行波作用下，桩身某截面处所受的力和速度是同方向变化的；而在上行波作用下，该截面所受的力和速度是反方面变化的。

当桩的截面发生变化时，其力学阻抗也发生变化。在阻抗变化的界面，应力波将产生反射和透射。

1）低应变反射波法判定桩身完整性

反射波法判断桩身完整性的基本公式是

$$L = \frac{1}{2} C \times \Delta t \tag{5}$$

式中 L——桩长或缺陷长度；

C——应力波波速；

Δt——桩底反射波到达时间或缺陷反射波到达时间。

Δt 可由试验得到，C 一般取同一工地内多根已测合格桩桩身纵波速度的均值或由经验得到。由式（5），即可测得桩身长度和桩身缺陷的位置。

桩的完整性情况，根据测试曲线有无缺陷峰和缺陷峰的相位、幅值来判定。当缺陷峰与入射峰同相位时，是缩颈信号；当缺陷峰与入射峰是异相位时，是扩颈信号。一般，缺陷峰的幅值与缺陷程度存在正相关关系，即缺陷峰幅值越大，缺陷程度越大。

2）高应变试验确定单桩承载力：

①Case 法。这是一种简化的计算方法，其单桩极限承载力的计算公式相当简洁，即

$$R_s = R_T - R_d = R_T - J_c[ZV_m(t_1) + P_m(t_1) - R_T] \tag{6}$$

或

$$R_s = (1 - J_c)[P_m(t_1) + ZV_m(t_1)] + (1 + J_c)[P_m(t_2) - ZV_m(t_2)] \tag{7}$$

式中 R_T——桩受到的总阻力；

R_s——土的静阻力；

R_d——土的动阻力；

J_c——桩端阻尼系数；

$P_m(t_1)$、$V_m(t_1)$、$P_m(t_2)$、$V_m(t_2)$——t_1、t_2 时刻的力值和速度值；

Z——力学阻抗。

②Capwapc 法。它的做法是把桩分成有限个单元，对每一单元的桩、土各种参数（如桩身阻抗、弹性模量、阻力、阻尼、Quake 值等）进行设定，再以实测的信号（力、速度）作为边界条件进行波动分析，求出波动方程的解，得到第一次的拟合计算结果。然后根据计算结果和实测信号的差异，调整桩土参数，继续进行拟合计算，直至拟合曲线与实测曲线的符合程度达到最佳状态为止。这时可以认为，最终选定的参数，就是桩、土的实际参数。

③影响高应变试验检测精度的因素。高应变试验的理论模型是一维的弹塑性杆件，实际试桩与理论模型有较大差异。同时，高应变试验按惯例，计算过程采用波动方程求解，对桩土这个多元系统而言，波动方程的解不是唯一的，这就在很大程度上需要依靠试验人员的经验。还有，高应变试验还受到打不动问题、时效问题、孔隙水压力问题等因素的影响。图 9-3 所示为时间对高应变试验的影响。可见桩的入土时间不同对桩承载力的影响是很大的。

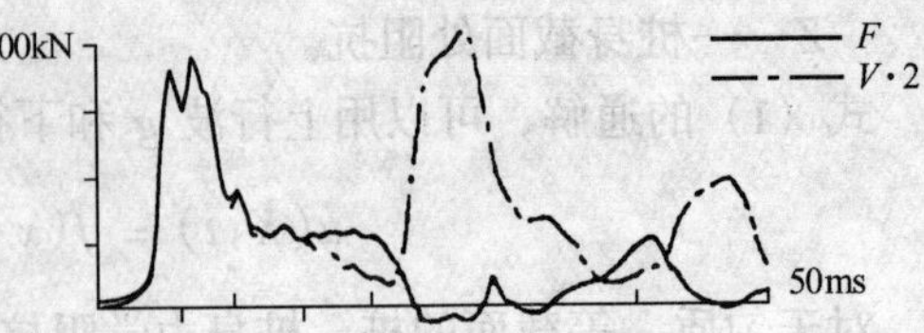

初打结束时(锤击数: 每英尺6锤; 桩承载力: 580kN)

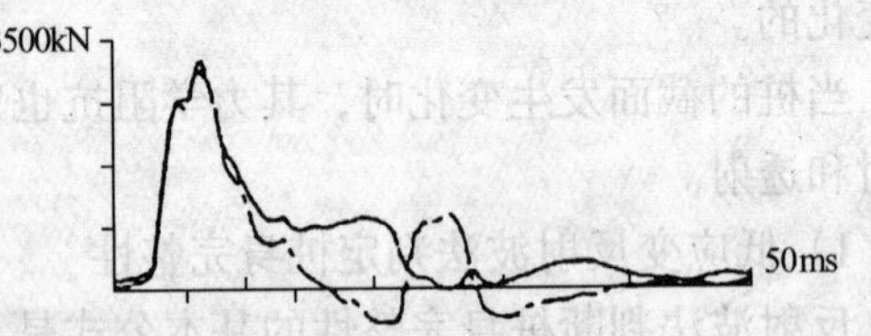

入土1d后(锤击数: 每英尺34锤; 桩承载力: 1340kN)

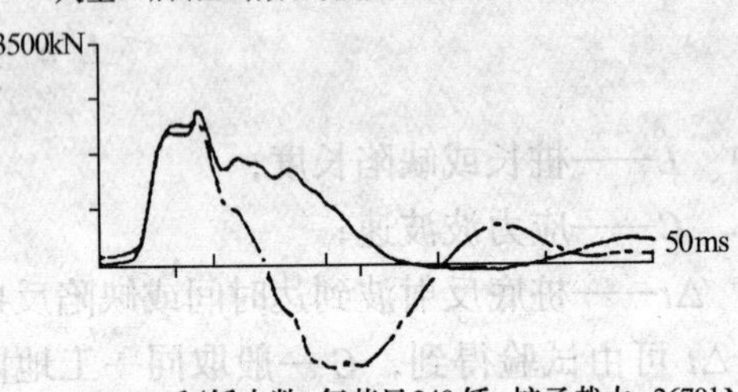

入土75d后(锤击数: 每英尺240锤; 桩承载力: 2670kN)

图 9-3　高应变动测的时间效应

④高应变试验桩身完整性的判定。高应变 Capwapc 法在实测曲线的拟合分析过程中，将得到桩身变截面处的实际阻抗变化。同时，它还可以通过截面完整性系数 β 定性地判定桩的缺陷程度。

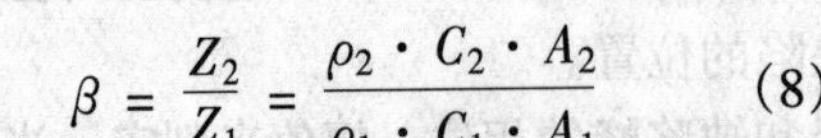
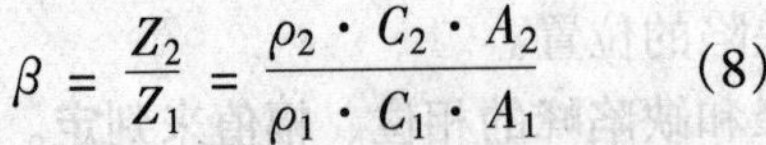

$$\beta = \frac{Z_2}{Z_1} = \frac{\rho_2 \cdot C_2 \cdot A_2}{\rho_1 \cdot C_1 \cdot A_1} \tag{8}$$

式中　β——桩截面完整性参数；

Z_2、Z_1——桩变截面处的阻抗；Z_2 为变截面后的阻抗；Z_1 为变截面前的阻抗；

C_2、C_1——C_2 为变截面后的波速；C_1 为变截面前的波速；

A_2、A_1——A_2 为变截面后的截面面积；A_1 为变截面前的截面面积；一般情况，$\beta = 1.0$，为匀质截面；$\beta = 0.8 \sim 1.0$ 为轻微缺陷；$\beta = 0.6 \sim 0.8$ 为严重缺陷；$\beta < 0.6$ 为断桩。

3. 桩基检测的重要技术环节和质量环节

现仅对“单桩竖向承载力静载试验”、“低应变反射波法”、“高应变实测曲线拟合法”等典型桩基检测方法的重要技术环节和质量环节进行介绍。这些技术环节和质量环节，也是监理工作的重要质量控制点。

(1) 单桩竖向承载力静载试验

1) 最大加荷值和最小配载值。本试验的目的是确定单桩竖向极限承载力，因此，除对于以桩身强度控制极限承载力的工程桩试验可以加载至承载力设计值的 1.5 ~ 2 倍外，均应加载至破坏（极限出现）。故最大加荷值不应小于承载力设计值的 2 倍，而最小配载值不得少于最大加荷值的 1.2 倍。

2) 沉降稳定标准。所谓加载后沉降稳定是指在该级荷载作用下，每小时的沉降不超过 0.1mm，并连续出现两次。一般情况，加一级荷载后最初半小时沉降均超过 0.1mm，故通常每级加荷时间不应少于 2h。

3）终止加荷条件。有三种情况可以终止加荷：

①桩在本级荷载下的沉降量已大于、等于前级荷载下沉降量的5倍；

②桩在本级荷载下的沉降量大于前级荷载下沉降量的2倍，且24h尚未稳定；

③已达设计的最大加荷值。终止加荷条件是否成立，直接影响试验数值的大小，监理人员应对终止加荷条件进行核实。

4）单桩竖向极限承载力的确定。单根试桩的极限承载力称为基本值或试验值。对于陡降型的 $Q\text{-}s$ 曲线，取陡降的起点；对于缓变型的 $Q\text{-}s$ 曲线，取累计沉降为40～80mm对应的荷载。故试验系统的加荷测量装置和沉降测量装置必须可靠、准确。沉降测量用千分表，量程要求不小于50mm。

5）其他，如试验的抽样率、成桩后的休止期、试验荷载的分级、单桩极限承载力标准值的确定等，也是必须注重的控制点。

(2) 低应变反射波法

1）仪器和传感器的工作状态。目前，反射波法仪器的生产厂和型号较多，要注重检查仪器和传感器的技术指标是否适合低应变检测，且是否在率定的有效期内。

2）桩头处理。反射波法对桩头处理要求较高，要求将桩头破碎层、疏松层去除干净，打磨平整。桩头处理不好，直接影响检测效果。

3）试验操作。根据桩长、桩径，是否嵌岩的不同，反射波法具体敲击操作方法也不同。一般大直径的桩，要选多个敲击点（或接收点）；大长桩、嵌岩桩要选较重的锤或力棒等等。操作方法失当，必将大大降低试验的灵敏度和准确性。

4）信号质量。反射波法试验时可观察到实时试验曲线，曲线应呈典型性。同一根桩的多锤信号应具有一致性，同一批工程桩曲线应具有可比性。完整桩和缩颈桩的典型曲线见图9-4、图9-5所示。监理可以通过信号质量的优劣，初步判断反射波法试验质量的优劣。

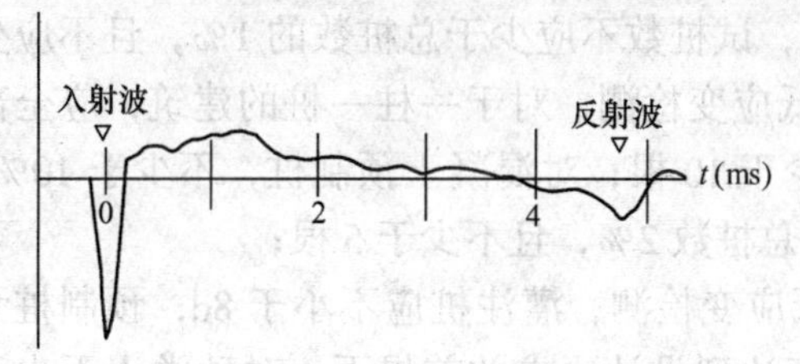

图9-4 低应变完整桩的试验曲线

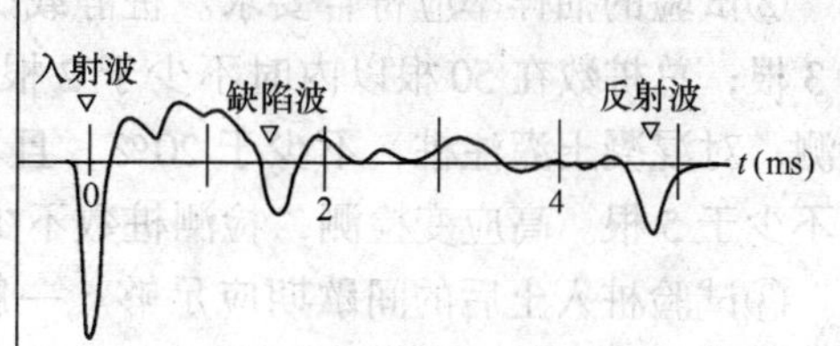

图9-5 低应变缺陷桩的试验曲线

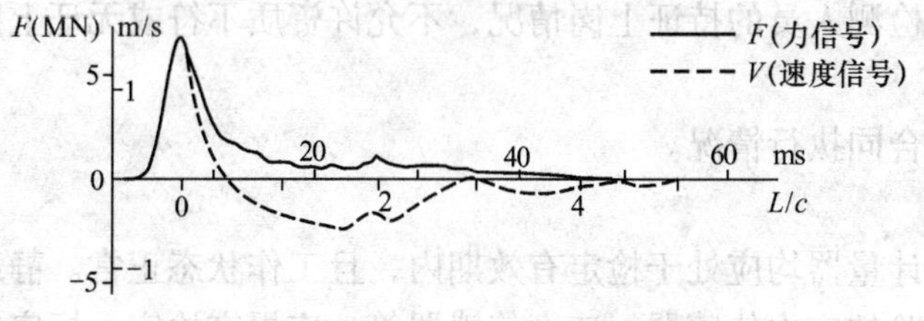

图9-6 高应变动测的典型曲线

(3) 高应变实测曲线拟合法

1）检查试验的仪器、传感器是否符合高应变试验的要求，是否处于率定有效期内。有些高应变试验仪器具有现场标定功能，可在试验前进行检查。

2）桩头处理。高应变试验对桩头的制备要求较高，一般要进行特别加固。如桩头处理不好，不但会影响测试结果的准确性，甚至会导致试验失败。

3）加荷设备。高应变试验对锤重、落距、能量传递有近乎苛刻的要求。一般锤重应大于单桩预估极限承载力的百分之一。有的检测单位为了减少运输、试验成本，采用小锤打大桩的不当行为进行试验，监理人员应特别加强监督。锤垫和导向装置也直接影响测试结果。如试验加荷设备不符合试验要求，监理应要求检测单位更换设备重新试验。

4）试验操作。应注意检查应力传感器、速度传感器的安装是否处于平整、垂直、无初应力的状态；落锤是否处于桩顶中心，试验中应避免重锤反弹、倾覆。

5）信号质量。监理应对现场试验信号曲线进行鉴别，并注意试验特征值的大小。对于一般以确定单桩极限承载力为目的的高应变试验，正常的试验信号曲线应类同于图9-6所示。力曲线和速度曲线在超始段应基本重合，总体上速度曲线应位于力曲线下方，曲线末段应当归零。一般在正确的试验条件下，对于正常桩，速度峰值应大于1m/s，力的峰值应大于预估承载力极限值，贯入度应为1.0～0.8mm范围内，桩身完整性系数为β应为0.8～1.0。如果试验曲线与附图五所示曲线间存在明显差异，或特征值过大、过小，则说明高应变试验环节存在严重问题，应当分析原因，纠正偏差，重新制定试验方案。

(4) 桩基检测的主要监理程序和方法

桩基检测专业性较强，涉及到多种学科。监理人员要了解各种检测方法的重要技术环节和质量环节，对桩基检测方案设计（事前）、检测试验过程（事中）、检测结果分析（事后）进行全面控制，就可以得到较为理想的监理效果。主要的监理程序和方法如下：

1）试验方案审查：

桩基检测试验前，监理可以从以下几方面对试验方案进行审查。

①试验方法是否符合国家现行规范标准要求，是否符合设计要求。如对工程前期试桩，单桩承载力静载试验要求做到破坏；低应变检测只能用于确定桩身完整性质量；深层搅拌桩，不适宜用低应变方法检测桩身质量；

②试验的抽样率应符合要求。桩静载试验，试桩数不应少于总桩数的1%，且不应少于3根；总桩数在50根以内时不少于2根。低应变检测，对于一柱一桩的建筑，应全部检测；对混凝土灌注桩，不少于20%，且不少于10根；对混凝土预制桩，不少于10%，且不少于5根。高应变检测，检测桩数不少于总桩数2%，且不少于5根；

③试验桩入土后的间歇期应足够。一般低应变检测，灌注桩应不小于8d；预制桩无间歇期要求；静载和高应变检测，在桩身强度达到设计要求的前提下，对砂类土不少于10d；对粉土和黏性土不少于15d，对淤泥或淤泥质土不少于25d；

④审查检测单位的资质情况和检测人员的持证上岗情况，不允许资质不符或无证上岗的现象发生；

⑤监督检测单位与业主签订的合同执行情况。

2）仪器设备检查：

①所有仪器、设备、传感器、计量器均应处于检定有效期内，且工作状态正常。静载试验的千斤顶、千分表；高应变试验的应力传感器、速度传感器等，应提交检定、标定曲线；

②静载试验的配重、高应变试验的锤重应符合试验规定的要求；

③千斤顶、千分表、压力表、传感器的量程应符合试验要求。

3）试验过程的监督：

①桩头处理应符合试验要求；

②试验方法、试验步骤、试验终结应符合试验规定的要求。如静载的分级、每级加荷量、读表时间间隔、稳定标准、终止加荷条件是否正确；高应变的锤重、落距、锤垫是否合适等等，都是监理监督的重点。对重要的试验状态数据，监理应进行记录，以利于平行控制；

③试验安全措施应完善。

4）对桩基检测报告的监督管理：

桩基检测的技术报告反映了检测的综合水平，监理人员应对其进行认真分析。对技术报告中反映的问题，监理可以要求桩基检测单位加以解释、补充分析或补充试验。

①单桩静载试验报告一般应同时附有 Q-s 曲线、s-$\log Q$ 曲线、s-$\log t$ 曲线，测试曲线应比较平滑、自然，呈单调性；一般试桩试验均应做至极限；一根桩的试验时间一般不应小于 24h；停止加荷应满足终止加荷条件；单桩试验值、标准值的确定应符合规范要求。对于复合地基静载试验，一般应同时附有 Q-s 曲线、s-$\log t$ 曲线；复合地基荷载板的面积应与试验桩所处理的面积相等；

②低应变试验的时程曲线，首波峰不应太宽；桩底应清晰可辨；缺陷峰的相位应与结论一致，即同相峰为缩颈缺陷，反相峰为扩颈缺陷，缺陷位置应与缺陷峰的对应时间段成正比；波速取值应合理，一般灌注桩（C25 左右），混凝土平均波速大都为 3400 ~ 3900m/s，预制桩（C35 左右），混凝土平均波速大都为 3800 ~ 4200m/s；

③高应变试验的曲线，曲线拟合时间段不应少于 $5L/C$；曲线前端首波上升沿速度曲线与力曲线应基本重合，曲线尾部速度、力曲线应归零；拟合完成时计算曲线与实测曲线吻合良好，一般曲线拟合系数 M_Q 不大于 5；拟合计算的贯入度应与实测贯入度吻合良好；桩身结构完整性系数 β 值应与桩身完整性相一致，必要时可用低应变法验证；拟合分析选用的桩、土参数，如 Quake，Jc、Ri、Zi 等，应在岩土工程和材料力学参数指标的合理范围之内。各单元所选用的土的最大弹性位移值不得超过该单元的最大计算值；

④技术报告的结论应规范化，用语严谨肯定，质与量的描述要明确，严禁模棱两可，含糊其词。

9.2 建筑弱电工程的监理

9.2.1 建筑弱电工程的范畴

1. 建筑弱电工程的概念

随着科学技术的发展和我国国民经济实力的增强，群众对建筑智能化、信息化、自动化的需求不断增长，建筑弱电工程在整个建筑业中的比重越来越大。建筑弱电工程的含义与建筑智能化工程的含义基本相同，其内容涉及或涵盖了通信、工控、消防、保安、音像、计算机等领域，其深度和广度正在不断扩展。美国“智能建筑学会”（AIBI）给智能建筑一个较为确切的定义：“智能建筑是将建筑、装备、服务和经营四要素各自优化、相互联系、全面综合并达到最佳组合，获得高效率、高功能与高舒适的建筑物。”智能建筑的构成至少必须具备三大系统（3S）四项技术（4C）。三大系统即设备管理自动化系统（BMS）、通信网络系统（CNS）及办公自动化系统（OAS）。四项技术即现代计算机技术（computer）、现代控制技术（control）、现代通信技术（commuincation）、现代图形显示技术（CRT）。如何充分发挥建筑弱电工程的综合效能，使建筑物真正达到高效节能、舒适环保的目的，已成为国内外建筑业关注的重要课题。对建筑弱电工程进行监理，有利于实现工程建设的专业化、社会化、科学化管理，有利于达到对工程项目质量目标、进度目标、投资目标的全面控制，进而推动整个建筑事业的发展。因此，必须扭转当前某些项目弱电工程监理不力的局面，加强弱电工程的监理，提高整个弱电系统的设计、施工水平。

2. 建筑弱电工程的内容

建筑弱电工程的内容非常繁杂，根据系统划分不同，可称为3A系统或5A系统。如按5A子系统划分，则有通信自动化系统（CAS）；办公自动化系统（OAS），楼宇设备自动化系统（BAS）；消防自动化系统（FAS）和安保自动化系统（SAS），再加上作为弱电传输媒介的综合布线系统（PDS）和系统集成系统（IBMS），这些就构成弱电工程的基本内容。各弱电系统的主要内容如下：

（1）通信自动化系统：

1）有线通信系统；

2）无线通信、无线寻呼系统；

3）电缆电视及图像传输系统；

4）计算机网络系统；

5）背景音乐及广播系统；

6）视听扩音及同声翻译系统；

7）卫星通信系统；等等。

（2）办公自动化系统：

1）人事管理系统；

2）财务管理系统；

3）文档、资料管理系统；

4）专用局域网系统；

5）专业技术（如金融、证券、医疗、多媒体教学等）管理系统；等等。

（3）楼宇设备自动化系统：

1）空调系统；

2）送排风系统；

3）给排水系统；

4）发电机及变配电系统；

5）电气照明系统；

6）电梯系统；

7）停车场管理系统；

8）制冷、供热系统；

9）远程抄表系统；等等。

(4) 消防自动化系统：

1）消防报警系统；

2）消火栓及喷淋控制系统；

3）消防联动系统，等等。

(5) 安保自动化系统：

1）闭路电视监视系统；

2）防盗报警系统；

3）应急照明系统；

4）应急呼叫系统；

5）有毒气体泄漏报警系统；

6）保安巡更系统；

7）出入口门禁系统；

8）智能卡系统；

9）应急广播系统等。

9.2.2 建筑弱电工程的特点和监理的重要性

1. 建筑弱电工程的特点

与一般土建工程、安装工程相比，弱电工程具有如下鲜明特点：

(1) 知识密集、技术密集、专业性强

如上所述，弱电工程范围宽广，大大小小有几十个系统。这些系统科技含量高，知识密集，专业性强，因此设计、施工、监理的难度都较大。

(2) 技术发展、更新快，投资比重大

弱电工程技术发展、更新很快，软件、硬件一直处于不断升级、进步的状态。如自控系统的许多检测单元、控制单元，微型化、智能化水平逐年提高。有的系统3~5年就有新的换代产品推出。这就对弱电工程的施工、管理人员提出了更高的要求。而且，弱电工程的投资比重越来越大，其占建筑总投资的比重，已从20年前的5%左右上升到现在的15%左右。现在国内建筑业弱电工程投资每年超过几百亿元。因此，弱电工程的建设质量，直接关系到业主的投资利益。

(3) 弱电工程的原材料门类繁杂，队伍良莠不齐

目前各弱电系统的设备、原材料比较繁杂，品牌、厂家、规格、性能等相差甚远，而且有些设备、器件的软件性能（如通信协议）也很不一致。这就给业主考察弱电系统的造价和功能、选择设备、确定技术路线带来困难。另一方面，这几年弱电的设计、施工队伍膨胀很快，全国已超过一千家；国外的弱电设备供应商、系统集成商也有几百家。这些队伍，有些技术素质较高，有些则素质不高，仅是普通安装队伍转行过来或仅仅是某国某种弱电设备的代理商。而且，这些队伍普遍存在的薄弱环节是对建筑业了解不够，缺乏对整个工程项目的通盘考虑。尽管近年部、省两级已先后对弱电设计、施工队伍的资质进行了认证并核发了资质证件，但队伍水平参差不齐是客观事实。

(4) 弱电工程施工技术要求高

和强电工程相比，弱电工程施工技术要求更高。通常表现在：

1) 对电源质量要求高。一般弱电系统对电源的幅值、频率、稳定性要求更高，有的要求双回路供电或配 UPS 电源；

2) 对防雷要求高。弱电系统如卫星天线需专门的避雷针、避雷网。而且对防雷电感应也提出了更高的要求；

3) 对接地要求高。有的弱电系统要求专门接地系统。当采用联合接地系统时，接地电阻必须小于 1Ω。计算机网络等系统要用专用铜缆将“地”直接接到接地体上；

4) 屏蔽要求高。一般弱电系统对周围的电磁场干扰很灵敏。不但大型设备起动会对弱电系统产生干扰，甚至日光灯启辉器、电话振铃也会对其产生影响。因此，不仅要注意线管、线槽的密封性、隔离性，有时还要使用放大器、分配器、分支器等专门器件来提高弱电系统的屏蔽性能；

5) 绝缘要求高。这不仅是从安全上考虑，也是为了提高弱电系统的抗干扰性能。

由于弱电工程的上述特点，确定了对弱电工程进行通常的、粗放的工程监理是远远不够的；必须加大管理力度，加强工程监理的深度、细度，才能保证出优质工程、精品工程。

2. 加强弱电工程监理的重要性

对于弱电工程而言，加强监理尤为重要。这主要是因为：

(1) 弱电工程具有专业性强，技术密集的特点，但现在弱电系统的产业化较差，弱电设备、器件的兼容性、配套性不够，有的软件还不够完善；有些国外产品开放度不够，技术保障脱节；在系统集成方面，有经验的专业承包商、成功的工程实例比较缺乏。因此，需要专业化的、组织严密的机构进行管理，才能进行全面的、全过程的控制。监理单位可以发挥专业配套、组织完善的优势，对各弱电子系统和总系统进行全面细致地管理。例如，对各质量控制点，对各主要设备材料的质量控制和各工序验收，监理都要严格把关，这就消除了弱电工程可能存在的质量隐患。如某大型超市工程，保安监控系统原选用的是普通视频电缆。由于线路较长，监视器图形存在网状干扰现象。监理建议改用双层屏蔽的射频电缆，辅以其他屏蔽措施，有效地改善了图形质量。

(2) 目前弱电市场发育不够完善，从弱电系统规划、设计，到方案确定、设备选型，进而到合同签定，都存在规范性不够的问题。一方面，业主方由于弱电专业技术力量相对较弱，对弱电系统的设计、选型、功能等提不出很具体的意见。另一方面，弱电承包商往往出于自身的商业利益，积极推销自己经销代理的那一类产品。有的承包商超出工程项目的实际需要，把系统做得过于庞大；有的承包商推荐的产品，技术水平不高，开放性不好。因此，在选择弱电承包商时，仅看其资质证件或广告宣传是不够的，还要对其方案进行技术上的论证；对其已完或未完工程进行实际考察。要选择那些技术力量比较雄厚，施工经验丰富的承包商。南京一大型艺术中心工程，在确定弱电承包商时竞争很激烈。A 商是美国 Honeywell 公司在华的代销商。产品质量很好，但技术相对薄弱，缺乏软件的二次开发能力。B 商是某重点研究所下属的公司，技术力量能够保证。而且，B 商技术方案中选用 Lonworks 控制网络技术，采用 Lontalk 通信协议和神经元芯片，技术开放性较好，具有一定的先进性。为此，监理建议业主从技术方面和性价比考虑，选择B承包商技术方案。从目前开通使用情况看，系统达到了业主预期功能，且扩展性好，业主非常满意。

监理单位依据自己的技术优势和管理优势，一方面可以协助业主确定好的弱电方案，选择好的弱电承包商；另一方面，可以通过严格的工程管理，最终实现弱电工程综合效益的最大化和投资的最小化。

9.2.3 建筑弱电工程监理的主要程序及方法

1. 监理依据

由于建筑弱电工程系统繁杂，专业性强，涉及到的专业规范、标准较多。现将主要标准、规范名称分列如下：

（1）建筑与建筑群综合布线系统工程设计规范（GB/T 50311—2000）

（2）建筑与建筑群综合布线系统工程验收规范（GB/T 50312—2000）

（3）智能建筑设计标准（GB/T 50314—2000）

（4）建筑工程施工质量验收统一标准（GB 50300—2001）

（5）建筑电气工程施工质量验收规范（GB 50303—2002）

（6）建筑与建筑群综合布线系统工程设计施工图集（YD 5082—99）

（7）综合布线系统电气特性通用测试方法（YD/T 1013—99）

（8）程控电话交换设备安装工程设计规范（YD 5076—98）

（9）城市住宅区和办公楼电话通信设施验收规范（YD 5048—97）

（10）电子计算机机房设计规范（GB 50174—93）

（11）火灾自动报警系统设计规范（GB 50116—98）

（12）建筑智能化系统工程设计标准（DB 32/181—98）

（13）建筑智能化系统工程实施及验收规范（DB 32/366—99）

（14）建筑智能化系统工程检测规程（DB 32/365—99）

（15）建筑智能化系统工程评估标准（DB 32/T367—99）

（16）智能建筑工程质量验收规范（GB 50339—2003）

2. 监理的主要质量控制点

（1）缆线的敷设

1）缆线的弯曲半径应符合下列规定：

①非屏蔽4对对绞电缆的弯曲半径应至少为电缆外径的4倍；

②屏蔽4对对绞电缆的弯曲半径至少为电缆外径的6~10倍；

③主干对绞电缆的弯曲半径应至少为电缆外径的10倍；

④光缆的弯曲半径应至少为光缆外径的15倍。

2）电源线、综合布线系统缆线应分隔布放。缆线间的最小净距应符合设计要求，并应符合表9-1的规定。

3）建筑物内电、光缆暗管敷设与其他管线最小净距见表 9-2 的规定。

4）光缆与其他管线的最小净距见表 9-3 的规定。

对绞电缆与电力线最小净距 **表 9-1**

条件 \ 范围 \ 单位	最小净距（mm）		
	380V＜2kV·A	380V 2.5～5kV·A	380V＞5kV·A
对绞电缆与电力电缆平行敷设	130	300	600
有一方在接地的金属槽道或钢管中	70	150	300
双方均在接地的金属槽道或钢管中	注	80	150

注：双方都在接地的金属槽道或钢管中，且平行长度小于 10m 时，最小间距可为 10mm。表中对绞电缆如采用屏蔽电缆时，最小净距可适当减小，并符合设计要求。

电、光缆暗管敷设与其他管线最小净距 **表 9-2**

管线种类	平行净距（mm）	垂直交叉净距（mm）	管线种类	平行净距（mm）	垂直交叉净距（mm）
避雷引下线	1000	300	给水管	150	20
保护地线	50	20	煤气管	300	20
热力管（不包封）	500	500	压缩空气管	150	20
热力管（包封）	300	300			

光缆与其他管线最小净距 **表 9-3**

内容 \ 范围		最小净距（mm）	
		平行	交叉
市话管道边线（不包括人孔）		750	250
非同沟的直埋通信电缆		500	500
直埋式电力电缆	＜35kV	500	500
	＞35kV	2000	500
给水管	管径＜30mm	500	500
	管径 30～50mm	1000	500
	管径＞50mm	1500	500
高压石油管、天然气管		10000	500
热力管、下水管		1000	500
煤气管	压力＜0.3MPa	1000	500
	压力 0.3～0.8MPa	2000	500
排水沟		800	500

5）预埋线槽和暗管敷设缆线应符合下列规定：

①敷设暗管宜采用钢管或阻燃硬质 PVC 管。布放多层屏蔽电缆、扁平缆线和大对数主干电缆或主干光缆时，直线管道的管径利用率应为 50%～60%，弯管道应为 40%～50%；暗管布放 4 对绞电缆或 4 芯以下光缆时，管道的截面利用率应为 25%～30%；

②预埋线槽宜采用金属线槽，线槽的截面利用率不应超过50%。

6）缆线终接

①对绞电缆芯线终接时，每对对绞线应保持扭绞状态，扭绞松开长度对于5类线和超5类线不应大于13mm，对于3类线不应大于25mm；

②屏蔽对绞电缆的屏蔽层与接插件终接处屏蔽罩必须可靠接触，缆线屏蔽层应与接插件屏蔽罩360°圆周接触，接触长度不宜小于10mm；

③光缆芯线终接应采用光纤连接盒对光纤进行连接、保护，在连接盒中光纤的弯曲半径应符合安装工艺要求；

④各类跳线终接时，跳线长度应符合设计要求，一般对绞电缆跳线不应超过5m，光缆跳线不应超过10m。

（2）设备安装

1）机柜、机架安装要求：

①机柜、机架安装完毕后，垂直偏差度应不大于3mm。机柜、机架安装位置应符合设计要求；

②机柜、机架上的各种零件不得脱落或碰坏，漆面如有脱落应予以补漆，各种标志应完整、清晰；

③机柜、机架的安装应牢固，如有抗震要求时，应按施工图的抗震设计进行加固。

2）电缆桥架及线槽安装要求：

①桥架及线槽的安装位置应符合施工图规定，左右偏差不应超过50mm；

②桥架及线槽水平度每米偏差不应超过2mm；

③垂直桥架及线槽应与地面保持垂直，并无倾斜现象，垂直度每米偏差不应超过3mm。

（3）火灾探测器的设置和布置

1）探测区域内的每个房间至少应设置一只火灾探测器；

2）感烟探测器、感温探测器的保护面积和保护半径，应按《火灾自动报警系统设计规范》（GB 50116—98）表8.1.2确定；

3）在有梁的顶棚上设置感烟探测器、感温探测器时，应符合有关规范的规定；

4）在宽度小于3m的内走道顶棚上设置探测器时，宜居中布置。感温探测器的安装间距不应超过10m；感烟探测器的安装间距不应超过15mm；探测器至端墙的距离，不应大于探测器安装间距的一半；

5）探测器至墙壁、梁边的水平距离，不应小于0.5m，探测器至空调送风口边的水平距离，不应小于1.5m；

6）当屋顶有热屏障时，感烟探测器下表面至顶棚或屋顶的距离，应符合《火灾自动报警系统设计规范》（GB 50116—98）表8.1.11的规定；

7）红外光束感烟探测器的光束轴线至顶棚的垂直距离宜为0.3～1.0m，距地高度不宜超过20m；

8）相邻两组红外光束感烟探测器的水平距离不应大于14m。探测器至侧墙水平距离不应大于7m，且不应小于0.5m。探测器的发射器和接收器之间的距离不应超过100m；

9）设置在顶棚下方的空气管式线型差温探测器，至顶棚的距离宜为0.1m。相邻管路之间的水平距离不宜大于 5m；管路至墙壁的距离宜为 1～1.5m；

10）火灾自动报警系统的传输线路的线芯截面选择，除应满足自动报警装置技术条件的要求外，还应满足机械强度的要求。

（4）接地要求

1）弱电系统应有良好的接地系统，且每一楼层的配线柜都应采用适当截面的导线单独布线至接地体，也可采用竖井内集中用铜排或粗铜线引到接地体。当采用屏蔽系统时，屏蔽层应连续且宜两端接地，若存在两个接地体，其接地电位差不应大于 1Vr.m.s（有效值）。屏蔽系统接地导线的截面可按表 9-4 选择；

2）保护地线的接地电阻值，单独设置接地体时，不应大于 4Ω；采用联合接地体时，不应大于 1Ω。

接地导线选择表 **表 9-4**

名　称	楼层配线设备至大楼总接地体的距离	
	≤30m	100m
信息点的数量（个）	≤75	＞75，≤450
工作区的面积（m^2）	≤750	＞750，≤4500
选用绝缘铜导线的截面（mm^2）	6～16	16～50

（5）弱电工程检测

1）综合布线电气性能测试仪按二级精度，应达到表 9-5 规定的要求；

测试仪精度最低性能要求 **表 9-5**

序　号	性能参数	1100 兆赫（MHz）	序　号	性能参数	1100 兆赫（MHz）
1	随机噪声最低值	65～15log（f/100）dB	5	动态精确度	±0.75dB
2	剩余近端串音（NEXT）	55～15log（f/100）dB	6	长度精确度	±1m　±4%
3	平衡输出信号	37～15log（f/100）dB	7	回　损	15dB
4	共模抑制	37～15log（f/100）dB			

注：动态精确度适用于从 0dB 基准值至优于 NEXT 极限值 10dB 的一个带宽，按 60dB 限制。

2）弱电中央控制室的主要检测项目：

①通过中央控制室控制下属系统输出量，观察现场执行机构或对象是否动作正确、有效及动作响应返回的时间；

②人为的在下属系统的输入侧制造故障，观察中央控制室是否有报警故障数据登录，并能发出声光提示及响应的时间；

③人为制造中央控制室失电，重新恢复供电后，中央控制室能否自动恢复全部监控管理功能；

④中央控制室主机的保密性、可靠性，当有非法操作越权操作时，是否给予拒绝并报警；

⑤中央控制室显示的各系统运行状态、测得的对象参数是否完整、准确，精度是否符合设计要求；

⑥中央控制室是否具有设备组的状态自诊断功能；

⑦人机界面是否汉化、友好；操作是否方便；监测、控制是否直观、便捷。

3）弱电子系统的主要检测项目：

①人为制造中央控制主机停机，观察各子系统能否正常工作；

②人为制造各子系统失电，重新恢复供电后，系统能否自动恢复失电前的工作状态；

③人为制造子系统与中央控制室的通信网络中断，现场设备能否保持正常的自动运行状态，且中央控制室有故障报警信号登录；

④检测各子系统时钟与中央控制室主机的时钟保持同步。

4）弱电现场设备（传感器、动作器等）的主要检测项目：

①检查现场的传感器、变送器、执行器、DDC等安装是否规范、合理，便于维护；

②检测中央控制室主机所显示的数据、状态是否与现场的读数、状态一致；

③检测执行机构的运作或运作顺序是否与设计的工艺相符；

④当现场参数超过允许范围时，是否产生报警信号；

⑤在中央控制室主机及各子系统的控制下，执行机构、动作器动作是否正常。

3. 主要监理程序和方法

建筑弱电工程一般分为规划设计阶段、施工阶段、调试运行阶段等三个阶段。

（1）在规划设计阶段。监理工作的重点是协助业主确定弱电工程总的目标，总的技术路线和方案，进行可行性论证。好的弱电技术方案，应具有实用性、先进性、可靠性、经济性（性价比高），应能达到节能环保（高效率、低能耗、低污染）的目的。在制定方案时，既要防止使用那些仍处于科研阶段或尚未开发成熟的技术、产品；也要防止片面强调“成熟技术”而选用比较陈旧的技术和产品。有些国外产品，开放度较低，最好不用。同时，从工程的前瞻性出发，要优先选用易于进行系统集成（IBMS）的技术方案和产品。

（2）在弱电施工阶段。监理工作的重点是协助业主确定合适的弱电承包商，对工程进行“三控、两管、一协调”。在注重施工质量控制的同时，抓好进度控制和造价控制。本阶段监理主要应抓好如下几件工作：

1）根据工程项目的特点，协助业主选择好弱电承包商。目前，有的承包商只具有某一子项或某几子项的资质和经验，有的仅仅是供货商和代销商，调试、联机等工作尚需专业厂家来人指导。这样的承包商不能满足工程的全部要求。在审查承包商资质证件的同时，还要审查弱电项目负责人的资质证件，必要时对该承包商、该项目负责人的已完项目进行考察。考察的重点是承包商的技术实力、质保体系、服务体系。对有系统集成要求的工程，承包商必须具备系统集成的工程经验；

2）组织技术、质量交底。现在一般由弱电承包商负责深化设计，出施工图。因此，要求承包商必须具备相应的设计资格，施工图纸要求内容齐全，手续完备；图纸应有图签和相关人员签名，加盖地区工程设计出图专用章；弱电工程设计单位应与土建设计单位沟通协调，弱电工程设计方案应征得土建设计单位同意；

3）强调按图施工，按规范施工。要认真组织有关方面进行图纸会审，审核其施工图和施工预算，将工程可能出现的问题尽量在工程前期予以解决，避免或减少错漏碰撞的现象。对施工单位提交的施工方案、施工技术措施中存在的问题，要以书面形式提出，并要求施工单位修改后再报。施工单位的技术保证体系和质量保证体系，要求制度到位，人员到位，措施到位；

4）严格材料、设备的审核报验手续。对各种类型的原材料（如各种信号线、数据线、桥架、电管、线槽、电盒、面板开关、插头、插座等）、各种类型的传感器（如温度传感器、湿度传感器、电力变送器、水位（油位）传感器、感烟探测器、感温探测器、红外报警探测器、振动报警探测器等）、各种类型的执行器（如风阀驱动器、水阀（油阀）驱动器、电源切换箱、广播喇叭、摄像机、录音、录像机、电动防火门、防火卷帘、电动门等）和各种设备（如水泵、油泵、风机、空调机组、锅炉、冷却塔、各种专用电子设备等）均需认真查验“三证”，并进行现场目测和必要的测量测试。严禁任何不合格品用于本工程；

5）加强对施工过程各工序的检查验收。特别应注意以下质量控制点的查验工作：

①各种明敷、暗敷配管、线槽、桥架的施工，弱电有规范的，按弱电规范执行；弱电没有规范的，按强电规范执行；

②接地的连续性和可靠性，电源供电质量，防雷的可靠性，接地系统的接地电阻，应进行测试，达不到要求的要采取补救措施；

③各种传感器的安装情况、工作状况；

④DDC的工作状况，在系统工作站编制一个控制程序并下载到DDC，DDC可按程序要求动作；

⑤BA系统的工作状况，临时编制一个系统时间表，可以对部分机电设备在指定时间进行自动启停控制；

⑥火灾报警系统与消防联动工作状况，各种探测器的模拟火灾响应和故障报警应正常，消防联动（消防泵、喷淋泵、电动防火门、防火卷帘、消防电梯、事故广播、应急照明、非消防电源强切等）功能正常；

⑦安保系统工作状况，安全监控、防盗报警、门禁系统、停车场管理、巡更系统等工作应正常，应具有故障报警和防破坏功能，应具有自动报警处置功能（如优先报警、自动录音、录像、远程设防等）；

⑧通信网络系统的工作状况，包括电话交换机、数字通讯设备、卫星通讯设备、有线广播、有线电视、闭路电视等系统的工作状况；

⑨办公自动化系统的工作状况，包括硬件设备（如工作站、终端机、网络服务器、中继器、网桥、路由器、网关等）和应用软件（如物业管理、日常事务管理、全局事件管理、突发事件管理、公共服务管理以及专业技术管理等）的状况；

⑩综合布线系统的工作状况，综合布线系统各子系统所采用的线缆和连接硬件等，均应符合合同要求和相应技术规范，各项传输性能指标的检测必须符合相关技术标准、规范的要求；

⑪系统集成的工作状况，应在各子系统验收的基础上，检查系统集成的硬件、软件质量，系统集成应包括信息共享功能、中央集中管理功能，全局事件处理功能，辅助决策功能，物业管理信息处理功能，与外界系统集成功能等。

（3）重视弱电调试和试运行工作阶段

监理工作的重点是：检查弱电系统的功能是否满足设计要求和业主的使用要求；检查系统的可行性和可操作性；检查系统的兼容性、可扩展性和可维护性。系统的软件、硬件应相互匹配，操作界面应方便、直观、友好（“傻瓜”化）。在子系统调试通过的基础上，要特别注意整个系统集成的质量水平。系统集成应在设备集成的基础上达到功能集成（信息的采集与综合、信息的分析与处理、信息的交换与共享）、界面集成（主机的操作界面应包容各子系统的主要界面，达到实时监控）、服务集成（具有高于子系统的优先处理能力）。监理在调试验收时，在注意定性指标验收的同时，也要注意定量指标的验收。各重要部分的主要技术参数，如电压、电流、频率、场强、接地电阻、绝缘电阻、衰减率、信噪比、设备动作正确率，等等，都要进行测量测试，并对数据进行详细记录。

4. 分项工程、分部工程进行验收评定

目前建筑的弱电系统技术更新很快，而现行施工验收规范与质量检验评定标准有的较实际有所滞后，给监理验收带来一定困难，因此除参照现行的规范、标准验收外，还要注意以下几点：

(1) 有行业归口的验收，以法定验收单位的验收为准，如消防部分的验收以消防支队为准；监控摄像、卫星电视等以公安部门验收为准等。监理对有行业归口的验收，应按照监理合同，参照设计、图纸、产品说明书等做好预验工作，为正式验收作好准备。

(2) 对无行业归口的弱电系统（如共用天线、厅堂音响等）可参照设计图纸、产品说明书等进行验收。对智能建筑中的自动化系统，综合布线 PDS 系统等主要依照设计、产品说明书，施工承包合同等并会同水暖、设备专业共同验收。

(3) 重视强、弱电的配合。由于设计时强、弱电分别由不同单位在不同的图纸上表示，往往会将弱电需要的电源插座遗漏或偏离，监理人员应认真核对图及时协调，验收时对强、弱电插座，其标高及相互位置要作为重点。对于 BA 系统、消防系统与强电柜、箱的配合协助业主做好各设计、施工、生产厂家的协调工作，以保证强电接口能可靠完成弱电的有关指令，实现主机的自动控制。

(4) 注意弱电与装璜的配合。吊顶内配管一律按明配管验收；吊顶内金属软管不得作接地用，其长度不应超过 2m。要注意各弱电探头、插座、开关、器件等与装璜工程的协调一致，如走廊内喇叭、烟感、温感与喷淋头、灯头共用几何中线的问题；监控器兼顾监控效果和装饰美化的问题；各模块、探头、喇叭的安装位置兼顾装璜效果的问题；各阀门、接线箱、测试点与检修孔的协调问题等等。

5. 建筑弱电工程监理的几个要点

(1) 弱电监理应尽早介入。弱电是系统工程，监理应尽早介入。特别是弱电的规划设计阶段，加强监理十分重要。因为相对于弱电施工，这一阶段可塑性最大。如何规划，如何设计，涉及到整个弱电系统的技术先进性、可靠性，投资的合理性，系统功能的科学性、实用性，今后施工的难易性等。如果忽略这个阶段的论证和监督，一旦进入实施阶段，必将造成“生米煮成熟饭”的被动。将影响整个工程的投资、工期和质量。

(2) 强调“预控”原则。监理对工程的控制，分为事前控制、事中控制、事后控制。要特别重视事前控制。在规划设计阶段，要抓住定方案、选队伍。在施工阶段，要抓住审核施工组织设计、验收方案，系统连接部位的质量。对工程中的薄弱环节、可能出现的质量通病，要心中有数。在事前，要用书面形式通知承包商加以避免。

(3) 严格控制工程变更。为了对工程造价进行控制，防止弱电系统突破概预算目标，必须从严控制，尽量避免或减少工程变更的次数和范围。对工程变更（包括设计变更和业主变更），监理要从技术可行性和经济合理性两个方面进行分析，及时提出监理意见供设计或业主参考。

(4) 注意工程协调。弱电工程与安装工程、土建工程关系密切，监理要抓好弱电承包商和土建承包商、安装承包商及其他有关单位的协调配合工作。弱电承包商要对土建、安装单位的预留孔、预埋管的位置和数量进行核对，尽量避免弱电施工时乱打乱敲，影响结构的安全性和建筑的美观性。结构设计时，也要充分考虑弱电间、弱电井和线槽线管的空间，防止工程后期造成被动。

(5) 强调主动监理原则。在弱电工程的整个建设过程中，监理都应保持主动，一是要站在业主的立场上，主动为业主考虑，为业主提供主动的、尽可能全面的服务，二是监理人员在技术上要钻进去，要专业化。这样才能在监理中有更多的发言权，才能进一步发挥主动作用。

(6) 必须加强监理队伍本身的建设。在监理过程中，监理队伍本身的素质亟待提高。技术水平、专业配套、仪器设备的装备情况，以及监理单位的管理水平、服务态度、政治素养，对提高监理质量都至关重要。

9.3 建筑装饰工程监理

建筑装饰是建筑工程的有机组成部分，是指为使建筑物内外空间达到一定的功能、环境、质量要求，经过设计、施工、对建筑物内部和外表进行修饰美化的工程建筑活动。“建筑装饰”冠名的监理，表现了以建筑装饰工程为对象实施的建设监理活动，即受业主的委托，依据国家批准的建筑装饰工程项目建设文件、有关工程建设法律、法规和建筑装饰合同，对建筑装饰工程实施监督管理。它的工作对象和范围是建筑装饰工程项目。在施工阶段实施监理的目标是实现质量、进度和投资的目标，并进行建筑装饰合同管理、协调有关单位的工作关系，其工作性质是高智能的服务工作。

9.3.1 建筑装饰工程监理的特点

建筑装饰工程作为一门新兴的独立学科和行业，不仅涉及面广，而且在装饰材料、施工工艺和组织管理各方面都有自身的特殊性。

1. 建筑装饰工程的特点

(1) 建筑装饰工程是施工技术与建筑艺术完美的统一

建筑装饰工程的本质要素是完美建筑的使用功能，它是建筑工程的有机组成部分，而非像“装潢”所追求的纯美学艺术价值。与建筑有关的所有装饰工程的施工操作，均不能只顾及主观上的装饰艺术表现而漠视对建筑主体结构的维护和保护。建筑装饰工程施工必须是以保护原有建筑结构主体和安全使用为基本原则，进而通过科学合理的装饰构造、装饰造型和装饰面等施工技术达到美化环境、满足功能、提高生活质量的目标。目前许多地方把“装潢”的含义扩大到“建筑装饰”是不准确的，“装潢”原指裱字画，对器物、商品外表进行装饰，以及商业美术广告画等，它追求的艺术表现和“建筑装饰”注重施工技术与建筑艺术完美统一是完全不同的两个概念。

(2) 建筑装饰工程是一门新兴独立的学科和行业

随着国民经济和社会的发展，人民生活水平日益提高，人们对美化城市环境、完善功能，提高生活质量的要求越来越高，尤其对装饰工程的质量与安全十分关注。建筑装饰工程根据社会分工的需要，逐步形成了自己独特的学科体系与主干学科，如环境学、心理学、色彩学、工程学、人体工程学等，成为一门兼工程与艺术统一的新型专业。这种专业又促进社会装饰行业的发展，形成了一支装饰专业队伍，来完成星级宾馆、大型商场、影剧院、高级住宅、别墅等建筑高级装饰，这种专业化程度愈来愈高的工作，是一般建筑设计施工单位难以胜任，只有从事建筑装饰行业的公司来完成，这就在社会上形成了一个新兴独立的学科与行业。

(3) 建筑装饰工程对使用要求特别强

人类从事建筑活动的主要目的是为自己的生存和活动寻求一个理想的场所，建筑装饰工程更为突出。随着人们生活水平的提高，艺术审美观的改变，生活习惯、乡土人情的不同，对建筑装饰的使用功能和视觉反映的心理感受、艺术感染等有不同的要求。如何使建筑装饰达到完美的功能和美观、舒适的效果是装饰成效的关键。因此，有功能要求的装饰部位，除满足美观的条件外，功能要求切不可忽视。建筑装饰是在已确定的建筑空间实体中进行再创造，通过室内空间界面，创造理想的具体时空关系，注重生理效果和心理效果，强调材料的质量和纹理、色彩的配置、灯光运用及细部处理，为人们生活空间提供适用的空间环境。这个环境和人们的活动更为密切，更为直接，因而功能性也特别强。

(4) 建筑装饰工程造价占的比重逐步提高，其时效相对暂短

建筑装饰工程的造价在很大程度上受到材料和现代声、光、电及其控制系统等设备的制约。过去在建筑安装造价中，结构:安装:装饰等于5:3:2，现在则变为3:3:4。有些重点工程的装饰费用超过总投资的一半以上。因此建筑装饰工程必须严格控制成本，加强质量预控，特别注意容易被表面美化修饰所掩盖的质量通病，如基层的防腐、防火、隔声、隔热以及基层构造和处理的牢固性等。随着人们的意识及喜好的变化，物质生活水平以及文化修养的提高，其建筑装饰的时效又是相对暂短的，一般室内装饰多则10年，少则3~5年需要重新装饰，因此建筑装饰工程必须有超前意识，重视新材料、新工艺、新技术、新设备的应用，使建筑装饰富有时代感。

(5) 建筑装饰工程使用材料品种多，施工工艺复杂

建筑装饰工程的完美功能、典雅的风格、舒适的效果、富有个性的环境，是靠建筑装饰材料及其工艺，特别近年来出现的新材料、新工艺提供的物质基础。随着科学技术的不断发展，装饰材料的发展很快，且材料的质量与价格也难以简单的确定。全面、及时的掌握各种材料的价格、性能及用途，是给建筑装饰工程不留下遗憾的途径之一。随着新材料、新技术的出现，装饰工程的工艺操作越来越复杂化，而许多工序具有隐蔽性，容易被表面的美化处理所掩盖。因此，严格控制工艺操作与工序处理十分重要。

(6) 建筑装饰工程施工环境的复杂性，带来工程管理的难度

建筑装饰工程进场一般是在土建主体完成，安装正在进行或基本完成的情况下，装饰、土建、安装（水、暖、电、消防、楼宇自动化等）多工种交叉施工，互相干扰，加上自然天气状况对装饰材料及装饰施工影响，如阴雨天对木材及复合材料的影响，湿度、温度对油漆作业的影响。这种环境的复杂性，给工程管理带来难度。表现在：

1）建筑装饰工程变更频繁。由于人们对使用功能的要求不同，审美观点上的差异，对装饰效果产生分歧而不断提出变更，并常会对土建结构进行改动；

2）工程协调问题多，例如一套房间的装饰往往需要有水、电、暖、卫、木、瓦等工种以及水泥、玻璃、金属等多种材料协调作业，而一个大型的装饰工程还将涉及到消防、音响、自动监控、中央空调、饮用水系统、通信、保安、自动控制等系统的交叉或轮流作业，工程协调量大；

3）工程安全隐患突出，由于装饰现场工种多、人员复杂化，交叉作业频繁，使用机具多，加上室内空间的限制，易燃、易爆材料难以按有关规定存放，使得安全上存在较多的隐患。

9.3.2 建筑装饰工程监理程序

由于建筑装饰工程的特点，监理程序与一般建筑工程有所不同，表现在下面几个方面。

1. 建筑装饰工程施工，一般在主体结构完成、安装工程基本到位的情况下进场施工的，因此，在管理上必须纳入总包的管理之下，建筑装饰所填报的各种资料，由总包统一申报，这样便于协调建筑装饰中与主体结构、安装工程的各种交叉与矛盾。

2. 建筑装饰图纸交底及会审，最好请原土建设计单位与安装设计单位共同参加。因为装饰工程在功能上可能改变原设计单位的意图，牵涉到土建结构与水、暖、电工程的改变，有时候改变还是很大的，结构上是否可行？需不需要加固？安装上的水、暖、电容量是否够？如何改造？都要在图纸会审中明确。

3. 由于建筑装饰工程所用建筑材料品种多，且甲供材料无论品种、数量也较一般主体工程中增加，因此在材料报验程序上必须规范甲供材的申报、进场，使用程序，以确保材料质量。

4. 建筑装饰工程中，工程变更与设计变更频繁，往往装饰施工单位不办任何手续，而改变原设计或局部构造；业主单位现场口头发号指令对装饰进行随意变更，致使监理无法进行控制，导致施工无据可查。因此，在建筑装饰工程的设计变更、工程变更的监理程序中，强调必须有书面申报或指令；必须经过总监理工程师审查；必须经过原设计单位、装饰单位认可并出修改图才能给予增加变更预算。

5. 建筑装饰工程的进度控制，在很大程度上取决于安装、土建工程的配合，如综合布线未能完成，吊顶无法封板；土建结构加固改造混凝土未达龄期，装饰工程不能进行，诸如此类都有影响装饰工程进度。因此在进度控制程序中，除协调装饰单位进度外，还要着重协调安装与土建的有关进度。

下面将不同阶段建筑装饰工程的监理程序用表格形式分述如下，见表 9-6 ~ 表 9-11。

建筑装饰工程施工监理程序（一） **表 9-6**

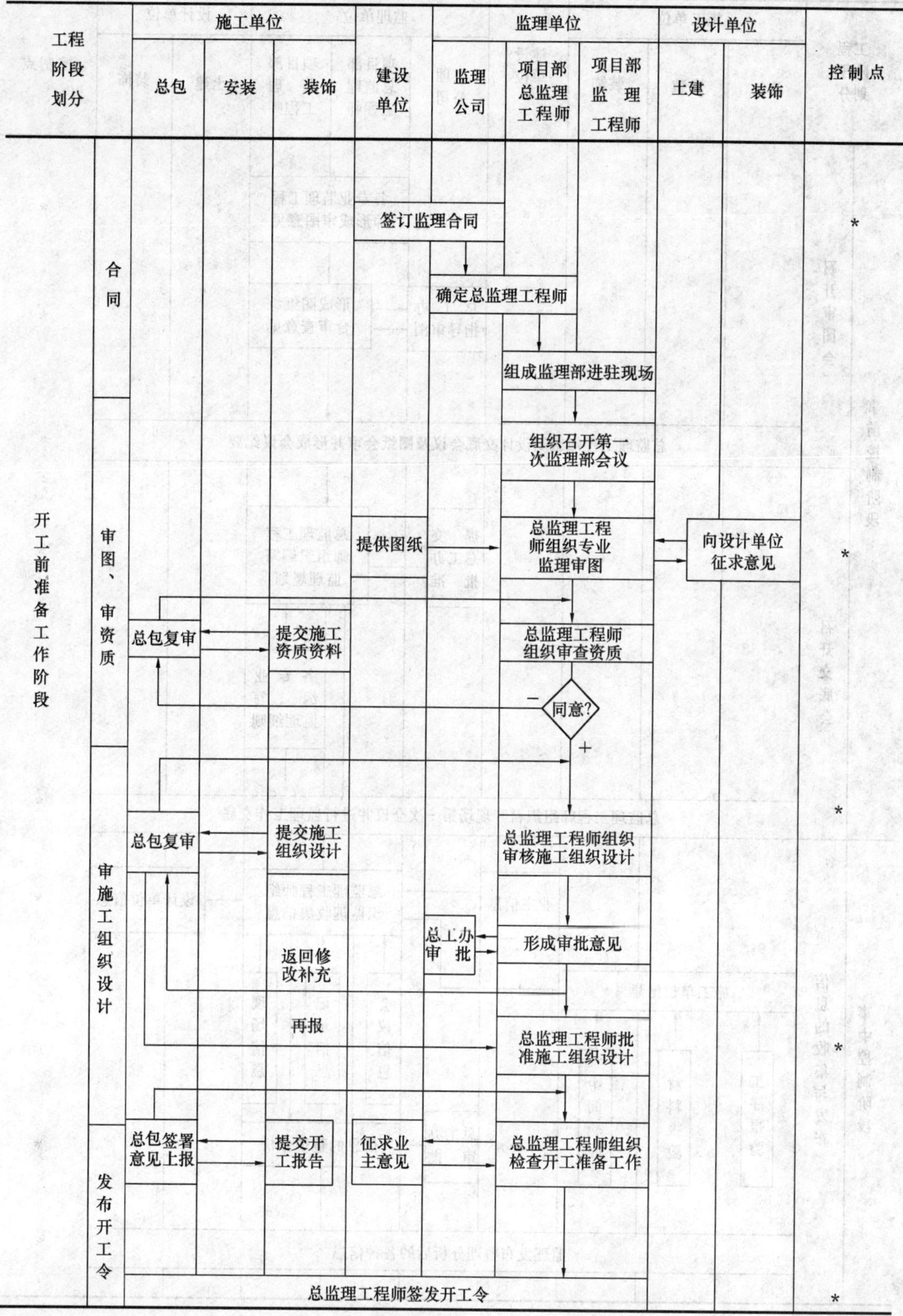

建筑装饰工程施工监理程序（二） 表 9-7

工程阶段划分		施工单位			建设单位	监理单位			设计单位		控制点
		总包	安装	装饰		监理公司	项目部总监理工程师	项目部监理工程师	土建	装饰	
事前控制阶段	召开审图会						各专业监理工程师形成审图意见				*
						总工办指导审图	形成图纸综合审查意见				*
		总监理工程师组织设计交底会议及图纸会审并形成会议纪要									*
	召开交底会					提交总工办批准	总监理工程师组织编写监理规划				*
								各专业编写监理细则			*
		总监理工程师组织召开现场第一次会议并进行监理工作交底									*
事中控制阶段	信息的收集与发布				业主信息		总监理工程师组织监理收集信息		设计单位信息		*
		施工单位信息									
		工序报验	材料报验	中间验收			会议信息	记录信息 现场信息			
						总工办审批	信息的整理分析				*
		监理发布整理分析后的各种信息									*

建筑装饰工程施工监理程序（三） 表 9-8

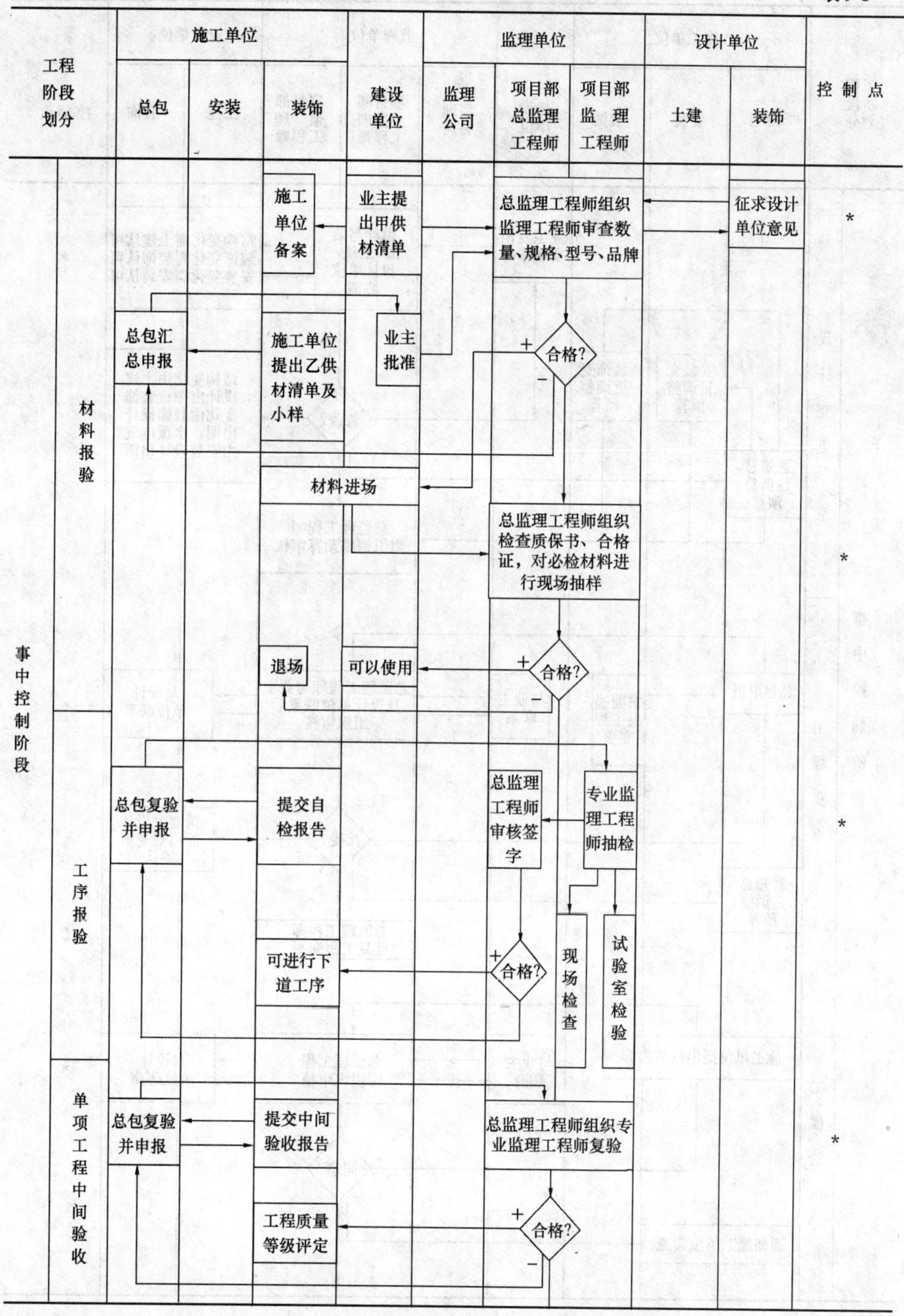

建筑装饰工程施工监理程序（四）　　表 9-9

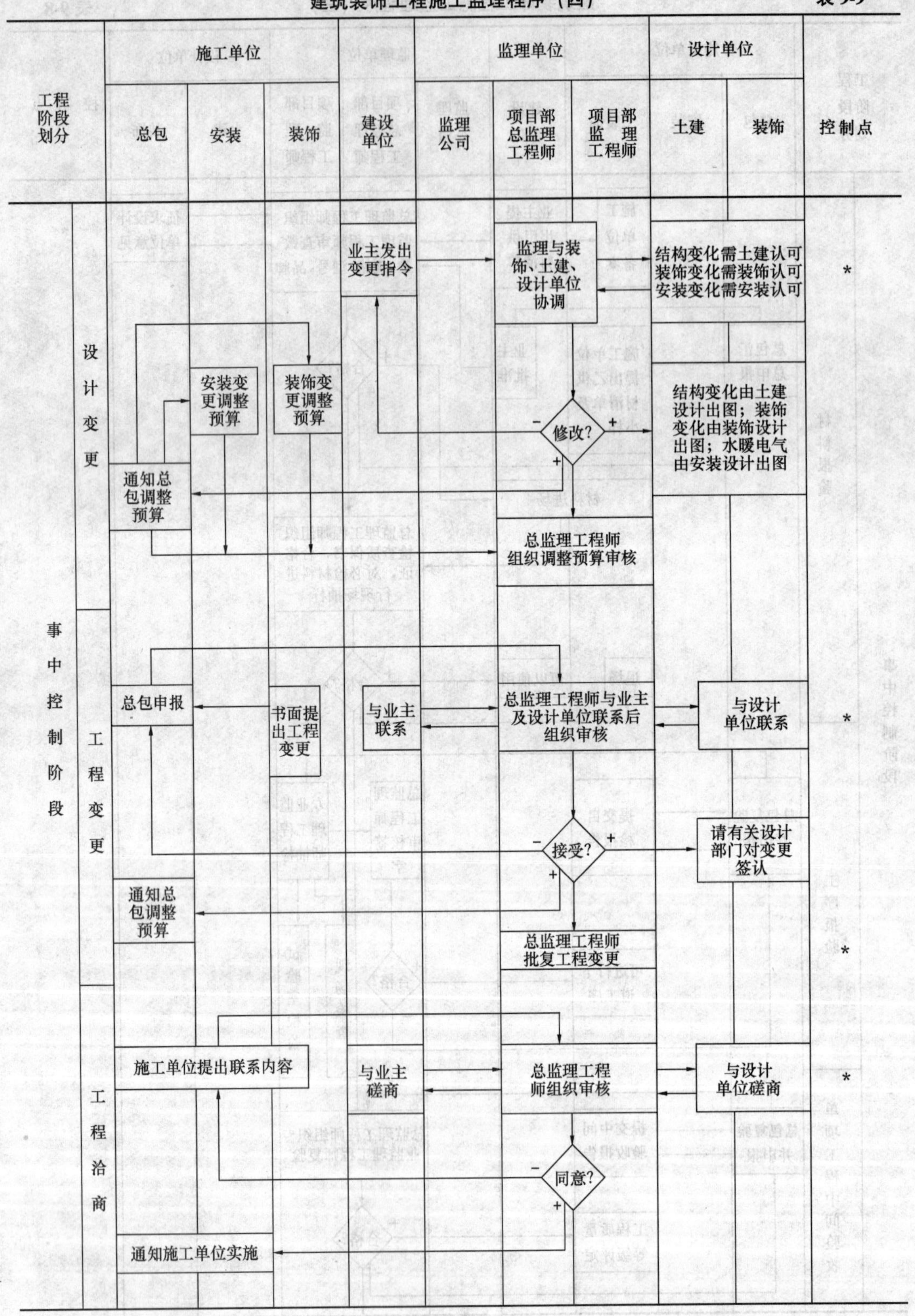

建筑装饰工程施工监理程序（五） 表 9-10

工程阶段划分		施工单位 总包	施工单位 安装	施工单位 装饰	建设单位	监理单位 监理公司	监理单位 项目部总监理工程师	监理单位 项目部监理工程师	设计单位 土建	设计单位 装饰	控制点
事中控制阶段	进度控制				业主确认工期目标						
		总包初审申报		制定施工进度计划		与业主磋商	总监理工程师组织对进度计划的审核				*
		责成施工单位修改并采取措施					同意？（－）				
		按计划执行					同意？（＋）监理对进度计划实施的控制				*
	工程付款	总包根据合同提出申请		提出付款报告	向业主报告、磋商		总监理工程师组织审核				
							专业监理工程师实地测算完成工作量				*
							同意？（－：返回总包根据合同提出申请）				
				付款	业主财务复核		同意？（＋）签署付款凭证				*

建筑装饰工程施工监理程序（六） 表 9-11

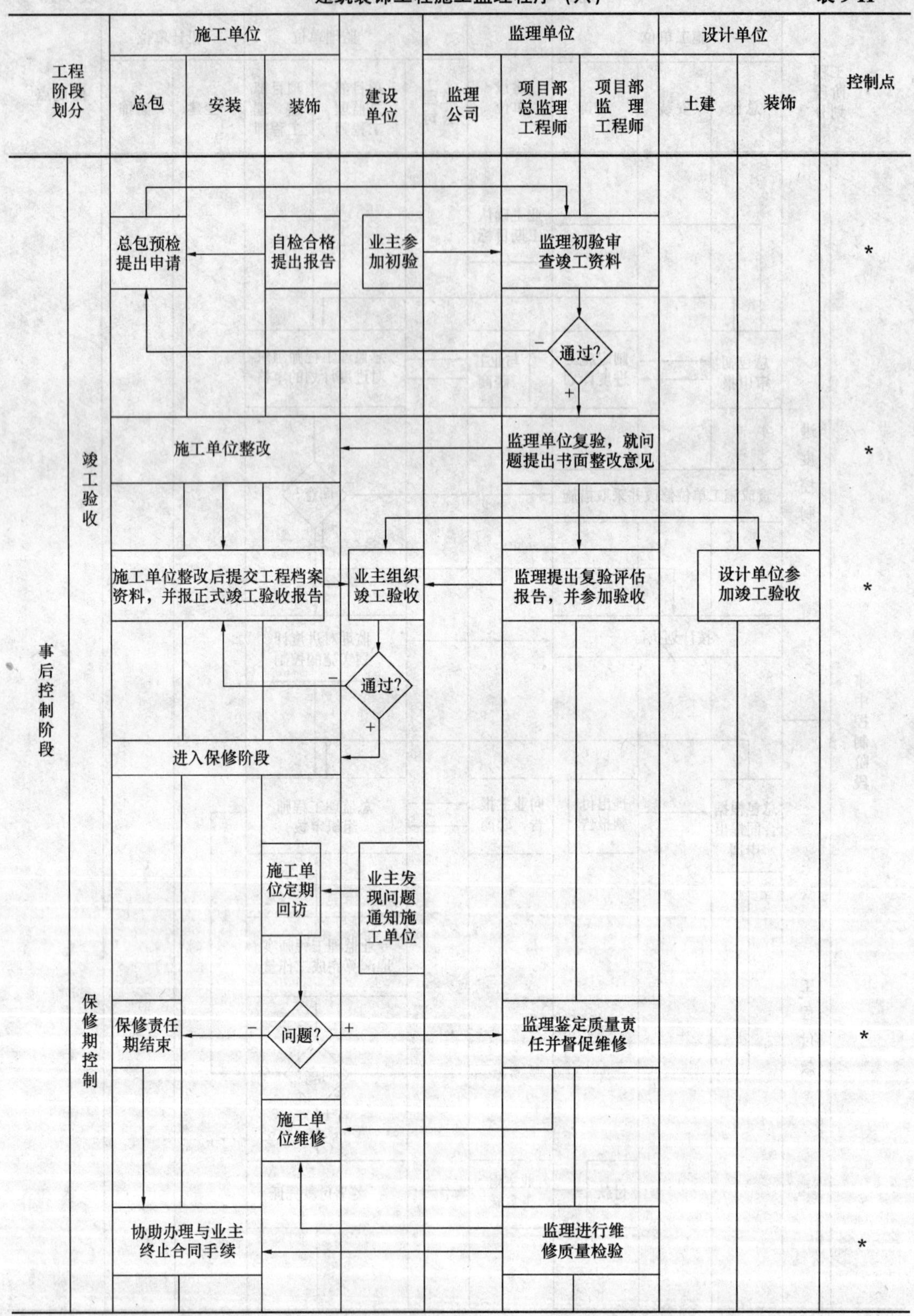

9.3.3 建筑装饰工程监理的主要内容和控制点

1. 建筑装饰工程质量控制的内容和控制点

施工阶段装饰工程质量控制内容可分为施工准备阶段、施工过程中和施工形成产品的三个方面进行控制。

(1) 施工准备阶段的质量控制内容

施工准备阶段质量控制可从两个方面入手：一是对施工单位所做的施工准备工作质量进行全面地检查与控制；二是应组织好有关方面的质量保证工作，如图纸会审、技术交底以及处理设计变更方面的工作。

1) 对装饰材料、构配件及设备、器材等的质量控制

装饰工程所用装饰材料、构配件及设备等的质量好坏，直接影响到工程的装饰效果和使用功能，影响到未来装饰工程产品的质量。因此，监理工程师应从采购、加工制造、运输、装卸、进场、存放、使用等方面进行系统控制与监督。

①装饰材料采购质量控制

由施工单位负责采购的装饰材料、构配件、设备等，在征得业主同意情况下，采购前向监理工程师申报，并对主要装饰材料构配件、设备提供二种以上样品，用量较大的根据需要进行实地考察、比较，必须经业主、监理认可后方可采购。由业主自行采购的，业主也要按程序经监理认可质量，方可订货采购。

一些易引起表面色差变化的装饰材料，如花岗石、大理石、瓷砖、高档装饰板等，订货时最好一次订齐或备足货源，以免由于分批采购而出现花色差异，质量不一。

供货商应一式三份向施工单位、业主、监理提供质量保证资料、产品合格证以及相关检测报告等。

②装饰材料进场质量控制

凡运到工地的主要装饰材料，应有产品出厂合格证及技术说明书，经施工单位确认、质量自检合格后，向监理工程师提交材料、设备进场申报单，由总监委托专业监理工程师或有上岗证的“见证取样员”检查产品质量与相关质保资料，在得到确认后，方可进场。如系必检材料还需“见证取样”，送至质量监督部门检验，合格后，方可使用。对待装饰材料的技术资料，也应随质保资料一起检查，特别对新材料在使用上有许多要求，如不注意，会造成质量事故。

③装饰材料存放条件的控制

经施工单位和监理工程师检验合格后的重要装饰材料，要妥为存放、保管，否则，可能导致质量状况恶化，如损伤、变质甚至毁坏。例如，轻钢龙骨存放不当，会被外力碰、撞、踩，造成变形；饰面板受潮后，容易霉变，产生霉斑，严重时不能使用。

2) 对装饰施工队伍及其技术人员的控制

施工队伍的整体素质高低，及施工人员的质量意识强弱，都和装饰工程质量息息相关。所以要做好施工单位的质资审查及施工技术人员素质的控制。

①施工单位的资质审查，着重检查施工许可证，营业执照经营范围及其年审情况，施

工单位的业绩及其信誉等。同时注意在招标阶段的承诺是否落实，如项目经理的人选是否更换；施工机具的配备是否到位；施工质保体系与安保体系是否健全等。

②施工技术人员的控制，要着重了解工程项目部管理人员的整体素质，如学历、经历、奖惩等情况，以判定其项目部的组成人员技术素质、思想素质和心理素质是否能担任此项工作，对于不合格人员，监理有权建议业主撤换。对特殊工种的上岗证，监理也应抽查原件，以便保证操作质量。

3）对施工方案、方法和工艺的控制

装饰工程的施工组织设计审查，除按建筑工程的施工组织设计审查内容外尚应着重审查下列几点：

①建筑与主体结构的协调关系是否注意处理。装饰设计为了追求其效果与功能的实现，业主往往从概念出发，提出许多难以实现的目标，如违反建筑及防火规范，随意更改建筑平面，一味追求装饰效果，随意堵门、扒门，使原有结构受力体系破坏，防火通道、消防设施取消，埋下结构与防火隐患；装饰施工方案，是否特别注意了由于改动原结构或建筑平面所采取的措施。如新开门上是否安放过梁，新砌墙体是否考虑楼板的荷载，门开的方向是否和消防要求相抵触；木作业是否符合防腐、防火的要求等；

②局部构造和施工工艺是否符合要求。装饰工程质量集中表现在：装饰效果、施工精致和材料质量。施工精致则要求施工单位对局部构造和施工工艺严格把关；对要求高的装饰部位要有构造大样及工序流程；同时高档装饰要求装饰单位先做样板房装饰，各方面审议、修改取得一致意见后，才可正式施工；

③安装工程中的水、暖、空调工程是否给予了足够重视。一个现代化的大型商场、宾馆、餐饮、娱乐场所的装饰工程，离不开水、暖、空调安装工程的配合。装饰工程的施工组织设计要给予这些安装工程的充分重视，如对装饰与安装有矛盾的部位是否有解决措施；吊顶内墙体的孔洞是否封堵，以影响各房间的串音、串气；所有插座、开关、消火栓、排烟口及操作机构是否被装饰面板阻挡；烟感、喷淋头位置是否符合防火要求等都应给予充分重视。

(2) 施工过程阶段的质量控制

施工过程阶段的质量控制对建筑装饰工程来说主要抓好工序质量控制。

1）工序质量控制：

工序是施工过程中的一个加工程序，是组织上不可分、所用工具不变和劳动对象不变的一系列操作过程总和。工序质量是施工单位质量管理核心，也是监理单位质量控制重点和基础。装饰工程的工序质量控制抓好下面三点：

①督促施工单位做好技术交底工作。技术交底分三个层次：一是对装饰工程项目部，监理应在协调会和审查施工组织设计中明确技术要求；二是项目部对工长，由项目部组织交底会议；三是工长对工人，每天工长，安排工人工作均应提出要求。工序交底不清，则可造成工序质量失控。如在木作防腐、防火这个简单问题上，工人操作时往往失误，不理解其作用，把与墙面接触的木作部位刷了防火涂料，而与空气接触处刷了防腐涂料，检查其原因主要是技术交底没有到位。工人只知道刷，但为什么？怎么刷？并不明白。

②加强巡视活动力度，争取及时发现问题。因为装饰工程施工工序是一环套一环的，如不及时发现，问题积多难返。如卫生间的夹板门骨架施工，图纸要求实木，而施工单位

为了省料、省工，用木工板代替，如及时发现可令其返工，如面板已压制完成，就难以解决了。

③狠抓装饰施工队伍质量管理体系的建立与落实。工序质量单靠监理来抓是难以全面照顾到的，只有抓好施工队伍的质量管理体系，使其自身严格要求，这样才会提高工序质量。例如，质保证体系的人员各就其位，各尽其责，督促他们进行三查：工长查、项目部查、企业查，并建议对质检人员业绩进行考核，奖罚相结合，调动其积极性，确保装饰工程工序质量稳步上升。

2）施工过程检查：

①加强施工过程中旁站监督。在施工过程中，许多质量问题是由于现场施工或操作不当或不符合规程、标准所致，往往在过程中的问题不及早发现，就可成为质量、安全隐患。例如，干挂石材施工，仅凭现场抽检，不一定能完全反映实际情况，需要监理人员通过现场“旁站”监督，控制干挂石材施工过程中，不锈钢连接件的牢固度和耐候胶的填注充满度。

②在施工过程严格实施技术复核性检验。监理工程师应在施工过程中严格实施技术复核性检验，以确保质量问题不被装饰效果所掩盖，技术复检有下列几项内容：

A. 装饰施工前质量预检。这种预检目的和对象是对原土建结构的建筑墙体垂直度、平整度、轴线、标高等进行预检与复测；对安装工程的电器插座、开关、配电盒（箱）、空调位置等进行预检。监理应在预检中对照装饰图纸检查存在问题，做好记录，以便在装饰工程施工中加以弥补；

B. 隐蔽工程的检查验收。隐蔽验收是指某些被其后续工序所覆盖的部位，必须在隐蔽、覆盖前经过监理人员检查、验收，确认其质量合格，才允许隐蔽覆盖。显然，隐蔽工程验收是防止质量隐患和质量事故的重要措施，监理应抓好这一环节并要做好记录；

C. 工序交接检查验收。工序交接检查是指前道工序完工后，经监理人员检查，确认其质量合格，方可转入下道工序施工。例如，卫生间的防水工序完成后，经监理检查蓄水试验，确认质量合格，方可进行防水面层及铺地砖的施工。这样通过逐道工序交接检查，保证了整个工程总体质量要求。

3）成品保护的质量检查：

装饰工程如不注意已完分项工程的成品保护，则整体装饰工程完成后，必将造成严重的损伤与污染，影响装饰工程整体装饰效果与质量。因此，监理人员必须承担成品保护工作的质量检查与监督。其一般方法为防护、包裹、覆盖、封闭等措施以及采用合理安排施工顺序来达到成品保护的目的。

①防护：针对被防护对象采取各种防护措施。如对铺好的地面可采用铺脚手板供人通过的办法；门扇安装好后可加楔固定等；

②包裹：采用包裹的方式保护成品可防止受损或污染。例如，对安装完成的柱面大理石可采用立板或麻布包裹，以防碰坏；铝合金门窗安装完后，在易碰处用塑料布包扎防护；

③覆盖：用表面覆盖的方法防止堵塞和损坏。例如，卫生间装饰时，对已安装好的地漏下水道，排水管等及时加以覆盖，防止异物落入堵塞；当墙面或顶棚刷浆时，地面可用锯木等覆盖，以防污染；

④封闭：就是采用局部封闭的方法进行保护。例如，对已装饰完成的房间，立即封闭，以便使行人不能随意进出受到损失；对重要部位施工，采取封闭施工，另辟通道，以保证重点工程的质量；

⑤合理安排施工顺序。各种工序合理安排是一种主动积极的成品保护方法，它可避免不必要的损失。例如，先做顶棚后做地面，可避免已完成装饰部件的受损与污染。

(3) 施工过程形成的产品质量控制

施工过程形成的产品为“成品”，对其“成品”的质量控制则是装饰工程的“工程验收”与“质量评定”。

1) 分部分项工程验收。分部、分项工程完成后、施工单位在自检的基础上，由监理、业主共同检查、确认，以“中间交工证书”的形式完成验收工作，故也称中间验收；

2) 单位工程竣工验收。在单位工程完成后，施工单位应先进行竣工自检，自检合格后向业主、监理工程师提出竣工验收申请，监理工程师应协助业主进行竣工验收。

(4) 质量控制点的设置

质量控制点是施工质量控制的重点。其选择和设置是装饰监理工程师必须掌握的。

1) 选择质量控制点的原则

选择保证质量难度大、对质量影响大、容易发生质量缺陷或质量问题部位作为质量控制点。其选择质量控制点的原则如下：

①施工过程中的关键工序或环节及隐蔽工程；

②施工中的薄弱环节，或质量不稳定的工序、部位或对象；

③对后续工程施工、后续工程质量或安全有重大影响的工序、部位或对象。

显然，是否设置质量控制点，主要视其对质量特征影响的大小、危害程度以及其质量保证难度大小而定。

2) 可作为质量控制点的工序、部位或对象：

①人的行为

对于某些工序或操作，应以人为控制重点，在装饰工程中尤其技术难度大或精度要求高的作业部位，如异形石材模板的放样，高档冲浪浴缸的安装、浴室的防水层施工等对装饰施工人员的技术水平均有较高的要求。

②物的状态

对于某些工艺和操作，应以加工使用的机械、设备、仪器以及施工的空间与条件作为控制重点。如装饰的地面铺贴、油漆的室内空气清洁度等对装饰工程质量影响突出。

③装饰材料的质量和性能

这是影响质量与安全的主要因素，监理应对装饰材料作为控制重点。如墙、柱、地面所用的石材质量、干挂石材的挂、扣件的质量及安全性；细木作的面板质量等无不体现装饰材料的质量高低。

④关键的操作

在一些工序中，施工人员的操作起关键作用。如干挂石材施工中，大理石的开槽及耐候胶的填充饱满度；墙面复合涂料或浮雕涂料的机械喷涂等施工中，对操作工艺和操作过程要求较高，是保证干挂石材牢固度和喷涂施工中喷涂质量的关键操作。

⑤施工顺序

对于某些作业，施工人员必须严格工序或操作之间的顺序。如不锈钢网架的焊接，应采取对角同时施焊，以免焊接应力的作用造成网架的变形过大；石材干挂施工中，应先在销钉孔中注入结构胶、后插入销钉，否则，结构胶不能充满孔中，影响连接的牢固性。

⑥常见的装饰工程质量通病

常见的装饰工程质量通病，也应作为质量控制重点。如卫生间的地面倒流水；各种管道接头的渗漏；木地板起拱等。

⑦装饰设计改变结构处

由于装饰设计改变了原建筑平面布局，引起结构荷载的变化，应予特别关注。如不在楼板梁的地方砌筑墙体、楼面由于装饰需要加厚垫层时，均应用轻质墙体或轻质混凝土。

⑧产品质量不稳定、不合格率高的工序

如在大理石地面铺贴中，出现空鼓现象突出，应给予重视，一定要掌握数据，仔细分析，查明原因，严格控制。

⑨技术间歇

在某些施工工序之间应有技术间歇时间，以保证上道施工工序的质量。如抹灰与粉刷之间，应有足够的间歇时间；在地面铺贴面与勾缝之间，也应有一定间歇时间保证水泥砂浆凝固强度。

⑩新工艺、新材料、新技术的应用

由于新工艺、新材料、新技术的应用，缺少经验与标准，应作为重点控制对象。如在消声、保温、采暖、遮阳、防潮等特殊装饰中采用的新工艺、新材料，要十分重视监控其质量。

⑪装饰对环境要求严的工艺

如刷浆、饰面、高级抹灰、油漆工程等的施工温度要求不低于5℃；用胶粘剂粘贴的罩面板工程，温度不应低于10℃；室外涂刷石灰砂浆气温应不低于3℃；墙上抹灰必须要在墙面浇水湿润；水泥砂浆抹灰层要在湿润条件下养护；油漆工程中基层必须干燥、周围空间灰尘少等。

总之，质量控制点的选择要准确、及时、有效。选择时根据对重要的质量特性进行重点控制的要求，选择质量控制的重点部位、重点工序和重点质量因素作为质量控制点；进行重点质量控制和预控，这是质量控制的有效方法。

(5) 装饰工程中常见的质量通病及防治措施

1) 吊顶、隔墙、裱糊工程

①吊顶

A. 吊顶不平

a. 存在问题

吊顶出现不规则的波浪形。

b. 防治措施

(a) 采用木材吊顶应选用优质软质木材，如松木、杉木。含水率应控制在20%以内；

(b) 吊顶的龙骨用料应符合设计要求，选用的木材应顺直，不应扭曲或有贯通断面的结疤等。木料在两吊点之间如有弯度，弯度应向上，务必使龙骨在一个平面上；

(c) 吊顶施工应按规范要求进行。受力节点应安装严密、牢固，确保龙骨的整体刚度；

(d) 选用直径6mm以上的钢筋作吊筋时应拉紧，并应有防锈措施；

(e) 吊顶内应设有通风窗，保持吊顶内的通风和干燥环境。

B. 纸面石膏板吊顶板缝开裂

a. 存在问题

纸面石膏板吊顶竣工后3~6个月，板缝开始出现裂缝，并随着时间的推移，有的裂缝可达1~2mm。

b. 防治措施

(a) 板缝要选择合理的节点构造，严禁紧缝，缝内杂质要清除；

(b) 选择质量好的纸面石膏板，龙骨及紧固螺钉，间距要严格按设计要求施工，以减少板的变形和增加刚度；

(c) 必须使用质量好的腻子填塞板缝，必须待腻子初凝时，再刮一层1mm厚的较稀的腻子，并随即贴穿孔纸带，待水分蒸发后，在纸带上再刮一层腻子，将纸带压住，同时用大刮板分批刮平板面，头缝的嵌缝腻子更应注意；

(d) 面层应尽量采用墙纸粘贴，以减少板缝的出现。

C. 轻质板块吊顶缝格不直、分格不均

a. 存在问题

轻质板块吊顶缝格横竖不直，分格块不均。

b. 防治措施

(a) 吊顶龙骨要按房间净尺寸（扣除两边抹灰厚度）均匀分格；

(b) 安装吊顶板块或钉木压条时应先弹线、后操作，确保吊顶分格横平竖直；

(c) 吊顶板块要按预定尺寸裁割方正；

(d) 轻钢龙骨或铝合金龙骨、板条，在安装前先检查，发现有变形的应在下面校正后再安装；

(e) 在墙面抹灰阶段，要控制墙面抹灰在吊顶处的平整度，吊顶施工时应用2m直尺检查，若不符合要求，应先纠正抹灰平直度后再做吊顶，确保吊顶沿墙边平直一条线；

(f) 吊顶的吊点不允许吊在设备支架或管道上，要吊在结构上，可用$\phi4$吊杆或10号钢丝吊杆垂直、拉紧，间距要符合设计要求。当吊点与设备相碰时，可用角钢作水平横梁转移吊点位置。

D. 轻质板材吊顶面层变形

a. 存在问题

轻质板材由顶施工完毕，过一段时间板面下坠变形。

b. 防治措施

(a) 选用优质板材，如选用硬质纤维板、五层以上的椴木胶合板等；

(b) 胶合板在加工过程中应防止受潮，安装前，两面涂刷一道油漆，提高吸潮能力，以防变形；

(c) 对纤维板要进行水处理，以减少纤维板吸潮而引起的凹凸变形；

(d) 吊顶板块采用胶合板、纤维板时，其分格间距不应大于450mm，否则应采取措施，以防变形；

(e) 吊顶面层应待室内抹灰干燥后进行，这样可以防止面层因吸潮而变形；

(f) 轻质板块的吊顶，一般宜先加工成小块后再装钉。当用排钉时，应从中间向两边排钉，避免产生凹凸变形。接头拼缝处留 3~6mm 的间隙，以适应变形要求。

②隔墙

A. 隔墙与结构或骨架固定不牢

a. 存在问题

墙板与地面楼、板、柱等局部连接不牢而出现缝隙，严重处墙板歪斜。

b. 防治措施

(a) 严格选材。凡是有腐朽、劈裂、扭曲、多结疤等疵病的木材不得使用；

(b) 应使上、下槛与主体结构连接牢固；

(c) 骨架固定顺序应先下槛、后上槛，再立边框、立筋，最后钉水平横撑；

(d) 遇门口时须加设通天立筋，下脚卧入楼板内嵌实，加大其截面尺寸到 70mm × 80mm，且在门窗框上部宜加钉人字撑。

B. 墙面粗糙，接头不平、不严

a. 存在问题

墙面板粗糙、厚薄不一，墙面不平整。

b. 防治措施

(a) 严格选料，骨架应严格按线组装，尺寸一致，找方找直，交接处要平整。

(b) 工序要合理，板应从下至上逐块钉设，拼缝应位于立筋或横撑上。

C. 纸面石膏板门口上面出现垂直裂缝

a. 存在问题

板墙完工后在门的两上角出现垂直裂缝。

b. 防治措施

在安装面板时要注意，应把面板接缝与门口立缝错开半块板的位置。在安装复合板时，可在现场把复合板局部锯切。

③裱糊

A. 裱糊空鼓

a. 存在问题

壁纸表面手摸有小块凸起，用手按压时有弹性感，敲击时有空鼓声。

b. 预防措施

(a) 不同的壁纸应采用不同的工艺操作，使用不同的工具，由里向外刮滚压，将多余的胶液和气泡赶出；

(b) 基层必须干燥，含水率应小于 8%，凹陷处用石膏腻子或大白、滑石粉、乳胶腻子刮抹平整；

(c) 基层的油污、灰尘应除净；

(d) 涂刷胶液时必须厚薄均匀，要防止漏刷；

(e) 石膏板纸基起泡、脱落处必须铲除并修补好。

B. 壁纸翘边

a. 存在问题

局部裱糊纸边离开基层而卷翘。

b. 防治措施

(a) 裱糊基层要干，含水率应小于 8%。清除表面油污、灰尘。必须用腻子将表面凹凸不平处刮抹平整；

(b) 若基层表面粗糙和干燥，必须均匀地喷刷一遍清胶液，清胶液可用胶:水 = 1:1，或用酚醛漆:汽油 = 1:3 来配制；

(c) 根据实际情况刷粘结胶液，一般可在壁纸背面刷胶液（根据不同壁纸，有的应事先浸水方可刷胶）。若基层刷得薄而匀，需略等一段时间再上墙，效果较好，但不能让胶液完全干后再上墙，这样容易引起翘边；

(d) 裱糊壁纸宜用配套胶粘剂。壁纸施工前应做样品试贴，根据效果再选用适当的胶液。一般可选用胶液加浓度为 2.5% 的前味素（化学浆糊）液和水的胶液，配合比为 100:20:50。当粘结要求较高时，可适量加入白胶；

(e) 选用合适的工具裱糊壁纸。为了使壁纸接缝严密，上墙后，可根据不同类型的壁纸选用不同的工具进行刮平压实，挤出多余的粘结胶液，并用湿毛巾将余液擦掉；

(f) 阴角壁纸应搭缝施工，纸边搭在阴角处，搭接宽度一般不小于 2~3mm；

(g) 阳角处严禁接缝，壁纸应裹过阳角不小于 20mm，包角壁纸必须用粘结力较强的胶液粘结。

C. 颜色不一致

a. 存在问题

局部壁纸颜色与原壁纸颜色不一致，表面有花斑现象。

b. 防治措施

(a) 选用纸质较厚、材质较好且不易褪色的壁纸；

(b) 基层的颜色应一致，且以浅色为好，若基层颜色较深，则应选用纸质较厚或颜色较深、花饰较大的壁纸；

(c) 壁纸应尽量避免在运输、储存和施工中处于日光直接照射下，尤其是储存时，严禁成卷壁纸被太阳持久照射；

(d) 壁纸应裱糊在干燥的基层上，含水率不大于 8%（表面泛白）；

(e) 使用壁纸时应开卷对色，发现有局部褪色时，应将其褪色部分裁掉，剩下的作窄幅使用。

2) 墙面饰面装饰工程

①外墙面砖镶贴

A. 开裂、起鼓、脱落

a. 存在现象

用小锤轻击面砖墙面，有局部或大面积的空鼓声，有的甚至脱落。

b. 防治措施

(a) 镶贴前检查结构基体是否有裂缝和过大挠度；打底抹灰前应对结构基体表面认真进行处理；应视结构基体材料性质，正确选用打底抹灰砂浆及粘结层灰浆（或胶粘剂）配合比，使各层次间变形既能协调，又能相互粘结牢固；

(b) 铺抹粘结层材料时应中间稍高、四周稍低，便于镶贴后无空气积在粘结层面上，并应轻挤轻揉砖数下，使粘结材料饱满；

（c）面砖必须洗净、泡透、晾干后才能镶贴；

（d）粘结灰浆（包括胶粘剂）稠度应适当，过稀、过干均影响其粘结强度。镶贴后宜待一周，使粘结层干燥收缩基本完全稳定后，再予以嵌缝、勾缝至密实止。

B. 缝隙、墙面、阴阳角有缺陷

a. 存在现象

分格缝宽窄不一、缝口高低不平、缝口未横平竖直、墙面不平、阴阳角不顺直方正、有小半块砖。

b. 防治措施

（a）事先应根据面砖实际尺寸在图面上预排，定出抹灰面控制调整尺寸，或至少应在抹灰面用钢尺和吊线锤实测实量其横向和竖向尺寸及垂直度，据此计算好面砖排列方法和有关控制尺寸，认真在抹灰基层上弹线分格；

（b）按规定做好标准块，标准块横向与竖向距离不应超过2mm，以便用靠尺等检测工具进行检测和及时校正；

（c）正式镶贴前，应派专人对面砖规格按偏差1mm或2mm进行分开使用。

C. 室内外墙面砖分割缝不均匀，墙面不平整

a. 存在现象

粘贴后的墙面砖分割缝大小不一，表面不平。

b. 防治措施

（a）应使用质量好的面砖。使用前应进行挑选，凡缺棱掉角、外形歪斜、材质疏松、翘裂和颜色不匀者均应剔除，用套板把同号规格分大、中、小进行分类堆放，根据不同部位使用不同大小的面砖；

（b）施工前应根据设计图纸尺寸和结构实际偏差情况进行挑砖，并画出施工大样图。外墙装饰时，一般要求横缝应与窗上框和外窗台相平，竖向要求阳角、窗口处都是整砖，非整砖放在阴角处，确定横缝竖缝大小并将横缝作分格条和划出皮数杆。对窗间墙砖垛等处要事先测好中心线、中心分割线、阴阳角直线，以作为安装门窗框、做窗台腰线等依据，防止在这些部位产生挑砖不整齐和格缝不均等问题；

（c）灰饼间距不大于1.5m。粘贴面砖前要在找平层上根据皮数杆从上到下弹若干水平线，在阴阳角、窗口处，大墙面一般隔5~10皮砖弹上垂直线作为贴面砖时控制标志；

（d）粘贴面砖操作时，应保持面砖上口平直，一个垂直边与垂线平齐。若不平齐，应在砖下口用木片等垫平，随时检查核对，粘贴后应将立缝处灰浆随时清理干净；

（e）找平层必须找平，尤其是用纯水泥浆粘贴的面砖基层，确保粘贴砂浆厚薄均匀，使砂浆收缩率基本一致，保证墙面平整度。

②室外花岗石、大理石墙面

A. 大理石墙面接缝不平，板面纹理不通顺，色泽不均

a. 存在现象

大理石墙面板块接缝不平，板面纹理不通顺，色泽深浅不均，装饰效果不佳。

b. 防治措施

（a）对偏差较大的基层应事先剔平或修补，清扫并浇水湿润；

(b) 安装大理石时，基层应放线；

(c) 对大理石应事先进行剔选，对缺棱、掉角、裂纹和局部污染的板材应剔出，并进行套方检验，规格尺寸如有偏差，应磨边修正，外露边口都应抛光，并应按色泽、纹理进行试拼，然后由下至上编号待用；

(d) 对号镶贴。小规格板材可采用粘贴法，大规格板材（边长大于400mm）一般应按设计要求，先在基层绑扎好钢筋网，与基层预埋件连接牢固。宜用双股16号铜丝与钢筋连接，板块间缝隙应扎紧，用石膏浆封缝；

(e) 用1:2:5水泥砂浆分层灌浆，其砂浆稠度为8~12cm。第一层灌注高度为15cm，且不超过板高的1/3，注意板块有否移动错位，如有，应返工；第二层灌注高度为板高的1/2处。第三层应低于板口5cm，为上皮板材安装的结合层，待上层砂浆终凝后，方可将上口固定木楔抽出，清理上口，再进行第二块板安装；

(f) 每天工作完成后，应及时清理板面，不能让水泥砂浆污染板面。

B. 板材开裂、空鼓、脱落

a. 存在现象

墙面石材局部出现开裂，用小锤敲击发出空鼓声，严重的甚至产生石材松动、脱落。

b. 防治措施

(a) 当结构及饰面基层有可能因受力和热胀冷缩、湿胀干缩产生较大变形时，不宜采用水泥浆等刚性材料嵌缝，应采用柔性防水密封胶嵌缝，使其能适应变形。嵌缝均须密实饱满，无气泡，表面平顺；

(b) 当采用板背灌浆法时，水泥灌浆层应饱满，使钢筋网有不少于15mm的砂浆保护层；挂钩必须做防锈处理；

(c) 干挂法施工的膨胀螺栓应进行现场抗拔试验，确保其锚固牢固。膨胀螺栓露出锚固的部分必须做防锈处理，锚固界面处也应涂刷防水涂料，以防锈蚀。所有连接扣件等应经计算，确保其安全系数在6以上。所有销栓应将两块板栓牢，深入孔内不得少于10mm，如销栓孔或槽壁破损，应用环氧树脂修补完整。

C. 板材无光泽，饰面接缝漏浆

a. 存在现象

板面受腐蚀、变“花”；接缝处漏出水泥浆，对表面污染严重。

b. 防治措施

(a) 室外饰面工程一般不宜采用大理石饰面，如有必要则一定要选用质纯、杂质少的品种，如汉白玉、艾叶青等少数几种板材；

(b) 不宜在工业区附近，特别是化学工业区附近使用；

(c) 缝隙必须饱满密实；突出的饰面部分应有正确的流水坡、滴水线（槽），应避免墙面有积水或排水不畅现象；不让水气和有害气体侵入板缝内；

(d) 施工过程中应对大理石认真保护，溅落在其表面的水泥浆、石灰浆等脏物应及时擦洗干净；

(e) 用垫楔调整接缝宽度，尽量保持缝宽一致；

(f) 灌浆时，可先在竖缝内填塞15~20mm深的麻丝或沿接缝表面封石膏浆，待砂浆硬化后取出，进行嵌缝。

D. 嵌缝不密实平顺，颜色不一

a. 存在现象

墙面板块之间缝隙嵌缝不密实，高低不平，勾缝颜色深浅不一。

b. 防治措施

(a) 向操作人员技术交底，强调嵌缝的重要性，并加以督促检查；

(b) 所用嵌缝材料必须是同厂家、同品种、同批号。如用水泥浆勾缝，必须使用同批号水泥和同产地的砂子；如用彩色水泥勾缝，应用同批号的干料先行一次配足，随用随取干料加水拌合，以保证缝隙颜色均匀。

③铝合金墙面工程

A. 板面不平整、不竖直，接缝宽窄及高低不一

a. 存在现象

墙面有起伏不平的现象，拼缝间隙过大，搭接不平。

b. 防治措施

(a) 骨架安装必须满足精度要求，在正式安装前应用经纬仪扫描其平整度和测量其立面垂直度等；

(b) 铝合金板或骨架上需钻孔时必须定准中心，并应先用尖锥錾子定点。如有条件，宜将连接件的杆件试装拼合一起钻孔，然后用螺栓等固定；

(c) 铝合金板安装时，必须按照原弹线位置（包括留缝宽度）仔细安装，应先检查弹线分格是否准确，有无累计误差，板块规格尺寸是否相符，如有问题应及时进行调整。

B. 接缝密封不严、不平直、有气泡及渗水现象

a. 存在现象

密封胶有气泡、脱胶、开裂，密封胶被污染。

b. 防治措施

(a) 选用质量好的硅铜密封胶，并注意其质量及是否过期；

(b) 聚乙烯泡沫填充时必须塞紧，宜根据接缝宽度将其先搓成比缝宽略粗的长条再仔细塞入，并注意填充面离板面距离一致，不得进进出出。只有保持密封胶嵌缝深度一致，且背后有堵塞物堵紧的状态下，才能使接缝密实、缝面平直；

(c) 操作嵌缝枪时应掌握用力大小、运行速度快慢、枪口离聚乙烯泡沫填充面距离远近等恰当的参数，宜先在不显眼的接缝处进行试验，取得经验后再全面嵌缝。

3) 地面铺贴工程

①板块地面

A. 板块地面空鼓

a. 存在现象

花岗石、大理石板块铺设不牢固，用小锤敲击有空鼓声，人走动时板块有松动现象。

b. 防治措施

(a) 基层表面应清理干净，并浇水湿润，但不得有积水，以保证垫层与基层结合良好。基层表面涂刷纯水泥浆应均匀，并做到随刷随铺水泥砂浆结合层；

(b) 板块面层在铺设前，应浸水湿润，并将石板背面浮灰、杂物清扫干净，等板块达到面干饱和时铺设最佳；

（c）结合层为干硬性水泥砂浆的配合比常用1:2～1:3，采用不低于32.5级普通硅酸盐水泥、粗中砂（含泥量小于3%），水泥砂浆稠度以2～4cm为宜。干硬性水泥砂浆虚铺厚度要控制好（一般为2.5～3.0cm）。板块应进行试铺，试铺时板块应对好纵横缝，并用皮锤轻敲，使砂浆密实。板块铺设合格后搬起石板，检查砂浆结合层是否平整、密实，增补砂浆浇一层水灰比为0.5左右的纯水泥浆后，再铺设原板，四角同时落下，并用水平尺找平；

（d）板块铺设后，于第二天对板块缝进行灌浆。灌浆前应将缝内松散砂浆清掉，灌缝应分几次进行。

B. 板块面层接缝处不平、缝隙不均

a. 存在现象

花岗石、大理石板铺贴后，相邻板块处出现接缝不平、缝隙不均等现象。

b. 防治措施

（a）加强对进场板材的检验，对板块尺寸不准、翘曲、歪斜、厚薄偏差过大、裂缝、掉角等缺陷的板材应剔除；

（b）铺贴前应有专人负责从楼道统一往房间引进标高线。房间内应四边取中，在地面上弹出十字线，铺好分段标准块后，由中间向两边和后退方向顺序铺贴，随时用水平尺和直尺找平。分段尺寸要事先排好钉死，以免产生最后一块铺不上或缝隙过大的现象。

C. 板块铺贴尽端有大小头

a. 存在现象

板块往往铺贴到墙边时，容易出现大小头现象。

b. 防治措施

（a）房间抹灰前必须找方后冲筋，大理石地面相互沟通的房间应按同一互相垂直的基准线找方，严格按控制线铺贴；

（b）铺设前，应对板块试拼，认真做好编号。

D. 地面标高超高

a. 存在现象

板块地面铺贴时发现地面标高超高，与地面其他部位高度不一致。

b. 防治措施

（a）楼板面层铺设时应对楼层标高认真核对，防止超高；

（b）地面面层铺设时应严格控制每道工序的施工厚度，防止超高。

E. 地面倒泛水或泛水坡度过小

a. 存在现象

在需要用水清洗的铺贴地面（如卫生间、浴室、厨房等地面），经常存在地面积水或倒流现象。

b. 防治措施

（a）墙上+50cm的水平线应准确；

（b）安装地漏时标高应准确；

（c）对有地漏的房间在做找平层时，应由四周向地漏方向做放射标冲筋，找好坡度，按规范施工。

②木地板铺设

A. 木地板行走踩踏有响声

a. 存在现象

人行走时，木地板有响声。

b. 防治措施

(a) 控制木材含水率。木搁栅含水率应不大于20%；

(b) 采用预埋钢丝和螺钉锚固木搁栅。木搁栅的钢丝要扎紧，螺钉要拧紧，以防木搁栅固定不牢，产生松动；

(c) 锚固铁件要预埋合理，间距不要过大。一般锚固铁件距顺木搁栅不大于800mm，预面宽度不小于100mm，用双股14号钢丝与木搁栅绑扎牢固。木垫块表面要平整，并用铁钉与木搁栅钉牢；

(d) 如采用木搁栅直接固定在地坪预埋木块上，预埋小木块的间距不宜过大，一般顺木搁栅不大于400mm，木搁栅横断面锯八字形。安装时拉好搁栅表面水平线，搁栅下垫好实木块，木垫块表面要平整，并用铁钉与木搁栅垫平，木搁栅用圆钉与预埋木块钉牢。搁栅安装完成后，木搁栅间，用细石混凝土或保温隔声材料浇灌，浇灌高度应低于木搁栅面，中间低于搁栅面20mm以上，便于通气。浇捣后，要待细石混凝土强度达到100%并充分干燥后，才能铺设木地板。

(e) 在混凝土楼板上不应用冲击钻打洞、打入木榫、用圆钉固定木搁栅，而应用膨胀螺栓或用铁件固定。

B. 木地板拼缝不严

a. 存在现象

拼装企口地板条时，缝大而虚，表面上看结合紧密，经刨平后即显缝隙。

b. 防治措施

(a) 挑选地板条规格一致的材料；

(b) 铺设长条地板时，应与搁栅垂直铺钉，接头应相互错开；

(c) 铺钉接近尾声时，应注意地板条的宽度，既不可硬性挤入，也不可加大缝宽；

(d) 地板铺完后应及时刨平磨光，及时上油或烫蜡，以免“拔缝”。

C. 木地板面层起鼓、变形

a. 存在现象

木地板局部拱起，木地板收缩后缝隙偏大，影响美观和使用。

b. 防治措施

(a) 控制地板含水率，其含水率不应大于12%，江南一带一般应控制在12%~14%为宜；

(b) 木搁栅间浇灌的细石混凝土或保温隔声材料，必须干燥后才能铺设地板；

(c) 合理设置通气孔。木搁栅应孔槽相通，与地板面层通气孔相连，地板面层通气孔每间不少于2处，通气孔不要堵塞；

(d) 木地板下层板（毛地板）板缝应适当拉开，一般为2~5mm，表面应刨平，相邻板缝应错开，四周离墙约10~15mm。

③塑料板地面

A. 塑料板铺设后表面不平，呈波浪形

a. 存在现象

塑料地板铺贴后表面平整度差，目测表面呈波浪形等现象。

b. 防治措施

（a）严格控制粘结基层的表面平整度，对凹凸度达到 ±2mm 的表面要做平整处理；

（b）使用齿形刮板涂刮胶粘剂，使胶层的厚度薄而均匀；

（c）施工温度应在 15~30℃、相对湿度小于 70%的条件下进行。

B. 塑料板面层空鼓、剥离、翘曲

a. 存在现象

塑料板地板铺设后，表面不平整，局部鼓起，有翘边现象。

b. 防治措施

（a）基层应坚硬、平整、光滑、洁净，不得有起砂、起壳现象；

（b）基层含水率应控制在 6%~8%范围内；

（c）涂刷粘结剂应待稀释剂挥发后（用手摸不沾手）再进行粘贴。由于粘贴剂的硬化速度与施工环境温度的高低有关，所以当施工温度不同时，粘贴时间也不同。施工前应先试贴，成功后再进行铺贴。涂刷粘贴剂时应先涂刷在塑料板上，再涂刷基层表面，以求两表面的干燥程度一致；

（d）塑料板在粘贴前应做除蜡处理。一般是将塑料板放进 75℃左右的热水中浸泡 10~20min，取出晾干后即可；

（e）施工环境温度应控制在 15~25℃，相对湿度应不高于 70%，并应保持到施工后 10 天内；

（f）拼缝焊接应待粘结剂完全干燥后进行，一般应在粘贴 1~2d 后进行；

（g）严禁使用变质的粘结剂。

④地毯皱折

A. 地毯皱折

a. 存在现象

地毯铺设不平整，有皱折现象。

b. 防治措施

（a）根据房间大小标出基准线，铺设时将地毯沿线摊开，两边用力速度均匀，不得用脚踢；

（b）铺设时应将地毯绷紧，烫平后再固定在刺毛条上；

（c）铺设后应避免地毯受潮。

B. 地毯接缝明显

a. 存在现象

地毯搭接缝隙明显。

b. 防治措施

（a）根据房间尺寸裁割，尺寸不得偏大或偏小；

（b）两块地毯拼接时，应用直尺控制裁割尺寸，保持顺直，或采用上下搭接裁割；

（c）烫地毯时，接缝处应绷紧拼缝，严密后烫平；

(d) 铺地毯前，应将地面处理平整后，铺设地毯。

C. 地毯四周不平整、不光洁

a. 存在现象

房间四周有毛刺，收口不整齐，转角处不平整。

b. 防治措施

(a) 裁割地毯时应用锋利的刀，避免重复割；

(b) 铺钉刺毛条时，应根据地毯厚度确定离墙距离；

(c) 铺设转角处地毯时，应在地毯角部割一刀，便于地毯角部嵌入刺毛条内侧，避免因地毯角部折叠而产生高低不平；

(c) 地毯铺设后，对周边进行检查，对一些毛刺不顺直处应进行修边处理。

D. 地毯色泽不均匀

a. 存在问题

地毯铺设后有色差现象。

b. 防治措施

(a) 根据地毯的织纹，同向铺设地毯；

(b) 对有色差的地毯，应经挑选颜色后，在同一室内用同种颜色的地毯；

(c) 受污染地毯，经处理后有明显色差的，应予以调换。

4) 幕墙工程

①构件制作

A. 构件变形，表面有锤印、凹瘪、划痕，外形尺寸有偏差

a. 存在现象

(a) 裁割端部毛刺未经处理；

(b) 接缝部位缝隙偏差较大；

(c) 构件变形，表面有锤印、凹瘪、划痕；

(d) 构件平整度、外形尺寸偏差超过规范要求。

b. 防治措施

(a) 加工制作过程中，加强上、下道工序的质量检查；

(b) 采用专用的机具设备，保证构件加工的精度要求，其量具应定期计量检验。不得采用手工裁割、钻孔、开槽、榫，以保证其尺寸精确、接缝平整。连接处接缝必须密封处理好；

(c) 加强构件成品的检验；

(d) 在储运、安装过程中应采取必要的措施，防止挤压、碰撞。

B. 构件防水排水系统不畅

a. 存在现象

构件内渗水、结露水，排水不畅，甚至造成幕墙渗水。

b. 防治措施

严格按照设计要求开孔。一般排水孔的直径不小于 8mm，最小为 5mm × 15mm 的长方孔，排水孔水平间距不大于 600mm。在组装时应防止保温材料、密封条、结构密封胶阻塞排水通道和泄水孔。

C. 结构胶与基材剥离，密封胶与基材交接处有气泡或脱胶

a. 存在现象

(a) 在对组件进行切开剥离试验时，结构胶与基材剥离；

(b) 密封胶与基材交接处有气泡或脱落现象。

b. 防治措施

(a) 严格检查结构密封胶的有效期，超过期限的严禁使用；

(b) 在粘结强度和相容性报告未出来之前不得注胶；

(c) 双组分结构胶应经蝴蝶试验，表明已混合均匀无气泡后，方可注胶；

(d) 注胶前对构件与密封胶接触的表面必须清除油污、灰尘、手指印和污垢。清除时，必须按净化要求操作。净化后的构件应在1h内进行注胶，超过时间或再污染时，应重新净化；

(e) 对需涂底漆的构件，按工艺要求涂一薄层底漆，干后再注胶。底漆太厚时，应待底漆干后用布将多余的底漆抹去；

(f) 在组装时，净化的构件不能随意移动，以免再次污染，影响粘结力；

(g) 双组分结构胶必须用机械注胶，以保证胶密实。

D. 胶中有气泡

a. 存在现象

透过玻璃或在切割玻璃试验中发现有气泡。

b. 防治措施

(a) 双组分胶搅拌后，必须抽真空，经蝴蝶试验无气泡后，方可使用；

(b) 注胶过程中，从构件上刮下的胶不得再装入空罐中使用；

(c) 对于一些注胶面复杂的，必须用注胶机注胶。

②幕墙安装

A. 预埋件用料及制作不规范

a. 存在现象

(a) 用冷轧钢筋作锚筋，锚筋长度不足，锚筋总截面小；

(b) 钢板薄；

(c) 焊接不饱满，甚至点焊。

b. 防治措施

(a) 设计应对预埋件进行计算，以确定锚筋的截面、长度、数量和锚板的厚度（一般锚筋直径不宜小于8mm，锚筋不宜少于4根，锚筋最小长度不应小于250mm；焊缝高度不宜小于6mm；锚板厚度不应小于锚筋直径的0.6倍），并根据计算和规范要求，画出预埋件的大样图和提出制作要求；

(b) 对施工人员进行图纸交底，以了解预埋件的重要性和制作要求；

(c) 预埋件加工完成后应进行检验，不合格的应重新加工。

B. 预埋件安装不规范

a. 存在现象

(a) 预埋件未与主筋焊接；

(b) 预埋件在前后、左右、上下方向出现位移和倾斜；

(c) 预埋件遗漏。

b. 防治措施

(a) 加强责任心，制定责任制；

(b) 埋设时，位置应经复核无误后进行固定。固定应牢固，不受混凝土施工的影响；

(c) 预埋件埋设后应经检查无误后方能浇筑混凝土，并在浇筑过程中，随时注意预埋件是否有位移。

C. 连接件焊接、加固不规范

a. 存在现象

(a) 采用钢筋、钢板、角钢等材料随意同预埋件连接接长，甚至采用对接平焊、点焊。接长材料与主体结构间未垫实；

(b) 垫片采用楔形钢板或开口垫片，垫片未予固定，甚至用砂浆嵌填缝隙；

(c) 连接件开孔离边缘太近，甚至连接件长孔切割后呈开放形；

(d) 用膨胀螺栓加固无图、无测试。

b. 防治措施

(a) 一旦发现预埋件位移，其连接方案应由设计部门出变更图，并对材料、焊接提出具体要求。当采用膨胀螺栓时，应经计算和拉拔试验，合格后才能使用。膨胀螺栓不得在连接件外缘用垫片螺帽固定；

(b) 连接件孔位与边缘的距离应经计算确定。当设计未确定时，最小距离不宜小于 $2d$（d 为孔的直径）；

(c) 加焊、加垫材料和部位应经检查符合要求后，方可进行下道工序。

D. 立柱安装不垂直，直线度差

a. 存在现象

立柱左右、前后垂直度超过规范要求。

b. 防治措施

(a) 在施工测量轴线时，应在风力 4 级以下进行，并且每天定时测量校核，对误差进行控制分配、消化，不使之积累，以保证幕墙及立柱的垂直和位置的正确；

(b) 安装前应对材料进行检查，若发现变形，应校正后再安装；

(c) 安装立柱时，应将立柱先与连接件连接，然后再与主体预埋件连接、调整，不得将连接件同主体预埋件连接后，再将立柱同连接件连接；

(d) 立柱接头应有一定的空隙，并采用套筒连接法。当一个立柱有两个以上连接点时，其上连接点应采用刚性构造，下连接点采用铰接构造，使立柱始终处于受拉状态，不能成为受压状态，以免造成立柱弯曲变形；

(e) 立柱安装完毕后，按规范规定的偏差值进行检测。发现误差超过允偏值时，应及时调整。

E. 立柱连接处理不规范

a. 存在现象

(a) 连接两立柱的芯管插入立柱长度不足，有的仅 50mm；

(b) 连接芯管两端均用螺钉或螺栓固定，失去伸缩作用；

(c) 连接芯管壁厚较薄；

(d) 一根立柱有两个支撑点时，下支撑点无伸缩位移措施；

(e) 幕墙底部立柱支撑点无伸缩位移措施，或无伸缩余地；

(f) 两立柱连接处用密封胶密封。

b. 防治措施

(a) 保证芯管的长度，使连接芯管插入立柱每端的长度控制在2倍立柱截面高度；

(b) 当在上、下两立柱连接部位安装横梁或其他构件时，避免固定螺栓将连接芯管一起固定；

(c) 当一根立柱有两个以上支撑点时，其连接形式应为上部刚接，下部铰接；

(d) 立柱裁接时要考虑立柱的伸缩，上、下连接处应留出20mm左右间隙，并用密封胶密封，以免雨水顺芯管外露部分渗入立柱腔内；

(e) 底部立柱下端与楼地面应留有一定伸缩空隙，不得用砂浆或混凝土将其封闭。

F. 防雷系统不规范

a. 存在现象

(a) 预埋件未同避雷接地连接；

(b) 直接利用幕墙与主体结构连接的连接件作避雷接地的连接体；

(c) 避雷引出线截面太小，甚至用$1mm^2$的同心线作引出线；

(d) 幕墙避雷点设置面积过大；

(e) 无避雷系统设置。

b. 防治措施

(a) 预埋件设置时，应与土建施工紧密结合，应在绑扎钢筋的同时处理好避雷系统的连接，并在浇捣混凝土之前进行全面检查；

(b) 根据避雷规范要求，通过设计，确定避雷接地系统的设置分布、引出线的材料和截面尺寸，并在设计图纸、大样图上标注清楚。敷设后，应进行测试，其电阻值不应大于4Ω；

(c) 加强工序间检查和隐蔽工程验收。

G. 防火系统不规范

a. 存在现象

(a) 防火板未予以锚钉牢固；

(b) 防火材料敷设稀松或漏放防火材料；

(c) 楼层上、下面未用不燃材料封闭；

(d) 防火材料敷设缝隙未予密封；

(e) 幕墙四周与主体结构之间的缝隙，特别是左右两侧未用防火保温材料填塞，上下形成竖向通道。

b. 防治措施

(a) 加强对图纸的审核和技术交底；

(b) 防火层与幕墙及立体结构间的缝隙，应用防火密封胶封闭；

(c) 加强工序间的检查和隐蔽工程验收。

H. 隔热保温材料安装不规范

a. 存在现象

（a）保温材料未固定在衬板上；

（b）保温材料与玻璃之间无隔气层；

（c）保温材料无防潮措施；

（d）保温层太薄；

（e）幕墙玻璃出现垂直于玻璃边缘而后向中间分叉的裂缝。

b. 防治措施

（a）保温材料应用锚钉固定在衬板上，保温隔热材料应与玻璃之间留有间距，使之形成一个空气层，避免保温层直接接触玻璃；

（b）按设计要求设置保温材料厚度。

I. 变形缝处理不妥

a. 存在现象

（a）幕墙构架和板材在变形缝处未断开，无变形构造处理；

（b）避雷导线在变形缝上未采用软导线和预留变形余量。

b. 防治措施

（a）变形处理必须有大样图，并做好技术交底；

（b）严格按图施工；

（c）加强工序间检查，并做好隐蔽工程验收。

J. 隐框、半隐框幕墙压块安装不规范

a. 存在现象

（a）无压块固定或用双面胶固定；

（b）压块间距不规则，甚至一边仅 1～2 只；

（c）固定压块螺钉用镀锌自攻螺钉。

b. 防治措施

（a）隐框、半隐框玻璃安装，设计必须标注清楚，对用料、规格、数量、位置应有施工说明和大样图；

（b）玻璃安装注胶前，应采用机械固定，并避免在现场注结构胶；

（c）固定压块的螺钉必须采用不锈钢螺钉，其直径不应小于 5mm；

（d）在注耐候密封胶时，需对压块安装进行验收，发现遗漏或位置不对应及时调整。

K. 幕墙玻璃破碎

a. 存在现象

（a）幕墙未受外力撞击，玻璃破碎；

（b）玻璃夹件处碎裂。

b. 防治措施

（a）设计时对大面积玻璃应控制，确实需要时应减少玻璃中央与边缘的温差；

（b）玻璃裁割加工时应按规范要求留出每边与构件槽口的配合距离。裁割后应磨边、倒棱、倒角；

（c）安装玻璃应按要求设弹性垫块，使玻璃与框有一定的间隙；

（d）避免保温材料同玻璃接触，同时保护好玻璃镀膜；

（e）全玻幕墙玻璃与主体结构间应用弹性导热率低的非硬化性密封材料嵌缝；

(f) 由设计确定幕墙三维调节能力；

(g) 如主体结构变动或构架刚度不足，则应根据设计要求进行加固补强。隐框幕墙拼缝处宽度不宜小于 15mm；

(h) 夹件与玻璃夹接处必须设置一定厚度的弹性垫片，以免玻璃破碎；

(i) 钢化玻璃可进行钢化防爆处理。

L. 玻璃四周泛黄，密封胶变色、变脆

a. 存在现象

(a) 安装后的玻璃四周泛黄；

(b) 明框幕墙橡胶条与密封胶粘接部位，橡胶条变更发脆，密封胶泛黄；

(c) 幕墙底部与屋面平台上相交部位密封胶泛黄。

b. 防治措施

(a) 用于玻璃幕墙的密封胶必须是中性的，使用前应做相容性试验；

(b) 夹丝玻璃切割后，其边缘应做防锈处理；

(c) 应采用中性清洁剂，并进行腐蚀性检验。幕墙和铝合金的清洁剂不能混淆，清洗时，应采取隔离保护措施，清洗后，应及时用清水冲洗干净；

(d) 避免有害杂质的污染。

M. 耐候密封胶注胶起泡、开裂、污染

a. 存在现象

(a) 密封胶起泡；

(b) 密封胶脱胶、开裂；

(c) 密封胶污染。

b. 防治措施

(a) 注胶前应对基材表面进行净化处理；

(b) 控制注胶速度，保证注胶厚度不小于 3.5mm；

(c) 在高温季节，当基材表面温度超过 60℃时，不宜注胶；当基材表面潮湿时，应擦干后注胶；

(d) 注胶时，应使密封胶形成两面粘结，避免三面粘结；

(e) 注胶时，应做好防污染措施，一旦污染应立即清除。

N. 幕墙渗漏

a. 存在现象

(a) 幕墙变形缝处渗漏；

(b) 幕墙开启门窗部位渗漏；

(c) 幕墙四周与主体结构之间渗漏。

b. 防治措施

(a) 按净化要求清除污染后注胶。注胶速度不宜太快，以免出现针眼、稀缝等现象。注胶的厚度应不小于 3.5mm，避免三面粘结，以防位移时拉裂密封胶；

(b) 根据槽口尺寸选用合适的密封胶条，在转角处应呈 45°角割断，并在此处和四边胶条间距 500mm 左右，用粘接剂将胶条固定在槽内，接头处应密封严密；

(c) 组装时应注意各处连接严密，防止有阻水现象；

（d）在门窗开启部位和幕墙压顶及四周等结构复杂、宜渗漏部位施工时，应加强检查，以防密封不良及材料性能低劣等现象出现；

（e）安装前检查与土建相关部位，发现影响幕墙安装质量时，应及时进行调整；

（f）安装施工过程中，应分层进行抗雨渗漏性能的淋水试验。

O. 隐框幕墙表面起伏不平

a. 存在现象

玻璃安装后，表面不平整。

b. 防治措施

（a）安装立梃和横梁时，将垂直度和平整度严格控制在规范范围内；

（b）玻璃板块加工时应注意注胶厚度、附框平整度；

（c）安装时注意玻璃的垂直度和平整度。

5）铝合金、塑钢门窗、木门窗及玻璃安装工程

①铝合金门窗安装工程

A. 铝合金门窗同墙体连接处理不当

a. 存在现象

（a）门窗框四周同墙体间的缝隙用水泥砂浆填嵌，水泥砂浆直接同铝合金门窗框接触，日久产生裂缝；

（b）门窗框同墙体的连接件用料太薄，连接件间距大，连接点少，同墙体的固定方法不当，导致框体不牢固而松动。

b. 防治措施

（a）门窗外框同墙体应作弹性连接。框与墙体间的缝隙应用软质材料如矿棉条或玻璃棉毡条分层填嵌密实，用密封胶密封。填嵌物不宜填嵌饱满，PC 发泡剂作安装填嵌材料，利用其发泡膨胀的作用，快速充填缝隙并具有防水止漏作用；

（b）门窗框同墙体的连接件厚度不应用小于 2.0mm，宽度不小于 20mm 的钢板制作，表面作镀锌处理。连接件两端应伸出铝框，作内外锚固；

（c）连接件距铝框边角距离应不大于 180mm，连接件间距应不大于 500mm，并作均匀布置；

（d）连接件同墙体的连接，应视不同的墙体结构，采用不同的连接方法：在混凝土墙上用射钉或膨胀螺栓；砖砌墙体采用预埋件或开叉铁件嵌固在墙中固定。在砖墙上不准用钢钉或射钉固定，宜在砌筑砖墙时，预先砌入预制混凝土块，以便连接固定。

B. 铝合金门窗安装后出现晃动，整体刚度差

a. 存在现象

推拉或启闭门窗时，框、扇抖动；在大风或用手推拉时，变形大、摇动，给人以不安全感。

b. 防治措施

（a）铝合金门窗应按洞口尺寸及安装高度等不同使用条件选择型材截面。一般平开窗不应小于 55 系列；推接窗不应小于 75 系列；窗的型材壁厚不应小于 1.4mm；门的型材壁厚不应 2.0mm；

（b）组合条窗的拼装应经力学计算，合理布置中梃中档，确保拼接杆件及门窗的整体

刚度。连接螺钉、铆钉的规格、间距应符合要求，并应连接紧密。如发现摇动或挠度大于 $L/200$，应经设计部门计算采取加固处理，以保证安装后有充分的安全感和可靠的刚性。

C. 铝合金门窗渗漏

a. 存在现象

(a) 门窗框四周同墙体连接处渗漏，室内墙面出现水印，尤为窗下角较为多见；

(b) 组合窗拼接处渗漏；

(c) 推拉窗下滑槽槽口内积水，在风压作用下槽口内的积水渗入室内，造成窗盘内积水。

b. 防治措施

(a) 铝合金门窗与墙体应做弹性连接，框外侧应留设 5mm×8mm 的槽口，防止水泥浆同铝合金窗框直接接触。槽口内注密封胶至槽口平齐；

(b) 注胶时，应清除砂浆颗粒、灰尘等杂物，保证密封胶粘接牢固；注胶时，应自上而下连续进行；注胶后，应检查是否有遗漏、脱胶、粘接不牢等情况；

(c) 组合门窗的竖向或横向组合杆件，不得采用平面同平面组合的做法，应采用套搭搭接形成曲面组合，搭接长度应不大于 10mm，连接处应用密封胶做处理；

(d) 尽量减少外露的连接螺钉，若有，则用密封材料密封；

(e) 铝合金推拉窗下滑槽距两端约 80mm 处开设排水孔，排水孔尺寸宜为 4mm×30mm，间距为 500~600mm。安装时，应检查排水孔有无砂浆等杂的堵塞，确保畅通。

②塑钢门窗安装工程

A. 门窗框松动，刚度差

a. 存在现象

门窗框同墙体连接不牢固，使用中因撞击、振动、温度影响等造成框体松动变形，周边产生裂缝。

b. 防治措施

(a) 门窗框同墙体的连接应采用地脚（固定片）连接。地脚同门窗框用 M4×20 的自攻螺钉紧固连接，同墙体应作两点连接，固定牢固。混凝土墙体应采用射钉或膨胀螺栓固定；砖砌墙体可采用膨胀螺栓连接。宜在砌筑砖墙时，砌入预制的混凝土砖块，以确保连接牢固；

(b) 地脚（固定片）应采用冷轧钢板制作，其厚度应大于等于 2.0mm，最小宽度应大于等于 20mm，表面应进行镀锌处理；

(c) 地脚的安装位置应距窗角、中竖框、中横框 150~200mm，地脚之间的间距应小于等于 600mm；

(d) 组合窗、连门窗的拼樘料必须设增强型钢，其截面尺寸、形状应能承受设计风压；

(e) 拼樘料应与窗框、墙体洞口连接牢固。拼樘料的型钢内衬应比拼樘料长 10~15mm，在对应位置设预埋件或预留洞口，型钢内衬可用焊接或紧固螺栓连接，在砖墙上设预留洞时，钢内衬应插入预留洞，然后用 C20 细石混凝土浇灌固定。窗框与拼樘料应卡接，再用紧固螺丝双向固定，间距应小于等于 600mm。

B. 门窗框安装后变形

a. 存在现象

门窗框安装后出现扭曲、弯曲等变形，造成推拉不灵、密封性能不良。

b. 防治措施

(a) 门窗框同墙体间应填嵌软质材料，形成伸缩缝，使塑料门窗在膨胀时，能自由胀缩。填嵌软质材料时，应分层填塞，不得填塞过紧，使窗框受挤压而变形；

(b) 连接螺丝不能直接锤击拧入，应预先钻孔，孔径尺寸比所选用的螺钉小 0.5～1.0mm。

2. 建筑装饰工程安全控制的内容

装饰工程阶段安全工作和主体结构施工阶段有所不同，主体结构的安全主要是主体结构施工带来的人身伤害。而装饰施工由于工艺多，工序繁杂，在有限的空间和时间内要集中大量人员，密集工作，相互干扰，如不注意消除安全隐患，会引起不同程度物毁人亡的重大安全事故。在装饰施工阶段，监理应注意以下几个特点：

(1) 易造成对建筑物主体的破坏

由于装饰设计常滞后于建筑设计，且对旧楼改造的装饰，往往对主体结构的破坏十分严重，这种情况在家庭二次装饰时更为突出，常常会造成削弱房屋整体刚度、梁面开裂等后果。通常这类行为多源于业主的随意性。据 1998 年某住宅小区对 2520 户居民装修户的调查显示，存在破坏主体结构的占 79%。

(2) 施工现场安全用电存在较大问题

由于装饰现场使用多种电动工具，私接乱拉电源线；以裸露线头代替插头等问题突出。据 102 个建筑装饰工地用电情况检查结果来看，有 85% 的工程在电器安装中供电系统增荷不合理；70% 的工程低压供电系统无短路保护和接地；80% 的电线线路无任何保护，直接放在易燃的木质吊顶和隔断内；有 40% 的导线直接连接，个别工程还有导线裸露；60% 的开关、插座不设线盒，只用螺钉连接在饰面板上，很易脱落，造成漏电现象。这些触目惊心的数字表明：以上不规范的作法很容易在电负荷超荷的情况下使供电线发生短路、发热、引起火灾。一些工地施工人员乱拉电线造成电线磨损，导致了大火的教训十分深刻。据统计 1992～1995 年上半年全国发生的 78 起触电事故中，与装饰施工有关的手持电动工具、电线破皮漏电事故达 25 起，占整个触电事故的 32%，因此，装饰工程施工现场安全用电必须严格按照安全操作规程实施，监理应对安全用电进行严格的监督。

(3) 装饰施工现场防火安全问题突出

装饰工程的建筑材料多为宜燃或可燃的，如不进行防范与处理，一旦失火，装饰工程的成果将毁于一旦。在装饰工程现场要将易燃品单独堆放；安设足够的消防器材；要建立动用明火的审批制度；高空焊接电渣溅落要采取措施；对用于装饰工程的木材，要涂以防火涂料；对于消防部门认可的防火通道，且不可堵塞。

(4) 装饰施工现场环境污染严重

装饰工程所用各种胶体、油漆、锯木、切割石材、钻孔、防水施工等，散发出较为严重的气味、灰尘，对施工工人有较大的损伤，因此，监理要从保护工人健康出发，对这些污染的防护要给予充分的重视。

(5) 仍存在高空坠落的隐患

装饰工程的高空作业仍然存在。如外墙干挂石材、玻璃幕墙工程，等都要搭设脚手架实施高空作业，如无妥善保护措施，很有可能导致安全事故的发生，故也应足够重视。

(6) 防止高空坠落饰物造成工伤

电梯厅门套顶面湿贴大理石、灯具、电风扇等的固定，如施工质量有问题，都会造成坠落伤人。如某工地电梯门套顶部大理石未贴牢而受振动下落砸伤工人脚趾教训应该引起重视。

监理在装饰工程的安全问题上应做好以下工作：

1）以预控为主的原则指导安全监理工作；

2）督促检查施工单位的安保体系，并落实安全生产责任制；

3）督促施工单位进行安全技术交底及安全教育工作；

4）组织安全检查，查找安全事故隐患，提出整改意见并督促限期整改；

5）巡视检查施工现场的施工用电，高空作业，电动机械用电、防尘防毒、卫生防疫等项工作；

6）审查施工方案有关安全条款；

7）对违反安全施工的行为给予制止，直至下达停工指令。

3. 建筑装饰工程中进度控制内容

建筑装饰工程是在业主提出的明确工期目标下组织施工的，而工期目标的实现对业主的经济效益至关重要，施工单位不按此约定的工期目标完成，要受到惩罚，因此装饰工程的进度控制具有一定的严肃性。其次，建筑装饰工程施工受天气干扰较大，而且有些工序完成后需要一定的养护期（如涂料、油漆等），以及建筑装饰施工顺序要求较严，因此对装饰施工进度控制难以绝对按计划实现，且具有明显的动态性。第三，装饰工程的完成受安装工程的影响、设计变更影响较多，这对装饰工程的施工进度控制产生非单一的因素，而具有综合性的特点。综合上述，监理实施建筑装饰工程的施工进度控制，有以下工作内容：

(1) 编制装饰工程施工进度控制工作细则

装饰工程施工进度控制工作细则是指在监理规划的指导下，按装饰工程的分项工程项目编制更具有实施性与可操作性的业务文件。应包括以下内容：

1）施工进度控制目标分解；

2）施工进度控制的主要内容；

3）进度控制的方法流程，人员分工；

4）统计技术应用计划；

5）进度计划检查日期；

6）进度报表格式、施工目标实现的风险分析等。

施工进度控制细则是对项目监理规划中的进度控制内容进一步补充与深化，它对监理工程师的进度控制实务工作起到具体指导作用。

(2) 审核施工单位的进度计划

施工单位所报施工进度计划，着重审核下列各点：

1）是否符合业主的总进度工期要求，检查与合同中开、竣工日期是否符合。

2）施工进度计划中所提的安装等工种进度是否能同步进行，衔接是否合理。

3）施工进度计划对甲供材料进场时间是否明确、可行。

4）施工进度计划中施工顺序的安排是否符合要求。

5）施工进度计划中资源供应（劳力、机械、设备、材料等）是否基本平衡。

监理在审核施工单位进度计划过程中发现的问题，应提出书面意见，并协助施工单位修改，给予回复意见。施工进度计划一经总监确认，即应视为合同文件的一部份，它是处理工程延期或费用索赔的重要依据之一。

（3）掌握进度计划中的平衡与衔接

在进度控制中，监理工程师视工程情况编制月进度综合计划。其月进度综合计划要掌握和解决好装饰进度计划与各专业进度计划之间、施工进度计划与资源保障计划之间、外部协作条件与工程内部实施之间的综合平衡与相互衔接问题，适时向施工单位、材料供应单位以及业主单位发出不衔接或不协调的信息，使进度计划能平衡的进展。

（4）开工令的发布

开工令的发布，其意不在于形式，而在于控制施工单位的准备工作的质量与进度；约束施工单位按投标时标书所承诺的开工时间表进行工作，在监理发布开工令时应着重检查以下几点：

1）施工组织设计是否得到批准；

2）施工进度计划是否得到确认；

3）前期施工材料、机具是否进场并报验通过；

4）作业人员是否按计划进场；施工组织机构是否按施工组织设计中的要求落实；

5）业主前期准备工作是否完成。

（5）召开周现场协调会议

总监工程师每周召开例会及时解决工程施工过程中各施工单位配合、业主材料供应、工程变更等的各种矛盾。会上，各施工单位要汇报一周工程进度，提出影响进度方面的问题及下周工作安排计划，总监必须协调进度方面的矛盾，依据周进度计划，确定下周工程进度计划，业主方就一周工作回复施工单位提出的问题及对进度的要求。

（6）监督施工进度计划的实施

监理工程师必须对施工单位的工程进度实施监督。其内容包括：

1）分析施工单位报送的各种进度报表；

2）对现场进度进行核实；

3）可用图表对比计划与实际完成进度情况；

4）发现进度滞后，要分析原因，研究对策，并督促施工单位的纠偏措施的落实。

4. 建筑装饰工程中投资控制内容

由于建筑装饰工程的特殊性，监理的工程投资控制也有显著的特点。如设计内容的多样性，使工程量计算较为复杂；同类装饰材料的型号、品种、级别的价格相差极大，有的达数倍及数十倍之多，且有地区与时间差异，给工程决算带来难度；装饰工程中的工程变更频繁，且牵涉到土建结构及安装工程，有时难以按定额计算，监理签证困难等问题。

监理在施工阶段对建筑装饰工程的投资控制主要任务是：把计划投资额作为投资控制目标值，在工程施工过程中定期进行投资实际值与目标值比较，找出两者之间偏差，然后分析产生偏差原因，并采取有效措施进行动态控制，以保证投资控制目标的实现。

（1）监理在施工阶段对建筑装饰工程的投资控制内容

1）编制资金使用计划，并控制其执行；

2）及时进行工程计量及审核；

3）审核承包商提交的各种付款申请单；

4）在施工过程中，进行投资的动态控制；

5）对设计变更、施工方案变更进行技术经济比较；

6）审核承包商提出的新增合同项目和单价；

7）定期向业主提供投资控制报表或报告；

8）参与处理索赔事宜，审核索赔金额；

9）参与合同修改、补充工作，审查变更金额并研究对投资的影响；

10）协调承包商与业主关系，处理违约事件。

(2) 监理在施工阶段对建筑装饰工程的投资控制的主要措施

1）组织措施：项目监理组应确定专人负责投资控制工作，并编制投资控制计划和工作流程图。

2）技术措施：对设计变更进行技术经济比较，严格控制设计变更；审核施工单位的施工组织设计，对主要施工方案和工艺进行技术经济分析。

3）经济措施：编制资金使用计划；进行工程计算；复核工程付款单、签发付款证书；在施工过程中进行投资跟踪控制，定期进行投资实际支出值与计划目标值的比较，发现偏差分析产生偏差原因，采取纠正措施；经常与业主联系，提出项目投资控制及存在问题的报告。

4）合同措施：做好工程施工记录，保存各种文件图纸，特别注意有变更的图纸保存，以便处理索赔时参与；参与合同修改与补充工作，着重考虑对投资控制的影响。

(3) 几个有关施工阶段投资控制的内容

1）资金使用计划的编制

资金使用计划可按项目划分来编制。其要点是：首先应将总投资分解到各单项工程和各单位工程。如装饰工程属于单位工程，对单位工程投资还需进一步分解，在施工阶段一般可分解成分部分项工程。根据分解后的分项分部工程来分配投资，编制出工程分项的投资支出预算。工程支出预算包括人工费、材料费、机械费及间接费、利润和税金等。按单价合同签订的招标项目，可根据签订合同时工程量清单上所定的单价确定，其他形式的承包合同可利用招标编制标底时所计算的人工费、材料费、机械使用费及考虑分摊的间接费、利润、税金等确定综合单价。在确定单价的同时，进一步核实工程量，准确确定该工程分项支出预算。

资金使用计划表包括：工程分项编码、工程内容、计量单位、工程数量、计划综合单价、分项总价。

编制资金使用计划时，既要在项目总的方面考虑预备费，也要在主要的工程分项中安排适当的不可预见费。在具体编制时，可能会发现工程量表中的个别分项工程的工程量计算出入较大，使根据招标时的工作量估算所作的投资预算失实，除对这些个别项目的预算支出作相应调整外，还应特别注明系“预算超出子项”，在项目实施过程中尽可能地采取一些措施，降低工程投资。

2）工程计量的方法

工程计量是装饰工程投资控制的关键。因为招投标时的合同工程量是估算工程量，不能作为承包商完成的实际工程量和支付款项的依据。监理工程师必须对完成工作量进行计量，才是承包商实际完成的工作量和支付款项的依据。工程计量也是监理约束承包商履行合同的手段。业主对承包商付款，是以监理经过计量批准的付款凭证为依据的，因此，监理如发现不合格的工作和工程，以及进度滞后，可以拒绝计量，以达到对质量、进度及安全的控制。

监理工程师进行计量的依据是：质量达到合同标准已完成的工程；建筑装饰工程量的计算规则；建筑装饰设计图纸；设计变更通知以及施工单位的技术核定单。计量工作是一项比较复杂和细致工作，特别对已隐蔽的工作量，在隐蔽前应做签证，任何依据错误、计算错误都会影响计量的准确性。例如某装饰公司在墙裙基层施工中，基层板设计图纸采用五厘板，但装饰公司未经监理同意采用了九厘板，则九厘板与五厘板的差价，不予确认。

监理工程师进行计量的内容包括：

①工程量清单中全部项目；

②合同文件中规定的项目；

③工程变更项目。

计量的方法有多种，常用的是图纸法，即按照设计图纸所示的尺寸及作法进行计量。

3）装饰工程价款的结算

我国现行装饰工程价款的结算方式有：按月结算，竣工后一次结算、分段结算和双方约定的其他结算方式。现将常用的按月结算方式详述如下：

①预付备料款

对包工包料的工程，业主应在开工前拨付承包商一定额度的备料预付款。

A. 预付备料款的限额。可按下式计算

$$备料款限额=\frac{年度承包装饰工程总值\times 主要材料所占比重}{年度施工日历}\times 材料储备天数$$

预付备料款尚应根据工程类型、合同工期、承包方式等不同条件而定。

B. 备料款的扣回。业主拨付备料款属于预付性质，到了工程中后期，随着工程所需主要材料储备逐步减少，应以抵充工程价款的方式陆续扣回。扣款方式是：从未施工工程尚需的主要材料及构件的价值相当于备料款额时起扣，从每次结算工程价款中，按材料比重扣抵工程价款，竣工前全部扣清。

在实际工程中，情况比较复杂。如工期较短，无须分项扣回；工期较长，跨年度施工，预付备料款可以不扣或少扣，并于次年按应预付备料款调整，多退少补。

②中间结算

施工单位按逐日完成的分部分项工程数量计算各项费用，向业主办理中间结算手续。一般是在当月 25 日由承包单位向驻地总监申报，经监理工程师对质量、数量、进度全面核实后交总监签发付款凭证，交业主审核后支付。

当工程款拨付累计额达该装饰工程进价的 95% 时停止再支，预留 5% 作为尾留款，在工程竣工后再拨。

③竣工结算

施工单位按合同规定的内容全部完工后，并通过验收合格，达到合同规定的质量等级可进行竣工结算。

竣工结算时，因某些条件变化，使合同工程价款发生变化，则需按规定对合同价款进行调整。

在实际工作中，当年开工并竣工的项目，只需办理一次结算。跨年度的工程，在年终办理一次年终结算，并将未完工程转给下一年度，此时竣工结算等于各年结算总和。

④建筑装饰工程变更设计费用的审核

建筑装饰工程变更的原因是多方面的。可由业主根据使用功能及装饰效果提出的变更设计；也可由设计单位因某种原因提出的设计修改变更；还可由装饰施工单位考虑新工艺、新材料应用、安装工程的需要或结构安全方面的需要而提出的设计变更要求。不管设计变更由何方提出，监理工程师都应本着设计变更技术上的可靠性与可行性，经济上不造成巨大经济损失；施工进度不会延误过长的原则来处理，同时，监理工程师一旦签发了变更令，则要相应确定工程变更价款。

A. 确定工程变更费用的承担方。一般来说，工程变更业主同意后应由业主承担经济支出和工期的顺延。但也有可能是施工单位违反合同，违反规范所造成的工程变更，此时引起的变更费用应由承包方自付。

B. 确定工程变更价格。一般是由施工方根据变更设计，提出变更预算，经监理审核，业主同意后执行，如预算中没有的项目或变更难度大，工程复杂，也可由施工单位先提出变更价格，经监理签证，业主批准后执行。

C. 监理在审核工程变更时，应以变更设计为依据；变更图纸为基础，进行审核批准工程变更和变更价款。并非监理工程师对每项工程变更都有核定权，如装饰使用功能改变，不影响主体结构、消防等功能，在取得设计单位同意后可签发变更令；又如装饰功能改变影响结构的安全性与消防有关规定，监理则应以相关的结构设计变更和消防单位认可为前提签发变更令。

9.4 深开挖工程监理

9.4.1 深开挖工程特点

1. 深开挖工程问题的出现

因高层建筑的构造需要和使用要求，以及地下空间的开发（地下街、地下铁道和地下车库等），出现了深开挖问题。开挖深度从自然地面向下一般在 5 ~ 20m 左右。这种开挖是在自然历史产物—岩土中进行的，其物性、边界条件等具有其特殊性，区别于结构工程和一般的基础工程，而称其为深开挖工程。这个学科的提出是近几十年的事情。由于开挖作业，破坏了土体的应力平衡状态，同时改变了地下水径流路径，因而产生各种岩土力学现象：地面沉陷、坑壁凸出、坑底隆起和涌土、流沙等。这些现象的出现，影响后继工程进展，甚至破坏周围的建筑环境（如：建筑物倾料、开裂，地下管网断裂，道路变形等）。如果这些问题处理不好，往往会使这一技术问题转化为社会问题。

2. 深开挖工程特点

(1) 深开挖工程造价较高，约占整个土建工程造价的20%~30%；

(2) 工期较长，约占总工期的25%；

(3) 风险较大，一旦出现有害变形，会引起质量和安全事故，造成重大经济损失；

(4) 技术问题复杂，由于理论在这方面落后于实践，不少问题的出现不是现有的土力学原理能解释的，也不是现有规范能覆盖的；

(5) 引起社会问题多，因为开挖变形波击范围比较广，变形也较大，"超限值"的变形造成建筑环境损坏的类型多，如：地下管网的断裂（自来水管、煤气管和电缆等），就会影响居民的用水、用气和用电等社会问题。所以，现在比过去任何时候政府、社会和业内人事都更加重视深开挖工程问题。随之而来，在深开挖工程监理中业主单位对监理单位也提出确保质量和安全的具体要求。为了做好这一工作，监理必须了解深开挖工程基本原理，及其应抓住的关键问题。

9.4.2 深开挖应力释放原理与监理应该注意的几个关键问题

1. 深开挖应力释放原理

在岩土介质中进行深开挖，从力学行为分析，它是一个应力释放过程（图9-7、图9-8），未开挖的土体中每一点都处在应力平衡状态，一经开挖，在坑壁与坑底及周边土体就失去原始应力平衡状态，在不平衡的力作用下周边土体就发生变形，这种变形由于开挖引起内应力的释放造成的，故称应力释放。如果对应力释放不给予及时的控制，坑周土体就会破坏造成坍塌（图9-9、图9-10），这就是深开挖应力释放简明原理。

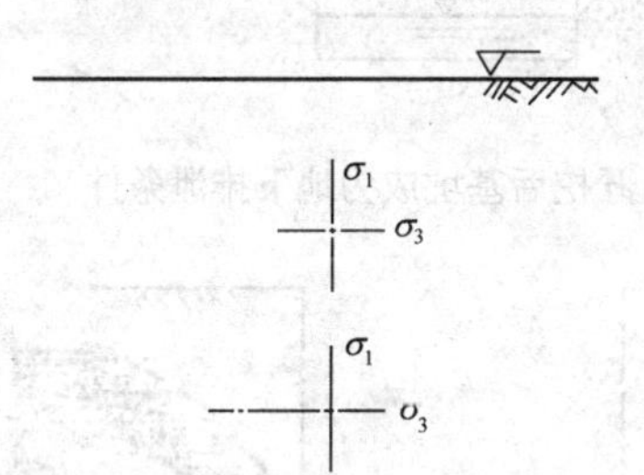

图9-7 开挖前，地下任一点处在应力平衡状态

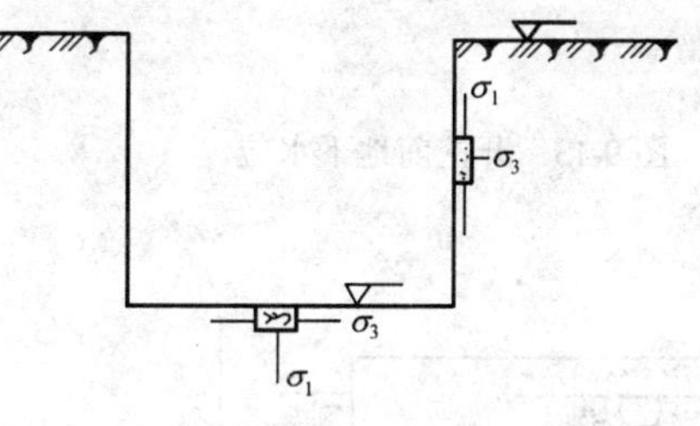

图9-8 开挖后，应力平衡状态被破坏

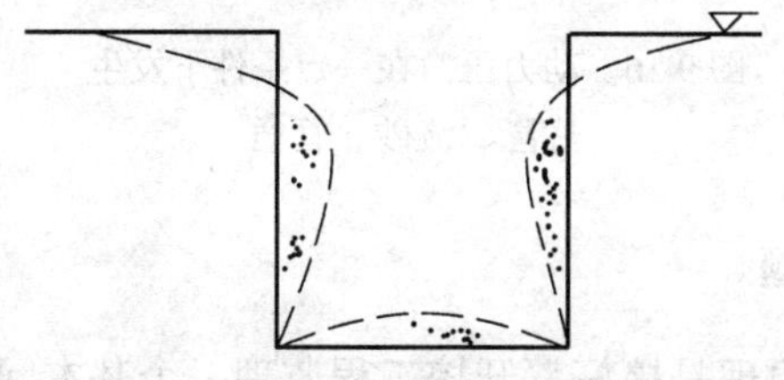

图9-9 应力平衡破坏后产生应力释放及释放变形

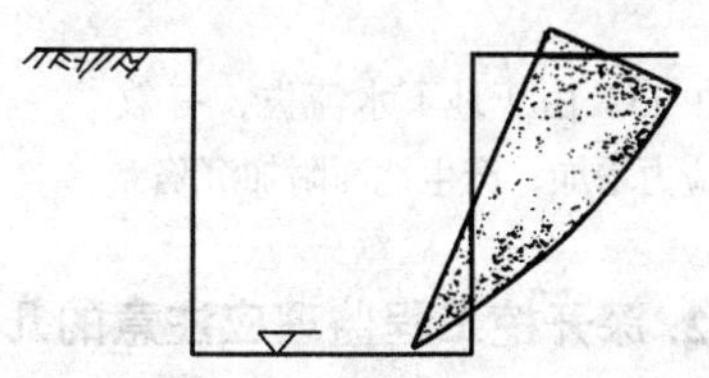

图9-10 应力释放（变形）得不到抑制，坑周土体就破坏——坍塌

为了控制应力释放，就必须支护，有效的支护能抑制深开挖的有害变形。这些支护相对应力释放而言，称其为应力补偿。补偿方式可以是支护桩（或墙）、横向支撑、土钉和土锚等（图 9-12），由莫尔圆可以看出（图 9-11），开挖前土体中任一点处于 σ_1、σ_3 作用的平衡状态，开挖后因失去 σ_3，莫尔圆即增大。超过土体的强度曲线，土体就要破坏，如果及时的给予应力补偿，即加上一个支护力 P_i，使莫尔圆不至超过土体的强度曲线，这样坑壁就不至破坏从而稳定了土体。

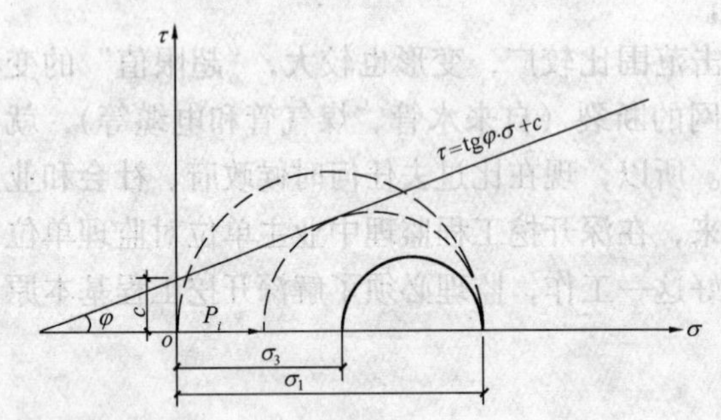

图 9-11　开挖前后应力圆变化及应力补偿原理

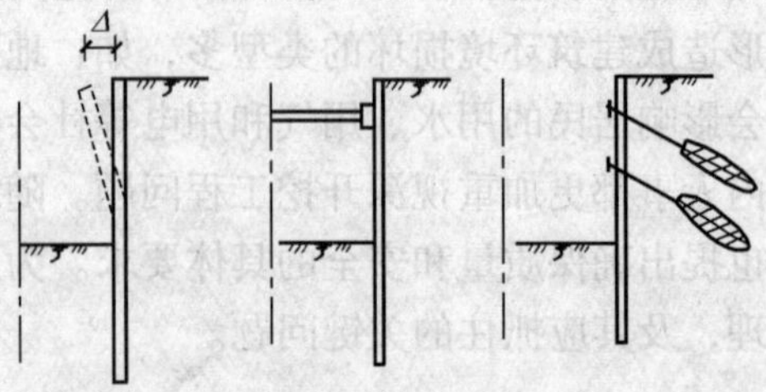

图 9-12　补偿应力：支护柱（墙）、横向支撑、土钉或土锚

伴随深开挖的应力释放，原地下水位也将发生变化（图 9-13、图 9-14）。开挖的基坑成了集水的廊道，由此产生两种水力现象：一是地下水的流失，使土体有效应力增加，产生地面的附加沉陷（图 9-15）；一是产生各种水动力现象——底隆、沙流和管涌（图 9-16）。

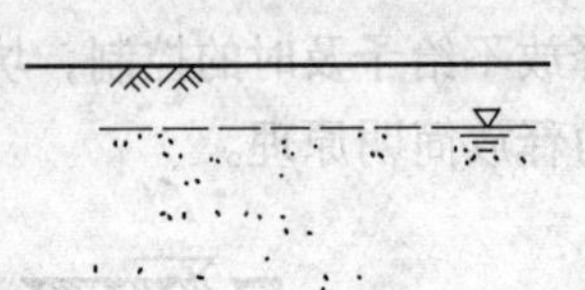

图 9-13　开挖前地下水位

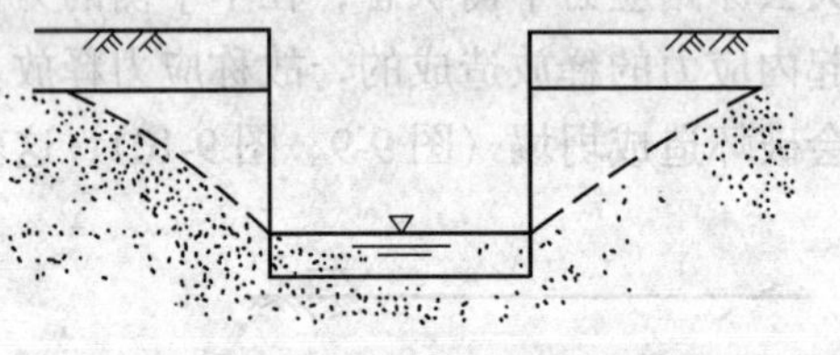

图 9-14　开挖后基坑成为地下排泄条件

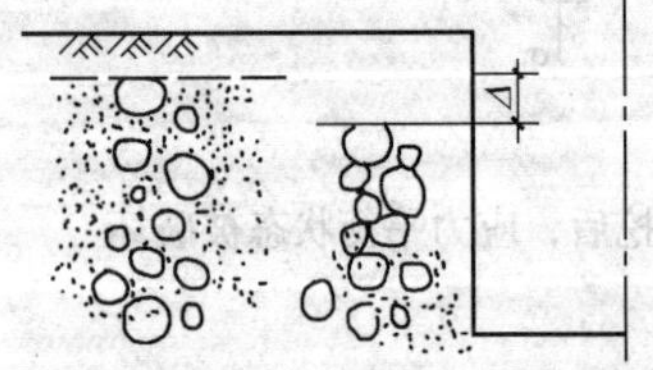

图 9-15　由于地下水流失，有效应力增加，产生地面附加沉陷

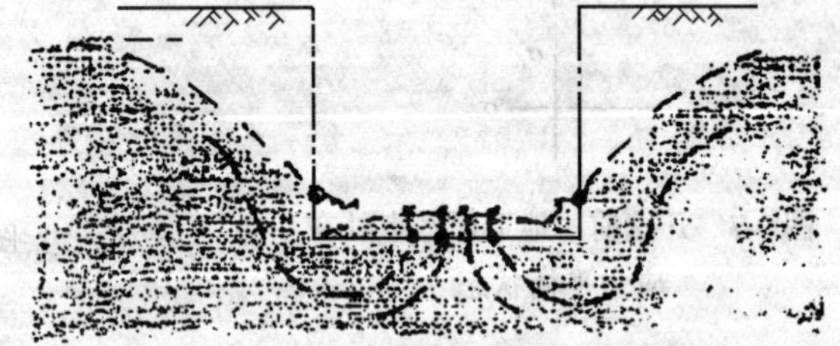

图 9-16　动力压力在一定条件下发生底隆、流砂、管涌

2. 深开挖工程监理应注意的几个关键问题

了解和掌握深开挖应力释放与应力补偿原理是搞好深开挖工程监理一个基本问题，否则，在做具体监理工作时，就成了“无本之木”。

控制释放变形就需要有一个好的支护结构设计，有一个好的止水防水措施，有一个好的开挖方案，还需有一支能实现此设计、措施和方案的好的施工队伍，其中发挥监理咨询和服务工作也是至关重要的。

根据深开挖工程监理实践，有如下几个关键问题值得注意。

(1) 主动帮助业主认识深开挖工程安全的重要性

深基坑支护是一种临时结构，如果不作永久结构的一部分，地下室施工完成以后，其支护结构就完成其作用，所以过大的投资是不合理的，但是为确保深开挖工程安全，正确的投资是必要的。一些业主单纯的为了投资效益，不顾基坑周边的客观条件，盲目的要求压红线垂直开挖，压低工程造价，不按程序开挖，乱抢工期等，由此造成的深开挖工程事故是屡见不鲜的。但这一教训，业主往往在事故发生后才有了解。作为监理首先要向业主介绍深开挖工程的特点，在整个工程中的作用，并用已有深开挖工程成败两方面实例说明本深开挖工程可能出现的风险与问题。让业主能知道这件事、想到这件事、重视这件事，这就为作好深开挖工程监理制造了条件。

(2) 参与深基坑工程支护结构设计方案讨论与研究

一个成功支护结构设计方案应该是安全可靠、技术可行、经济合理，要达到这三个要求。监理参与深基坑支护结构设计方案讨论与研究具有以下优势：

1) 方案与条件的适应性。对场地条件认识，监理掌握的比较全面。例如，南京国际金融中心深开挖支护结构设计方案，监理就能根据基坑周边建筑环境和工勘资料等提出在基坑边不同条件区别对待的建议，实践证明，在中山南路侧采用双排桩，在友谊商场侧采用灌注桩加土锚，在汉中路侧采用灌注桩加钢筋混凝土支撑的做法是成功的；

2) 由于监理参加支护结构设计方案的论证，在旁站监理中发现的问题，就能知其然又知其所以然。所制定的补强措施、应急措施更切合实际。例如，上述工程西南侧发现漏水问题，监理马上就意识到可能由于横向支护刚度不够，桩身位移，地面变形，拉裂下水管引起的，当采用改移下水管后，渗漏消失了，增加钢管斜撑后，桩身位移停止了；

3) 深开挖工程是整个工程系统的一个组成部分，监理了解支护结构设计方案，对如何使各组成部分，各工序协调有效的进行和确保进度也是十分重要的。

当前，有些工程监理单位已介入这件事，但大部分只起到评审“投票”作用，还未充分全面发挥监理作用，需要从咨询管理角度深入参与深开挖支护结构设计方案的讨论与研究。

(3) 注意施工过程中的信息收集，做到科学施工

由于地质勘察的有限性和随机性，土工实验资料是在室内条件下确定的，脱离土体存在的条件，常常使得计算结果与实践不相吻合。实践证明，经过施工监测及时得到信息，再指导下一步施工是行之有效的手段。监理在这方面应作两个工作：

1) 及时了解监测资料，掌握基坑动态；

2) 由资料分析发现风险，找出处理风险的应急措施。例如：某招商国际金融中心，由于开挖抽水，出现地面下沉，周围临时建筑开裂，根据观测曲线分析，找出抽水量与沉降速度的关系，定量的确定其内在联系，找出控制抽水量、加固危房措施，结果控制了有害变形进一步发展。

(4) 监理过程中，特别注意“中边效应”

基坑开挖工程，绝大部分其力学模型是属空间问题，但一般设计都作为平面问题考虑。实践证明，在基坑周围中长边变形最大。如，江苏南京地区几个基坑（南京交通银行湖南路侧、后山机械局边坡、轻工业厅综合楼北侧）监测值反映中边效应及边角效应（图 9-17）；上海太阳广场大厦基坑墙顶面实侧位移面积反映中边变形的特征（图 9-18）。如果能抑制中边的超限变形，也就能稳住整个长边变形。因此，在监理过程中，应重视中边支护桩体的变形量控制。

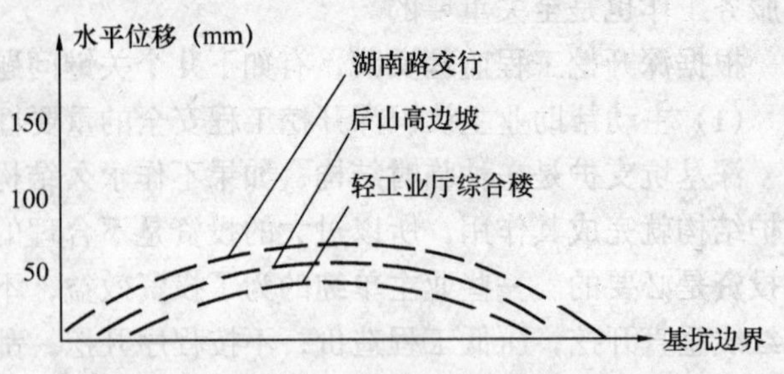

图 9-17 中边效应及边角效应

(5) 监理工作中需要有时效意识

深开挖应力释放有显著的时间效应，即在应力不变的条件下，变形随时间而增大，或土体强度随时间增长而下降，因为土具有结构特征，在常应力作用下，土要产生结构性破坏，会产生显著位移。这可能使原来稳定深开挖体系，随着时间延长而失稳。特别要注意到随挖随支，不能拖延时间。工程实践表明，及时支护的边坡，失稳率小，不及时支护的边坡，失稳率大；特别是开挖后几个月的边坡而不支护，偏帮、坍塌比较多。南京××所边坡顶部滑动，××仓边坡坍塌，就是时间效应的实例。特别对于一些凝聚力比较小的粉质土，更要注意变形的时间效应。有一高坡工程遇到这种粉质土，边坡开挖 15d 后，在未测到任何变形信息的情况下，突然坍塌了。

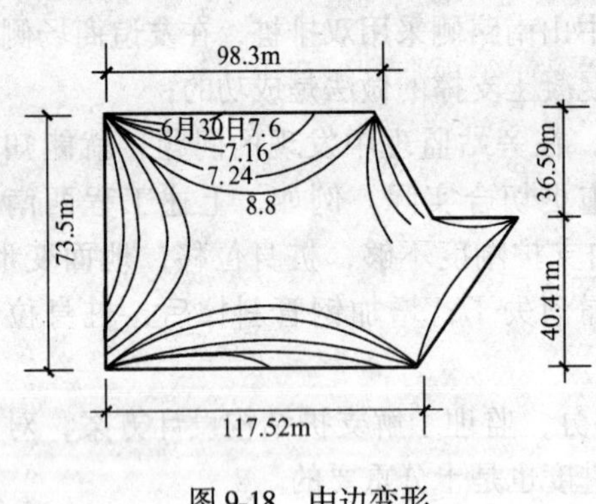

图 9-18 中边变形

(6) 确保支护结构的刚度与稳定性

深开挖工程存在的问题主要有：支护结构变形及稳定性、基坑整体稳定及坑底隆起和地面变形（即环境问题），事故的发生也主要由这三个方面所引起。其中支护结构的变形与稳定性对工程的安全影响最直接，事故发生率也最高。通过对南京近年 20 个工程实例分析，表 9-12，可见支护结构的变形、稳定问题解决不当是当前支护失效频率居高不下的一个主要原因。因此，监理工作应对此有足够的认识。

支护结构问题统计 表 9-12

失效原因	支护问题	水处理问题	边界堆载	工法问题	挖土问题	其他
频度（%）	25	25	15	15	10	10

(7) 对高水位、粉砂、粉土地层的流砂、管涌的控制。

由表 9-12 可以看出，水处理不当，造成支护失稳的频率也较高。流砂、管涌都与水处理有关，而且流砂、管涌的发生与发展是深坑工程最棘手的事情。一是，一旦流砂、管涌发生，就会造成地面塌陷，而且这种塌陷带有随机性。例如南京市新百二期工程支护桩之间发生流砂，结果在变压器所在地附近发生一个直径为1m深为1.5m塌陷；二是，流砂管涌发生以后处理时间较长，严重影响工期。所以，地下水位较高和粉砂地层的深坑，监理要特别注意支护桩的施工质量，主要是控制桩身的垂直度，必要时除按支护设计施工外，还建议采用其他辅助措施。例如，在上一工程中，在灌注桩后又采用压密注浆措施，结果控制了流砂的发展。值得提出的，采用深层搅拌桩作为止水措施时要注意三点：

1）保证水泥掺合量和搅拌的均匀性，避免下部桩身无浆；

2）搭接宽度自上而下都要得到保证，不要到桩下开口分叉；

3）桩身尽量能入相对隔水层（即 $K<10^{-6}$cm/s），或者桩身要有足够的绕流长度，以降低水头，避免管涌与隆起发生。

(8) 工程比类法在深开挖工程监理实践中可以得到有益的启发

在相同场地条件、相同地质条件、相同建筑环境、相同开挖方法的深开挖工程，前面工程遇到的问题，处理问题的方法是可以借鉴的，这种借鉴往往较精确计算，还有效。例如，南京新百二期工程深开挖与国际金融中心深开挖就是如此，新百基坑西北角是新街口天桥东下坡道，国际金融中心的东北角是新街口天桥西下坡道，相当对称。当时新百二期工程深开挖时，曾涉及天桥正常安全使用，引起舆论的哗然。国际金融中心通过工程类比接受新百处理的思路事先采取加固措施，使得开挖全过程安然无恙，南京已有上百个深开挖工程的实践经验，监理工作者只要做有心人，很多有效的方法可以通过工程类比法获得。

(9) 利用深开挖释放变形的规律，正确处理基坑周围建筑的保护

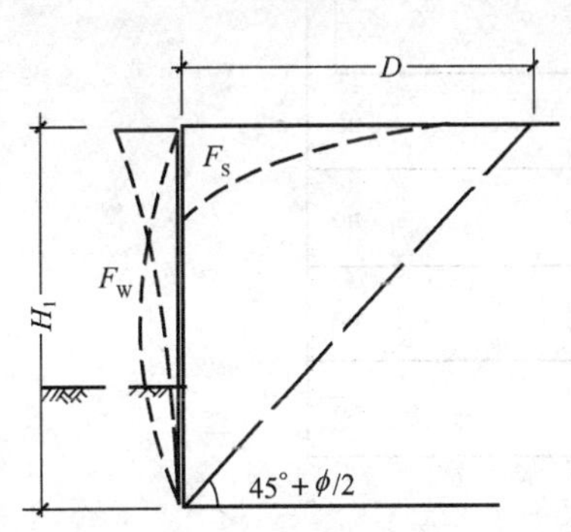

图 9-19 支护横向变形引起土体变形
F_W——支护结构及其横向变形曲线包围面积；
F_S——地面及其沉降曲线包围面积

在没有横向支持情况下，支护结构横向变形引起基坑周围土体变形（图 9-19），一般情况下，周围地面沉降与支护结构横向变形是成正比关系。经过实测证明，如基坑刚开挖，土中尚存有较高的孔隙水压力时，两者关系 $F_S/F_W\approx0.50$。开挖后，经过一定时间待孔隙水压力消散后，两者关系 $F_S/F_W\approx0.85$。基坑边处的地面沉降值为 $S=4V_W/D$。基坑沉降范围为 $D=H_1\text{tg}(45°-\phi/2)$。利用这些简单的表达式，可以帮助我们分析处理问题。例如，国贸中心基坑在其南侧面地面发生较大的变形，根据其变形特征，可能波及新百七层楼的仓库安全。因此，建议在新百七层楼仓库与国贸中心之间加设20m长的深层搅拌桩，切断了变形释放的路径，确保新百七层楼仓库的安全。

有关深开挖工程还有很多问题需要考虑，如：坑中坑问题、相邻基坑相互影响问题，以及与文物建筑保护问题，这里不再赘述。

9.5 深开挖工程结构支撑体系验算要点及深开挖工程监理要点

9.5.1 深开挖工程结构支撑体系验算要点

1. 深开挖工程支护验算

基本按框图 9-20 运行。

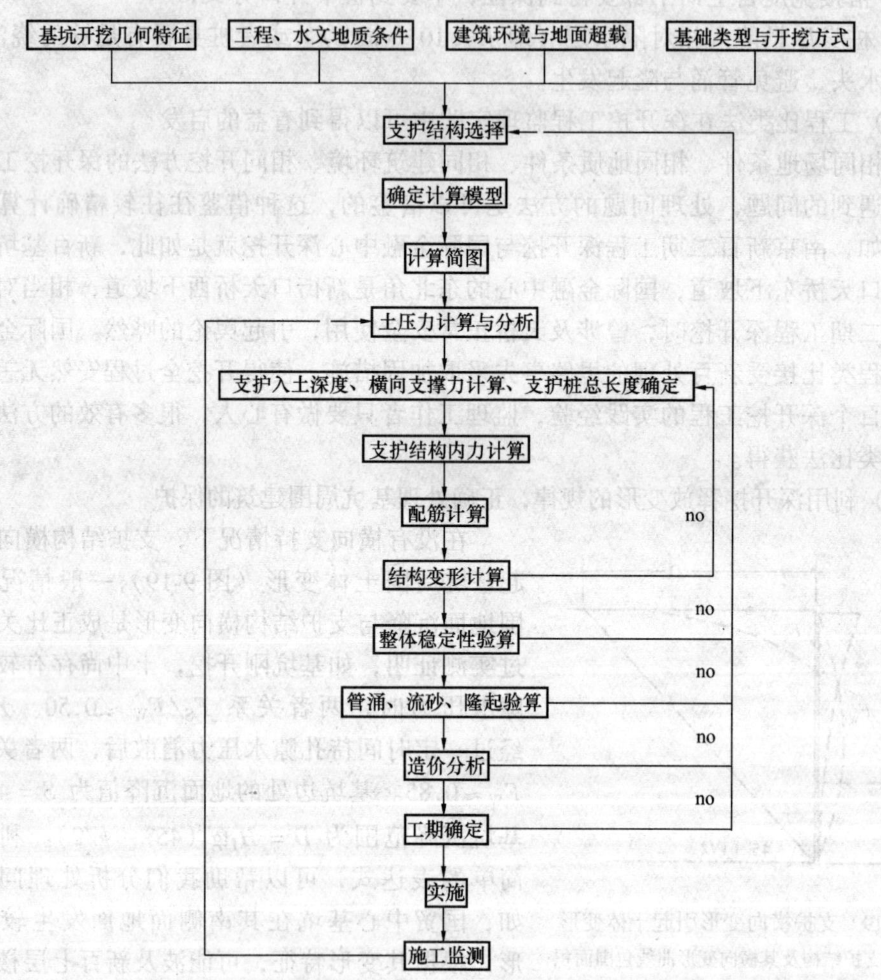

图 9-20　验算框图

2. 支护结构类型与选型

基坑支护结构的选型及设计，是根据基坑破坏结果造成的影响程度，确定其安全等级及重要性系数。其安全等级及重要系数划分如下，见表 9-13。

表 9-13

安全等级	破 坏 结 果	影 响	重要性系数
一级	支护结构破坏、土体失稳或过大变形对周边环境及地面结构施工	很严重	1.1
二级		一般	1.0
三级		不严重	0.9

(1) 常用支护结构类型及其适用条件

1) 排桩或地下连续墙:

①适于安全等级一二三级;

②悬臂式结构在软土场地中不大于 5m;

③当地下水位高于基坑底面时，宜采用降水、排桩加截水帷幕。

2) 水泥土墙:

①安全等级二三级;

②施工范围内地基土承载不宜大于 150MPa;

③基坑深度不宜大于 6m。

3) 土钉墙:

①安全等级二三级的非软土场地;

②基坑深度不宜大于 12m;

③地下水高于基坑底面时，应采取降水或截水措施。

4) 逆作拱墙:

①安全等级二三级;

②淤泥和淤泥质土场地不宜采用;

③拱墙轴线矢跨比不宜大于 1/8;

④基坑深度不宜大于 12m;

⑤地下水位高于基坑底面时，应降水或截水。

5) 放坡:

①安全等级三级;

②场地满足放坡条件;

③可独立或与上述其他结构结合使用;

④当地下水位高于坡脚时，应采取降水措施。

(2) 选型依据

深开挖支护结构型式的选择应从两方面考虑：一是支护结构适用的条件；二是场地客观条件。只有两者相互匹配好才能选出特定条件下好的支护结构。场地的客观条件有:

1) 基坑周边建筑环境;

2) 开挖深度;

3) 基础类型;

4) 降排水条件;

5) 基坑周边荷载;

6) 工程水文地质条件;

7）施工作业设备；

8）施工季节；

9）结构空间效应和时间效应；

10）结构的受力特点等。

3. 计算荷载确定

深开挖支护结构是以分项系数的极限状态进行设计的，在设计中首先确定计算荷载，通常要确定的荷载有：

（1）支护结构水平荷载标准值 e_{ajk}；

（2）基坑外侧竖向应力标准值 σ_{ajk}确定；

（3）主动土压系数 K_{ai}计算；

（4）水平推力标准值 e_{pjk}确定；

（5）作用于基坑底面的竖向应力标准值 σ_{pjk}确定；

（6）被动土压系数 K_{pi}计算；

（7）地面超载 g 等。

4. 深开挖工程结构支撑体系验算要点

（1）根据支护形式及其受力特点进行土体稳定性计算；

（2）支护结构的受压、受弯、受剪承载力和稳定性验算；

（3）有锚杆或支撑时，对其承载力和稳定性验算；

（4）对于安全等级为一级及支护结构变形有限定的二级建筑基坑侧壁，尚应对基坑周边环境及支护结构变形进行验算；

（5）地下水控制的计算和验算包括：

1）抗渗透稳定性验算；

2）基坑底突涌稳定性验算；

3）根据支护结构设计要求进行地下水位控制计算。

9.5.2 深开挖工程监理要点

1. 事前控制

（1）明确场地基坑特征，包括：

1）了解该基坑几何特征，长、宽、深及其地形条件，地面自然标高与 ±0.000 的关系；

2）掌握工程基坑基础特征的类型，如：桩基类型、长度、直径，是否嵌岩、承台板厚度等；

3）地下室外建筑特点。

（2）对基坑周边建筑环境的了解：

1）基坑影响范围内的建（构）筑物的结构类型、层数，基础类型、埋深、基础荷载大小及上部结构现状；

2）基坑周边各地下设施，包括：上、下水、电缆、煤气、污水、雨水和热力等管线或管道的分布和性状（走向、接头、材质等）；

3）场地周边和邻近工地水流排泻情况，地下水管渗漏情况及对基坑开挖的影响程度；

4）基坑周围道路距离及车辆载重情况等。

(3) 对周边已有损伤的结构建筑物量测，并作摄像和记录。如裂损位置、长度、宽度、倾斜方向及倾斜度，必要时请建设单位作房屋鉴定或公正。

(4) 协助业主选择好勘察单位，并对勘察单位提出明确要求：

1）勘察范围；

2）勘察深度、勘察点间距；

3）对地下水勘察结论要求具体包括：

①地下水含水层和隔水层的层位、埋深、分布，查明各含水层（包括上层排滞水、潜水、承压水）的补给条件和水力联系；

②测量场地各含水层的渗透系数和渗透影响半径；

③分析施工过程中水位变化对支护结构和基坑周边环境的影响，并提出相应的措施。

4）对岩土工程测试参数要求应齐全可用，包括：

①土的常规物理力学试验指标；

②土的抗剪强度；

③室内和原位渗透试验给出的参数。

(5) 协助业主选择设计单位，并参加支护方案专家组论证，包括：

1）方案合理性、可行性、经济性；

2）方案实施对周围建筑环境和地下管网影响程度；

3）监测方案是否满足监控的要求；

4）有无应急措施等。

(6) 协助业主选择施工单位，明确监理单位对深开挖工程监理的实施细则，其中包括：

1）施工单位应有明确可行的深开挖工程施工组织设计；

2）施工单位应有信息化施工的能力，做到监控施工；

3）监理单位向施工单位明确监理实施细则，并对关键工序和工艺作详细的说明等。

(7) 监理单位注意收集有关类似工程的资料，为工程类比法提出参考依据。

2. 事中控制

(1) 对施工单位提供的施工组织设计和方案，会同业主、勘察、设计、监测等进行审查；

(2) 检查施工单位的机械、设备、材料和人员进场情况；

(3) 审查施工单位的开工报告，下达开工令；

(4) 严格控制基坑支护结构的施工轴线，确保地下室外结构施工空间；

(5) 严格按照施工组织设计和施工技术规范进行检查和验收；

(6) 督促建设单位按合同条款支付工程备料款、进度款；

(7) 严格对深开挖工程进行监理，特别应注意：

1) 严格控制基坑顶部堆载；

2) 分层开挖施工，严禁野蛮施工；

3) 防止施工机械作业不慎，损坏支护结构和各种观测控制点；

4) 随时观测监测结果，做好动态监理；

5) 抓紧施工，避免深开挖的时间效应；

6) 应有相应的应急措施等。

3. 事后控制

(1) 基坑开挖支护完成，经验收合格后，督促施工单位及时进行地下结构施工和基坑回填工作，一定要夯填密实；

(2) 督促监测单位及时整理监测成果，督促施工单位及时整理竣工资料；

(3) 审查施工单位提交的结算工程的竣工资料，审查监测单位提交的监测结果；

(4) 整理工程技术文件资料并编目归档、编写监理总结。

9.6 预应力工艺施工要点

9.6.1 基本概念

1. 理解预应力混凝土的三种概念

(1) 预加应力是为了把混凝土变成弹性材料。

预加应力的目的只是为了改变混凝土的性能，变脆性材料为弹性材料。弗氏认为，预应力筋的作用不是配筋，而是施加预压应力以改变混凝土性能的一种手段，即把抗压强度高、抗拉强度低的脆性材料转变为弹性材料。如果预压应力超过荷载产生的拉应力，则混凝土就不承受拉应力。

(2) 预加应力是为了使高强钢材和混凝土能共同工作。

高强钢材要充分利用其强度必定产生较大的伸长，如像普通钢筋一样浇筑在混凝土中，在使用荷载下高强钢材周围的混凝土势必严重开裂，梁产生过宽的裂缝和过大的挠度。

(3) 预加应力为了平衡荷载。

预加应力可看作是对混凝土构件预先施加与使用荷载方向相反的荷载，用以抵消部分或全部工作荷载的一种方法。荷载平衡法对简支梁的设计意义不大（帮助设计师选择合理的预应力筋线形和预加力的大小），但对超静定结构的设计非常有用。

2. 裂缝控制等级

按国家标准《混凝土结构设计规范》(GB 50010—2002) 分类：

(1) 严格要求不出现裂缝——裂缝控制等级一级；

(2) 一般要求不出现裂缝——裂缝控制等级二级；

(3) 容许出现裂缝——裂缝控制等级三级。

3. 部分预应力的优点

(1) 节约钢材（与全预应力比）；
(2) 避免过大的长期反拱（与全预应力比）；
(3) 在正常使用阶段裂缝常常是闭合的（与钢筋混凝土结构相比）；
(4) 配有普通钢筋，在破坏时呈现的延性和能量吸收能力，较全预应力结构好，对结构抗震有利；
(5) 避免预应力过大引起的裂缝（当构件支座不能自由滑动时，全预应力构件的纵向缩短（收缩与徐变），由于受相邻构件的约束而引起的拉应力能造成严重的裂缝，当预压应力过大时会发生沿预应力筋方向的水平裂缝）。

应主要采用部分预应力混凝土。

9.6.2 设计施工控制要点

1. 涉及到的部分标准

(1) 国家标准《混凝土结构设计规范》(GB 50010—2000)；
(2) 行业标准《无粘结预应力混凝土结构技术规程》(JGJ/T92—93)；
(3) 国家标准《混凝土结构工程施工质量验收规范》(GB 50204—2002)；
(4) 国家标准《预应力混凝土用钢丝》(GB/T5223—2002)；
(5) 国家标准《预应力混凝土用钢绞线》(GB/T5224—1995)；
(6) 行业标准《预应力筋用锚具、夹具和连接器应用技术规程》(JGJ85—2002)；
(7) 行业标准《钢绞线、钢丝束无粘结预应力筋》(JG3006—93)；
(8) 行业标准《预应力混凝土用金属螺旋管》(JG/T3013—94)。

2. 预应力筋

(1) 锈蚀（浮锈、锈斑、麻坑）

预应力钢丝和钢绞线表面允许轻微的浮锈。对于轻度锈蚀（锈斑）的钢丝和钢绞线，应作力学性能检验。对合格者，应采取除锈处理后方可使用；对不合格者，应降级使用或不得使用；对严重锈蚀（麻坑）者，不得使用。

(2) 力学性能

抗拉强度、伸长率、反复弯曲次数（仅对钢丝）。

(3)《预应力混凝土用钢绞线》(GB/T5224—1995) 的部分规定

1) 预应力钢绞线的表面质量：

① 钢绞线表面不得带有润滑剂、油渍等降低钢绞线与混凝土粘结力的物质。钢绞线表面允许有轻微的浮锈。

② Ⅱ级松弛钢绞线的伸直性，取弦长度 lm 的Ⅱ级松弛钢绞线，其弦与弧的最自然矢高不大于 25mm。

③ 钢绞线直径的允许偏差：钢绞线直径＜12.7mm，为＋0.30、－0.15mm；钢绞线直径≥12.7mm，为＋0.40、－0.20mm。

2）预应力钢绞线的力学性能（表 9-14）；

预应力钢绞线力学性能 **表 9-14**

<table>
<tr><th rowspan="4" colspan="2">钢绞线结构</th><th rowspan="4">钢绞线公称直径（mm）</th><th rowspan="4">强度级别（MPa）</th><th rowspan="4">整根钢绞线的最大荷载（kN）</th><th rowspan="3">屈服荷载（kN）</th><th rowspan="4">伸长率（%）</th><th colspan="4">1000h 松弛率，不大于（%）</th></tr>
<tr><th colspan="2">Ⅰ级松弛</th><th colspan="2">Ⅱ级松弛</th></tr>
<tr><th colspan="4">初始负荷（公称最大荷载）</th></tr>
<tr><th>不小于</th><th>70%</th><th>80%</th><th>70%</th><th>80%</th></tr>
<tr><td rowspan="2" colspan="2">1×2</td><td>10.00</td><td rowspan="4">1720</td><td>67.9</td><td>57.7</td><td rowspan="11">3.5</td><td rowspan="11">8.0</td><td rowspan="11">12</td><td rowspan="11">2.5</td><td rowspan="11">4.5</td></tr>
<tr><td>12.00</td><td>97.9</td><td>83.2</td></tr>
<tr><td rowspan="2" colspan="2">1×3</td><td>10.80</td><td>102</td><td>86.7</td></tr>
<tr><td>12.90</td><td>147</td><td>125</td></tr>
<tr><td rowspan="7">1×7</td><td rowspan="4">标准型</td><td>9.50</td><td>1860</td><td>102</td><td>86.6</td></tr>
<tr><td>11.10</td><td>1860</td><td>138</td><td>117</td></tr>
<tr><td>12.70</td><td>1860</td><td>184</td><td>156</td></tr>
<tr><td rowspan="2">15.20</td><td>1720</td><td>239</td><td>203</td></tr>
<tr><td rowspan="3">模拔型</td><td>1860</td><td>259</td><td>220</td></tr>
<tr><td>12.70</td><td>1860</td><td>209</td><td>178</td></tr>
<tr><td>15.20</td><td>1820</td><td>300</td><td>255</td></tr>
</table>

注：1. 屈服负荷不小于整根钢绞线公称最大负荷的 85%；

2. 测定伸长率时，1×7 钢绞线标距不小于 500mm，1×2 与 1×3 钢绞线标距不小于 400mm；

3. 动弹性模量为（1.95±0.01）$\times 10^5 N/mm^2$，但不作为交货条件。

① 预应力钢绞线的捻距为钢绞线公称直径的 12～16 倍，模拔钢绞线的捻距为钢绞线公称直径的 14～18 倍。钢绞线内不应有折断、横裂和相互交叉的钢丝。

②如无特殊规定，钢绞线的捻向为左（*S*）捻；如需右（*Z*）捻应在合同中注明。

③成品钢绞线切断后应是不松散的，或可以不困难地捻上到原来的位置。

3）预应力钢绞线的验收方法

①预应力钢绞线应成批验收。每批由同一钢号、同一规格、同一生产工艺制作的钢绞线组成。每批重量不大于 60t。

②从每批钢绞线中任取 3 盘，进行表面质量、直径偏差、捻距和力学性能试验（抗拉强度与伸长率）。从每盘所选的钢绞线端部正常部位截取一根试样进行上述试验。试验结果如有一项不合格时则不合格盘报废。再从未试验过的钢绞线中取双倍数量的试样进行该不合格项复验。如仍有一项不合格，则该批判为不合格品。

3. 锚具

（1）常见的质量问题

1）锚环或群锚锚板开裂；

2）群锚夹片碎裂或开裂；

3）钢绞线从夹片锚具中滑脱；

4）钢绞线从挤压锚具中滑脱；

5）单孔和多孔钢绞线连接器拉脱等。

（2）锚具和连接器的性能要求与验收方法

按照《预应力筋用锚具、夹具和连接器应用技术规程》（JGJ 85—2002）规定。

1）锚具和连接器的性能要求：

①锚具的静载锚固性能试验，应由预应力筋—锚具组装件静载试验测定的锚具效率系数 η_a 和达到实测极限拉力时组装件受力长度的总应变 ε_{apu} 确定。锚具效率系数 η_a 应按下式计算：

$$\eta_a = F_{apu}/(\eta_p \times F_{pm})$$

式中 F_{apu}——预应力筋－锚具组装件的实测极限拉力；

F_{pm}——预应力筋的实际平均极限抗拉力。由预应力钢材试件实测破断荷载平均值计算得出；

η_p——预应力筋的效率系数。η_p 应按下列规定取用：

预应力筋－锚具组装件中预应力钢材为 1～5 根时，$\eta_p = 1$；

6～12 根时，$\eta_p = 0.99$；

13～19 根时，$\eta_p = 0.98$；

20 根以上时，$\eta_p = 0.97$。

②预应力筋－锚具组装件尚应满足循环次数为 200 万次的疲劳性能试验。疲劳应力上限为预应力钢丝或钢绞线抗拉强度标准值 f_{ptk} 的 65%，应力幅度不应小于 80MPa。在抗震结构中，预应力筋－锚具组装件还应满足循环次数为 50 次的周期荷载试验。

③锚固尚应满足分级张拉、补张拉和放松拉力等张拉工艺的要求。

锚固多根预应力筋的锚具，除具有整束张拉的性能外，尚应具有单根张拉的可能性。

永久留在混凝土结构或构件中的预应力筋连接器，应符合锚具的性能要求。

2）锚具和连接器的进场验收：

锚具和连接器进场验收时，需方应按合同核对产品质量证明书中所列的型号、数量及适用于何种强度等级的预应力钢材，确认无误后应按下列三项规定进行检验。检验合格方可在工程中应用：

①外观检查。从每批中抽 10% 的锚具且不少于 10 套，检查其外观质量和外形尺寸，并按产品技术条件确定是否合格。所抽全部样品均不得有裂纹出现，如果有一套表面有裂纹则应逐套检查，合格者方可进入后续检验组批。

②硬度检验。对硬度有严格要求的锚具零件，应进行硬度检验。从每批中抽取 5% 的样品且不少于 5 套（多孔式夹片锚具的夹片，每套至少抽取 5 片），按产品设计规定的表面位置和硬度范围（该表面位置和硬度范围是品质保证条件，供货方应在供货合同中注明）做硬度试验。如有一个零件不合格，则应另取双倍数量的零件重做实验；如仍有一件不合格，则应对本批产品逐个检验，合格者可以进入后续检验批组。

③静载锚固性能试验。在通过外观检查和硬度检验的锚具中抽取6套样品，与符合试验要求的预应力筋组装成3个预应力筋－锚具组装件，由国家质量技术监督局授权的质量监测机构（或在其主持下）进行静载锚固性能试验。试验结果应单独评定，每个试件都必须符合本条第1项的性能要求。在试验过程中，试验数据如已满足锚具和连接器的性能要求而组装件仍未拉断，此时，如能证明锚具的负载能力大于或等于 F_{pm}，可以终止试验，并判定试验结果合格。如组装件有一个试件不符合要求，则应取双倍数量的锚具重做试验；如仍有一个试件不符合要求，则该批锚具为不合格品。

注：a. 对于锚具用量不多的工程，如供货方提供有效试验合格证明文件，经工程负责单位审议认可并正式备案，可不必进行静载验收试验；

b. 用于承受较大动荷载的锚具，可按本条第1项确定的疲劳应力幅度及应力上限进行疲劳荷载试验。

④进场验收批的划分

只有在同种材料和同一生产工艺条件下生产的产品，才可以列为同一批量。锚固多根预应力钢材的锚具或夹具以不超过1000套为一个验收批；锚固单限预应力钢材的锚具或夹具，每个验收批可以扩大为2000套。连接器的每个验收批不超过500套。

每个工程或标段不宜使用两个生产厂家提供的产品，以防产品零件可能被错误地交叉安装而导致险情或产生隐患。

3）夹具的性能要求

①夹具的静载锚固性能，应由预应力筋－锚具组装件静载试验测定的夹具效率系数 η_g 确定，夹具效率系数，应按下式计算：

$$\eta_g = F_{gpu}/F_{pm}$$

式中　F_{gpu}——预应力筋－锚具组装件的实测极限拉力。

试验结果应满足 η_g 等于或大于0.92的要求。

②夹具尚应具有良好的自锚性能、松锚性能和安全的重复使用性能。主要锚固零件宜采用镀膜防锈。

注：需人力敲击才能松开的夹具，必须保证其对预应力筋的锚固没有影响，且对操作人员的安全不造成危险时才能使用。

4）夹具的验收

夹具进场验收时，应进行外观检查、硬度检查及静载锚固性能试验。验收方法与验收批划分等，与锚具相同；但静载试验结果应符合夹具的性能要求。

4. 金属波纹管

（1）金属波纹管出厂时，应有产品合格证并附有质量检验单。其各项指标应符合行业标准《预应力混凝土用金属螺旋管》（JC/T3013）的要求。

金属波纹管进场时，应从每批中抽取3根，先检查管的内径（d），再将其弯成半径为30d的圆弧，高度不小于1m，检查有无开裂与脱扣现象，同时作灌水试验，检查管壁有无渗漏现象。合格后，方可使用。

（2）金属波纹管搬运时应轻拿轻放，不得抛甩或在地上拖拉；吊装时，不得以一根绳索在当中拦腰捆扎起吊。

波纹管在室外保管的时间不可过长，应架空堆放并用毡布等有效措施防止雨露和各种腐蚀性气体或介质的影响。

（3）金属波纹管的接长，可采用大一号同型波纹管。接头管的长度为200～300mm，在接头处波纹管应居中碰口；接头管两端用密封胶带或塑料热塑管封裹。

（4）波纹管与张拉端喇叭管连接时，波纹管应顺着孔道线形，插入喇叭口内至少50mm，并用密封胶带封裹。波纹管与埋入式固定端钢绞线连接时，可采用水泥胶泥或棉丝与胶带封堵。

（5）灌浆排气管与波纹管的连接。其作法是在波纹管上开洞，用带嘴的塑料弧形压板与海绵垫片覆盖并用钢丝扎牢，再接增强塑料管（外径20mm，内径16mm），并伸出梁面约400mm。

为防止排气管与波纹管连接处漏浆，波纹管上可先不开洞，并在外接塑料管内插一根钢筋，待孔道灌浆前再用钢筋打穿波纹管，拔出钢筋。

（6）波纹管在安装过程中，应尽量避免反复弯曲，如遇到折线孔道，应采取圆弧线过滤，不得折死角，以防管壁开裂。

（7）加强对波纹管的保护，防止电焊火花烧伤管壁；防止普通钢筋戳穿或压伤管壁；防止先穿筋使管壁受损；浇筑混凝土时应有专人值班，保护张拉端埋件、管道、排气孔等。如发现波纹管破损，应及时修复。

5. 锚固区构造

（1）预应力施工单位，应结合实际情况与受力，做出切实可行的锚固区构造详图，并经设计部门审核认可。

（2）预应力筋锚固区端埋件与非预应力筋发生矛盾时，一般应遵循“非预应力筋避让预应力筋”的原则，但变动须得到设计人员认可。

（3）预应力筋锚固端采取内凹式做法时，端部埋件与非预应力筋的排放位置产生矛盾，可采取以下措施：对地震区，预应力筋锚头宜设置在节点核心区外。

1）框架梁的主筋在锚固区端部向下弯有困难时，可向上弯或缩进向下弯，但必须满足锚固长度要求；

2）矩形柱的上筋向两边移，不影响柱正截面的承载力；但移至第二排，因有效高度减小，必须要进行等效换算。当柱筋无法移开时，可用氧—乙炔焰将柱筋吹弯，或将主筋切断在两旁补插钢筋；

3）圆柱的主筋沿圆周均匀布置。上筋移动后的有效高度会减小，要补插足够数量的主筋。补插的上筋面积可按圆柱正截面承载力等效原则确定；

4）局部箍筋先弯折贴于模板，张拉后再将箍筋拉直焊牢。

（4）预应力筋锚固区间接钢筋设置。各类锚具，一般都有配套的间接钢筋，设计人员不必另行计算。实际工程中往往由于节点区钢筋太密，间接钢筋的放置十分困难，有时无法满足要求。节点钢筋过密常造成混凝土浇筑不密实，反而易出问题。

分析局部压力的变化与张拉阶段梁柱节点区钢筋受力情况，锚固区柱、梁内的主筋与箍筋可作为间接钢筋的一部分。如钢筋过密间接钢筋放不下，可结合具体情况适当减少间接钢筋的数量。

（5）内埋式锚固端的埋设位置。内埋式锚固端位于梁体内时，为了避免拉力集中使混凝土开裂，可采取交错布置方式，间距为300～500mm，且离开梁侧面不得小于40mm。当锚固端位于梁柱节点内时，应尽量靠近柱外侧，可上下错开布置。

在每个锚固点后，应根据混凝土厚度、有无抵抗拉力的钢筋等情况，确定是否需要增配附加钢筋。根据有关资料介绍，该附加筋应能传递张拉力的50%左右，但这些钢筋必须在锚固点前方的受压区中充分粘结。

（6）顶层柱一般应高出梁顶300～400mm，以满足局部承压截面尺寸的要求。柱中伸出梁顶的钢筋一般能满足限制水平裂缝开展的要求。这样处理的另一作用是避免柱筋在梁内弯折。柱伸出部分应与顶层梁一次浇筑。

楼层浇筑混凝土时，柱上施工缝是否需要高出梁面，与施工方案有关。如楼层浇筑混凝土后，接着就进行上层柱施工，框架梁张拉时上层柱混凝土也已达到所需的强度，则柱上施工缝可与楼面等高。

6. 预应力筋不得急弯

（1）预应力混凝土梁在预应力筋弯折处有加密箍筋或在弯折内侧设置附加钢筋网片。

（2）为防止实际施工中预应力筋出现偏离，在所有后张梁的腹板中布置一定数量的横向分布钢筋。

（3）对预应力混凝土曲梁，由于预应力筋张拉时在梁内侧产生径向压力，因此必须在梁腹内设置防崩裂的构造钢筋。防崩裂钢筋可选用$\phi12\sim\phi16$钢筋，做成U形，套在内排曲线预应力筋上，与外侧钢筋骨架焊牢。

（4）在预应力筋从梁腹或梁面中伸出作中间锚固处，这些锚固通常位于从主要构件凸出的块体上。虽然曲线段的长度很短，而曲度常常很大，所产生的局部应力极其复杂，辐射状应力与锚固应力合在一起，将凸出的块体从主要构件撕裂的趋向。同此，需要配置较多的横向钢筋来控制裂缝。

（5）对于配置有大吨位、弯曲度大的预应力筋的墙体或梁腹，由于局部径向力大，需要配置局部钢筋以控制这类潜在的撕裂现象。

7. 支撑

（1）由于预应力梁一般较长，自重大，所以支撑尤其要重视。

（2）预应力梁在预应力筋张拉之前，能够起作用的钢筋（普通钢筋）相对较少（与钢筋混凝土梁相比），如果支撑下挠，则更容易产生裂缝。

8. 腰筋

预应力梁的长度长，由于混凝土收缩引起的梁腹部拉应力较大，预应力张拉前受力钢筋少，垂直裂缝容易延伸到腹部，因此，应适当增加梁腰筋，同时加强养护。

9. 防止短柱

在大跨度预应力混凝土框架结构中，往往将附房与主房连接在一起，柱的净高小。框架梁张拉时，在柱的侧面出现交叉裂缝。

10. 注意预应力张拉对相邻构件的影响

如构件产生裂缝等，要能及时发现，采取相应措施避免。

11. 孔道灌浆

(1) 预应力筋孔道灌浆必须饱满密实，水泥浆强度必须满足设计要求。

(2) 全面观察检查和检查水泥浆试块的试验报告。

12. 允许偏差

(1) 金属波纹管与无粘结筋的水平位置允许偏差：对梁为±15mm；无粘结筋的水平间距允许偏差：对板为±30mm。

(2) 支座点、反弯点和跨中点竖向坐标允许偏差：对板为±5mm；对梁为±10mm。

(3) 钢绞线锚具端头保护层允许偏差为-5mm~+10mm。

13. 无粘结筋防腐

(1) 无粘结预应力筋出厂时，应有产品合格证并附有质量检验单。其各项指标应符合行业标准《钢绞线、钢线束无粘结预应力筋》(JG3006—93) 的要求。

无粘结预应力筋进场时，应逐盘检查表面质量：护套应光滑，不得有皱折、气泡及裂纹，护套应松紧适度。同时从每批中抽取3根试样（长1m），检查油脂含量（对 $\Phi^j15.2$ 钢绞线，不小于50g/m；对 $\Phi^j12.7$ 钢绞线，不小于43g/m）与护套厚度（0.8~1.2mm）。合格后方可使用。

(2) 无粘结预应力筋在装卸与铺设过程中如有破损，应及时用粘胶带修补。

(3) 无粘结预应力筋与端埋件组装时，不得裸露，必须用塑料套管或粘胶带严密包缠，防止水分进入护套。

(4) 在张拉后的锚具夹片和无粘结筋端部，应涂满防腐油脂，并套上塑料帽达到全密封的要求。锚头封闭后的凹口应采用微膨胀细石混凝土密封。

9.6.3 预应力混凝土的新发展

1. 材料

纤维加劲塑料：碳素纤维加劲塑料（CFRP），玻璃纤维加劲塑料（GFRP），芳纶纤维加劲塑料（AFRP）——轻质、高强、耐腐蚀、耐疲劳。

2. 预制预应力混凝土构件

预制预应力混凝土将成为混凝土结构的主要发展方向。因为市场、环境要求使用高强材料，施工速度快、质量高。

欧洲每年预应力混凝土楼板产量达2000万 m^2，400mm厚空心板使用荷载 $5kN/m^2$ 时跨度可达17m，500mm厚空心板使用荷载 $5kN/m^2$ 时跨度可达21m。

3. 体外预应力束

便于施工和检验。

4. 有粘结扁锚体系楼板

耐久性好，节约钢材。

5. 抗震性能

预应力混凝土结构的抗震性能问题一直得到人们的关注。只要设计、施工合理，预应力混凝土结构能够在地震区应用。

(1) 新西兰广泛采用预制预应力混凝土结构，其最大优点是可在选定的部位产生塑性铰，提高结构的延性和耗能能力。设计采用"强柱弱梁"概念。

(2) 日本坂神地震后在该区域调查了100栋预应力混凝土结构的房屋，其中10栋是预制预应力混凝土结构，90栋是现浇预应力混凝土结构，仅1栋严重损坏，其余99栋抗震性能很好，研究结论是按照1981年日本规范（强柱弱梁设计）设计的预应力混凝土结构抗震性能良好。坂神地震中发现，采用竖向预应力混凝土柱可提高柱抵抗水平地震作用的能力。

6. 预应力钢结构

(1) 预应力钢桥架；

(2) 预应力钢框架；

(3) 斜拉、悬索结构；

(4) STRARCH钢结构。

9.7 钢结构焊接质量的控制

9.7.1 钢结构焊接工程质量保证资料

(1) 钢材质量证明书及复试试验报告；

(2) 焊接材料、焊剂质量证明书；

(3) 焊接工艺评定报告；

(4) 隐蔽部位焊缝检验报告；

(5) 一二级焊缝超声波探伤报告。

9.7.2 施工单位资质与施工组织设计审查

1. 对承包单位的资质审查内容

(1) 承包合同与分包合同；

（2）承包范围、性质是否与资质等级相符；

（3）从事焊接工作的主要管理人员的学历、职称、业绩以及单位的工程业绩、劳动力、机具及焊接检测设备是否适应工程需要；

（4）焊工应经考试合格，取得相应施焊条件的合格证，并在有效考核期内上岗。

2. 对施工组织设计审查内容

（1）施工组织设计中，有无可靠的组织与技术措施，有无完整的质保体系，施工程序、施工方案是否切实可行。

（2）审查施工单位的焊接工艺评定报告。焊接工艺评定是保证钢结构焊缝质量的前提，通过焊接工艺评定来选择最佳的焊接材料、焊接方法、焊接工艺参数、焊前预热及焊后热处理等，以保证焊接接头的力学性能达到设计要求，只用探伤来保证焊接接头的质量是不够的。因此，凡首次采用的钢材、焊材及改变的焊接方法和焊后热处理等，都必须进行焊接工艺评定。焊接工艺评定应符合国家现行标准《建筑钢结构焊接技术规程》（JGJ81—2002）和《钢制压力容器焊接工艺评定》的规定。

工艺评定合格后写出正式的焊接工艺评定报告和焊接工艺指导书，根据工艺指导书及图样的规定编写焊接工艺，根据焊接工艺进行焊接施工，只有这样才能保证焊接接头力学性能达到设计要求。

（3）对重要的分项工程、重要的施工工序、技术关键，如H形、T形钢焊接、十字钢骨柱拼装、组对焊接、钢桁架的工厂制作焊接等，应专门的编写详细焊接工艺和焊接作业指导书。

9.7.3 对钢板及焊接材料的质量控制

1. 钢材应按设计施工图的要求选用，其性能和质量应符合相应标准要求，并应具有质量证明书。

2. 施工单位应加强对进场钢材的管理，严防A级、B级、C级钢材混用。每批钢材应由同一牌号、同一炉号、同一等级、同一品种、同一交货状态的钢材组成，且每批重量不得大于60t。

3. 钢材表面质量除应符合国家现行标准的规定外，尚应符合下列规定：

（1）当钢材表面有锈蚀、麻点或划痕等缺陷时，其深度不得大于钢材负偏差值的1/2。

（2）钢材表面锈蚀等级应符合现行国家标准《涂装前钢材表面锈蚀等级》规定的A、B、C级。

4. 按照《钢结构工程施工质量验收规范》（GB 50205—2001）及《建筑钢结构焊接技术规程》（JGJ81—2002）规定及焊接工程设计图纸要求，钢材进场前除应具有质量证明书外，还应对钢材进行化学成分和力学性能试验，并出具复试报告，合格后方可进场使用。

5. 钢材理、化试验（复试）应符合以下要求：

（1）试验单位资质必须符合省、市建设行政主管部门要求。

（2）不同批号、不同炉号的钢材应分别取样复试，每批钢材检验的取样数量见表9-15。

钢材检验取样数量　　表 9-15

序　号	检 验 项 目	取 样 数 量（个）	试 验 方 法
1	化学分析	1 （每炉罐号）	GB223.1223.5 GB223.8223.12 GB223.18223.19 GB223.23223.24 GB223.31223.32 GB223.36
2	拉伸	1	GB228、GB6397
3	冷弯		GB232
4	常温冲击	3	GB2106
	低温冲击		GB4159

6. 焊接材料如焊条、焊丝、焊剂等，应有出厂证明书。手工电弧焊用焊条的质量应符合现行国家标准《碳钢焊条》（GB/T5117）的规定；自动焊或半自动焊接选用的焊丝应符合现行国家标准《熔化焊用钢丝》（GB/T14957）和《气体保护焊用钢丝》（GB/T14958）的规定。选用的焊条、焊丝应与主体金属相匹配。

7. 钢骨柱上所用焊钉应符合现行国家标准《圆头栓焊钉》（GB1043）的规定。

8. 如采用其他钢材和焊接材料代用时，必须经设计单位同意，同时应有可靠的试验资料和相应的工艺文件，方可施焊。

9.7.4　钢材切割和焊接坡口加工的质量控制

1. 钢材切割质量要求

(1) 钢材切割应遵循先放样、号料再切割的程序，放样和号料应根据工艺要求预留制作和安装时的焊接收缩余量及切割、刨边、铣平等加工余量。

(2) 焊接 H 形、T 形钢翼板与腹板应采用半自动或自动气割机进行切割，为减少切割后的变形及矫正工作，宜采用多头切割机切割，气割的允许偏差见表 9-16。

气割的允许偏差（mm）　　表 9-16

项　目	允 许 偏 差	项　目	允 许 偏 差
零件宽度、长度	±3.0	割纹深度	0.20
切割面平面度	$0.05t$，且不大于 2.0	局部缺口深度	1.0

(3) 气割前应将钢材表面距切割边缘 50mm 范围内的锈斑、油污清除干净。火焰气割的允许偏差应符合上表要求，气割后清除熔渣和飞溅物。

2. 焊接坡口加工质量要求

(1) 坡口形式：

1) 十字钢骨柱、钢梁及钢桁架中 H 形、T 形钢翼板与腹板连接其焊缝坡口为 K 形坡口，即腹板开双面坡口；

2）现场十字钢骨柱对接安装时，其十字腹板对接焊缝为 K 形坡口，翼板与翼板对接焊缝为 V 形坡口。

(2) 坡口加工尺寸：焊缝坡口加工尺寸应按焊接工艺要求确定，经焊接评定确定的焊缝坡口尺寸不得随意修改。

(3) 焊缝坡口可用火焰切割或机械加工，加工后的坡口尺寸应符合焊接工艺确定的尺寸要求。火焰切割加工焊缝坡口时，切口上不得产生裂纹，(如产生裂纹应按有关规范要求处理)，且不宜有大于 1.0mm 的缺棱，切割后应清除边缘上的氧化物、熔瘤和飞溅物等。

9.7.5 焊接连接组装的质量控制

1. 组装前，零件、部件应经检查合格；连接接触面和沿焊缝边缘每边 30 ~ 50mm 范围内的铁锈、毛刺、污垢、冰雪等应清除干净。

2. 板材型材的拼装应在组装前进行。当翼缘板需拼装时，可按长度方向拼接；腹板拼接，拼缝可为十字形或 T 字形；翼缘板拼接缝和腹板拼接缝间距应大于 200mm。

3. 组装顺序应根据结构形式、焊接方法和焊接顺序等因素确定。

4. 组装桁架时，结构杆件轴线交点的允许偏差不得大于 3.0mm。

5. 当采用夹具组装时，拆除夹具时不得损伤母材；对残留的焊疤应修磨平整。

6. 从事组装点焊固定的焊工，应持有效期内的焊工合格证上岗。

7. 组装定位焊用的焊接材料型号及牌号，应与焊件材质相匹配；焊缝厚度不宜超过设计焊缝厚度的 2/3，且不应在焊缝以外的母材上打火引弧。

8. 焊接连接制作组装的允许偏差，应符合表 9-17 的规定。

焊接连接制作组装的允许偏差（mm） **表 9-17**

项　目	允许偏差	图　例
对口错边 Δ	t/10，且不应大于 3.0	
间隙 a	±1.0	
搭接长度 a	±5.0	
缝隙 Δ	1.5	

续表

项　目		允许偏差	图　例
高度 h		±2.0	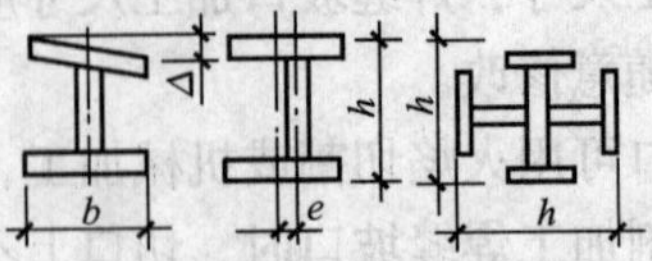
垂直度 Δ		b/100，且不应大于 3.0	
中心偏移 e		±2.0	
型钢错位	连接处	1.0	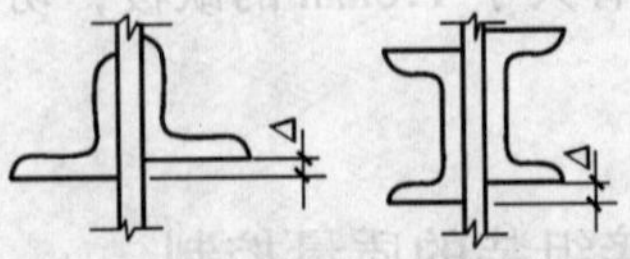
	其他处	2.0	
箱形截面高度 h		±2.0	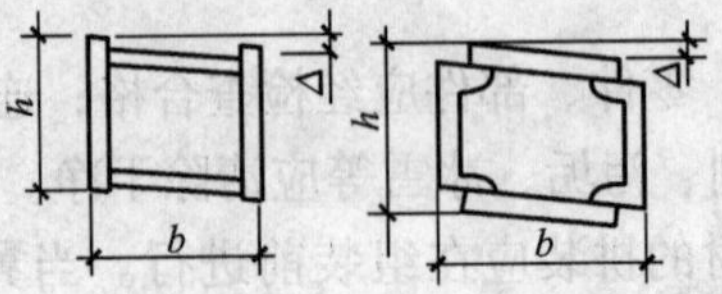
宽度 b		±2.0	
垂直度 Δ		b/200，且不应大于 3.0	

9.7.6 焊接及焊接检验的质量控制

1. 焊接质量控制要求

(1) 焊接施工单位对首次采用的钢材、焊接材料、焊接方法、焊后热处理等，应按有关规定进行焊接工艺评定，根据评定报告确定焊接工艺。焊接过程中施焊人员不得随意改变焊接工艺。

(2) 施焊前，焊工应检查焊件部位的组装坡口尺寸和表面清洁的质量，如不符合要求，应修整合格后方能施焊。

(3) 焊工应经考试并取得合格证后，方可从事焊接工作。合格证应注明施焊条件、有效期限。焊工停焊时间超过6个月，应重新考核。

(4) 焊接时，不得使用药皮脱落或焊芯生锈的焊条和受潮结块的焊剂及已熔烧过的渣壳。

(5) 焊条、焊剂和栓钉用焊接瓷环，使用前应按产品说明书规定的烘熔时间和温度进行烘熔。保护气体的纯度应符合焊接工艺评定的要求。低氢型焊条经烘熔后应放入保温桶内，随用随取。

(6) 对接接头、T形接头、角接接头、十字接头等对接焊缝及对接的角接组合焊缝，应在焊缝的两端设置引弧和引出板，其材质和坡口形式应与焊件相同。引弧和引出的焊缝长度规定如下：埋弧焊应大于50mm；手工电弧焊及气体保护焊应大于20mm。焊接完毕应采用气割切除引弧和引出板，并修磨平整，不得用锤击落。

(7) 在组装好的构件，如十字钢骨柱、钢桁架上施焊，应严格按焊接工艺规定的参数以及焊接顺序进行，以控制焊后变形。

(8) 在约束焊道上施焊，应连续进行；如因故中断，再焊时应对已焊的焊缝做局部预热处理后再焊。采用多层焊时，应将前一道焊缝表面清除干净后再焊。

(9) 焊成凹形的角焊缝，焊缝金属与母材间应平缓过渡；加工成凹形的角焊缝，不得在其表面留下切痕。

(10) 手工电弧焊焊接电流应按焊条说明书的规定，并参照《建筑钢结构焊接技术规程》(JGJ81—2002) 中提供的参数选用。

(11) 手工电弧焊坡口底层宜采用不大于 $\phi3.2$ 的焊条，底层根部焊道的最小尺寸应适宜，以防产生裂纹；要求焊透的对接双面焊缝和T形接头角焊缝的背后，可用清除焊根的方法施焊。

(12) 用于埋弧焊的焊剂应按照工艺确定的型号和牌号相匹配，焊剂必须干燥，不得含有灰尘、铁屑和其他杂物。对接接头埋弧自动焊宜按《建筑钢结构焊接技术规程》(JGJ81—2002) 中选定的参数施焊。

(13) 碳弧气刨工必须经过培训，合格后方可操作。刨削时，应根据钢材的性能和厚度，选用适当的电源极性、碳棒直径和电流，碳弧刨弧应采用直流电流，并要求反接电极(即焊件接电源负极)。

(14) T形接头、十字接头、角接接头等要求全熔透的对接和角接组合焊缝，其焊脚尺寸不应小于 $t/3$ (见中华人民共和国工程建设标准强制性条文——房屋建筑部分)。

2. 焊接检验

(1) 施工单位应加强对建筑钢结构焊接质量的检查。质量检查人员应在主管专业工程师指导下，按有关规程、规范及施工图纸和工艺技术文件要求，对焊接质量进行监督和检查，并对检查项目负责。

(2) 焊接质量检查，分为外观检查和无损探伤检查。普通碳素结构钢应在焊接冷却的工作环境温度、低合金钢应在焊接结束24h后进行焊接检查。

(3) 焊缝外观检查，一般用肉眼或量具检查焊缝和母材的裂纹及缺陷，也可用放大镜检查，必要时用磁粉或渗透探伤。焊缝的焊波应均匀，不得有裂纹、未熔合、夹渣、焊瘤、咬边、烧穿、弧坑和针状气孔等缺陷，焊接区无飞溅物残留。焊缝外观检验质量标准见表9-18。

(4) 焊缝的位置、外形尺寸必须符合焊接施工图和《钢结构工程施工质量验收规范》(GB 50205—2001) 及《建筑钢结构焊接技术规程》(JGJ 81—2002) 的要求。

(5) 焊接钢梁及H型钢其腹板与翼缘板间焊缝的两端，在其两倍翼板宽度范围内，焊缝的实际焊脚尺寸不允许低于设计值。对于设计焊脚高度大于8mm的贴角焊缝的局部实际焊脚尺寸，允许低于设计值1mm，但范围不得超过焊缝长度的10%。

(6) 建筑钢结构焊缝的无损检验应根据施工图要求及有关标准、规范进行，无损检验人员必须经无损检测专业培训，考试合格取得无损检测资格证书者担任。

(7) 无损检验不合格的焊缝，应按焊缝规程规定的方法返修，返修后必须再进行无损检验。局部深伤的焊缝，有不允许的缺陷时，应在该缺陷两端的延长部位增加探伤长度，增加的长度不应小于该焊缝长度的10%，且不小于200mm。当仍有不允许的缺陷时，应对该焊缝100%探伤检查。

(8) 钢骨柱上焊钉与柱翼板的焊接，要求根部焊脚均匀牢固，保证焊钉弯曲30°时根部焊缝无裂纹。

（9）焊缝质量等级及缺陷分级见表9-18。

焊缝质量等级及缺陷分级（mm） **表9-18**

<table>
<tr><th colspan="2">焊缝质量等级</th><th>一级</th><th>二级</th><th>三级</th></tr>
<tr><td rowspan="3">内部缺陷超声波探伤</td><td>评定等级</td><td>Ⅱ</td><td colspan="2">Ⅲ</td></tr>
<tr><td>检验等级</td><td>B级</td><td colspan="2">B级</td></tr>
<tr><td>探伤比例</td><td>100%</td><td colspan="2">20%</td></tr>
<tr><td rowspan="16">外部缺陷</td><td rowspan="2">未焊满（指不足设计要求）</td><td rowspan="2">不允许</td><td>≤0.2+0.02t 且≤1.0</td><td>≤0.2+0.04t 且≤2.0</td></tr>
<tr><td colspan="2">每100.0焊缝长度内缺陷总长≤25.0</td></tr>
<tr><td rowspan="2">根部收缩</td><td rowspan="2">不允许</td><td>≤0.2+0.02t 且≤1.0</td><td>≤0.2+0.04t 且≤2.0</td></tr>
<tr><td colspan="2">长度不限</td></tr>
<tr><td>咬边</td><td>不允许</td><td>≤0.05t，且≤0.50，连接长度≤100.0，且焊缝两侧咬边总长≤10%焊缝总长</td><td>≤0.1t，且≤1.0
长度不限</td></tr>
<tr><td>裂纹</td><td colspan="3">不允许</td></tr>
<tr><td>弧坑裂纹</td><td colspan="2">不允许</td><td>允许存在个别长度≤5.0的弧坑裂纹</td></tr>
<tr><td>电弧擦伤</td><td colspan="2">不允许</td><td>允许存在个别电弧擦伤</td></tr>
<tr><td>飞溅</td><td colspan="3">清除干净</td></tr>
<tr><td rowspan="2">接头不良</td><td rowspan="2">不允许</td><td>缺口深度≤0.05t，且≤0.5</td><td>缺口深度≤0.1t，且≤1.0</td></tr>
<tr><td colspan="2">每1米焊缝不得超过1处</td></tr>
<tr><td>焊瘤</td><td colspan="3">不允许</td></tr>
<tr><td>表面夹渣</td><td colspan="2">不允许</td><td>深≤0.2t，长≤0.5t，且≤20</td></tr>
<tr><td>表面气孔</td><td colspan="2">不允许</td><td>每50.0长度焊缝内允许直径小于等于0.4t 且小于等于3.0气孔2个，孔距大于等于6倍孔径</td></tr>
<tr><td>角焊缝厚度不足（按设计焊缝厚度计）</td><td></td><td></td><td>≤0.3+0.05t，≤2.0
每100.0焊缝长度内缺陷总长≤25.0</td></tr>
<tr><td>角焊缝焊脚不对称</td><td></td><td></td><td>差值≤2+0.2t</td></tr>
</table>

主要参考文献

1. 工程建设监理实用全书（上、下卷）. 北京：中国建材工业出版社，1999
2. 欧震修主编. 建筑工程施工监理手册（第二版）. 北京：中国建筑工业出版社，2001
3. 刘兴东，高拥民主编. 建设监理理论与操作手册. 北京：北京宇航出版社，1993
4. 张树山编. 建设项目监理及案例分析. 北京：中国石化出版社，2000.6
5. 雷艺君，钱昆润主编. 实用工程建设监理手册. 北京：中国建筑工业出版社，1999
6. 杜训主编. 建设监理工程师实用手册. 南京：东南大学出版社，1994
7. 刘伊生主编. 建设监理工程师手册. 北京：中国建材工业出版社，1994
8. 建设项目总监理工程师实务. 江苏省建设委员会建设监理处. 2000
9. 姚兵著. 建设监理的理论与实践. 长春：吉林人民出版社，2000
10. 中国建设监理协会. 全国监理工程师考试培训教材. 北京：中国建筑工业出版社，2003
11. 中国认证人员国家注册委员会编. 质量体系内部审核员国家通用教程.
12. 中国认证人员国家注册委员会编. 2000 版 ISO9000 族标准审核员转换培训教程.
13. 全国质量管理和质量保证标准化技术委员会、中国质量体系认证机构国家认可委员会译. 2000 版 ISO/DIS9000 族国际标准草案.
14. 周云编著. 国际标准与质量认证. 南京：东南大学出版社，1999
15. 王朝熙主编. 建筑装饰施工手册（第二版）. 北京：中国建筑工业出版社，2003
16. 李秀，纪学信主编. 高级装饰工程质量检验评定手册. 北京：中国建筑工业出版社，1998
17. 钱昆润，杨昊主编. 建筑装饰工程监理手册. 北京：中国建筑工业出版社，1998
18. 吴龙声主编. 建筑装饰监理工程实用手册. 南京：东南大学出版社，2000
19. 简玉强，钱昆润主编. 建筑监理工程师手册. 北京：中国建筑工业出版社，1994
20. 梁德祥. 浅淡深基坑工程监理. 建设监理. 1997
21. 高晋. 深开挖支护设计中几个问题的思考. 江苏建筑，2000
22. 陈凡. 桩基工程检测技术. 北京：中国建材工业出版社，1993
23. 汪凤泉. 基础结构动态诊断. 南京：江苏科学技术出版社，1992
24. 李德庆. PDA 桩基分析仪的现场操作分析技术. 工程检测新技术的理论与实践，1994
25. 温伯银等. 智能建筑设计技术. 上海：同济大学出版社，1996
26. 程大章等. BA 系统与智能建筑. 智能建筑，2000
27. 薛颂石. 综合布线测试指标要求. 智能建筑，2001
28. 毕星，霍丽. 项目管理. 上海：复旦大学出版社，2000
29. 包晓春，石淑珍. P3 应用技巧. 上海：上海音华应用软件有限公司. 2000
30. 顾小鹏. 试论监理的法律责任. 建设监理，1999
31. 王家远. 监理工程师的责任风险分析. 建设监理，2000
32. 刘廷颜. 对《建筑法》中有关监理内容的理解. 建设监理，1998
33. CONDITIONS OF CONTRACT FOR WORKS OF CIVIL ENGINEERING CONSTRUC TION FOURTHEDITTON，1987
34. 中国认证人员国家注册委员会编. 质量管理体系国家注册审核员预备知识培训教程. 2001
35. 田武，李亨. 实战 2000 版 ISO 9001 标准. 2001

监理工程师继续教育丛书

- 监理工程师执业指导
- 监理工程师项目管理
- 监理工程师法律基础知识

监理工程师继续教育丛书

责任编辑：郦锁林
封面设计：谭 克 王 萱

(15156)定价： 40.00 元

图书销信分类：建筑工程经济与管理(M30)